长叶苏铁 *Cycas dolichophylla*

德保苏铁 *Cycas debaoensis*

宽叶苏铁 *Cycas balansae*

叉叶苏铁 *Cycas bifida*

元宝山冷杉 *Abies yuanbaoshanensis*

资源冷杉 *Abies ziyuanensis*

银杉 *Cathaya argyrophylla*

水松 *Glyptostrobus pensilis*

喙核桃 *Annamocarya sinensis*

单性木兰 *Kmeria septentrionalis*

观光木 *Michelia odora*

海南风吹楠 *Horsfieldia hainanensis*

狭叶坡垒 *Hopea chinensis*

广西青梅 *Vatica guangxiensis*

凹脉金花茶 *Camellia impressinervis*

顶生金花茶 *Camellia pingguoensis* var. *terminalis*

毛瓣金花茶 *Camellia pubipetala*

扣树 *Ilex kaushue*

膝柄木 *Bhesa robusta*

广西火桐 *Erythropsis kwangsiensis*

紫荆木 *Madhuca pasquieri*

瑶山苣苔 *Oreocharis cotinifolia*

弥勒苣苔 *Oreocharis mileensis*

报春苣苔 *Primulina tabacum*

贵州地宝兰 *Geodorum eulophioides*

白花兜兰 *Paphiopedilum emersonii*

海伦兜兰 *Paphiopedilum helenae*

罗氏蝴蝶兰 *Phalaenopsis lobbii*

广西极小种群野生植物保育生物学研究

韦 霄 邹 蓉 唐健民 丁 涛
邓丽丽 柴胜丰 唐凤鸾 史艳财　主编

广西科学技术出版社
·南宁·

图书在版编目（CIP）数据

广西极小种群野生植物保育生物学研究 / 韦霄等主编. --南宁：广西
科学技术出版社，2024.1. --ISBN 978-7-5551-2133-6

Ⅰ. Q948.526.7

中国国家版本馆CIP数据核字第20246NB114号

GUANGXI JIXIAO ZHONGQUN YESHENG ZHIWU BAOYU SHENGWUXUE YANJIU

广西极小种群野生植物保育生物学研究

韦　霄　　邹　蓉　　唐健民　　丁　涛
邓丽丽　　柴胜丰　　唐凤鸾　　史艳财　　主编

责任编辑：吴桐林	装帧设计：梁　良
责任校对：夏晓雯	责任印制：韦文印

出 版 人：梁　志	出版发行：广西科学技术出版社
社　　　址：广西南宁市青秀区东葛路 66 号	邮政编码：530023
网　　　址：http://www.gxkjs.com	

印　　　刷：广西雅图盛印务有限公司	
开　　　本：787 mm × 1092 mm　1/16	
字　　　数：566 千字	印　　张：29.5　插　页：4
版　　　次：2024 年 1 月第 1 版	印　　次：2024 年 1 月第 1 次印刷
书　　　号：ISBN 978-7-5551-2133-6	
定　　　价：228.00 元	

编委会

主　　编　韦　霄　邹　蓉　唐健民　丁　涛
　　　　　　邓丽丽　柴胜丰　唐凤鸾　史艳财
副 主 编　黄歆怡　韦　范　莫　凌　毛世忠
　　　　　　李发根　高丽梅　杨一山　江海都
编著人员　朱舒靖　秦惠珍　许爱祝　朱显亮
　　　　　　潘李泼　钟文彤　陈泰国　徐坚旺
　　　　　　蔡欣茹　董嘉钰　蒋日红　盘　波
　　　　　　顾钰峰　覃俏梅　唐绍清　魏识广
　　　　　　熊忠臣　蒋运生　梁　惠　李健玲
　　　　　　罗开文　田达明　欧绍才　杨泉光
　　　　　　韦国旺　黄甫克　熊雅兰　许　恬
　　　　　　刘　铭　罗亚进　曾丹娟　韦妙琴
　　　　　　付传明　蒋昊龙　朱成豪　韦良炬
　　　　　　吴林芳

支持单位　广西壮族自治区中国科学院广西植物研究所
　　　　　　广西科学院河池分院

内容简介

　　极小种群野生植物是保育生物学研究的核心内容之一，在生物多样性保护方面意义重大。本书是广西壮族自治区中国科学院广西植物研究所濒危植物保育生物学研究团队十多年来从保育生物学角度对广西极小种群野生植物进行综合研究的系统总结，主要汇集了广西极小种群野生植物地理分布、生境特征、保护遗传学和生理生态学等方面的研究成果，阐明广西极小种群野生植物濒危的内在机制和光合生理生态特性，提出相应的保护对策以及引种栽培的策略。本书是目前较为系统、完整地研究广西极小种群野生植物保育生物学的一部专著，为广西极小种群野生植物的保护策略和措施提供参考和科学指导。

　　本书可供从事植物学、生态学、林学、农学和自然保护等保育生物学相关研究工作的高等院校师生、科研院所技术人员及自然保护区基层工作人员参考使用；同时，为从事植物保护方面工作的决策者提供科学决策的理论依据。

序 一

极小种群野生植物的价值主要包括经济利用价值、科学研究价值、潜在利用价值和生存价值。保护极小种群野生植物有助于遏制物种灭绝、维护生态平衡、保存资源、促进生态可持续发展，对于我国生物多样性保护具有极为重要的意义。为保护极小种群野生植物珍贵的种质资源，扩大极小种群野生植物的种群规模，开展其保育生物学研究是当务之急且意义重大。广西植物资源十分丰富，在我国被列为重点保护的120种极小种群野生植物中，有32种在广西有分布，占全国极小种群野生植物种类的1/4，在全国具有举足轻重的地位。为保护广西极小种群野生植物，广西壮族自治区中国科学院广西植物研究所韦霄研究员及其科研团队围绕广西极小种群野生植物保育生物学研究开展了大量卓有成效的工作，《广西极小种群野生植物保育生物学研究》一书就是该科研团队十多年来对广西极小种群野生植物进行调查、收集和研究的重要成果。

该书是目前国内较为系统、完整地研究广西极小种群野生植物保育生物学的一部专著，系统总结广西极小种群野生植物地理分布、生境特征、保护遗传学和生理生态学等研究成果。该书结构清晰、内容翔实，在广西极小种群野生植物保护遗传学、生理生态和保护策略研究方面均有独到见地与创新。书中汇集了由该科研团队首次开展的长叶苏铁（*Cycas dolichophylla*）、元宝山冷杉（*Abies yuanbaoshanensis*）、水松（*Glyptostrobus pensilis*）、海伦兜兰（*Paphiopedilum helenae*）、白花兜兰（*Paphiopedilum emersonii*）、 凹 脉 金 花 茶（*Camellia impressinervis*）、 顶 生 金 花 茶（*Camellia pingguoensis* var. *terminalis*）等物种的保护遗传学研究，以及率先开展的元宝山冷杉、资源冷杉（*Abies ziyuanensis*）、广西火桐（*Erythropsis kwangsiensis*）、宽叶苏铁（*Cycas balansae*）、狭叶坡垒（*Hopea chinensis*）、凹脉金花茶、顶生金花茶、罗氏蝴蝶兰（*Phalaenopsis lobbii*）、海伦兜兰、银杉（*Cathaya argyrophylla*）和弥勒苣苔（*Oreocharis mileensis*）等物种的光合生理生态特性研究。通过综合研究，阐明广西极小种群野生植物濒危的内在机制和光合生理生态特性，并提出针对广西极小种群野生植物保护和可持续发展的相应建议和措施。研究成果为从事濒危植物保护方面工作的决策者提供切实有用的理论依据，为广西极小种群野生植物的保护、引种栽培和合理开发利用提供科学依据和指导，对我国濒危植物保育生物学的研究和发展起到积极的推动作用。

故借该书出版之际，特向作者祝贺！是为序。

中国科学院院士 陈新滋

序　二

　　野生植物作为生物多样性和自然生态系统的核心组成部分，是人类经济社会可持续发展的物质基础。为了抢救性保护自然界中面临高度灭绝风险的野生植物，我国率先提出了极小种群野生植物（plant species with extremely small populations，PSESP）的概念。极小种群野生植物是指野外种群和植株数量少、生境狭窄、人为干扰严重、随时有灭绝风险的野生植物。多数极小种群野生植物具有重要的生态价值、科学价值、文化价值和经济利用价值，是国家生态安全和生物安全的重要战略资源。系统开展极小种群野生植物的保育生物学研究，是指导、支撑我国珍稀濒危植物拯救保护和资源持续利用工作的重要基础性工作，意义重大。

　　目前，极小种群野生植物保护这一保育生物学领域的重要概念已经逐渐理论化和国际化，成为国家和地方政府生物多样性保护战略中保护野生动植物的一个重要内容。例如，国家层面发布的《中国生态保护红线蓝皮书》明确规定要用法律保护极小种群物种的生境；2022年7月1日实施的中华人民共和国国家生态环境标准《环境影响评价技术导则　生态影响》（HJ 19—2022）中，极小种群野生植物被纳入生态影响评价的重要物种；在最近发布的《中国生物多样性保护战略与行动计划（2023—2030年）》中，极小种群野生植物拯救保护被纳入相关保护行动的优先项目。

　　广西植物资源十分丰富，同时受威胁物种所占比例也很高。在《全国极小种群野生植物拯救保护工程规划（2011—2015年）》所列的第一批120种优先保护的极小种群野生植物中，有32种在广西有分布，占所列物种的27%；在国家林业和草原局2022年发布的《"十四五"全国极小种群野生植物拯救保护建设方案》所列的100种优先保护的极小种群野生植物中，有26种在广西有分布，占所列物种的26%。广西在全国极小种群野生植物拯救保护工作中具有举足轻重的战略地位。广西壮族自治区中国科学院广西植物研究所韦霄团队针对广西极小种群野生植物面临的科研基础薄弱、拯救保护技术支撑不足等问题，对一批极小种群野生植物的分布现状、保护状况、种群遗传学、生理生态学、致濒机理等方面进行深入研究，形成了《广西极小种群野生植物保育生物学研究》这一研究成果。本书的出版，将为广西极小种群野生植物的科学保护提供理论指导与技术支撑，也将推动广西珍稀濒危植物资源的保护和可持续利用。

由我作为项目负责人主持承担的国家科技基础资源调查专项项目"中国西南地区极小种群野生植物调查与种质保存"（2017FY100100），对云南、贵州、四川、重庆、广西西部和西藏东南部的 490 个县级行政区共计 1.4593×10^6 km² 范围内分布的 231 个目标物种开展了系统调查、基础研究、种质资源保存和保护技术研发，其中包括分布于广西西部（指百色、崇左、河池、防城港所辖的 44 个县级行政区）的物种共 33 种。本书中的多数物种，包括弥勒苣苔（*Oreocharis mileensis*）、水松（*Glyptostrobus pensilis*）、喙核桃（*Annamocarya sinensis*）等，也是"中国西南地区极小种群野生植物调查与种质保存"项目的目标物种。仔细拜读了《广西极小种群野生植物保育生物学研究》一书，为这些物种得到系统研究和科学保护感到十分欣慰！乐见此书出版，是为此序，特对作者们表示祝贺！

中国科学院昆明植物研究所　研究员
昆明植物园　主任

前　言

　　对生物多样性的保护和利用与人们的生产生活、社会经济的发展和人类的未来密切相关。濒危植物保育生物学针对濒危植物的特点，应用植物学及其分支学科的原理方法，阐明植物濒危的内在机理与外在因素，提出解除濒危的策略与对策；应用社会科学及其分支学科与社会经济条件提出解除濒危的具体措施。广西地处热带和亚热带，横跨亚热带常绿阔叶林东部湿润地区和西部半湿润地区，地形地貌复杂，孕育了种类众多、组成复杂的野生动植物资源。广西野生植物资源非常丰富，植物多样性在全国仅次于云南和四川。据韦毅刚等（2023）最新统计，广西野生维管植物共有262科1793属8221种57亚种460变种1变型，其中，共有349种维管植物被列入《国家重点保护野生植物名录》。珍稀濒危植物是生物多样性的重要组成部分，是保育生物学研究的核心内容之一，保护珍稀濒危植物对维持全球生物多样性具有重要意义。

　　极小种群野生植物（plant species with extremely small populations，PSESP）具体是指因长期受到自身和外界因素的影响，植物种群数量逐渐减少，物种个体数量降至极少，生存环境丧失严重，分布地域狭窄，不足以满足最小可存活种群稳定存活的要求，导致极度危险，随时面临灭绝的野生植物（臧润国等，2016）。极小种群野生植物的价值主要包括经济利用价值、科学研究价值、潜在利用价值和生存价值。为保护极小种群野生植物珍贵的种质资源，扩大极小种群野生植物的种群规模并进行可持续利用，开展保育生物学研究是当务之急且意义重大。为保护广西极小种群野生植物，搭建"植物ICU"，广西壮族自治区中国科学院广西植物研究所韦霄研究员及其科研团队长期关注和致力于广西极小种群野生植物保育生物学研究，开展了大量卓有成效的工作。科研团队以植物资源学、分子生态学和生理生态学等相关学科的基础理论为指导，采用野外资源调查、分子标记技术和光合仪测定等研究手段，系统地开展广西极小种群野生植物资源调查、保育遗传学和光合生理生态学等综合研究。《广西极小种群野生植物保育生物学研究》一书是该科研团队十多年来对广西极小种群野生植物的调查和研究成果的系统总结，较全面、系统地总结广西极小种群野生植物地理分布、生境特征、保护遗传学和光合生理生态学等多方面研究成果，阐明广西极小种群野生植物濒危的内在机制和光合生理生态特性，并提出针对广西极小种群野生植物保护和可持续发展的相应建议和措施，为广西极小种群野生植物的保护、物种恢复、引种栽培和合理开发利用提供科学理论依据和指导。

本书是目前国内较系统、完整地研究广西极小种群野生植物保育生物学的一部专著，全书共分为4个部分。第一部分为概论，介绍广西极小种群野生植物的概况和研究进展。第二部分为广西极小种群野生植物地理分布及生境特征，阐述广西野外分布的28种极小种群野生植物的地理分布及生境特征。第三部分为广西极小种群野生植物保护遗传学研究，总结16种广西极小种群野生植物的保育遗传学研究成果。第四部分为广西极小种群野生植物光合生理生态特性研究，汇集广西野外分布的28种极小种群野生植物光合生理生态特性研究成果。

本书的出版得到了以下项目的资助：（1）国家自然科学基金项目"迁地保护的东兴金花茶群体遗传多样性、近交衰退和远交衰退研究"（项目批准号：32160091）；（2）国家重点研发计划项目（No.2022YFF1300703）；（3）国家自然科学基金项目"广西喀斯特地区两种四季开花金花茶的繁殖策略及其进化意义"（项目批准号：32060248）；（4）国家自然科学基金项目"金花茶组植物嗜钙与嫌钙机制的比较研究"（项目批准号：31660092）；（5）广西自然科学基金项目"广西极小种群十万大山苏铁的遗传结构及濒危机制研究"（编号：2020GXNSFAA259029）；（6）中央财政林业草原项目"极危植物贵州地宝兰的生殖生态学研究及其回归引种"；（7）广西林业局项目（编号：2023LYKJ03）；（8）广西自然科学基金项目（编号：2023GXNSFAA026253）；（9）中国科学院"西部之光"计划（2022）。研究工作得到国内外众多老师、朋友的支持和帮助。中国科学院华南植物园任海研究员、叶万辉研究员、邢福武研究员、王峥峰研究员、康明研究员、曹洪麟研究员，广西壮族自治区中国科学院广西植物研究所韦发南研究员和国际植物园保护联盟（BGCI）中国办公室执行主任文香英高级工程师对研究工作提供了悉心指导和帮助。广西科学院李锋研究员以及《广西科学》和《广西科学院学报》的编辑对本书的修改提出了有效的建议。研究工作还得到广西雅长兰科植物国家级自然保护区管理中心、广西木论国家级自然保护区管理中心、广西大瑶山国家级自然保护区管理中心、广西恩城国家级自然保护区管理中心、广西岑王老山国家级自然保护区管理中心、广西元宝山国家级自然保护区管理中心、广西千家洞国家级自然保护区管理中心、广西九万山国家级自然保护区管理中心、广西花坪国家级自然保护区管理处、广西银竹老山资源冷杉国家级自然保护区管理处、广西十万大山国家级自然保护区管理处、广西邦亮长臂猿国家级自然保护区管理中心、广西防城金花茶国家级自然保护区管理中心、广西弄岗国家级自然保护区管理中心、广西崇左白头叶猴国家级自然保护区管理中心、广西龙虎山自治区级自然保护区管理处、广西金钟山黑颈长尾雉国家级自然保护区管理中心、广西七冲国家级自然保护区管理中心和广西林业科学研究院等单位的支持和帮助。在本书的组稿和编写过程中，本书作者所在单位广西壮族自治区中国科学院广西植物研究所的各位领导和相关同事提供了大力支持和帮助。在此，一并致以衷心的感谢！

在本书编写过程中，作者们通力合作，进行了大量的野外调查、采样、试验、资料整理、分析和撰写，使本书得以顺利完成。在此，对他们的辛勤劳动和付出表示诚挚的感谢！本书是作者们集体努力的结晶，是大家多年来专注于广西极小种群野生植物研究和保护工作的成果总结。本书出版的目的在于让社会各界更多地了解广西极小种群野生植物资源状况和其生存所面临的主要问题以及保护对策，让人们共同关心濒危植物的命运，意识到个人的社会责任，从而投入野生植物多样性保护行动中，共同救护濒危植物，使之生生不息，发挥其应有的作用。同时，我们衷心希望本书的出版能对广西濒危植物的保护和合理开发利用起到重要的参考和指导作用，对我国濒危植物保育生物学的发展有一定的推动作用。

由于广西极小种群野生植物种类较多和涉及内容较广，加上客观条件限制及作者水平有限，本书疏漏和错误之处在所难免，敬请有关专家、同行及广大读者不吝赐教和批评指正。

韦霄

2023 年 10 月 20 日

目　录

第一部分　概　论

第二部分　广西极小种群野生植物地理分布及生境特征

第三部分　广西极小种群野生植物保护遗传学研究

第四部分　广西极小种群野生植物光合生理生态特性研究

第一部分

概　论

第一章　广西极小种群野生植物概况

中国有 30000 多种植物种类，已然成为世界上拥有丰富植物资源的国家之一，仅次于巴西和马来西亚，位居世界第三。虽然中国生物多样性较丰富，但是由于人们的过度开发、环境污染、气候变化、物种入侵和生境破坏等（Mouillot et al., 2013），中国的生物多样性正在受到前所未有的严峻挑战。我们应加强对种群数量正在逐渐减少的物种的保护，提高对濒危物种的社会关注度。在我国南方地区，受气候环境和地理位置等因素综合影响，广西、云南和海南 3 个省区的生物多样性较为丰富，但野生植物受到外来因素威胁的概率也较高（Zhang et al., 2015）。广西的野生植物资源非常丰富，在国内位居前列，植物物种多样性仅次于云南和四川。据韦毅刚等（2023）的最新统计，广西野生维管植物共有 262 科 1793 属 8221 种 57 亚种 460 变种 1 变型，其中有 349 种维管植物被列入《国家重点保护野生植物名录》。

极小种群野生植物（plant species with extremely small populations，PSESP）具体指因长期受到自身和外界因素的影响，植物种群数量逐渐减少，物种个体数量降至极少，生存环境丧失严重，分布地域狭窄，不足以满足最小可存活种群稳定存活的要求，导致极度危险，随时面临灭绝的野生植物（臧润国等，2016）。"极小种群野生植物"这一概念最早是 2005 年由云南省林业和草原科学院与云南省林业和草原局在针对各种濒危植物实施一系列保护生物多样性措施时联合提出的，但并未作出具体概述和解释。国家林业局、国家发展和改革委员会（林规发〔2012〕59 号）于 2012 年 3 月 20 日发布了《全国极小种群野生植物拯救保护工程规划（2011—2015 年）》，将极小种群野生植物拯救保护工作推向全国，其中对极小种群野生植物作出了详细的定义与解释（孙卫邦等，2022）。又于"十三五"期间启动实施了极小种群野生植物拯救保护工程，并在《中华人民共和国国民经济和社会发展第十四个五年规划和 2035 年远景目标纲要》中，明确把极小种群野生植物专项拯救纳入重要生态系统保护和修复工程。2022 年 1 月，生态环境部将极小种群野生植物列为中国生态环境评估标准中的重要物种。拯救保护极小种群野生植物，就是保护国家可持续发展的战略生物资源，对保护我国生物多样性、维持生态平衡具有极为重要的意义。

在《全国极小种群野生植物拯救保护工程规划（2011—2015 年)》中，我国将 120 种生境狭窄、种群数量稀少的野生植物列为需重点保护的极小种群野生植物，其中有 36 种国家一级保护植物、26 种国家二级保护植物、58 种省级重点保护植物，这意味着对濒危物种的保护已经迫在眉睫，亟须国家及各地方政府的广泛关注。这 120 种极小种群野生植物中，有 32 种在广西境内有分布，隶属 17 科 24 属，占全国极小种群野生植物种类的 1/4。目前，这 32 种极小种群野生植物中有 15 种为国家一级保护植物，13 种为国家二级保护植物，1 种为自治区级重点保护植物，异形玉叶金花（*Mussaenda anomala*）、弥勒苣苔（*Oreocharis mileensis*）和贵州地宝兰（*Geodorum eulophioides*）暂未被列入保护名单；有 30 种被列入《世界自然保护联盟濒危物种红色名录》，其中 10 种为极危（CR）物种，11 种为濒危（EN）物种，6 种为易危（VU）物种，1 种为近危（NT）物种，2 种为无危（LC）物种，海南风吹楠（*Horsfieldia hainanensis*）和异形玉叶金花暂未被列入（表 1–1）。虽然已确定广西境内有分布记载的极小种群野生植物有 32 种，但蕉木（*Chieniodendron hainanense*）、猪血木（*Euryodendron excelsum*）、滇桐（*Craigia yunnanensis*）和异形玉叶金花 4 个物种经我们多年调查仍未发现野外种群。另外，异形玉叶金花的分类还存在较大争议。Deng 等（2006）认为模式标本采自来宾市金秀瑶族自治县的异形玉叶金花为黐花（*Mussaenda esquirolii* Lévl.）的一种非正常变异，并将其进行了归并；而在 *Flora of China* 一书中，将异形玉叶金花处理为大叶白纸扇（*Mussaenda shikokiana* Makino）的异名。

表 1-1　广西极小种群野生植物信息

中文名	拉丁名	科属	广西主要分布地	物种濒危等级	保护等级	简介	备注
德保苏铁	*Cycas debaoensis*	苏铁科苏铁属	右江区、德保县、西市、那坡县	极危	国家一级	羽叶集生于茎顶，大型，多歧分叉，状如从近地面抽出，甚至有"四不像"之称，在植物界素有"四不像"之称；羽片深绿色，有光泽；具有观赏和科研价值	十万大山苏铁并入本种
宽叶苏铁	*Cycas balansae*	苏铁科苏铁属	东兴市、防城区、隆安县、宁明县、凭祥市	濒危	国家一级	因其叶宽大而得名；树干生长于地下；羽叶长 120～250 cm；具有观赏和科研价值	
叉叶苏铁	*Cycas bifida*	苏铁科苏铁属	崇左市、凭祥市、扶绥县、宁明县、龙州县	易危	国家一级	树干圆柱形，基部光滑，暗赤色；叶一回羽状深裂，羽片二叉状；雄球花圆柱形，具有药用、观赏和科研价值	
长叶苏铁	*Cycas dolichophylla*	苏铁科苏铁属	德保县、田东县	近危	国家一级	羽叶长 200～450 cm，剖面扁平，具 150～270 枚羽片，羽片对生，鲜绿色至深绿色，有光泽；具有观赏和科研价值	
元宝山冷杉	*Abies yuanbaoshanensis*	松科冷杉属	融水苗族自治县	极危	国家一级	植株高达 25 m；树干通直，树皮暗红褐色，不规则块状开裂；叶在小枝下部排成 2 列；球果直立，短圆柱形；具有材用和科研价值	

续表

中文名	拉丁名	科属	广西主要分布地	物种濒危等级	保护等级	简介	备注
资源冷杉	*Abies ziyuanensis*	松科冷杉属	资源县	濒危	国家一级	植株高达 25 m；树皮灰白色，树片状开裂；叶片线形，背面有 2 条粉白色气孔带；具有材用和科研价值	《广西植物名录》将其拉丁名定为 *Abies beshanzuensis* var. *ziyuanensis*
银杉	*Cathaya argyrophylla*	松科银杉属	金秀瑶族自治县、龙胜各族自治县	易危	国家一级	大枝平展，小枝节间的上端较粗或弯曲；叶片条形，多少镰状弯曲或直；为中国特有树种，具有药用、材用和科研价值	
水松	*Glyptostrobus pensilis*	杉科水松属	陆川县、浦北县、桂林市、天等县、苍梧县	极危	国家一级	植株高达 25 m；叶多形，鳞形叶叶片较厚或两面隆起，形叶叶片有气孔点，淡绿色；白色气孔点，为中国特有树种，具有药用、材用和科研价值	
单性木兰	*Kmeria septentrionalis*	木兰科单性木兰属	罗城仫佬族自治县、环江毛南族自治县	易危	国家一级	常绿乔木；植株高达 18 m；树皮灰色，花被片白色，生长繁茂，且开花结果，可作生用材树种和庭园绿化观赏树种；具有材用和科研价值	又名焕镛木；《广西植物名录》将其拉丁名定为 *Woonyoungia septentrionalis*
观光木	*Michelia odora*	木兰科含笑属	融水苗族自治县、三江侗族自治县、阳朔县、临桂区、永福县、龙胜各族自治县、苍梧县、大新县、龙州县、贺州市、钟山县等	易危	自治区重点	植株高达 25 m；新枝、芽、叶柄、叶片背面均密被褐色柔毛；花期较长，具有材用、观赏和科研价值	《广西植物名录》将其拉丁名定为 *Tsoongiodendron odorum*

续表

中文名	拉丁名	科属	广西主要分布地	物种濒危等级	保护等级	简介	备注
蕉木	*Chieniodendron hainanense*	番荔枝科 蕉木属	合浦县、龙州县、宁明县	易危	国家二级	植株高达16 m;花黄绿色;花期4~12月;蕉木属在中国仅此一种;具有观赏和科研价值	目前在广西没有发现其野生种群;《广西植物名录》将其拉丁名定为 *Oncodostigma hainanense*
海南风吹楠	*Horsfieldia hainanensis*	肉豆蔻科 风吹楠属	防城区、大新县、龙州县、宁明县、田阳区	数据缺乏	国家二级	植株高达15 m;叶片长圆形至长圆状卵圆形;叶片披针形;叶生长快,木材结构粗糙,具有材用,观赏和科研价值	又名滇南风吹楠、大叶风吹楠;《广西植物名录》将其拉丁名定为 *Horsfieldia kingii*
凹脉金花茶	*Camellia impressinervis*	山茶科 山茶属	龙州县、大新县	极危	国家二级	树形较矮小,但叶和花均较大;侧脉、网脉在腹面叶片主脉均明显下凹,使叶片凹凸不平,形态奇特;花淡黄色,颇素丽,具有药用、观赏和科研价值	
顶生金花茶	*Camellia pingguoensis* var. *terminalis*	山茶科 山茶属	天等县	濒危	国家二级	花单生于小枝顶端,为金花茶组植物中形态特殊的一种;花瓣7~9片,黄色;具有药用、观赏和科研价值	
毛瓣金花茶	*Camellia pubipetala*	山茶科 山茶属	隆安县、大新县	濒危	国家二级	枝干、叶柄、叶片背面均被毛;具有较大的叶和花;具有药用、观赏和科研价值	

续表

中文名	拉丁名	科属	广西主要分布地	物种濒危等级	保护等级	简介	备注
猪血木	*Euryodendron excelsum*	山茶科 猪血木属	平南县、巴马瑶族自治县	极危	国家一级	植株高大挺直；木材结构细致，不裂不挠，心材美观，非常适合用于建筑和造船；具有材用、观赏和科研价值	目前在广西没有发现其野生种群
狭叶坡垒	*Hopea chinensis*	龙脑香科 坡垒属	龙州县、防城区、上思县、宁明县	濒危	国家二级	树皮灰黑色、平滑，花瓣椭圆形、扭曲，被黄色色长革毛；木材质地坚硬，耐腐力强，有"万年木"之称；具有材用和科研价值	
广西青梅	*Vatica guangxiensis*	龙脑香科 青梅属	那坡县	濒危	国家一级	幼枝、嫩叶、花序、花被片及果均被密被黄褐色或褐红色；花瓣淡红色或稍带淡紫红色；果近球形；具有材用和科研价值	
滇桐	*Craigia yunnanensis*	椴树科 滇桐属	靖西市、那坡县	濒危	国家二级	落叶乔木；叶片椭圆形；聚伞花序腋生，花序高极为滇桐属为椴树属；具有极高的观赏和科研价值	目前在广西没有发现其野生种群
广西火桐	*Erythropsis kwangsiensis*	梧桐科 火桐属	来宾市、大新县、田阳县、靖西市、那坡县、都安瑶族自治县、巴马瑶族自治县、环江毛南族自治县	极危	国家一级	植株高达10 m；小枝无毛；叶片广卵形或近圆形；花序聚伞状；具有观赏、材用和科研价值	《广西植物名录》将其拉丁名定为*Firmiana kwangsiensis*

续表

中文名	拉丁名	科属	广西主要分布地	物种濒危等级	保护等级	简介	备注
扣树	*Ilex kaushue*	冬青科冬青属	武鸣区、大新县、宾阳县、马山县、上林县	无危	国家二级	植株高达 8 m；枝干褐色；聚伞状圆锥花序，花期 5~6 月；具有药用、观赏和科研价值	苦丁茶并入本种；《广西植物名录》将其拉丁名定为 *Ilex kudingch*
藤椇木	*Bhesa robusta*	卫矛科藤椇木属	北海市、东兴市	无危	国家一级	植株高达 10 m；枝干紫色；花小，黄绿色；叶色油亮，叶脉美观；优美，具有观赏和科研价值	
喙核桃	*Annamocarya sinensis*	胡桃科喙核桃属	罗城仫佬族自治县、凌云县、永福县、龙胜各族自治县、巴马瑶族自治县、东兰县、南丹县	濒危	国家二级	植株高达 15 m；树皮灰白色至灰褐色；叶不开裂，常不开裂；椭圆形至长椭圆形披针形；木材质地坚韧；具有食用和科研价值	
紫荆木	*Madhuca pasquieri*	山榄科紫荆木属	梧州市、钦州市、防城港市、南宁市、玉林市、崇左市	易危	国家二级	植株高达 30 m；叶互生；具乳汁；树皮灰黑色，散生或簇生有皮孔；十分枝顶端，花绿色；活血通淋功效；具有药用、材用、食用和科研价值	
异形玉叶金花	*Mussaenda anomala*	茜草科玉叶金花属	金秀瑶族自治县	数据缺乏	暂无评级	植株高 1~3 m；嫩枝密被短柔毛；叶对生；聚伞花序顶生；花瓣白色；花期 5~7 月；具有观赏和科研价值	目前在广西未发现其野生种群
瑶山苣苔	*Oreocharis cotinifolia*	苦苣苔科瑶山苣苔属	金秀瑶族自治县	极危	国家二级	多年生草本；花冠近钟状，淡紫色或白色，外面被短柔毛；花期 5~7 月；瑶山苣苔属为我国特有单种属，具有药用、观赏和科研价值	

续表

中文名	拉丁名	科属	广西主要分布地	物种濒危等级	保护等级	简介	备注
弥勒苣苔	Oreocharis mileensis	苦苣苔科马铃苣苔属	隆林各族自治县	濒危	暂无评级	根茎短；叶片椭圆形或长圆状椭圆形，花冠紫色，外面被腺状短柔毛；具有观赏和科研价值	《广西植物名录》将其拉丁名定为 Paraisometrum mileense
报春苣苔	Primulina tabacum	苦苣苔科报春苣苔属	贺州市、苍梧县	濒危	国家二级	株形优美，花紫色，花期较长；有朴实、止咳、止血等功效，具有药用、观赏和科研价值	
贵州地宝兰	Geodorum eulophioides	兰科地宝兰属	乐业县	极危	暂无评级	黔桂交界地区特有兰科物种；花玫红色，花期较长，是重要的观赏和科研价值和种质资源	
白花兜兰	Paphiopedilum emersonii	兰科兜兰属	金城江区、环江毛南族自治县、罗城仫佬族自治县、都安瑶族自治县、大化瑶族自治县、宜州区	极危	国家一级	叶片有光泽；萼片和花瓣均为乳白色，洁白高雅，带有清淡香味，具有观赏和科研价值	
海伦兜兰	Paphiopedilum helenae	兰科兜兰属	靖西市、龙州县、那坡县	极危	国家一级	花形奇特；花色庄重，花期较长；具有观赏和科研价值	又名巧花兜兰
罗氏蝴蝶兰	Phalaenopsis lobbii	兰科蝴蝶兰属	那坡县、隆安县	濒危	国家二级	花朵大而美丽，萼片和花瓣均为乳白色，合蕊柱白色，花期4～5月；具有观赏和科研价值	常用名为洛氏蝴蝶兰

广西政府十分重视极小种群野生植物拯救保护工作，2012年广西壮族自治区林业厅出台了《广西极小种群野生植物拯救保护项目实施方案》；2022年9月1日起，广西开展"野生动植物保护宣传月"主题宣传活动，聚焦广西极小种群野生植物保护工作，积极进行资源冷杉（Abies ziyuanensis）、元宝山冷杉（Abies yuanbaoshanensis）、苏铁等濒危植物的回归和迁地保护工作，加大珍稀植物保护的宣传力度，加深大众对极小种群野生植物的了解程度，强化他们的保护意识。通过实施中央财政林草科技推广示范项目、广西林草科技推广示范项目等，广西极小种群野生植物的就地保护、迁地保护和回归引种工作得以有效开展，并取得大量成果和显著成效。

近年来，广西壮族自治区林业局积极实施元宝山冷杉、资源冷杉、毛瓣金花茶（Camellia pubipetala）、广西青梅（Vatica guangxiensis）、瑶山苣苔（Oreocharis cotinifolia）、贵州地宝兰、广西火桐（Erythropsis kwangsiensis）和海南风吹楠等极小种群野生植物的拯救繁育工程，使这些野生植物种群持续扩大，生境有效改善，保护效果十分明显。解决了元宝山冷杉、资源冷杉等珍稀濒危植物花期不遇、传粉率低等繁育障碍问题，实现批量人工育苗，其中，元宝山冷杉人工育苗8000多株，资源冷杉人工育苗1000多株。同时积极开展资源冷杉、贵州地宝兰、广西火桐、银杉（Cathaya argyrophylla）、凹脉金花茶（Camellia impressinervis）、毛瓣金花茶、白花兜兰（Paphiopedilum emersonii）等极小种群野生植物的迁地保护工作和元宝山冷杉、资源冷杉、狭叶坡垒（Hopea chinensis）、德保苏铁（Cycas debaoensis）、海南风吹楠、膝柄木（Bhesa robusta）和白花兜兰等极小种群野生植物的野外回归引种工作。2021年3月31日，"植物活化石"资源冷杉野外回归（第一期）活动在广西银竹老山资源冷杉国家级自然保护区举行，由广西壮族自治区中国科学院广西植物研究所（以下简称广西植物研究所）在广西银竹老山资源冷杉国家级自然保护区培育的80株6年生和3年生资源冷杉苗木实现野外回归；广西植物研究所还系统开展了回归后苗木抚育方法的试验与探索，经过2年的精心管理，回归的苗木长势良好，存活率超过90%。2022年5月26日，广西举行濒危植物元宝山冷杉野外回归活动，广西壮族自治区林业局相关处室、柳州市林业和园林局、广西植物研究所、融水苗族自治县人民政府等相关单位的领导及专家在元宝山海拔1500 m的区域野外回归种植了100株培育6年树龄的元宝山冷杉幼苗。2022年9月23日，膝柄木在钦州市钦廉林场平银分场红石工区实现了约1000株野外回归。2023年3月31日，海南风吹楠和狭叶坡垒在广西防城金花茶国家级自然保护区上岳保护站实现全国首次原生境野外回归，共320株海南风吹楠和200株狭叶坡垒完成野外回归种植。对极小种群野生植物进行回归引种保护，不断提升其自我维持能力和遗传多样性，有助于恢复、扩充其种群数量，实现种群在野外的可持续生存，大大提高了广西极小种群野生植物的保护能力，有效地推动了广西极小种群野生植物拯救保护工作。2023 年 7 月，《广西壮族自治区野生动物保护条例》正式实施，野生动植物保护宣传月被纳入其中，旨在让更多民众参与到野生动植物保护宣传活动中，了解野生动植物保护的情况。如今，越来越多的民众增强了对野生动植物的保护意识，以实际行动珍爱野生动植物，保护我们共同的绿色家园。

第二章　广西极小种群野生植物研究进展

一、保护遗传学研究

保护遗传学是以种群为基本研究单位，运用遗传学原理和方法，进行生物多样性尤其是遗传多样性的研究和保护的一门学科。遗传多样性是生物多样性的基础和最重要的部分，广义的遗传多样性是指生物界所有遗传变异的总和；狭义的遗传多样性是指种内基因的变化，包括种内显著不同的种群间或同一种群内的遗传变异，也称基因多样性。保护生物多样性的最终目的是要保护其遗传多样性。保护遗传学研究在查明濒危植物的种群遗传结构和遗传变异、探讨濒危植物遗传多样性及濒危和绝灭的关系等方面起着非常重要的作用。通过深入发掘广西极小种群野生植物的遗传背景并对其遗传多样性进行评估，可准确地探索出更具有科学性和针对性的保护策略。广西极小种群野生植物保护遗传学研究主要集中在白花兜兰、凹脉金花茶、毛瓣金花茶、元宝山冷杉、广西火桐、水松（*Glyptostrobus pensilis*）和海南风吹楠等物种上。秦惠珍等（2022）使用简单序列重复区间（ISSR）分子标记技术分析白花兜兰 8 个野生种群的遗传多样性，发现其遗传多样性属于中等水平，遗传变异主要发生在种群中的个体之间，其中环江木论兰花山种群和环江木论峒炼山种群遗传多样性较高，可作为优先选育种群。陈莹等（2022）基于 TrnL–F 与 ISSR 对凹脉金花茶与其他 3 个近缘种金花茶（*Camellia nitidissima*）、显脉金花茶（*Camellia euphlebia*）、东兴金花茶（*Camellia tunghinensis*）进行鉴别，通过 ISSR 分析可准确鉴别出 4 份凹脉金花茶样本，从遗传角度可鉴别凹脉金花茶和其他 3 个近缘种。柴胜丰等（2014）采用 ISSR 分子标记技术对毛瓣金花茶 6 个自然种群的遗传多样性进行分析，发现毛瓣金花茶较高的遗传多样性和较低的遗传分化程度可能与其异交型繁育系统和鸟类传粉有关。韦范等（2014）应用叶绿体微卫星标记（cpSSR）技术，发现元宝山冷杉的单倍型数（N_o）、有效等位基因数（N_e）和期望杂合度（H_e）均较低，分别为 N_o=9、N_e=3.28、H_e=0.70，表明其叶绿体遗传多样性较低，应开展并极度重视对其的保护工作。骆文华等（2015）通过比较广西火桐自然种群和迁地保护种群的遗传多样性，发现其自然种群间存在一定程度的遗传分化（遗传分化系数 G_{st}=0.7319），种群间变异占主导地位；合并后的自然种群的多态位点百分率（PPB）为 85.00%，Nei's 基因多样性指数（H）为 0.2841，香农信息指数（I）为 0.4285，均分别高于迁地保护种群的 31.67%、0.1188 和 0.1757，表明广西火桐迁地保护种群的遗传多样性较低，未能涵盖整个种群。马思妤（2020）筛选出水松 SRAP-PCR 最优反应体系和引物，对种源及其未成熟胚培养所得的子代种群进行遗传多样性研究，发现其种源种群之间的变异程度与其子代种群的相比更低，子代个体之间的变异相似性差异较大，通过水松未成熟胚培养所得的子代种群可以使遗传多样性提高，促进水松种群繁育。蔡超男等（2021）采用简化基因组测序技术（RAD-seq）开发单核苷酸多态性（SNP），探究海南风吹楠的遗传多样性，发现海南鹦哥岭国家级自然保护区和海南霸王岭国家级自然保护区的海南风吹楠种群遗传多样性较高，建议就地保护，而海南俄贤岭省级自然保护区和海南吊罗山国家级自然保护区的种群遗传多样性较低，且生境受破坏严重，建议及时进行迁地保护。申仕康等（2012）对猪血木人工繁殖幼苗的遗传多样性进行研究，用非加权组平均法（UPGMA）聚类将 7 个种源的幼苗划分为 3 支，不同种源间幼苗的遗传距离（GD）与种源地理距离存在显著相关性（$P < 0.05$），说明不同种源的猪血木人工繁殖幼苗仍保持较高的遗传多样性。王艇等（2005）应用随机扩增多态性 DNA（RAPD）标记分析了广东省阳春市八甲镇猪血木种群全部 14 个个体的遗传变异和进化关系，发现其还保留有比较丰富的遗传多样性，并根据分析结果讨论了对于该种群的管理和保护策略。

二、生态学特性研究

通过探讨植物之间以及植物与生态环境之间的关系，了解植物的生态学特性，可以科学掌握植物种群发展规律，摸清极小种群野生植物濒危原因，为开展有效保护工作提供理论依据。张央等（2022）通过对贵州地宝兰的生态位宽度和生态位重叠进行分析，发现贵州地宝兰种群草本层种间分布松散，但与少数种类之间竞争较大，宜就地保护。海伦兜兰（*Paphiopedilum helenae*）适宜生长于阴凉温暖地区，忌高温潮湿，生境较为良好，群落组成种类多样（唐凤鸾等，2022）。白花兜兰普遍生长于阴凉的岩壁之上，且较为喜欢潮湿环境，保护区内的种群生长较为良好，保护区外的种群所处生境受破坏严重（唐凤鸾等，2021）。覃文渊等（2012）运用群落学的调查方法，发现广西木论国家级自然保护区内有 7 个白花兜兰分布区共 280 丛，主要聚集群居于石灰岩常绿落叶阔叶林中陡峭岩壁的石缝穴淋溶黑色石灰土上，所依存的群落结构复杂多样，生存环境恶劣、种子繁殖率低等都是白花兜兰濒危的主要原因。覃龙江等（2013）认为白花兜兰是一种非常特殊的阴生植物，其生境的太阳辐射和日照时数与生境的森林郁闭度、坡向和地形密切相关。在调查贵州茂兰国家级自然保护区野生白花兜兰种群资源时，发现野生白花兜兰共计有 6 个群居 49 丛 306 株（覃龙江等，2012）。罗氏蝴蝶兰（*Phalaenopsis lobbii*）十分稀少，对温度、光照及空气湿度均有一定要求，喜与常绿阔叶林群落植物共存（黄歆怡等，2020）。戴月等（2008）发现有顶生金花茶（*Camellia pingguoensis* var. *terminalis*）种群分布的崇左市天等县福新乡环境湿润阴凉，土壤富含有机质、钙、氮等元素且生境受破坏较少，有利于顶生金花茶种群的生长。猪血木种群数量逐渐衰退，虽然幼苗数量丰富，但是生长成小树和中树的较少，种群更新困难，其中人为干扰可能为主要影响因素（魏雪莹等，2020）。李娟等（2016）在调查广西崇左叉叶苏铁（*Cycas bifida*）种群结构特征和分布时发现，叉叶苏铁幼苗个体比例较大（其中一级、二级幼苗数占总个体数的 59.17%），种群结构呈金字塔形，属于增长型种群，种群结构比较稳定；种群内开花植株少，仅发现 5 株开花，未见结实个体；叉叶苏铁种群分布格局呈聚集型，这与叉叶苏铁的生物学和生态学特性密切相关，同时还受到生境异质性影响。瑶山苣苔主要生长在林下岩壁上，喜好阴凉湿润的环境，种间竞争小，在空间上易发生生态位分离，从而促进其与其他物种的共存（王玉兵等，2015）。李晓笑等（2012）发现元宝山冷杉和资源冷杉对生长环境要求较高，常生长于低温高湿处，低温或极端低温及湿度对其分布的影响较大，且影响依次减弱，随着其生境进一步萎缩，迫切需要进行迁地保护。单性木兰（*Kmeria septentrionalis*）种群分布较为聚集，种群结构呈倒 J 形，幼苗数量较多，种群更新较快，其分布状况与喀斯特生境的影响存在紧密联系（汪国海等，2021）。海南风吹楠种群结构呈倒 J 形，其主要濒危原因为生长成小树的幼苗较少，幼苗存活率低，应适度进行人工辅助繁育，加强物种基因交流（蒋迎红等，2017）。赖碧丹等（2020）发现 8 种广西特有报春苣苔属植物在野外及人工环境下花期、单株开花量、单花开放持续时间存在显著差异，花冠半开放至完全开放阶段的花粉活性最高，均在 90% 以上；花冠完全开放阶段的柱头可授性最强。缪绅裕等（2013）用自动记录仪对广东省连州市星子镇上柏场村报春苣苔（*Primulina tabacum*）种群所处生境的气温（T_{air}）、相对湿度（RH）进行为期 1 年的监测，发现报春苣苔虽要求石灰岩生境，但对不同生态因子仍具一定适应性。李春波等（2018）在广东省连州市星子镇寨背磊村石灰岩洞口调查报春苣苔，发现其附近生长植物各具鲜明特色，建议纳入自然保护区管理。广西木论国家级自然保护区单性木兰群落乔木层主要种群总体种间关联性呈正相关，灌木层和草本层的则呈负相关（金俊彦等，2013）。单性木兰开花物候与气象因子具有相关性，与 T_{air} 及前期积温呈显著负相关，始花期前 1 个月、始花期前 3 个月平均气温每升高 1℃，其始花期就提前 1.3 ~ 2.4 d，同时降水量和 RH 对花期物候均具有显著影响（覃文更等，2012）。赖家业等（2007）发现单性木兰雄株和雌株在花期物候上存在差异，昆虫为其主要的花粉传播媒介，但其传粉昆虫种类少和访花频率低是其结实率低的主要原因。李晓东等（2015）发现单性木兰林区土壤动物类群和个体数量垂直分布具有表聚性特征，但不是严格的逐层递减，且随季节变化有所波动。马晓燕等（2003）调查分布于百色市德保县扶平乡的德保苏铁种群特征，发现该时期其种群数量与成年植株数量骤减，种群年龄结构趋于幼年化。周志光等（2020）对江西南风面国家级自然保护区资源冷杉种群进行调查，发现其年龄结构不完整，Ⅴ级立木缺失，种群存活曲线呈凹形，Ⅳ级立木的死亡率为 100%，成为该保护区资源冷杉种群极度濒危的证明。欧祖兰等（2002）认为元宝山冷杉群落主要为亚热带性质，乔木层的优势区系成分相当稳定，具其样地物种多样性水平均较高，表明该群落是一个处于稳定地位的顶级群落。骆文华等（2010）采用样地调查法，发现广西火桐群落结构复杂，可分为乔木层、灌木层和草本层，层间植物丰富，广西火桐在乔木层中处于单优势种地位，由于人类活动的干扰，群落表现出明显的次生性质。广西的海南风吹楠群落具有从热带向亚热带过渡的性质，以草本植物种类最多，乔木层以常绿树种占优势（蒋迎红等，2016）。戴月等（2011）采用样地调查和统计分析方法，对在崇左市大新县福隆乡和南宁市隆安县龙虎山 2 个典型分布区的毛瓣金花茶的生境特征、种群结构及开花情况等进行比较研究，发现福隆乡毛瓣金花茶种群所在的苹婆（*Sterculia monosperma*）群落结构较简单，郁闭度低，人为干扰较频繁，种群的营养生长受限，种群结构简单、年龄偏小，但其生殖生长良好，开花年龄早，灌木层植株的开花率和开花量高于龙虎山种群；龙虎山种群所在的苹婆＋米扬噎（*Streblus tonkinensis*）群落结构和层次较复杂，郁闭度高，种群营养生长旺盛，结构更加复杂和稳定，树龄偏大，然而其生殖生长受限，开花年龄晚，灌木层植株开花率低、开花量小。黄仕训等（2008）发现狭叶坡垒群落结构复杂，可分为乔木层、灌木层和草本层 3 个层次，层间植物丰富，群落生活型以高位芽植物为主，群落外貌主要由中小型为主的常绿高位芽植物所决定。莫耐波等（2012）对瑶山苣苔伴生群落进行调查，发现其表现出较高的物种多样性，各项物种多样性指数排序为乔木层＞灌木层＞草本层。猪血木种群幼年个体丰富，中老年个体相对较少，受环境因素和人为干扰的影响，种群在第Ⅱ级出现死亡高峰，且只有少量幼年个体能进入成年阶段，个体平均生存能力的期望在第Ⅳ级最大，种群存活曲线属于 Deevey-Ⅲ 型，猪血木种群表现为稳定型种群（申仕康等，2008）。

三、生理生态学研究

植物生理生态学是研究生态因子与植物生理现象之间关系的一门学科，它从生理机制上探讨植物与环境的关系、物质代谢与能量流动规律以及植物在不同的环境条件下的适应性。主要研究植物取得资源以及将资源用于生长、竞争、生殖和保护的结构及生理机理，在很大程度上借助生态系统生态学、微气象学、土壤学、植物生理学、生物化学和功能解剖学等学科的研究知识。绿色植物的光合作用是生态系统中能量流动的重要环节，是形成初级生产量和次级生产量的基础，植物形态结构和生长发育的各种特点都与光合作用有直接或间接的联系。光是影响植物生长发育和生存的重要环境因子之一，被认为是植物群落特别是森林演替过程中促进物种替代的主要因素。光合作用决定了植物吸收的能量和有机物积累的数量，是其他生理过程和生命活动的基础，并与植物生长、发育和存活密切相关。对植物光合生理生态特性进行研究可以为进一步阐明植物生存和分布的内在机制提供理论依据，了解植物的光合生理生态特性，可为植物的引种驯化和资源保护提供参考依据。因此，植物生理生态学的研究中有相当一部分集中在对植物光合生理生态特性的研究。光合生理生态特性是植物生理生态学研究的重要内容之一。史艳财等（2020）发现在一定范围内，喙核桃（*Annamocarya sinensis*）的净光合速率（P_n）随光合有效辐射（*PAR*）的增强而快速升高，其最大净光合速率（P_{max}）为 10.17 µmol·m^{-2}·s^{-1}，P_n 与 *PAR*、T_{air}、叶片温度（LT_{air}）均呈正相关关系，与大气 CO_2 浓度（C_a）和 *RH* 均呈负相关关系，在开展人工辅助繁育的过程中可将其置于阳光充裕的环境中。通过对比贵州地宝兰在 8%、20%、45% 和 100% 4 种不同程度自然光照下的光合特性，发现 20% 的光照强度最适合其生长，在保育引种以及回归保护时可适当进行遮阳处理，创造较为适宜的生存环境（许爱祝等，2022）。施慧媛（2020）发现随着光照强度的降低，瑶山苣苔的 P_n、蒸腾速率（T_r）和气孔导度（G_s）显著提高，同时初步做了回归实验进行验证，发现低光照强度较高光照强度更适合瑶山苣苔生长发育。观光木（*Michelia odora*）幼苗在轻度遮光（透光率 73%）条件下，各形态指标均优于其他光照处理，叶绿素总含量、游离脯氨酸含量与郁闭度均呈正相关关系，P_n、可溶性糖、可溶性蛋白含量与郁闭度均呈负相关关系，可见透光率73%的光照处理为观光木幼苗生长最适条件（陈凯等，2019）。梁开明等（2010）发现空旷地午间时段，PAR 的增强伴随着 RH 的显著下降，此时报春苣苔的 P_n 受光抑制和气孔限制的影响而下降。岩洞生境下报春苣苔的 P_n 没有受到抑制，但其 P_n 和光合碳水化合物生成速率均较低，岩洞内光照缺乏是限制其光合碳同化的原因之一。同一环境因子在不同生境下对报春苣苔 P_n 的影响也有所不同：在空旷地强光生境下，RH 的适度增加有利于降低过高的饱和水汽压差（VPD），促进气孔开放而提高 P_n。而在岩洞低光条件下，过高的 RH 则会使 VPD 降低而不利于叶片的气体交换，使光合作用受影响。毛世忠等（2010；2011）发现影响广西火桐叶片 P_n 的主要生理因子是 T_r，主要生态因子是 PAR 和 RH，可通过增加透光度、适当浇水等措施来调节 T_r，提高 P_n，促进苗木快速生长。生长于园土上的苗木在各项生长指标、生物量指标及 P_n 上均优于生长于石灰土和酸性红壤上的苗木，达到极显著水平。柴胜丰等（2013）研究发现随着光照强度的升高，毛瓣金花茶叶片 P_{max}、表观量子效率（AQY）和光饱和点（LSP）均降低，光补偿点（LCP）升高，其中在 10% 和 25% 光照强度处理下的 P_{max} 和 AQY 显著高于在 50% 和 100% 光照强度处理下的。莫凌等（2009）认为 PAR 是狭叶坡垒光合作用和蒸腾作用的主要影响因子，光照不足、水分利用效率（WUE）低是其生长缓慢的重要原因。

四、繁殖技术研究

（一）常规繁殖技术研究

广西极小种群野生植物面临着种群数量减少、生境丧失等严峻挑战，然而其所具备的经济效益、科研价值、药用价值、观赏价值不容小觑。因此需要人工辅助繁殖，增加其个体和种群数量，从而推动其种质资源的保护和开发利用工作，缓解极度濒危趋势。

黄展文等（2021）对广西凹脉金花茶扦插繁育技术进行优化，提高其扦插的生根率，发现红壤＋河沙的扦插基质促生根效果较佳，而提前采用 1000 mg/L ABT 生根粉处理的生根率高达 80%。唐文秀等（2009）采用播种、扦插、嫁接、空中压条 4 种方法分别对凹脉金花茶和东兴金花茶进行繁殖，发现二者的种子播种发芽率均在 85% 以上；6月扦插比2月扦插的生根率高20%～30%；嫁接繁殖以10月为宜，凹脉金花茶10月嫁接的成活率在70%以上；凹脉金花茶和东兴金花茶采用空中压条繁殖方式均容易生根，且可加快成苗的速度。柴胜丰等（2012）通过正交试验设计，发现激素种类为萘乙酸（NAA），激素浓度为400 mg/L，浸泡时间为8 h，插条留叶为2片，扦插基质为河沙时，毛瓣金花茶扦插的生根效果最好。冯源恒等（2020）成功以油杉（keteleeria fortunei）为砧木，对资源冷杉和元宝山冷杉进行跨属异砧嫁接繁育，成功构建种质资源信息数据库，促进珍稀物种的无性繁殖研究。卢清彪等（2020）发现泥炭土为狭叶坡垒幼苗生长最佳培养基，蕈蚊为其主要传粉昆虫。张卫等（2021）成功建立水松高效无性繁殖体系，经过种子收集、水洗法种质筛选、润砂层积催芽法出芽诱导等一系列优化，进一步提高水松的繁殖能力。余东阳等（2023）对异形玉叶金花采用盆播育苗繁殖，选用成活率和发芽率均较高的森林腐殖质土为基质，发现当年种子的生命力最旺盛，发芽率高至74.0%～89.0%，且苗木生长高峰期为9月至10月中下旬。余永富等（2021）在秋季大田中采用扦插育苗技术对异形玉叶金花进行繁育，发现加盖双层塑料薄膜及遮阳网是在秋冬季节成功繁育异形玉叶金花的技术关键，保温效果更佳，成活率为57.00%～74.08%，而使用单层塑料薄膜保温性能较差，会出现冻死现象。钟国贵等（2016）使用容器育苗技术，成功繁育380多株膝柄木，成活率高达92%，技术关键在于出芽阶段只需保证基质湿润，忌过分潮湿，同时注意保温遮阳，虫害防治，做好炼苗工作，使苗木提前适应自然环境。苏付保（2016）发现0.5%复合肥+0.5%活性肥可显著促进膝柄木苗高和地径的生长。王莉芳等（2014）发现德保苏铁种子在20～35℃均有不同程度的萌发，其中在25℃、30℃时萌发率较高，分别为86.67%、93.33%；在使用不同的浸泡水温和贮藏方式处理后均有不同的萌发率，说明德保苏铁种子萌发条件较宽泛，这些条件受影响不是德保苏铁濒危的主要原因。许恬（2018）介绍了德保苏铁种子繁育及苗期养护技术要点，适用于苗圃大量繁殖，以期对德保苏铁回归及德保苏铁在园林上的推广应用提供帮助。曹基武等（2010）发现用不同激素处理银杉种子对种子的发芽有一定的促进作用，其中以吲哚乙酸（IAA）表现最好，特别是100 mg/L浓度的IAA能让种子发芽率提高30.30%，效果明显；但随着贮藏时间延长，由于银杉种子自身活力丧失迅速，激素浸泡处理效果并不显著。寸德山等（2018）总结了珍稀濒危植物滇桐的种子采集时间、方法、育苗程序、苗期管理等信息，为滇桐的繁育与保护提供科学参考。池毓章（2007）发现冬播观光木比春播效果好，采用沙藏可促进种子提早萌发和提高场圃发芽率，播种密度在60株/m²较好。

段左俊等（2018）发现用 0.1% 的恶霉灵消毒，再用室温（20℃）的水浸泡 12 h，以河沙为基质，给予适当的温度，可以有效提高观光木种子的发芽势和发芽率；而通过药剂处理均会不同程度地损伤种子，降低发芽率。缪林海（2002）发现在对观光木高龄植株进行扦插时，将插穗基部双削处理，采用 1% 双氧水处理，采用 1.5×10^{-4}ABT 1 号生根粉处理以及采用沙壤作为基质扦插均能使成活率较高。观光木容器育苗使育苗成本降低，更加科学的苗期管理可有效避免病虫害（卓先习等，2013）。欧斌等（2017）在观光木实生苗培育中总结出适时采种，沙藏处理种子，选择土壤较肥、RH 相对较高的育苗地培育苗木，加强幼苗的水肥管理是提高观光木实生苗苗木品质的关键技术。骆文华等（2015）研究发现广西火桐最适宜的扦插时间是 4 月；采用去叶的 1 年生枝为插穗，以 1000 mg/L 吲哚丁酸（IBA）激素处理 20 s 后插于以河沙为基质的插床中，郁闭度为 70%，成活率最高。广西火桐种子对外在萌发条件要求不高，无休眠期，宜随采随播，培育广西火桐幼苗的基质以园土最好（骆文华等，2011）。杨洪（2008）从圃地选择与作床、采集穗条、扦插方法、浇水保湿等方面详细描述了苦丁茶的扦插繁殖方法，操作简单，见效快，成活率高，推广性强。陈政宏（1997）采用全光照喷雾扦插技术繁殖苦丁茶苗，插穗用 ABT 生根粉浸泡处理，扦插密度 250 株 /m²，生根率 33% ～ 72%，可全年扦插，移入营养袋后成活率达 90%，当年扦插育苗可达到成苗出圃标准。刘国民（1998）研究发现浓度 200 mg/L NAA 对苦丁茶树插穗生根的促进效果最佳，每插穗具 2 个节为宜，在相同条件下，每片叶剪去 1/3 再插穗的，其发根能力最强。李博等（2008）以水松 1 年生或 2 年生实生苗顶部枝条为插穗，用 2000 mg/L IBA速蘸处理 30 s 或用 100 mg/L NAA 浸泡插穗基部 2 h，然后扦插在混合基质（草炭∶珍珠岩=7∶3，体积比）中，可以获得较为理想的结果，扦插成活率 85% 以上。李建凡等（2014）探究 NaCl 溶液对紫荆木（*Madhuca pasquieri*）种子的萌发作用，无浓度和低浓度（50 mmol/L）条件最适合种子萌发，高浓度对种子萌发产生不利影响。宾耀梅等（2015）发现紫荆木芽苗切根处理保留胚根长 2 ～ 4 cm，不仅成活率最高，紫荆木根系及植株的生长量也最大。为促进极小种群野生植物繁育，寻找和搭配最佳的外源激素，人工辅助植物生长成为主要保护工作之一。韦存瑞等（2023）将不同浓度的细胞分裂素 6–BA 喷施于低温弱光处理下的观光木幼苗，发现一定浓度的 6–BA 有助于缓解低温弱光对观光木幼苗带来的威胁。唐新瑶等（2022）通过观光木幼苗正交实验发现尿素、过磷酸钙、氯化钾处理组，且用量分别为 2.586 g、16.875 g、0.833 g 为其最佳组合，在适当的施用下，可以促进幼苗生长，加快生理代谢，增强光合作用。

亢亚超等（2020）发现对观光木幼苗施加适当浓度的磷有促进生长发育的作用，且施加适量的磷可缓解铝对幼苗的胁迫，其浓度最佳为50 μmol/L。付晓凤等（2018）对海南风吹楠使用正交实验方法，用尿素、过磷酸钙、氯化钾处理，得出结论为每株最佳用量分别为3.80 g、0.48 g、1.46 g，处理组与处理组各项生理指标有较大差异，且有一定促进和改善作用。赖家业等（2008）发现以200 mg/L（赤霉素）（GA3）处理48 h单性木兰种子的萌发效果最好，发芽率达61.1%，而以浓硫酸和80℃的热水浸种处理则会损伤种胚，抑制种子发芽。田淑娟等（2010）探讨了单性木兰在胁迫条件下的种子发芽特性，在温度为15～20℃、土壤pH值为7.0～7.5、清水中不含Ca⁺的条件下发芽率最高。

（二）组织培养快繁技术研究

植物的组织培养指从植物体中分离出符合需要的组织、器官或细胞甚至原生质体等，通过无菌操作，在无菌条件下接种在含有各种营养物质及植物激素的培养基上进行培养以获得再生的完整植株或生产具有经济价值的其他产品的技术。植物细胞组织培养农业工厂化育苗的发展方向，同时也为濒危植物的保护工作提供重要的繁殖技术。为植物材料提供适宜的培养基和生长条件，可以大量节省培育时间及人力、物力、财力消耗。

李秀玲等（2019）通过海伦兜兰组织培养，采取无菌播种的方式形成原球茎和根茎，再诱导分化出芽生根培育成完整植株，为海伦兜兰的培育提供成本更低、更快速简便的方法。杨梅等（2017）在对单性木兰诱导不定芽及愈伤组织的启动培养中发现，种子外植体在37% NaClO 10 min+0.1% HgCl$_2$ 10 min条件下的消毒效果最佳，带有腋芽的茎段作为外植体在75% 乙醇50 s+0.1% HgCl$_2$ 18 min条件下消毒效果最好，污染率为9%；培养基MS+6–BA 2.0 mg/L+KT 2.0 mg/L+2, 4–D 0.5 mg/L可以诱导腋芽和愈伤组织的生长，启动率为70%。付传明等（2010）使用诱导培养基（MS+6–BA 1.0 mg/L+IBA 0.05 mg/L+3% 蔗糖）、增殖培养基（MS+6–BA 3.0 mg/L+IBA 0.5 mg/L+0.1% 活性炭+3% 蔗糖）、壮苗培养基（MS+6–BA 2.0 mg/L+IBA 0.5 mg/L+0.1% 活性炭+3% 蔗糖）、生根培养基（1/2MS+IBA 1.0 mg/L+0.1% 活性炭+2% 蔗糖）等培养基各加0.6% 琼脂，在pH值为5.8的条件下对广西火桐进行组织培养和植株再生。罗玉婷等（2012）研究发现贵州地宝兰的组织培养最适生根的生长调节剂组合是BA 2 mg/L+NAA 2 mg/L，培养周期为100 d。王树芝等（2009）将冬青苦丁茶树外植体在MT+BA 1 mg/L+2,4–D

0.05 mg/L 培养基培养，腋芽萌发最快，萌发率最高；MT+BA 0.5 mg/L+NAA 0.2 mg/L 培养基能使试管小苗茎段快速增殖；试管苗在 1/2MT+NAA 0.2 mg/L+IBA 0.2 mg/L 培养基上短时间培养后，蛭石上扦插发根，较容易移栽成活。刘根林等（1999）将诱导苦丁茶具节茎段芽体发生、生长与增殖的培养基进行改良。张琳娜等（2018）发现弥勒苣苔组培苗在培养基 1/2MS+IBA 0.1 mg/L 中生根率达 89.6%，为弥勒苣苔组培苗的最佳生根培养基，将生根苗移栽到基质（V$_{草炭}$∶V$_{蛭石}$∶V$_{珍珠岩}$=1∶1∶1）中栽培，60 d 后统计其移栽成活率达 100%。李博等（2006）采用组织培养诱导水松植株再生，为水松的繁殖提供了一条有效途径，对水松遗传资源的保护与开发利用有一定的参考和应用价值。莫竹承等（2015）发现暗培养时间对愈伤组织诱导率的影响较大，且诱导膝柄木叶片愈伤组织各因素最佳浓度组合是 2,4-D=1.0 mg/L、6-BA=0.5 mg/L，划痕 4～5 条，暗培养时间 30 d。蓝玉甜等（2014）采用无菌播种快繁技术体系，确定贵州地宝兰在种子萌发、出芽、生根等不同生长阶段较为适宜的培养基条件，从而促进贵州地宝兰的种群恢复，为该物种的快速繁殖提供参考价值。张梅等（2019）通过无菌播种和离体快速繁殖技术，选取授粉结实后 180 d 未开裂蒴果中的白花兜兰种子，筛选出适宜白花兜兰种子萌发及原球茎诱导与增殖的培养基，发现椰乳对种子萌发及原球茎增殖具有较好的诱导效果，白花兜兰的炼苗最佳时间为 7 d，种植基质最佳体积比为树皮∶珍珠岩∶腐殖土=1∶1∶1，成活率达 76%。田凡等（2014）发现培养基 1/2MS+6-BA 1.0 mg/L+NAA 0.05 mg/L 对白花兜兰芽的诱导和增殖起明显的促进作用；培养基 1/2MS+IBA 0.2 mg/L 对白花兜兰的壮苗生根起关键性作用；以碎树皮为栽培基质的移栽成活率达 96%。张文泉等（2016）发现诱导和分化异形玉叶金花愈伤组织的最佳培养基组合，分别为 MS+6-BA 0.2 mg/L+2,4-D 1.5 mg/L 和 MS+6-BA 2.0 mg/L+NAA 0.5 mg/L+椰乳 5 g/L。

五、栽培技术研究

极小种群野生植物栽培技术研究是极小种群野生植物保护工作中的重要组成部分。栽培技术包括种植、育种、病虫害防治、施肥、灌溉等方面，科学合理的栽培技术可以提高繁育效率，节省保护成本，减少环境侵害等。谭成江等（2012）采用营养袋法培育单性木兰，其根系比较发达，生长良好、健壮，1 年生苗高最高可达 80 cm，平均高度 55 cm，最大地径 0.7 cm，平均地径 0.5 cm，出苗量 284 株 /m²，出圃率达 59.92%。

陈政宏（2002）认为苦丁茶为常绿乔木，栽培上必须强制矮化才能夺得高产，也方便采茶管理，其中选择优良苦丁茶品种培育相当重要。欧阳均浩等（1991）针对水松总结出一套育苗造林栽培技术，对抗风防浪护堤效能做了深入调查研究，得出初步成果。袁明等（2017）对异形玉叶金花1年生实生苗进行移栽，1年后移栽成活率高达100%，虫害主要为食叶害虫引起，包括污灯蛾、金毛虫、鬼脸天蛾3种，在栽培过程中应主要对这3种昆虫进行防治。申仕康等（2009）在非灭菌条件下给猪血木幼苗接种丛枝菌根真菌，发现其能促进猪血木幼苗的生长，增强幼苗对环境的适应性，提高幼苗的存活率。

六、回归引种研究

回归保护是保护濒危植物的常见方式之一，指在人工辅助繁育后，尊重自然规律，将濒危植物归于原先适宜生长的自然生态之中。这种方式是连接濒危植物与自然的一道桥梁。张雷等（2022）重新调查1年前回归的80株资源冷杉，发现其中有73株发育良好，存活率超过90%，证实了人工辅助繁育对资源冷杉的保护是有效的。王运华等（2018）对广西黄连山－兴旺自治区级自然保护区的德保苏铁回归种群进行调查，发现回归种群结实率较自然种群的低，可能是回归种群的主要传粉昆虫为大蕈甲科甲虫，其数量较少，传粉率不足所导致的，但总体上该保护区内德保苏铁回归种群长势较好，自我更新能力较强。周艳等（2018）把在贵州省植物园培育的3年生白花兜兰回归到贵州茂兰国家级自然保护区核心区，布设3个回归点，发现野外引种的白花兜兰成活率和生长情况差异显著，成活率随着回归时间的延长逐渐降低但长势渐好。李正文等（2012）通过测量德保苏铁回归后不同叶数的幼苗叶片中超氧化物歧化酶（SOD）、过氧化氢酶（CAT）、过氧化物酶（POD）的活性以及丙二醛（MDA）、脯氨酸、可溶性糖和可溶性蛋白质含量的变化，将5叶植株单独分为一类，认为其环境适应能力强；将3叶植株和4叶植株聚为一类，认为其环境适应能力相对较强。

七、濒危原因和保护策略研究

随着越来越多的研究人员关注到广西极小种群野生植物的科研价值和重要性以及国家对保护濒危植物的重视，部分极小种群野生植物得到较好的保护，濒危状况也得到缓解，但这并不意味着我们能够放松警惕，保护工作仍需加强。广西极小种群野生植物的濒危现状是各种外源因素和内源因素相互作用造成的。比如气候变迁可能是银杉濒危的主要原因之一，气候变迁导致分布区大幅度缩小，种群数量剧烈下降，遗传多样性降低生殖障碍增加，从而形成恶性循环。应减少人为破坏和砍伐，加强人工繁殖力度，进行迁地保护（谢宗强等，1999）。全球气候变暖和人工干扰使银杉生境受到严重破坏，其生物学特征导致种子结实量低下，动物对果实的采食，个体发育受根际微生物数量制约，种群遗传多态性过低，种群分布碎片化，使银杉在群落竞争中处于劣势等（买凯乐等，2022）。海南风吹楠幼苗存活率低下，能够从幼苗存活下来发展成为小树的概率极小，导致海南风吹楠的种群更新停滞或者缓慢，同时高温高湿的环境使其种子发芽率急剧下降，人为破坏使其生存环境不断丧失（蒋迎红，2018）。王玉兵等（2008）发现长期对森林资源的人为滥用、生态环境被严重破坏是瑶山苣苔濒危的较主要原因，昆虫等动物对瑶山苣苔果实的采食使其果实数量严重减少甚至出现断层现象是其濒危的次要原因；此外瑶山苣苔的遗传多样性较低，从而使其对环境变化的适应性减弱。施慧媛等（2021）发现在瑶山苣苔果实成熟时，其胚尚未发育完全，导致其天然更新困难，加重濒危程度。人类对膝柄木生存环境的破坏导致温度、光照、必需微量元素等因素均对其产生威胁，是其种群遗传多样性降低和数量稀少的主要原因之一（任哲等，2020）。柳州市融水苗族自治县元宝山冷杉濒危的主要原因是气候变迁，此外，种子发芽率低、群落环境以及人为活动影响也是其濒危的重要原因，建议在严格保护和管理现有生境的同时，开展人工辅助更新，并在生境相似的地方育苗造林（黄仕训等，1998）。贵州地宝兰濒危的主要原因包括内外因素，内部因素主要为自身结实率和种子出芽率低下，种群数量过小，繁殖能力差；外部因素为种间竞争大，环境侵害严重，生境丧失严重，人类和动物过度干扰（魏海燕等，2018）。随着历史时期气候变迁加上生境人为破坏严重，水松种群数量已极度濒危，建议加强对水松原产地的保护，特别是保护那些遗传多样性高的种群；重视水松种群周围生境的保护；同时采取人工繁殖和迁地保护等策略（李发根等，2004）。黄仕训等（2008）认为狭叶坡垒种群的濒危原因主要有集群分布向随机分布过渡、种内竞争高于种间竞争、生长缓慢、种子无休眠期且寿命短、人类活动等。王玉兵等（2011）通过对瑶山苣苔开花生物学及繁育系统进行研究，认为不稳定的传粉环境可能是该物种濒危的主要生殖生物学原因，"自发自交"是其在开花期间对不稳定传粉环境的一种适应。唐润琴等（2001）调查元宝山冷杉结实特性与种子繁殖力，发现其种子发芽率低是其自然更新不良、种群难以延续和扩展的重要因素。申仕康等（2007）认为猪血木种群地理分布的局限性限制了其生存空间的拓展，种子萌发和幼苗生长对生境要求特殊及种群现状均不利于其更新和发展，人为干扰对猪血木影响严重；应立即就地保护，促进自然种群的繁衍更新。随着最大熵模型（MaxEnt）在植物保护中逐渐受到研究人员的青睐，其被广泛应用于构建科学的模型算法，预测未来濒危植物在不同的生态环境和气候条件等因素下的分布情况，为有效保护极小种群野生植物及促进生态的可持续发展提供科学依据。冉巧等（2019）通过 MaxEnt 预测银杉在不同气候条件下的种群分布，发现当前银杉适宜生境面积小，分布碎片化严重，应积极建设自然保护区，减少人为干扰，进行就地保护，同时加强对保护区的监测，减少未来影响银杉生存的干扰因素，加强保育研究。李莎等（2023）基于 MaxEnt 和桌面地理信息系统（ArcGIS）预测资源冷杉在不同时期的种群分布情况，发现影响其分布的主要因素为降水和温度，随着全球气候逐渐变暖，资源冷杉逐渐向高海拔地区转移，在未来气候情景下，总适生区面积总体上呈扩张趋势，应立刻开展就地保护和种群重建等工作。通过广义推进模型（GBM）、MaxEnt、随机森林（random forest，RF）3 个物种分布模型预测扣树（*Ilex kaushue*）受气候变化影响在现在及未来的分布趋势，发现温度和降水量是主要影响因素，在未来情景下，受温度制约，其分布范围呈缩减趋势，应积极开展人工辅助繁育、迁地保护、就地保护等工作，在制定保护策略时，需充分考虑气候变化的影响（谭显胜等，2023）。骆文华等（2014）在德保苏铁迁地保护研究过程中发现亚热带酸性土壤对其生长有促进作用，种子在常温湿沙条件下较好储藏，良好的养分管理可延长其叶片的生命周期。蒋迎红等（2016）认为应该加强广西青梅遗传学和无性繁殖技术研究，探讨其进化潜能和环境适应性，积极开展保护区就地保护工作，适当进行人工辅助繁育。应加强水松自然种群保护，促进种子和幼苗发育，建立水松繁育基地，优化繁育技术，建立保护小区，防止动物干扰，采用人工措施改变其演替方向（郑心桦，2021）。农安（2014）建议广西黄连山–兴旺自治区级自然保护区针对德保苏铁采取就地保护措施，通过人工育种、增强社会保护意识、增加种群数量、建立保护区等措施促进德保苏铁保护工作。宁世江等（2005）建议通过立即减少人为干扰、加大保护区保护力度、科学管理、深入繁育研究等对资源冷杉加强保护。由于广西青梅对环境的适应性较差，就地保护为其重要的保护方式，必须增加调查范围，积极就地造林，加强人工繁育研究（黄仕训等，2001）。张玉荣等（2004）在资源冷杉的保育策略中提到应加强繁殖研究，适度增加人为干预，重视生境保护，提高管理水平等。

八、展望

极小种群野生植物的拯救保护是一项科学性强、技术性和专业性要求高、周期长的系统工程，"抢救性保护"与"系统研究"并重是科学拯救保护极小种群野生植物的途径（孙卫邦等，2021）。虽然科技工作者对广西极小种群野生植物开展了一些保护遗传学、生态学特性、生理生态学、繁殖和栽培技术、回归引种和保护策略等方面的研究，但总体上看，相关研究仍十分薄弱。例如，广西极小种群野生植物保护遗传学研究主要集中在白花兜兰、凹脉金花茶、毛瓣金花茶、元宝山冷杉、广西火桐和海南风吹楠等物种上，对其他极小种群野生植物物种还没有开展相关研究。对于繁殖和栽培技术研究，只重点开展了一些物种的繁殖技术研究，而涉及栽培技术研究的物种极少。因此，应加强广西极小种群野生植物各个物种就地保护、迁地保护和回归引种方面的系统研究，构建极小种群野生植物科学保护理论体系，完善保护措施，更好地指导极小种群野生植物的综合保护工作。

第二部分

广西极小种群野生植物
地理分布及生境特征

第三章 白花兜兰地理分布及生境特征

一、材料与方法

（一）调查方法

通过查阅《中国植物志》《广西植物志》《广西植物名录》《广西本土植物及其濒危状况》《中国兜兰属植物》《贵州野生兰科植物》和中国数字植物标本馆记录及相关文献资料等，掌握白花兜兰已知分布区的地理信息。聘请护林员或向导对白花兜兰野生种群进行实地调查。同时，对白花兜兰分布区附近区域的兰花市场进行走访，并咨询当地兰花爱好者，获取信息，寻找新的白花兜兰野生种群。

所有种群均采用实测法进行调查，内容包括地理坐标、海拔、坡向、坡位、坡度、生境及受干扰情况、植株数量和结构、伴生植物等。

（二）数据收集

采用 GPS 定位仪测量经纬度和海拔。通过中国气象数据网地面气候标准值数据集（1981 ～ 2010 年）及地方志查询各县市气象记录，收集指标数据。选取 5 个代表性强且容易采集土壤样本的种群，采集植株周围土壤样本，风干后送至云南三标农林科技有限公司进行检测。

二、结果与分析

（一）白花兜兰地理分布特征

1. 水平分布

白花兜兰野生种群分布于 107° 35′ ～ 108° 35′ E、23° 56′ ～ 25° 19′ N，经度、纬度跨度分别为 1° 和 1° 23′，处于北回归线以北的中亚热带季风气候区。具体行政管辖归属于广西河池市宜州区、环江毛南族自治县、都安瑶族自治县、罗城仫佬族自治县及贵州黔南布依族苗族自治州荔波县，其中以环江毛南族自治县和荔波县范围内分布较为集中（共发现 14 个种群），占已发现种群数量的 73.7%。

2. 垂直分布

白花兜兰野生种群垂直分布于海拔 224 ～ 850 m，最低海拔分布区位于罗城仫佬族自治县怀群乡（海拔 224 m），最高海拔分布区为荔波县黎明关（海拔 850 m），以海拔 535 ～ 743 m 较为常见。广西分布区海拔为 224 ～ 633 m，贵州分布区海拔为535 ～ 850 m，白花兜兰野生种群广西分布区的海拔明显较贵州分布区的低。

（二）白花兜兰分布区气候特征

白花兜兰分布区位于中亚热带季风气候区，具有丰富的水热资源。由表 3-1 可知，白花兜兰分布区年均温 15.3 ～ 21.5℃，最冷月均温 5.2 ～ 12.3℃，最热月均温23.5 ～ 28.4℃，≥10℃年积温为 4599 ～ 7250℃，且以上 4 项指标最高值均出现在都安，最低值均出现在荔波境内的贵州茂兰国家级自然保护区。可见，都安的热量资源最丰富，贵州茂兰国家级自然保护区的热量资源最匮乏。白花兜兰分布区极端低温范围为 –10 ～ 2.2℃，极端高温范围为 38.5 ～ 40℃，无霜期 220 ～ 358 d。可见，白花兜兰虽然性喜温暖湿润的气候条件，但能忍受 –10℃和40℃的极端温度及霜冻天气，说明白花兜兰对温度的适应范围较广，温度对其限制作用较弱。

白花兜兰分布区年均降水量为 1388.7 ～ 1752.5 mm，雨量充沛，但多集中于 4～8 月，且喀斯特地貌地表水不发达，保水性差，季节性干旱明显。白花兜兰植株生长于岩石裸露度极高的喀斯特峰丛中上坡的崖壁上，地表水分极度缺乏，但分布区位于植被生长相对较好的山区，空气湿度较大，年均 RH 为 75% ～ 83%。这种地表水欠缺但空气湿度大的水分条件，利于具有发达肉质根的白花兜兰生长。

表 3-1　白花兜兰分布区气候指标

分布区	年均温（℃）	最冷月均温（℃）	最热月均温（℃）	极端低温（℃）	极端高温（℃）	≥10℃年积温（℃）	无霜期（d）	年均降水量（mm）	年均 RH（%）	日照时数（h）
都安	21.5	12.3	28.4	0.5	39.6	7250	346	1708.9	75	1395.5
环江	20.2	10.3	28.0	−2.7	39.1	6539	220	1388.7	78	1251.3
宜州	20.4	10.2	28.1	−0.5	20.8	6750	343	1455.4	79	1383.7
罗城	19.2	9.0	27.3	2.2	38.5	5989	358	1566.6	78	1270.0
贵州茂兰国家级自然保护区	15.3	5.2	23.5	−10.0	40.0	4599	283	1752.5	83	1320.5

（三）白花兜兰分布区地形地貌及生境特征

白花兜兰分布区地形地貌为典型的喀斯特峰丛漏斗或峰丛洼地，其中环江、贵州茂兰国家级自然保护区为连绵起伏、海拔较高的喀斯特山体群，宜州、都安、罗城的山体较小，或为独立岩石山，海拔较低。白花兜兰野生种群分布于坡度大于30°、郁闭度大于60%的山坡中上部，且多数在光照较弱的北、东北或西北方向，少数在光照充足的东南、西南方向（表3-2），说明白花兜兰具有喜阴特性，也能适应较强的光照环境。白花兜兰生长于岩石裸露度90%以上的悬崖峭壁上，根部少土或无土，生存环境非常恶劣（图3-1、图3-2）。

表3-2　白花兜兰野生种群生境特征及自然概况

种群	坡向	坡位	坡度（°）	郁闭度（%）	干扰强度及方式	生境描述	植株数量（丛）	幼苗（株）
环江1	北	中坡	50	85	低，科学研究	深山，岩壁，少土	77	1
环江2	东北	中坡	55	60	低，科学研究	深山，岩壁，少土	28	0
环江3	东北	上坡	45	70	低，科学研究	深山，岩壁，少土	14	0
环江4	西南	上坡	60	75	低，科学研究	深山，岩壁，少土	6	0
环江5	北	中坡	50	70	低，科学研究	深山，岩壁，少土	50	0
环江6	北	上坡	40	75	低，科学研究	深山，岩壁，少土	35	2
环江7	东北	中坡	50	60	低，科学研究	深山，岩壁，少土	20	0
环江8	东北	上坡	80	80	无干扰	天生桥侧面上部，少土	≥50	≥20
宜州1	西南	中坡	45	80	高，盗挖	村落后山，岩壁，砂土较多	1	0
宜州2	东南	中坡	30	80	高，盗挖	耕地旁山上，岩壁，少土，潮湿	38	20
宜州3	东北	中坡	50	60	中，人类活动	村落后山，岩壁，少土	6	1
罗城	东北	中坡	50	90	低，人类活动	村落后山，岩壁，少土	14	1

续表

种群	坡向	坡位	坡度（°）	郁闭度（%）	干扰强度及方式	生境描述	植株数量（丛）	幼苗（株）
都安	北	下坡	60	85	中，修路破坏	村落旁，岩壁，少土，潮湿	15	3
荔波1	西南	上坡	85	80	中，人为采集	公路上方，溶洞上部，少土，潮湿	≥50	≥33
荔波2	西南	上坡	85	75	中，修路破坏	公路上方，岩壁上部，少土	17	0
荔波3	西北	中坡	75	85	中，人为采集	山路上方，岩壁中部，有土，潮湿	12	11
荔波4	西北	上坡	87	85	无干扰	深山，岩壁，少土	4	0
荔波5	东北	上坡	60	70	低，科学研究	深山，岩壁，少土	2	0
荔波6	西北	上坡	55	65	低，科学研究	深山，岩壁，少土	3	0

注：植株数量按独立生长的一丛为单位计算，可以是单芽植株，也可以是多芽植株。

图 3-1 白花兜兰野生种群生境

图 3-2 白花兜兰野生种群幼苗

（四）白花兜兰野生种群特征及资源情况

由表 3-2 可知，白花兜兰野生种群的生境受到不同程度的人为干扰。位于保护区内的种群所处群落植被保持良好，其中远离公路和村庄的种群受干扰方式为科学研究，公路附近的种群受干扰方式则为修路破坏和人为采集，除修路破坏为毁灭性干扰外，其他干扰（如采集叶片、种子、土壤等）主要影响植株正常生长发育。保护区外的种群多位于村落或道路附近，所在群落植被受破坏较严重。白花兜兰受到人类活动、道路建设及盗挖影响，个别种群已濒临灭绝。因此应加大对保护区外白花兜兰野生种群的保护力度。

通过调查发现白花兜兰野生种群 19 个，植株超过 442 丛，其中不足 10 丛的种群 6 个，10 ～ 20 丛的 6 个，20 丛以上的 7 个，且广西境内的种群数量和资源保存量普遍高于贵州的。80% 的白花兜兰野生种群由成年植株组成，种群内罕见幼苗生长，植株年龄结构不合理，不利于种群自然更新，属于衰退型种群。但仍在 4 个种群内发现大量种子萌发的幼苗，占所在种群植株数量的 40% 以上，成年植株也多处于生活力较强的壮年时期，此类种群的自然更新能力较强。进一步研究发现，此类种群均位于潮湿或有流水侵蚀的溶洞口周围及山体中部的凹槽处，土壤为岩石受流水溶蚀后形成的白色砂粒和溶浆的混合物，pH 值和钙含量均较高（图 3–2）。可见，白花兜兰种子的萌发和生长能力与环境关系密切，如果创造合适的环境条件，白花兜兰可以实现自然更新。

（五）白花兜兰分布区土壤营养特征

本研究调查的白花兜兰分布区土壤多为黑色石灰土及岩石受流水溶蚀后形成的白色砂粒（土壤形成过渡阶段的一种状态）。白花兜兰分布区土壤矿质元素含量见表 3–3。由表 3–3 可知，白花兜兰分布区土壤 pH 值为 7.95 ～ 8.27，呈现较强的碱性。对照全国第二次土壤普查养分分级标准（全国土壤普查办公室，1979），所测土壤中有机质、全氮、水解性氮（或称碱解氮）含量均极为丰富，明显高于 1 级标准；磷、钾含量严重不足，其中全磷、全钾处于 4 级、5 级标准及以下水平，有效磷、速效钾也处于 3 级标准及以下水平；交换性钙含量极为丰富（4962.5 ～ 8655.0 mg/kg），具有石灰土富钙偏碱的典型特征。不同种群所在地土壤交换性镁含量差异非常大，最低仅 46.55 mg/kg，而最高达 1098.00 mg/kg，两者相差近 23 倍，可能是成土母岩所含岩石成分差异所致。此外，有效态锌、铁、锰和硫的含量亦处于低或极低水平，可能是碱性环境制约了此类元素的有效性。综上所述，白花兜兰分布区土壤含有极为丰富的有机质、氮素营养和交换性钙，并呈现较强的碱性，但其他营养元素含量均较低或极度缺乏。

表 3-3 白花兜兰分布区土壤矿质元素含量

种群	pH值（水土比=2.5∶1）	有机质（g/kg）	全氮（g/kg）	全磷（g/kg）	全钾（g/kg）	水解性氮（mg/kg）	有效磷（mg/kg）	速效钾（mg/kg）	交换性钙（mg/kg）	交换性镁（mg/kg）	有效锌（mg/kg）	有效铁（mg/kg）	有效锰（mg/kg）	有效硫（mg/kg）
环江 1	8.12	93.69	5.12	0.34	1.07	316.44	6.83	44.95	4962.5	1098.00	5.46	22.56	25.13	23.41
罗城	8.15	99.95	6.91	0.47	5.66	321.99	11.22	95.30	8655.0	921.50	1.86	14.58	19.70	596.09
荔波 1	7.95	73.52	4.49	0.12	0.65	257.22	2.97	66.90	6245.0	46.55	0.96	2.22	6.71	48.86
宜州 2	8.15	53.70	3.39	0.32	0.79	197.08	4.19	51.50	6960.0	53.30	1.28	7.30	15.74	87.54
荔波 3	8.27	133.62	6.38	0.34	1.29	380.28	12.12	81.95	7305.0	933.00	3.58	22.58	26.81	50.90

（六）白花兜兰野生种群所在群落植被特征

白花兜兰主要生长于常绿落叶阔叶混交林下，群落植被因生境保持状况不同分为两大类。一类位于深山，远离人类活动，为上层树种维持良好的原生林，此类群落植被物种数量较少，其中乔木层、草本层物种数量相对较多，灌木层和层间植物物种数量较少。另一类处于人类活动较频繁的区域，上层树种受破坏严重，次生植被生长茂盛，一般只有灌木层和草本层。

白花兜兰野生种群所在群落植被由 94 个物种组成，分属于 49 科 80 属。广西境内分布区包括 33 科 50 属，共 56 种；贵州境内分布区包括 26 科 42 属，共 42 种。广西和贵州分布区植被拥有 10 个共同的科，分别为漆树科（Anacardiaceae）、大戟科（Euphorbiaceae）、蔷薇科（Rosaceae）、壳斗科（Fagaceae）、爵床科（Acanthaceae）、金缕梅科（Hamamelidaceae）、禾本科（Poaceae）、百合科（Liliaceae）、苦苣苔科（Gesneriaceae）和兰科（Orchidaceae）；5 个共同的属，分别为黄连木属（Pistacia）、青冈属（Cyclobalanopsis）、乌桕属（Triadica）、越南竹属（Bonia）和恋岩花属（Echinacanthus）；仅有 4 个共同的种，即清香木（Pistacia weinmanniifolia）、圆叶乌桕（Triadica rotundifolia）、芸香竹（Bonia amplexicaulis）和黄花恋岩花（Echinacanthus lofouensis）。

广西和贵州分布区植被的建群种和优势科存在较大差异，其中广西分布区植被建群种为化香树（Platycarya strobilacea）、粉苹婆（Sterculia euosma）、菜豆树（Radermachera sinica）、任豆（Zenia insignis）、南酸枣（Choerospondias axillaris）、榔榆（Ulmus parvifolia）、小叶青冈（Quercus myrsinifolia）和角叶槭（Acer sycopseoides），优势科为梧桐科（Sterculiaceae）、大戟科、茜草科（Rubiaceae）、荨麻科（Urticaceae）、兰科和苦苣苔科；贵州分布区植被建群种为香椿（Toona sinensis）、枫香树（Liquidambar formosana）、紫楠（Phoebe sheareri）、任豆、野漆（Toxicodendron succedaneum）、圆叶乌桕、褐叶青冈（Quercus stewardiana）和黄梨木（Boniodendron minus），优势科为樟科（Lauraceae）、漆树科、桑科（Moraceae）和荨麻科。可见，广西和贵州两个分布区的白花兜兰野生种群植被组成差异较大，共同的科、属、种较少，建群种和优势科也基本不同，但均属中亚热带季风气候区地带性植物。

三、讨论

（一）白花兜兰野生资源

通过调查，在广西河池市宜州区、环江毛南族自治县、都安瑶族自治县、罗城仫佬族自治县新发现 6 个白花兜兰野生种群，白花兜兰野生种群由文献记载的 13 个增加至 19 个，植株由 354 丛增加至 442 丛，其中包括广西木论国家级自然保护区的 7 个种群 230 丛和贵州茂兰国家级自然保护区的 6 个种群 88 丛。此结果与文献记载的广西木论国家级自然保护区有 7 个种群 280 丛、贵州茂兰国家级自然保护区有 6 个种群 49 丛存在一定差异。因文献没有详细记载统计植株的方法和标准，无法确定前后数据差异的原因，故不能判断白花兜兰野生资源变化趋势。但可以确定的是在保护区外仍有白花兜兰野生资源尚未被发现，还需要加大调查力度，才能摸清现存资源量。

（二）白花兜兰致濒因素分析

极小种群野生植物的致濒因素主要包括两个方面：一是自身因素，包括繁殖障碍、花粉限制、坐果率低、种子萌发率低、幼苗死亡率高、遗传多样性低、适应能力低下等；二是外部因素，包括地质历史变迁、冰期作用、动物啃食、人类采挖、生境破碎化、生境退化等。白花兜兰野生种群生长于中亚热带季风气候区，可获得较丰富的湿度、热度资源；而贵州茂兰国家级自然保护区是白花兜兰集中分布区之一，白花兜兰分布区的极端低温（-10℃）和极端高温（40℃）都出现在该区；白花兜兰植株被引种到广州市、南宁市和桂林市后，均能正常生长发育、开花结实（曾宋君等，2010；李秀玲等，2015）。以上情况说明白花兜兰能较好地适应低温霜冻和高温天气，可见温度对白花兜兰生长发育的限制作用较弱。

白花兜兰野生种群位于喀斯特山体的中上部，岩石裸露度高，土壤稀少，保水性差，干旱频繁。调查发现大量位于干旱、少土的岩壁上的白花兜兰野生种群罕见幼苗生长，种群年龄结构不合理，属于衰退型种群；但生长于潮湿环境或有水流过的岩壁上的白花兜兰野生种群有大量幼苗生长。可见，白花兜兰成年植株能在较干旱的环境中生长发育，但种子萌发需要湿润的环境，水分条件是限制白花兜兰种子萌发和自然更新的重要因素。

调查发现白花兜兰野生种群受到不同强度的人为干扰。有 10 个种群位于远离人类活动的深山中，植被保持良好，但白花兜兰植株上挂了不少标签，据护林员介绍，每年都有几批研究人员来观测或取样，干扰来源主要为科学研究，干扰强度较低。有 5 个种群位于村落附近或道路旁，受人类活动及开山修路的影响，干扰强度较高，个别种群植株生长差，且多为单芽植株。由于白花兜兰观赏性强，经济价值高，有 2 个位于保护区外的种群遭到盗挖，破坏严重。人为干扰不仅影响了白花兜兰植株正常的生长发育和种群更新，还会导致种群消失。可见，人为干扰也是造成白花兜兰濒危的一个重要因素。

（三）白花兜兰的保护策略

通过我们多次调查，虽然新发现了 6 个种群，但白花兜兰的分布区数量和植株数量仍然非常稀少，为防止极小种群野生植物白花兜兰资源减少甚至灭绝，应制订相应的保护策略。（1）在就地保护方面，白花兜兰对生境的要求极为苛刻，且种群天然更新能力不高，目前其种群规模小，种群数量少。应加大对原生地生境及生物多样性的保护力度，开展长期监测；还应加大保护区外的资源调查力度，摸清白花兜兰资源存量和分布范围，同时建立白花兜兰资源信息数据库，明确其表型性状多样性和遗传多样性。（2）在迁地保护方面，重视对其种质资源的保存，建立人工繁殖基地。通过人工繁殖和栽培技术研究，扩大白花兜兰资源量，通过迁地保护、规模化繁殖和栽培，解决白花兜兰资源保护和开发利用之间的矛盾。（3）在回归引种方面，贵州省植物园已在贵州茂兰国家级自然保护区开展回归试验，广西亦应当重视回归工作，在广西木论国家级自然保护区和罗城仫佬族自治县等地开展其就地回归和异地回归试验，使其种群分布范围得以扩大。

四、结论

白花兜兰主要分布于广西河池市宜州区、环江毛南族自治县、罗城仫佬族自治县、都安瑶族自治县和贵州黔南布依族苗族自治州荔波县的石灰岩山上，位于 107°53′～108°35′E、23°56′～25°19′N，垂直分布海拔为 224～850 m，其中在海拔 535～743 m 处较为常见。分布区气候温暖湿润，年均温为 15.3～21.5℃，最高温为 40℃，最低温为 –10℃；年均降水量为 1388.7～1752.5 mm，降水多集中于 4～8 月，年均 RH 为 75%～83%。白花兜兰野生种群位于坡度大于 30°的山体的中上部，植株生长于郁闭度大于 60% 的岩壁上，土壤稀少。种群受到不同程度的人为干扰，群内个体数量不足 100 丛，并以 1 ～ 20 丛居多；80% 的种群植株年龄结构老龄化，属于衰退型种群。少数位于潮湿环境的种群生长有大量种子萌发的幼苗，具有一定的自然更新能力。种群土壤主要为黑色石灰土，pH 值为 7.95 ～ 8.27，有机质、全氮、水解性氮和交换性钙含量丰富，其他元素含量均较低。保护区内种群所在群落植被维持良好，保护区外原始植被破坏严重。群落植被由分属于 49 科 80 属的 94 个物种组成，且广西分布区和贵州分布区的植被种类相似度极低。调查新发现白花兜兰野生种群 6 个，说明其分布范围的扩大和资源数量的增加。同时发现潮湿环境有利于白花兜兰种子自然萌发。白花兜兰对温度的适应范围较广，且耐贫瘠，这是其能在石灰岩地区悬崖和陡坡生存的重要原因。白花兜兰分布范围狭窄，生境脆弱，现存种群及植株数量非常少，且多数属于衰退型种群，其原因与白花兜兰种子萌发的水分条件和人为干扰密切相关。以上研究结果基本掌握了白花兜兰的地理分布、资源状况和主要生态特征，为白花兜兰的资源保护和引种栽培提供了科学依据。

第四章　海伦兜兰地理分布及生境特征

一、调查方法

（一）调查范围、内容及方法

通过阅读相关书籍和文献资料，咨询分类专家和兰花爱好者，聘请向导对海伦兜兰在国内的分布区域进行实地考察。所有种群均采用实测法进行调查，内容包括：（1）地理信息，包含地理坐标、海拔、坡向、坡位、坡度等；（2）群落信息，包含群落名称、郁闭度、干扰强度、伴生植物等；（3）海伦兜兰相关信息，包含植株数量、生长状况等。

（二）地理位置及气候数据收集

采用 GPS 定位仪测量经纬度和海拔。查询中国气象数据网地面气候标准值数据集（1981 ～ 2010 年）收集气象数据。

二、结果与分析

（一）海伦兜兰地理分布特征

调查发现海伦兜兰在国内的自然分布范围主要位于广西的崇左市龙州县和百色市靖西市、那坡县等与越南接近的区域。种群水平分布范围为105° 59′ ～ 106° 56′ E、22° 22′ ～ 22° 58′ N，范围非常狭窄，且处于北回归线以南附近的亚热带湿润季风气候区。

对种群所处的海拔进行分析发现，海伦兜兰野生种群垂直分布于海拔430 ～ 878 m，海拔分布最低点位于广西弄岗国家级自然保护区，最高点位于靖西市任庄乡。研究结果较黄云峰等（2007）报道的海拔 690 ～ 780 m 分布范围扩大了 358 m。

（二）海伦兜兰生境特点与资源情况

表 4-1 显示，海伦兜兰野生种群分布于山体的西、西北、西南方向，其中西北方向光照较弱，西、西南方向光照较充足，说明海伦兜兰对光照的适应范围较广。分布于龙州的 3 个海伦兜兰野生种群位于坡度 5°、郁闭度 50% ～ 70% 的山脊上，分布于靖西和那坡的 2 个种群则位于坡度 60° ～ 70°、郁闭度 80% ～ 90% 的陡峭山坡上部，而山脊和陡坡均为水土流失严重的地形，地表水匮乏，干旱现象频繁，尤其是岩石裸露度极高的喀斯特地区（图 4-1A）。调查还发现，海伦兜兰多着生于峭壁岩石缝隙中，土壤稀少，保水性差（图 4-1B）。说明海伦兜兰对土壤水分的要求不高，较耐干旱，但要求一定的郁闭度。所有调查的种群中除龙州 1 种群、龙州 2 种群所受干扰强度达到中度以外，其余 3 个种群维持良好。然而，不同种群海伦兜兰植株数量差异较大，保存数量最多的为龙州 3 种群，共发现 96 丛，那坡种群最少，仅 6 丛；多数植株芽数为 6 ～ 12 个，且所有种群罕见幼苗生长，自然更新困难。

表 4-1　海伦兜兰野生种群生境特征及自然概况

种群	坡向	坡位	坡度（°）	郁闭度（%）	干扰强度	植株数量（丛）	群落名称
龙州 1	西北	山脊	5	50	中	20	毛叶铁榄 - 鱼骨木 *Sinosideroxylon pedunculatum var. pubifolium-Psydrax dicocca*
龙州 2	西北	山脊	5	50	中	10	毛叶铁榄 - 鱼骨木 *Sinosideroxylon pedunculatum var. pubifolium-Psydrax dicocca*
龙州 3	西南	山脊	5	70	低	96	清香木 - 化香树 *Pistacia weinmanniifolia-Platycarya strobilacea*
靖西	西北	上坡	60	80	无干扰	30	革叶铁榄 *Sinosideroxylon wightianum*
那坡	西	上坡	70	90	低	6	苹婆 - 紫楠 *Sterculia monosperma-Phoebe sheareri*

A. 海伦兜兰生境；B. 海伦兜兰野生植株

图 4-1　海伦兜兰生境及野生植株

（三）海伦兜兰分布区气候特征

海伦兜兰分布区位于南亚热带季风气候区，温暖湿润，雨量充沛，各项气候指标如表 4-2 所示。分布区年均温为 19.1 ～ 22.2℃，那坡温度最低，龙州温度最高；最冷月（1 月）均温为 11.4 ～ 14℃，最热月（7 月）均温为 24.8 ～ 28.2℃；极端低温 –4.4℃，极端高温 41.6℃；≥ 10℃年积温 5393 ～ 7755℃，无霜期为 332 ～ 350 d。可见，海伦兜兰虽然性喜温暖湿润的气候条件，但能忍受 –4.4℃和 41.6℃的极端温度及霜冻天气，说明海伦兜兰对温度的适应范围较广，温度对其引种栽培的限制作用较弱。

海伦兜兰分布区年均降水量为 1304.0 ～ 1634.2 mm，雨量充沛，但多集中于 4 ～ 9 月，季节性干旱较明显。同时海伦兜兰分布于岩石裸露度极高的喀斯特峰丛的山脊或陡坡上部，且多着生于崖壁的缝隙中，地表保水性能极差，但海伦兜兰分布区年均 *RH* 为 75% ～ 80%。这种相对干旱的土壤和湿度较高的空气环境，非常有利于具有发达肉质根的海伦兜兰生长。

表 4-2　海伦兜兰分布区气候特点（1981 ～ 2010 年）

分布区	年均温（℃）	最冷月均温（℃）	最热月均温（℃）	极端低温（℃）	极端高温（℃）	≥ 10℃年积温（℃）	无霜期（d）	年日照时数（h）	年均降水量（mm）	年均 *RH*（%）
龙州	22.2	14.0	28.2	0.8	41.6	7755	350	1582.7	1304.0	80
靖西	19.5	11.5	25.2	−1.4	36.9	6867	336	1501.3	1634.2	79
那坡	19.1	11.4	24.8	−4.4	36.0	5393	332	1656.5	1353.1	75

（四）海伦兜兰野生种群所在群落植被特征

喀斯特地貌生境特殊且异质性高，植物在长期的进化演变过程中形成了独特的植被和植物区系（胡琦敏等，2016）。海伦兜兰分布于维持良好的亚热带石灰岩常绿阔叶林下，各层植被结构相对稳定，不同种群植被种类相似度高。据调查，海伦兜兰野生种群所在群落包含 28 科 38 属共 50 个物种；其中出现频率较高的优势科有苦苣苔科、兰科、山榄科（Sapotaceae）、大戟科、茜草科、梧桐科、藤黄科（Clusiaceae）、漆树科、柿科（Ebenaceae）。

海伦兜兰野生种群所在群落中的优势乔木有毛叶铁榄（*Sinosideroxylon pedunculatum* var. *pubifolium*）、铁榄（*Sinosideroxylon pedunculatum*）、革叶铁榄（*Sinosideroxylon wightianum*）、鱼骨木（*Psydrax dicocca*）、清香木、化香树、青冈（*Quercus glauca*）、苹婆、紫楠；伴生乔木有大苞藤黄（*Garcinia bracteata*）、樟叶鹅掌柴（*Schefflera pesavis*）、龙州水锦树（*Wendlandia oligantha*）、圆叶乌桕、广西密花树（*Myrsine kwangsiensis*）；优势灌木有海南黄杨（*Buxus hainanensis*）、三脉叶荚蒾（*Viburnum triplinerve*）、米念芭（*Tirpitzia ovoidea*）、美丽胡枝子（*Lespedeza thunbergii* subsp. *formosa*）、广西火桐；伴生灌木有弄岗珠子木（*Phyllanthodendron moi*）、小托叶密脉笐子梢（*Campylotropis bonii* var. *stipellata*）、秀丽海桐（*Pittosporum pulchrum*）、乌材（*Diospyros eriantha*）、石山柿（*Diospyros saxatilis*）、谅山鹅掌柴（*Heptapleurum locianum*）、岩生珠子木（*Phyllanthodendron petraeum*）、了哥王（*Wikstroemia indica*）；伴生藤本有清香藤（*Jasminum lanceolaria*）、玉叶金花（*Mussaenda pubescens*）；优势草本有芸香竹、银粉背蕨（*Aleuritopteris argentea*）、槲蕨（*Drynaria roosii*）、广东石豆兰（*Bulbophyllum kwangtungense*）、梳帽卷瓣兰（*Bulbophyllum andersonii*）、皱叶狗尾草（*Setaria plicata*）、钝齿冷水花（*Pilea penninervis*）；伴生草本有微斑报春苣苔（*Primulina minutimaculata*）、鸢尾兰（*Oberonia mucronata*）、绢叶异裂菊（*Heteroplexis sericophylla*）、日本薯蓣（*Dioscorea japonica*）、锥序蛛毛苣苔（*Paraboea swinhoei*）、三萼蛛毛苣苔（*Paraboea trisepala*）、单叶石仙桃（*Pholidota leveilleana*）、异裂苣苔（*Pseudochirita guangxiensis*）、半柱毛兰（*Eria corneri*）等。

三、讨论

本研究发现海伦兜兰野生种群 5 个，植株 162 丛，加上黄云峰等（2007）报道的

35 <u>丛</u>，现国内共发现海伦兜兰野生资源 197 <u>丛</u>。在种群和植株数量上较前期报道增加显著，这对海伦兜兰的分布区域确定、原生境分析、引种栽培及资源保护等都具有重要意义。Averyanov 等（2003）报道了越南境内的 5 个海伦兜兰分布区，并认为越南北部为海伦兜兰野生资源的主要分布区。根据本次调查结果及地理位置分析，我国广西西南部与越南北部接壤，具有相似的气候特征、地形地貌及生态环境等，因此推测我国广西西南部和越南北部同属海伦兜兰的主要分布区域。

海伦兜兰野生种群多位于保护区内，植被维持良好，生境较为完整。保护区外的种群所受干扰强度也较低。这与普遍认为兜兰属（*Paphiopedilum*）极小种群野生植物的濒危原因主要是人为的过度采挖和生态环境受破坏的观念存在极大反差（邓莎等，2020；施金竹等，2021）。调查还发现，海伦兜兰野生种群分布于喀斯特石灰岩的山脊或陡坡上部，植株生长于崖壁岩石缝隙中，土壤稀少，保水性能差，极不利于种子萌发和新芽分化。因此调查的所有海伦兜兰野生种群基本由成年植株组成，罕见幼苗生长，种群年龄结构不合理，属于衰退型种群。可见海伦兜兰自然更新困难是其濒危的主要原因。

针对海伦兜兰濒危原因，应该开展人工辅助种群更新，增加其种群数量。兰科植物人工繁殖多采用无菌播种方法，但兜兰属植物种子无胚或胚发育不全，是最难繁殖的种类（Zeng et al.，2016）。因此，应该开展海伦兜兰繁殖生物学研究，通过提高种子发育质量促进萌发，获得大量种苗以辅助种群更新，并保护海伦兜兰种质资源。

四、结论

本研究通过查阅资料和实地调查，对海伦兜兰的地理分布、野生环境进行系统研究。结果表明，海伦兜兰主要分布于广西西南部的龙州县、靖西市、那坡县，位于 105°59′ ～ 106°56′ E、22°28′ ～ 22°58′ N 区域内，垂直分布海拔为 430 ～ 878 m，分布范围非常狭窄。海伦兜兰生长于喀斯特地貌的山脊或陡峭山坡上部的岩壁石缝中，土壤稀少，较耐干旱。海伦兜兰分布区年均温为 19.1 ～ 22.2℃，性喜温暖湿润的气候环境，不能忍受阳光直射，为喜阴植物。海伦兜兰野生种群所处群落植被保持良好，但种群内个体数量极少且罕见幼苗生长，本研究共发现 5 个种群 162 <u>丛</u>植株。海伦兜兰野生种群所在群落植被组成种类多样，不同群落中植被种类相似度高。群落物种分属于 28 科 38 属，共 50 个物种。本研究基本掌握了海伦兜兰的地理分布和主要生态特征，为其引种栽培和种质资源保护提供科学依据，对有效保护极小种群野生植物海伦兜兰具有重要意义。

第五章　罗氏蝴蝶兰地理分布、生境特征及
所处群落结构特征

一、研究对象概况

研究对象群落 1 位于广西西南部的广西龙虎山自治区级自然保护区内，为峰林谷地类型的喀斯特地貌，山体海拔多在 300 ～ 500 m，以黑色和褐色石灰土为主。该保护区是广西北热带石灰岩季雨林保存较好的区域之一，也是我国具有全球意义的生物资源及生物多样性研究的关键地区之一。保护区为北热带气候，气候温和，雨量充沛。年均降水量 1500 mm，年均 RH 为 79%，年均温 21.8℃，最冷月（1 月）均温 13.2℃，最热月（7 月）均温 33.2℃（林海波等，2006；梁铭忠等，2011）。丰富的水热条件非常有利于保护区内动植物的生息繁衍，保护区被誉为"北回归线附近的岩溶绿洲"（张丽等，2007），是天然的物种库和基因库。

研究对象群落 2 位于广西大新县宝圩乡的海南风吹楠 - 凹脉金花茶保护小区内。大新县地处南亚热带南沿，属亚热带季风气候区，热量资源丰富，光照充足，夏长冬短，年均温 21.3℃，雨量充沛，干湿季分明，年均降水量 1362 mm（大新县志编纂委员会，1989）。

二、方法

（一）生境调查

在全面收集和整理相关植物资源调查文献资料的基础上，采用路线调查法与群落生态学研究方法，进行罗氏蝴蝶兰生境和生长状况调查。记录群落的生境条件、植被类型、自然更新情况等影响生长发育的生态因子，包括经纬度、海拔、坡向、坡位、群落郁闭度、生境受破坏程度及植株生长状况等。

（二）样地调查

在罗氏蝴蝶兰分布区选择代表性地段，由于受资源限制，仅选择 1 个调查地段开展样地调查。利用"种－面积曲线"法确定群落最小取样面积（王英强，2000），设置样方面积为 10 m×10 m，记录样方内所有植被物种的分布情况及层盖度。在样方内设置 4 个 2 m×2 m 的草本样方，记录物种种类、株数、盖度、平均高度。对于在野外暂时不能确定种名的植物，采集植物标本以备后期进行种类鉴定。

（三）指标计算方法

重要值（IV）＝［相对多度（RA%）＋相对频度（RF%）＋相对盖度（RC%）］/3

相对多度（RA%）＝（某个物种的株数／所有物种的株数）×100%

相对频度（RF%）＝（某个物种出现的样方数／所有物种出现的样方数之和）×100%

相对盖度（RC%）＝（某个物种的分盖度／所有物种的分盖度之和）×100%（方精云等，2009）

三、结果与分析

（一）罗氏蝴蝶兰生境

罗氏蝴蝶兰为多年生常绿草本，附生在遮光较好的半荫蔽的树干上，肉质根长而扁平、裸露、发达（图 5-1）。通过对广西龙虎山自治区级自然保护区及广西大新县宝圩乡海南风吹楠－凹脉金花茶保护小区中的罗氏蝴蝶兰生境进行调查（表 5-1），发现罗氏蝴蝶兰数量十分稀少，在广西龙虎山自治区级自然保护区只记录到 3 株，在广西大新县宝圩乡海南风吹楠－凹脉金花茶保护小区仅记录到 1 株。植株均分布于石灰岩常绿阔叶林中，群落郁闭度为 70% ～ 80%，盖度为 50% ～ 70%。植被生境维持完好，未见人为破坏的痕迹。

A. 群落 1 中的罗氏蝴蝶兰；B. 群落 1 中的罗氏蝴蝶兰幼苗；C. 群落 2 中的罗氏蝴蝶兰；

D. 罗氏蝴蝶兰所处群落 1 生境

图 5-1　罗氏蝴蝶兰及其生境

表 5-1　罗氏蝴蝶兰所处群落生境特征

群落	植株数量（株）	植被类型	海拔（m）	坡向	坡度（°）	坡位	群落郁闭度（%）	盖度（%）	土壤类型	就地保护状况
1	3	常绿阔叶林	150	东北	20	中	80	70	石灰土	保护区
2	1	常绿阔叶林	330	西	30	中	70	50	石灰土	保护小区

（二）罗氏蝴蝶兰所处群落物种组成

经过样地调查，发现群落 1 中共有维管植物 32 科 44 属 50 种（表 5-2）。其中，蕨类植物 3 科 4 属 5 种，裸子植物 1 科 1 属 1 种，被子植物 28 科 39 属 45 种。仅百合科 1 个科（含 5 种）物种数占总物种数的 10%，其次为天南星科（Araceae）（含 4 个种）占 8%，只含 1 种的科有兰科、买麻藤科（Gnetaceae）、木兰科（Magnoliaceae）和海金沙科（Lygodiaceae）等 19 个科，占总科数的 59.38%。可见该群落生物多样性较为丰富，百合科为该群落的优势科。群落层次结构明显，可分为乔木层、灌木层、草本层 3 层，各层包含物种数量相差不大，层间植物较为丰富。其中，乔木 9 科 11 属 11 种，灌木 9 科 9 属 9 种，草本 11 科 16 属 19 种，藤本（包括木质藤本与草质藤本）有 8 科 9 属 11 种。乔木层的主要物种为苹婆、棒柄花（Cleidion brevipetiolatum）、香港木兰（Lirianthe championii）等，优势种为苹婆；灌木层的主要物种有白花龙船花（Ixora henryi）、樟叶木防己（Cocculus laurifolius）、九里香（Murraya exotica）、米仔兰（Aglaia odorata）等，灌木层还存在较多乔木类树种的幼苗；草本层的主要物种有广东万年青（Aglaonema modestum）、石柑子（Pothos chinensis）、长茎沿阶草（Ophiopogon chingii）、簇花球子草（Peliosanthes teta）、五萼冷水花（Pilea boniana）、宽羽线蕨（Leptochilus ellipticus var. pothifolius）等；层间植物由藤本植物和附生植物组成，包括龙须藤（Phanera championii）、三叶崖爬藤（Tetrastigma hemsleyanum）、灰毛鸡血藤（Callerya cinerea）等。

群落 2 中共有维管植物 25 科 35 属 38 种（表 5-3）。其中，蕨类植物 3 科 4 属 4 种，被子植物 22 科 31 属 34 种。各科所含物种均不超过总物种数的 10%，只含 1 种的科有 19 个，优势科现象不明显。群落层次结构明显，层间植物较为丰富。其中，乔木 9 科 13 属 13 种，灌木 5 科 6 属 6 种，草本 11 科 13 属 14 种，藤本（包括木质藤本与草质藤本）有 3 科 4 属 5 种。乔木层优势种为海南风吹楠和棒柄花；灌木层优势种为凹脉金花茶及棒柄花等其他乔木的幼树；草本层物种有单穗鱼尾葵（Caryota monostachya）、爬树龙（Rhaphidophora decursiva）和石柑子等；层间植物有假鹰爪（Desmos chinensis）、瓜馥木（Fissistigma oldhamii）和龙须藤等。

群落 1、群落 2 物种组成较为复杂多样，群落 1 有优势科现象，群落 2 无明显的优势科；2 个群落均存在较多乔木，为群落环境提供了一定的郁闭度；此外还存在较多藤本植物，藤本植物大多属阳生植物，生长环境需要一定的湿度，藤本植物的存在反映出罗氏蝴蝶兰的生长环境要求有一定的空气湿度和透光度（张君诚等，2012）。

表5-2 罗氏蝴蝶兰所处群落1物种组成

物种	科名	拉丁名	生活型
海南海金沙	海金沙科	*Lygodium circinnatum*	草质藤本
齿果膜叶铁角蕨	铁角蕨科	*Hymenasplenium cheilosorum*	草本
狭翅巢蕨	铁角蕨科	*Asplenium antrophyoides*	草本
宽羽线蕨	水龙骨科	*Leptochilus ellipticus* var. *pothifolius*	草本
褐叶线蕨	水龙骨科	*Leptochilus wrightii*	草本
买麻藤	买麻藤科	*Gnetum montanum*	木质藤本
香港木兰	木兰科	*Lirianthe championii*	乔木
瓜馥木	番荔枝科	*Fissistigma oldhamii*	灌木
中华野独活	番荔枝科	*Miliusa sinensis*	乔木
广西澄广花	番荔枝科	*Orophea polycarpa*	乔木
樟叶木防己	防己科	*Cocculus laurifolius*	灌木
青牛胆	防己科	*Tinospora sagittata*	草质藤本
石蝉草	胡椒科	*Peperomia blanda*	草本
风藤	胡椒科	*Piper kadsura*	木质藤本
山桂花	大风子科	*Bennettiodendron leprosipes*	乔木
癞叶秋海棠	秋海棠科	*Begonia leprosa*	草本
龙虎山秋海棠	秋海棠科	*Begonia umbraculifolia*	草本
西南木荷	山茶科	*Schima wallichii*	乔木
大苞藤黄	藤黄科	*Garcinia bracteata*	乔木
苹婆	梧桐科	*Sterculia monosperma*	乔木
禾串树	大戟科	*Bridelia balansae*	乔木
棒柄花	大戟科	*Cleidion brevipetiolatum*	乔木
山槐	含羞草科	*Albizia kalkora*	乔木
龙须藤	苏木科	*Phanera championii*	木质藤本
灰毛鸡血藤	蝶形花科	*Callerya cinerea*	木质藤本
五萼冷水花	荨麻科	*Pilea boniana*	草本
石筋草	荨麻科	*Pilea plataniflora*	草本
楼梯草	荨麻科	*Elatostema involucratum*	草本
扁担藤	葡萄科	*Tetrastigma planicaule*	木质藤本
三叶崖爬藤	葡萄科	*Tetrastigma hemsleyanum*	草质藤本

续表

物种	科名	拉丁名	生活型
九里香	芸香科	*Murraya exotica*	灌木
望谟崖摩	楝科	*Aglaia lawii*	乔木
米仔兰	楝科	*Aglaia odorata*	灌木
波叶异木患	无患子科	*Allophylus caudatus*	灌木
凹脉紫金牛	紫金牛科	*Ardisia brunnescens*	灌木
白花龙船花	茜草科	*Ixora henryi*	灌木
三叶香草	报春花科	*Lysimachia insignis*	草本
桂南爵床	爵床科	*Justicia austroguangxiensis*	草本
石荠苎	唇形科	*Mosla scabra*	草本
广东万年青	天南星科	*Aglaonema modestum*	草本
石柑子	天南星科	*Pothos chinensis*	草质藤本
爬树龙	天南星科	*Rhaphidophora decursiva*	草质藤本
狮子尾	天南星科	*Rhaphidophora hongkongensis*	草质藤本
伞柱蜘蛛抱蛋	百合科	*Aspidistra fungilliformis*	草本
长叶竹根七	百合科	*Disporopsis longifolia*	草本
长茎沿阶草	百合科	*Ophiopogon chingii*	草本
簇花球子草	百合科	*Peliosanthes teta*	草本
菝葜	百合科	*Smilax china*	灌木
细棕竹	棕榈科	*Rhapis gracilis*	灌木
罗氏蝴蝶兰	兰科	*Phalaenopsis lobbii*	草本

表 5-3　罗氏蝴蝶兰所处群落 2 物种组成

物种	科名	拉丁名	生活型
海南海金沙	海金沙科	*Lygodium circinnatum*	草质藤本
干旱毛蕨	金星蕨科	*Cyclosorus aridus*	草本
新月蕨	金星蕨科	*Pronephrium gymnopteridifrons*	草本
三叉蕨	叉蕨科	*Tectaria subtriphylla*	草本
假鹰爪	番荔枝科	*Desmos chinensis*	灌木
瓜馥木	番荔枝科	*Fissistigma oldhamii*	灌木
中华野独活	番荔枝科	*Miliusa sinensis*	乔木

续表

物种	科名	拉丁名	生活型
广西澄广花	番荔枝科	*Orophea polycarpa*	乔木
假柿木姜子	樟科	*Litsea monopetala*	乔木
海南风吹楠	肉豆蔻科	*Horsfieldia hainanensis*	乔木
火炭母	蓼科	*Persicaria chinensis*	草本
假蒟	胡椒科	*Piper sarmentosum*	草本
海南大风子	大风子科	*Hydnocarpus hainanensis*	乔木
凹脉金花茶	山茶科	*Camellia impressinervis*	灌木
金丝李	藤黄科	*Garcinia paucinervis*	乔木
禾串树	大戟科	*Bridelia balansae*	乔木
棒柄花	大戟科	*Cleidion brevipetiolatum*	乔木
木油桐	大戟科	*Vernicia montana*	乔木
木奶果	大戟科	*Baccaurea ramiflora*	乔木
龙须藤	苏木科	*Phanera championii*	木质藤本
枫香树	金缕梅科	*Liquidambar formosana*	乔木
楼梯草	荨麻科	*Elatostema involucratum*	草本
长茎冷水花	荨麻科	*Pilea longicaulis*	草本
石筋草	荨麻科	*Pilea plataniflora*	草本
灰毛浆果楝	楝科	*Cipadessa baccifera*	灌木
南酸枣	漆树科	*Choerospondias axillaris*	乔木
杜茎山	紫金牛科	*Maesa japonica*	灌木
三叶香草	报春花科	*Lysimachia insignis*	草本
桂南爵床	爵床科	*Justicia austroguangxiensis*	草本
长药蜘蛛抱蛋	百合科	*Aspidistra dolichanthera*	草本
菝葜	百合科	*Smilax china*	灌木
石柑子	天南星科	*Pothos chinensis*	草质藤本
爬树龙	天南星科	*Rhaphidophora decursiva*	草质藤本
狮子尾	天南星科	*Rhaphidophora hongkongensis*	草质藤本
单穗鱼尾葵	棕榈科	*Caryota monostachya*	草本
董棕	棕榈科	*Caryota obtusa*	乔木
罗氏蝴蝶兰	兰科	*Phalaenopsis lobbii*	草本
蔓生莠竹	禾本科	*Microstegium fasciculatum*	草本

（三）罗氏蝴蝶兰所处群落地理成分分析

依据中国种子植物属的分布区类型的划分原则（吴征镒，1991），群落 1 中的属可划分为 9 个分布区类型。该群落热带性分布占主要地位，共有 35 个属，占非世界分布总属数的 87.50%。热带性分布又以热带、泛热带分布为主，其中属于热带亚洲分布的有 12 个属，占非世界分布总属数的 30.00%，是该群落中所占比例最大的分布区类型；属于泛热带分布的有 11 个属，占非世界分布总属数的 27.50%；属于温带分布的共有 5 个属，占非世界分布总属数的 12.50%。

群落 2 中的属也可划分为 9 个分布区类型。该群落热带性分布亦占主要地位，共有 25 个属，占非世界分布总属数的 86.21%。其中，属于热带亚洲分布的有 8 个属，占非世界分布总属数的 27.60%，是该群落中所占比例最大的分布区类型；其次为泛热带分布，有 5 个属，占非世界分布总属数的 17.24%；属于温带分布的共有 4 个属，占非世界分布总属数的 13.79%（表 5–4）。

综合群落 1、群落 2 中属的分布区类型可知，罗氏蝴蝶兰所处群落的地理成分较为复杂，而 2 个群落均以热带、泛热带分布占绝对优势，表明罗氏蝴蝶兰所处群落热带、亚热带特征显著，是热带向亚热带过渡的群落。

表 5–4　罗氏蝴蝶兰所处群落中种子植物属的分布区类型

分布区类型	群落 1		群落 2	
	属数	占非世界分布总属数比例（%）	属数	占非世界分布总属数比例（%）
世界分布	1	—	2	—
泛热带分布	11	27.50	5	17.24
热带亚洲和热带美洲间断分布	1	2.50	1	3.45
旧世界热带分布	4	10.00	3	10.34
热带亚洲至热带大洋洲分布	3	7.50	4	13.79
热带亚洲至热带非洲分布	4	10.00	4	13.79
热带亚洲（印度－马来西亚）分布	12	30.00	8	27.60
东亚和北美洲间断分布	2	5.00	1	3.45
东亚分布	3	7.50	3	10.34
合计	41	100.00	31	100.00

（四）罗氏蝴蝶兰所处群落植物生活型

群落中植物的生活型是植物在进化过程中长期适应于气候条件的结果，可以作为某地区的生物气候的标志（杨持，2009）。通过统计某一群落中各类生活型的数量对比关系并形成生活型谱，可以分析群落中植物与生境的关系。根据 Raunkiaer（1934）生活型分类系统，对罗氏蝴蝶兰所处 2 个群落的植物进行生活型统计（图 5-2）。

所处群落 1 的植物生活型以包括藤本植物在内的高位芽植物为主，占总种数的 64%，说明该群落具有温热多湿的气候特征。其中，藤本植物所占比例最大，为 28%；小高位芽植物次之，为 18%；矮高位芽植物和中高位芽植物分别占 10% 和 8%；缺乏株高超过 30 m 的大高位芽植物。群落下层地上芽植物所占比例较大，达 32%，以多年生草本植物为主。地面芽植物和 1 年生植物各占 2%，比例很低。

所处群落 2 的植物生活型以包括藤本植物在内的高位芽植物为主，占总种数的 65.79%。其中藤本植物所占比例最大，为 23.68%；小高位芽植物比例为 15.79%；矮高位芽植物和中高位芽植物各占 13.16%；缺乏株高超过 30 m 的大高位芽植物。群落下层仅为地上芽植物，占 34.21%，以多年生草本植物为主。缺乏地面芽植物和 1 年生植物。

罗氏蝴蝶兰所处群落 1 和群落 2 中的植物生活型均以包括藤本植物在内的高位芽植物为主，说明了这 2 个群落均具有温热多湿的气候特征；群落中藤本植物的比例较大，反映出群落环境透光度和空气湿度较大。群落 1、群落 2 的植物生活型特点表明罗氏蝴蝶兰适合生长在温暖、湿润、有一定透光度的环境中。

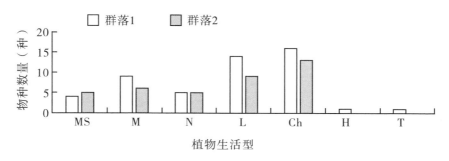

注：MS 为中高位芽植物，M 为小高位芽植物，N 为矮高位芽植物，L 为藤本植物，Ch 为地上芽植物，H 为地面芽植物，T 为 1 年生植物。

图 5-2　罗氏蝴蝶兰所处群落植物生活型统计

（五）罗氏蝴蝶兰所处群落草本层结构特征

由对群落 1 的草本层植物重要值分析结果（表 5-5）可见，群落 1 中草本层植物共有 22 种，其中重要值大于 10% 的有广东万年青、五萼冷水花和伞柱蜘蛛抱蛋（*Aspidistra fungilliformis*）3 种，为该群落草本层的优势种。群落中只出现了 1 种兰科植物即罗氏蝴蝶兰，重要值为 1.51，为优势种的伴生种。

由对群落 2 的草本层植物重要值分析结果（表 5-6）可见，群落 2 中草本层植物共有 19 种，其中重要值大于 10% 的有单穗鱼尾葵、三叉蕨（*Tectaria subtriphylla*）和爬树龙 3 种，为该群落草本层的优势种。该群落中罗氏蝴蝶兰的重要值仅为 1.86，为优势种的伴生种。

罗氏蝴蝶兰所处群落 1、群落 2 均为共建种群落，而罗氏蝴蝶兰在草本层中的重要值都较低，只作为优势种的伴生种，与常绿阔叶林群落共存，没有明显的群落特征。

表 5-5　罗氏蝴蝶兰所处群落 1 草本层植物分析

物种	相对多度（%）	相对频度（%）	相对盖度（%）	重要值（%）
广东万年青	22.46	10.53	18.48	17.15
五萼冷水花	16.31	10.53	13.04	13.29
伞柱蜘蛛抱蛋	21.39	2.63	10.87	11.63
石柑子	5.35	5.26	14.13	8.25
宽羽线蕨	9.36	10.53	4.57	8.15
长茎沿阶草	4.55	7.89	8.70	7.05
龙虎山秋海棠	4.28	5.26	7.61	5.72
狭翅巢蕨	3.48	7.89	3.48	4.95
石荠苧	1.87	5.26	2.39	3.18
簇花球子草	3.48	2.63	1.74	2.62
狮子尾	0.53	2.63	2.17	1.78
石筋草	1.34	2.63	1.09	1.69
癞叶秋海棠	0.53	2.63	1.74	1.64
风藤	0.53	2.63	1.74	1.64
楼梯草	1.07	2.63	1.09	1.60
桂南爵床	0.53	2.63	1.52	1.56

续表

物种	相对多度（%）	相对频度（%）	相对盖度（%）	重要值（%）
齿果膜叶铁角蕨	0.80	2.63	1.09	1.51
罗氏蝴蝶兰	0.80	2.63	1.09	1.51
青牛胆	0.27	2.63	1.09	1.33
长叶竹根七	0.27	2.63	1.09	1.33
爬树龙	0.53	2.63	0.65	1.27
海南海金沙	0.27	2.63	0.65	1.18

表 5-6　罗氏蝴蝶兰所处群落 2 草本层植物分析

物种	相对多度（%）	相对频度（%）	相对盖度（%）	重要值（%）
单穗鱼尾葵	7.08	10.71	17.73	11.84
三叉蕨	14.16	7.14	10.23	10.51
爬树龙	7.96	10.71	11.36	10.01
干旱毛蕨	12.39	7.14	5.68	8.40
蔓生莠竹	9.73	7.14	6.36	7.75
石柑子	5.31	7.14	10.23	7.56
长茎冷水花	7.08	7.14	5.91	6.71
新月蕨	7.08	3.57	5.00	5.22
长药蜘蛛抱蛋	8.85	3.57	2.27	4.90
假蒟	3.54	3.57	5.00	4.04
火炭母	1.77	3.57	4.77	3.37
海南海金沙	2.65	3.57	3.41	3.21
三叶香草	3.54	3.57	2.27	3.13
楼梯草	2.65	3.57	1.82	2.68
狮子尾	1.77	3.57	2.27	2.54
桂南爵床	1.77	3.57	1.82	2.39
菝葜	0.88	3.57	1.59	2.02
石筋草	0.88	3.57	1.14	1.86
罗氏蝴蝶兰	0.88	3.57	1.14	1.86

四、讨论

通过对罗氏蝴蝶兰所处群落进行调查发现，罗氏蝴蝶兰的分布范围极为狭窄，种群数量极少；群落物种组成较为多样，层间植物较为丰富，群落植物生活型以包括藤本在内的高位芽植物为主；所处群落地理成分热带、亚热带特征明显，是热带向亚热带过渡的群落；群落类型均为共建种群落，罗氏蝴蝶兰在草本层中重要值较低，只作为优势种的伴生种，与常绿阔叶林群落共存，没有明显的群落特征。调查结果说明罗氏蝴蝶兰种群数量稀少，原生境较为复杂，对生态环境依附性较强，生长情况与林下郁闭度有关，适应温热多湿的气候条件。

罗氏蝴蝶兰所处群落生境维持较好，人为干扰强度较低，而调查样地罕见幼苗。在保护区的监测数据中，发现罗氏蝴蝶兰在开花年份很少出现自然结果现象。结合监测数据推测，罗氏蝴蝶兰濒危的原因可能是缺乏授粉昆虫而不能结实，偶有结实，种子发芽率亦极低。传粉昆虫稀少或气候变化等对传粉昆虫行为造成的影响会导致罗氏蝴蝶兰无法正常产生果荚；偶见结实，种子胚乳发育不完全，野外条件下缺乏共生菌提供营养使其萌发，则种子的繁殖成活率极低。蝴蝶兰属（*Phalaenopsis*）植物可以进行无性繁殖，但常规的无性繁殖间隔期较长，这可能也是罗氏蝴蝶兰濒危的原因之一。

繁殖能力差的物种更容易走向灭绝，建议继续开展对罗氏蝴蝶兰的种质资源调查与系统的科学研究，深入探究濒危机制，为制定保护措施提供依据；种群大小是判断物种存活和濒危的一个指标，种群数量少容易受到环境的干扰，故需加强就地保护，加大对珍稀濒危植物的保护和宣传，提高民众自然保护意识，禁止并严厉打击盗挖行为；地理分布范围窄的物种更容易灭绝，应结合迁地保护，建立种质资源圃保存植物种质基因；此外，还需要通过人工栽培繁殖，再进行引种回归野外，扩大种群数量，缓解其野外濒危现状，并为合理开发利用提供技术支撑。

五、结论

罗氏蝴蝶兰野生资源珍贵，种群数量十分稀少，被列入我国优先拯救保护的极小种群野生植物名单中。本研究对广西龙虎山自治区级自然保护区分布的罗氏蝴蝶兰所在的群落 1 及广西大新县宝圩乡海南风吹楠 – 凹脉金花茶保护小区内分布的罗氏蝴蝶兰所在的群落 2 进行生境调查与样地调查，分析其生境特征、物种组成、群落区系特点及群落结构。结果显示，群落 1 中共有维管植物 32 科 44 属 50 种，群落生物多样性较为丰富，其中百合科为该群落的优势科；群落 2 中共有维管植物 25 科 35 属 38 种，优势科现象不明显；所处群落属的地理成分中泛热带和热带成分占绝对优势，具有热带向亚热带过渡的性质；群落中均以高位芽植物为主，又以藤本植物的比例为最大，林下郁闭度较高，表明罗氏蝴蝶兰对环境湿度和光照有一定的要求；罗氏蝴蝶兰在群落 1、群落 2 的草本层中重要值均较低，仅作为伴生种，与常绿阔叶林群落植物共存。目前关于蝴蝶兰属野生植物资源的群落结构的野外调查与保育研究等方面的系统性研究较少，建议加强就地保护，结合迁地保护，研究其濒危机理，通过人工栽培繁殖再进行引种回归野外，缓解罗氏蝴蝶兰野外濒危现状，并为对其的合理开发利用提供技术支撑。

第六章　长叶苏铁、德保苏铁、宽叶苏铁和叉叶苏铁地理分布及生境特征

一、长叶苏铁地理分布及生境特征

（一）长叶苏铁的地理分布

长叶苏铁（*Cycas dolichophylla*）主要分布于我国云南和广西，越南北部也有分布。在广西分布于百色市德保县和田东县。在德保县分布于那甲镇和城关镇；在田东县分布于印茶镇。水平分布范围为 106° 39′ ～ 107° 03′ E、23° 21′ ～ 23° 28′ N。垂直分布于海拔 200 ～ 1000 m。

（二）长叶苏铁生境特征

广西的长叶苏铁野生种群为零星分布，且个体数量极为稀少，种群生境受人为干扰严重。为喀斯特专性植物，多生长于石灰岩山地雨林或山地季雨林下，主要分布于次生林下。土壤 pH 值为 7.62 ～ 7.83；氮元素含量为 5.46 ～ 6.14 g/kg，磷元素含量为 0.940 ～ 1.541 g/kg，钾元素含量为 3.57 ～ 14.16 g/kg，有机碳含量为 80.6 ～ 90.5 mg/kg，碱解氮含量为 521 ～ 606.5 mg/kg，速效钾含量为 168 mg/kg。乔木层植物主要有构（*Broussonetia papyrifera*）、菜豆树、大果榕（*Ficus auriculata*）、蚬木（*Excentrodendron tonkinense*）等；灌木层植物主要有臭椿（*Ailanthus altissima*）、广西密花树、杜茎山（*Maesa japonica*）、枫香树、灰毛浆果楝（*Cipadessa baccifera*）、假鹰爪等；草本层植物主要有肾蕨（*Nephrolepis cordifolia*）、落地生根（*Bryophyllum pinnatum*）、鸭跖草（*Commelina communis*）、光石韦（*Pyrrosia calvata*）等。

二、德保苏铁地理分布及生境特征

（一）德保苏铁的地理分布

德保苏铁分布于我国广西和云南。在广西主要分布于百色市右江区、德保县、靖西市、那坡县。在右江区主要分布于泮水乡；在德保县主要分布于敬德镇；在靖西市主要分布于魁圩乡；在那坡县主要分布于龙合乡。德保苏铁分布区狭窄，水平分布范围为105°55′～106°12′E、23°29′～23°47′N。垂直分布于海拔230～980 m。

（二）德保苏铁生境特征

德保苏铁在德保县和那坡县的分布生境为石山；在右江区的分布生境为土山。在石山区，德保苏铁主要生长在石灰岩向阳山坡灌木丛中。德保苏铁喜阳耐旱，对土壤要求不严，多生长于石缝中，极少数生长于土层较厚的土壤中。优势植被是石山次生矮灌木丛，德保苏铁是植被的优势种之一。伴生植物多为旱生的灌木、草本和小乔木。主要伴生植物有红背山麻秆（*Alchornea trewioides*）、圆叶乌桕、黑面神（*Breynia fruticosa*）、毛桐（*Mallotus barbatus*）、五月茶（*Antidesma bunius*）、灰毛浆果楝、了哥王、野漆、清香木、石山柿、顶花杜茎山（*Maesa balansae*）、锈色蛛毛苣苔（*Paraboea rufescens*）、肾蕨、小画眉草（*Eragrostis minor*）、荩草（*Arthraxon hispidus*）、五节芒（*Miscanthus floridulus*）等。在土山区，德保苏铁生长于海拔230～300 m的山坡次生林中。德保苏铁在林下也能正常生长、开花结籽，土壤pH值为5.64～6.29，乔木层植物主要有麻栎（*Quercus acutissima*）、苹婆、大果榕、秋枫（*Bischofia javanica*）。灌木层植物主要有土蜜树（*Bridelia tomentosa*）、水锦树（*Wendlandia uvariifolia*）、灰毛浆果楝、盐肤木（*Rhus chinensis*）等；草本层植物主要有肾蕨、线瓣玉凤花（*Habenaria fordii*）。

三、宽叶苏铁地理分布及生境特征

（一）宽叶苏铁的地理分布

宽叶苏铁（*Cycas balansae*）主要分布于我国广西和云南，老挝、缅甸、泰国、越南等国家也有分布。在广西主要分布于南宁市隆安县、防城港市防城区和东兴市、崇左市、凭祥市等。据近几年野外调查可知，目前在防城港市防城区和东兴市有野生宽叶苏铁种群分布。在防城区主要分布于那梭镇和扶隆乡；在东兴市主要分布于马路镇。水平分布范围为 107° 56′ ～ 108° 58′ E、21° 41′ ～ 21° 50′ N。垂直分布于海拔 100 ～ 800 m。

（二）宽叶苏铁的生境特征

宽叶苏铁主要生长于季雨林山地红壤中。性喜阳光，好温暖，耐干旱，也耐半阴。宽叶苏铁野生种群生境的土壤偏酸性，pH 值为 3.79 ～ 4.84，全钾含量为 0.343 ～ 1.276 mg/kg，全磷含量为 0.028 ～ 0.244 mg/kg，全氮含量为 2.562 ～ 4.88 mg/kg，速效钾含量占土壤全钾量的 0.1% ～ 2%。乔木层主要植物有狭叶坡垒、鹅掌柴（*Heptapleurum heptaphyllum*）、猴耳环（*Archidendron clypearia*）、岭南山竹子（*Garcinia oblongifolia*）、假苹婆（*Sterculia lanceolata*）、臀果木（*Pygeum topengii*）；灌木层主要植物有华润楠（*Machilus chinensis*）、黑面神、白楸（*Mallotus paniculatus*）、九节（*Psychotria asiatica*）、三桠苦（*Melicope pteleifolia*）、木姜子（*Litsea pungens*）、锯叶竹节树（*Carallia diplopetala*）等；草本层主要植物有淡竹叶（*Lophatherum gracile*）、五节芒、石柑子、金毛狗（*Cibotium barometz*）等。

四、叉叶苏铁地理分布及生境特征

（一）叉叶苏铁的地理分布

叉叶苏铁主要分布于我国云南、广西和海南，越南、老挝等国家也有分布。在广西主要分布于崇左市扶绥县、凭祥市、宁明县、龙州县。水平分布范围为 106° 43′ ～ 107° 24′ E、22° 09′ ～ 22° 33′ N。垂直分布于海拔 300 ～ 500 m。

（二）叉叶苏铁生境特征

叉叶苏铁分布区位于热带北部季风气候区。叉叶苏铁为喜钙植物，喜欢在阴湿、土壤较肥沃的环境下生长，通常生长于石灰岩低峰丛或石山中下部的灌木丛和草丛中，土壤为石灰岩土，中性至弱碱性。植被类型是以仪花（*Lysidice rhodostegia*）或闭花木（*Cleistanthus sumatranus*）等为优势种的石山季雨林。乔木层主要植物有蚬木、海南椴（*Diplodiscus trichospermus*）、闭花木、秋枫、肥牛树（*Cephalomappa sinensis*）等；

灌木层主要植物有红背山麻秆、枫香树、剑叶龙血树（*Dracaena cochinchinensis*）、南酸枣、山榄叶柿（*Diospyros siderophylla*）、灰毛浆果楝等；草本层主要植物有火炭母（*Persicaria chinensis*）、沿阶草（*Ophiopogon bodinieri*）、芸香竹等。

第七章　元宝山冷杉、资源冷杉、银杉和水松地理分布及生境特征

一、元宝山冷杉地理分布及生境特征

（一）元宝山冷杉地理分布

元宝山冷杉仅分布于广西柳州市融水苗族自治县的广西元宝山国家级自然保护区内，主要分布于冷杉坪，零星分布于老虎口、白石坳、燕子坳等地。水平分布范围为109° 10′ E、25° 22′ ～ 25° 32′ N，分布范围狭窄。垂直分布于海拔 1700 ～ 2050 m。

（二）元宝山冷杉生境特征

元宝山冷杉分布区山脉呈南北走向，为中山地貌，属中亚热带季风气候区，受地形地貌和植被的影响，具有明显的山地气候特征，夏凉冬冷，云雾期长，雨量充沛，湿度大。年均温为 16.4℃，最冷月（1 月）均温 5.9℃，最热月（7 月）均温 25.0℃，≥ 10℃年积温 4999.7℃；年均降水量达 2400 mm，4 ～ 9 月为多雨季节，降水量占全年降水总量的 70%，10 月至翌年 3 月降水量较少，林内 RH 可至 90% 以上；多年的平均日照时长为 1379.7 h。

元宝山冷杉生于常绿落叶阔叶混交林和以元宝山冷杉为优势种的亚热带中山针阔混交林中。元宝山的土壤主要为花岗岩发育而成的山地红壤、山地黄壤和山地黄棕壤，元宝山冷杉主要分布区域的土壤类型为山地黄棕壤，土壤 pH 值为 4.5 ～ 5.0，表土为较多枯枝落叶分解发育成的黑褐色腐殖土。

元宝山冷杉幼树耐荫蔽，成长后喜光、耐寒冷。主要伴生种有铁杉（*Tsuga chinensis*）、南方红豆杉（*Taxus wallichiana* var. *mairei*）、红皮木姜子（*Litsea pedunculata*）、粗榧（*Cephalotaxus sinensis*）、短叶罗汉松（*Podocarpus chinensis*）、红花木莲（*Manglietia insignis*）、光叶水青冈（*Fagus lucida*）、包果柯（*Lithocarpus cleistocarpus*）、褐叶青冈、五裂槭（*Acer oliverianum*）、华西花楸（*Sorbus wilsoniana*）、马蹄参（*Diplopanax stachyanthus*）等。

二、资源冷杉地理分布及生境特征

（一）资源冷杉地理分布

资源冷杉分布于我国广西东北部、湖南东部和西南部、江西西部。在广西分布于桂林市资源县广西银竹老山资源冷杉国家级自然保护区的红石山崖、三角湖塘、二宝鼎和香草坪，资源县梅溪镇铜座村的真宝顶，灌阳县广西千家洞国家级自然保护区的中洞山脊，全州县大西江镇炎井村的大云山。水平分布范围为 110° 33′ ～ 110° 96′ E、25° 22′ ～ 26° 16′ N，分布范围狭窄。垂直分布于海拔 1400 ～ 1800 m。

（二）资源冷杉生境特征

资源冷杉在广西的分布区地处越城岭山脉，山脉呈近南北走向，为中山地貌。分布区属中亚热带季风气候区，冬冷夏凉，雨量丰富，日照少，云雾期长，夏季短（一年中仅 2 个月左右），冬季长（可有 4 ～ 5 个月）。年均温 8 ～ 12℃，极端低温 –8 ～ –5℃；年均降水量达 2400 mm，RH 为 85% ～ 90%。资源冷杉散生于针阔混交林中，树冠高耸于林层之上。成土母岩大多是花岗岩和砂页岩，土壤主要为酸性黄棕壤，pH 值为 4.5 ～ 5.0。资源冷杉幼苗耐阴，大树需光照，在少量灌木的溪流边具有较好的自然更新能力。主要伴生植物包括中华木荷（*Schima sinensis*）、铁杉、多脉青冈（*Quercus multinervis*）、巴东栎（*Quercus engleriana*）、光叶水青冈、华南桦（*Betula austrosinensis*）、假地枫皮（*Illicium jiadifengpi*）、交让木（*Daphniphyllum macropodum*）、吴茱萸五加（*Gamblea ciliata* var. *evodiifolia*）、心基杜鹃（*Rhododendron orbiculare* subsp. *cardiobasis*）、吊钟花（*Enkianthus quinqueflorus*）等。

三、银杉地理分布及生境特征

（一）银杉地理分布

银杉分布于我国广西北部和东部、湖南东南部和西南部及重庆、贵州。在广西主要分布于桂林市龙胜各族自治县的广西花坪国家级自然保护区和来宾市金秀瑶族自治县的广西大瑶山国家级自然保护区。水平分布范围为 109° 54′ ～ 110° 16′ E、24° 09′ ～ 25° 36′ N。垂直分布于海拔 900 ～ 1900 m。

（二）银杉生境特征

银杉在广西的分布区属于中山地貌类型。土壤为石灰岩、页岩、砂岩发育而成的黄壤、黄棕壤或黄色石灰土，pH 值为 3.5 ～ 6.0，土层浅薄，多砾石。分布区属亚热带季风气候区，年均温为 12 ～ 14℃，夏季均温为 16 ～ 18℃，冬季均温为 3 ～ 5℃。气候潮湿，夏凉冬冷，雨量丰富，终年多云雾，湿度大，雨量主要集中于春夏两季。银杉生长于山脊或帽状石山顶端，与其他针阔叶树种混生。银杉为阳生树种，苗期较耐阴，成长为幼树后喜光。主要伴生种有长苞铁杉（*Nothotsuga longibracteata*）、华南五针松（*Pinus kwangtungensis*）、福建柏（*Chamaecyparis hodginsii*）、马蹄荷（*Exbucklandia populnea*）、深山含笑（*Michelia maudiae*）、蓝果树（*Nyssa sinensis*）、金毛柯（*Lithocarpus chrysocomus*）、光叶水青冈、包果柯等。

四、水松地理分布及生境特征

（一）水松地理分布

水松是仅分布于我国和越南的单种属植物。在我国分布于福建西部和北部、广东东部和西部、江西东部、四川东南部、云南东南部及广西。在广西主要分布于钦州市浦北县、玉林市陆川县、崇左市天等县、梧州市苍梧县和桂林市雁山区。目前，广西除桂林市雁山区大埠乡分布区有 2 株水松外，其他分布区都只有 1 株。水松在广西的水平分布范围为 106°57′ ～ 110°19′ E、21°39′ ～ 25°05′ N。垂直分布于海拔 170 ～ 450 m。

（二）水松生境特征

水松为喜光树种，喜温暖湿润的气候及水湿的环境，适生于河岸、池边、湖旁或沼泽地等湿生环境，耐水湿，不耐低温。对土壤的适应性较强，生境土壤多为中性至弱酸性的冲积土，pH 值为 6.0 ～ 7.0。土壤肥力对水松生长的影响较大，土层越深厚、肥力越高，水松生长结籽的效果越好。水松主要分布于村边，伴生种较少。主要伴生种有龙眼（*Dimocarpus longan*）、杉木（*Cunninghamia lanceolata*）、构、鬼针草（*Bidens pilosa*）、苍耳（*Xanthium strumarium*）、赛葵（*Malvastrum coromandelianum*）、芭蕉（*Musa basjoo*）等。

第八章　单性木兰、观光木和海南风吹楠地理分布及生境特征

一、单性木兰地理分布及生境特征

（一）单性木兰地理分布

单性木兰分布于我国广西北部、贵州东南部。在广西主要分布于河池市罗城仫佬族自治县和环江毛南族自治县。水平分布范围为 107°55′～108°49′E、24°32′～25°08′N。垂直分布于海拔 300～500 m。

（二）单性木兰生境特征

单性木兰在广西的分布区属典型的亚热带季风气候区，年均温 15.0～18.7℃，无霜期为 235～290 d，年均降水量 1530～1820 mm。生长于石灰岩常绿落叶阔叶混交林中。单性木兰种群大多数呈零散分布，成片分布区仅见于广西木论国家级自然保护区内。单性木兰生境土壤主要为白云岩、石灰岩风化形成的石灰土，局部出现由燧石石灰岩风化形成的硅质土。单性木兰为群落中乔木层的优势种。乔木层物种主要有枫香树、小叶青冈、任豆、山槐（*Albizia kalkora*）、伞花木（*Eurycorymbus cavaleriei*）、柞子皮（*Itoa orientalis*）等；灌木层物种主要有菜豆树，翻白叶树（*Pterospermum heterophyllum*）、虎皮楠（*Daphniphyllum oldhamii*）、石岩枫（*Mallotus repandus*）、粗糠柴（*Mallotus philippensis*）、密花树（*Myrsine seguinii*）、岩樟（*Cinnamomum saxatile*）等；草本层物种主要有薄叶卷柏（*Selaginella delicatula*）、翠云草（*Selaginella uncinata*）、石韦（*Pyrrosia lingua*）、肾蕨等。

二、观光木地理分布及生境特征

（一）观光木地理分布

观光木主要分布于我国江西、福建、广东、海南、广西、湖南、云南和贵州等省区。观光木在广西的自然分布范围较广，龙胜、兴安、灵川、临桂、永福、阳朔、融水、三江、贺州、钟山、苍梧、博白、贵港、德保、西林、龙州、大新等地均有观光木的野生种群分布。由于其对水分的敏感性和对植被环境的依赖性，以致其种群个体星散分布，自然更新能力较差，野生资源蕴藏量不多。水平分布范围为106° 40′ ～ 111° 02′ E、22° 19′ ～ 25° 54′ N。垂直分布于海拔 900 m 以下。

（二）观光木生境特征

观光木在广西的分布区地跨中亚热带、南亚热带和北热带 3 个不同季风气候区。分布区年均温 17 ～ 22℃，最冷月（1 月）均温 10 ～ 14℃，≥10℃年积温 5600 ～ 8300℃，年均降水量 1550 ～ 2000 mm。分布区气温高，降水量大。南北气温和热量的差异较为明显，南部分布区气候呈现出长夏无冬、春秋相连的特征，而北部分布区气候则表现为冬短夏长、四季分明的特点，然而，无论是在哪里生长，观光木都能够生长成为较高大的立木，反映出该物种对气候较广泛的适应性。

观光木属于弱阳生树种，幼龄期能耐一定的庇荫环境，成年植株则喜光。自然条件下，观光木多分布于酸性土山地，石灰岩石山无分布。通常生长在溪河谷两侧山坡或山麓地段，立地土壤有花岗岩、砂岩、砂页岩风化坡积物发育而成的山地赤红壤、山地红壤、山地黄壤 3 种类型，生境温暖潮湿。常零星散生于以樟科、壳斗科、山茶科（Theaceae）、木兰科、金缕梅科等科的一些耐寒种类为主的常绿阔叶林中，或混生在以上述各科的一些耐热种类为主，并有桑科、山榄科、楝科（Meliaceae）等科的一些热带种类混杂其间的南亚热带季风常绿阔叶林内，也有部分生长在以橄榄科（Burseraceae）、山榄科、楝科、无患子科（Sapindaceae）、桑科、大戟科、杜英科（Elaeocarpaceae）等科的种类为主的北热带常绿季雨林的次生群落中，为所处群落乔木层上层或中层的伴生成分，少见有其单优或与其他阔叶树种共优的群落出现。主要伴生种有银木荷（Schima argentea）、大叶栎（Quercus griffithii）、白栎（Quercus fabri）、中华杜英（Elaeocarpus chinensis）、冬青（Ilex chinensis）、枫香树、南酸枣、假苹婆等。

三、海南风吹楠地理分布及生境特征

（一）海南风吹楠地理分布

海南风吹楠分布于我国海南、云南和广西。在广西主要分布于防城港市防城区和崇左市大新县、龙州县、宁明县等。防城区的海南风吹楠主要分布于峒中镇峒中林场；大新县的海南风吹楠主要分布于硕龙镇念典村；龙州县的海南风吹楠主要分布于武德乡三联村、逐卜乡弄岗村和上金乡中山村；宁明县的海南风吹楠主要分布于亭亮镇院景村。水平分布范围为 106°47′～107°33′E、21°41′～22°45′N。垂直分布于海拔 160～450 m。

（二）海南风吹楠生境特征

海南风吹楠是热带沟谷雨林与季雨林树种。防城区一带属北热带季风气候区，气候温暖湿润，夏季多雨高温，年均降水量达 3465 mm，年均温 22℃，无霜冻期。宁明县、龙州县和大新县一带属南亚热带季风气候区，气候温和，夏长冬短，年日照时数 1600 h，1 月均温 13.8℃，7 月均温 28.1℃，年均温 20.8～22.4℃，年无霜期 340 d 左右，年均降水量 1200 mm 以上。海南风吹楠生境土壤为淋溶石灰土或砖红壤、赤红壤，有机质含量高。海南风吹楠多分布于丘陵、沟谷的阴湿雨林中，喜生于高温、湿润、排水良好的坡地上，是一种耐水湿树种。海南风吹楠树体高大，干形通直，在石灰岩季雨林中常居林冠上层，为群落乔木层优势树种。成年植株表现出阳生树种的特性，幼苗具较强的耐阴性，常处于土层较厚、透光率较低的林下。乔木层物种主要有苹婆、中国无忧花（Saraca dives）、木奶果（Baccaurea ramiflora）、秋枫、望天树（Parashorea chinensis）、人面子（Dracontomelon duperreanum）、董棕（Caryota obtusa）、棋子豆（Archidendron robinsonii）等；灌木层物种主要有大叶水榕（Ficus glaberrima）、丛花厚壳桂（Cryptocarya densiflora）、假肥牛树（Cleistanthus petelotii）、蚬木、金丝李（Garcinia paucinervis）、香港四照花（Cornus hongkongensis）、杜茎山等；草本层物种主要有沿阶草、广东万年青、黄鹌菜（Youngia japonica）、肾蕨、蔓生莠竹（Microstegium fasciculatum）等。

第九章　凹脉金花茶、顶生金花茶和毛瓣金花茶地理分布及生境特征

一、凹脉金花茶地理分布及生境特征

（一）凹脉金花茶地理分布

凹脉金花茶自然分布于广西西南部的龙州县和大新县两县境内。在龙州县主要分布于金龙镇和武德乡；在大新县主要分布于下雷镇、硕龙镇和宝圩乡。水平分布范围为 106°47′～107°28′E、22°31′～22°58′N。垂直分布于海拔 130～480 m。

（二）凹脉金花茶生境特征

凹脉金花茶分布区属于北热带季风气候区，年均温 21.5～22.3℃，最冷月（1月）均温 13.8～15.1℃，个别年份极端低温可在 0℃以下，平均气温在 22℃以上的月份长达 7 个月，≥10℃年积温 7433～7930℃。年均降水量 1150～1550 mm，多集中在 5～9 月，占全年降水总量的 76%，12 月至翌年 1～2 月降水很少，仅占全年总降水量的 6.5%；夏季空气湿度大，平均 RH 为 80%～83%；冬季空气较干燥，平均 RH 为 75%～78%。

凹脉金花茶野生资源的分布只见于碳酸岩地层山地，生于喀斯特石山的槽谷地、峰丛洼地底部、圆洼地四周较平缓山坡下部，生境土壤多为水化棕色石灰土或棕色石灰土。通常生长在原生性较强的喀斯特石山季雨林内，原生林破坏后恢复起来的次生林中也有生存。在保存较好的原生性季雨林中，凹脉金花茶有时可成为群落乔木层最下层的优势种或次优势成分，但多数是作为灌木层的组成成分出现；所在的原生性群落乔木层优势种主要包括纸叶琼楠（*Beilschmiedia pergamentacea*）、粗壮润楠（*Machilus robusta*）、蚬木、董棕等。在次生季雨林群落内，凹脉金花茶通常作为灌木层的常见种出现，或为灌木层的优势种或次优势成分；所在的次生季雨林群落乔木层优势种主要包括火筒树（*Leea indica*）、苹婆、对叶榕（*Ficus hispida*）、假肥牛树、东京

桐（*Deutzianthus tonkinensis*）、网脉核果木（*Drypetes perreticulata*）、岩樟、任豆、红紫麻（*Oreocnide rubescens*）、紫金牛属（*Ardisia*）植物等。

二、顶生金花茶地理分布及生境特征

（一）顶生金花茶地理分布

顶生金花茶为中国特有种，是金花茶组（*Camellia* Sect. *Chrysantha*）植物中分布纬度较北的种类。主要分布于广西天等县的龙茗镇、小山乡和福新乡一带。分布区处于北热带的北缘地区，水平分布范围为 106° 53′ ～ 107° 13′ E、22° 50′ ～ 23° 00′ N，分布范围极为狭窄。垂直分布于海拔 410 ～ 574 m。

（二）顶生金花茶生境特征

顶生金花茶分布区地处北回归线以南，为低山、高丘地形，喀斯特地貌，属亚热带季风气候区，温凉湿润。春末至秋初多受偏南气流影响，气温高，湿度大，降水量多。冬季受北方寒潮影响，气温偏低，湿度小，雨量少。所在地夏热冬暖的气候特征较明显，多年的平均气温 20.5℃，最冷月（1 月）均温 12.1℃，最热月（7 月）均温 27.5℃，≥ 10℃年积温 6931.5℃；年均降水量 1456.8 mm。

顶生金花茶属于偏阴生植物，生长于北热带季雨林的石灰岩石山常绿阔叶林中，生于喀斯特峰丛洼地四周和峰丛槽谷两侧山坡。生境土壤为石灰岩地层上发育而成的棕色石灰土或黑色石灰土。根据近年来的资源调查，顶生金花茶的生存环境大多在原生林被破坏后恢复起来的次生林群落内。顶生金花茶所在群落的主要物种有蚬木、任豆、大苞藤黄、南烛厚壳桂（*Cryptocarya lyoniifolia*）、岩樟、白颜树（*Gironniera subaequalis*）、董棕、鱼尾葵（*Caryota maxima*）、大叶桂樱（*Prunus zippeliana*）、广西密花树、山蕉（*Mitrephora macclurei*）、广西澄广花（*Orophea polycarpa*）、水同木（*Ficus fistulosa*）、截裂翅子树（*Pterospermum truncatolobatum*）、菜豆树、白桐树（*Claoxylon indicum*）、红背山麻秆、海南大风子（*Hydnocarpus hainanensis*）等；草本层常见物种有肾蕨、苽草、阴石蕨（*Davallia repens*）、疏毛楼梯草（*Elatostema albopilosum*）等。

三、毛瓣金花茶地理分布及生境特征

（一）毛瓣金花茶地理分布

毛瓣金花茶分布于北回归线以南，位于北热带区域，在广西主要分布于崇左市大新县和南宁市隆安县两县交界处的石灰岩山地区。在隆安县主要分布于屏山乡龙虎山一带，乔建镇的新光村和龙尧村也有少量分布；在大新县则主要分布于福隆乡福隆村和平良村。水平分布范围为 107° 27′ ～ 107° 39′ E、22° 57′ ～ 23° 00′ N，分布范围十分狭窄，整个分布区面积约 80 km²。垂直分布于海拔 120 ～ 430 m。

（二）毛瓣金花茶生境特征

毛瓣金花茶是金花茶组植物中自然分布纬度较北的种类，分布区域范围是专性于喀斯特石山、酸性土山地中无分布的金花茶组植物种类。其分布区属北热带季风气候区，地带性植被为北热带季雨林，夏热冬暖，冬无严寒，雨量充沛，RH 较大。年均温 21.8 ℃，最冷月（1 月）均温 13.2 ℃，最热月（7 月）均温 33.2 ℃，年均降水量 1500 mm，大多集中在夏秋两季。年均日照时数 1531.8 h。

毛瓣金花茶喜热好湿，忌干旱和阳光直射，通常生于喀斯特山地中的坳坡与山麓或谷坡的中下部，生境土壤为石灰岩坡积物发育而成的棕色石灰土，红壤系列土壤未见有分布。土壤 pH 值为 7.17 ～ 7.90，为中性或弱碱性；有机质含量 40.3 ～ 61.3 g/kg，平均含量 52.4 g/kg，处于较高水平；水解性氮含量 383.5 ～ 539.7 mg/kg，平均含量 455.4 mg/kg，处于较高水平（＞ 60 mg/kg）；有效磷含量 2.50 ～ 6.52 mg/kg，平均含量 3.61 mg/kg，处于较低水平（＜ 10 mg/kg）；速效钾含量 57.9 ～ 139.6 mg/kg，平均含量 109.4 mg/kg，处于中等水平。混生在喀斯特石山原生性季雨林内，为所在群落灌木层的组成成分。目前，有毛瓣金花茶生长的原生林群落已很难见到，其大多生存于原生林被破坏后形成的次生林或灌木丛群落中。所在的群落乔木层中常见或重要的物种有肥牛树、棒柄花、苹婆、青冈、榕树（*Ficus microcarpa*）、米扬噎、蚬木、割舌树（*Walsura robusta*）、灰毛浆果楝、假桂乌口树（*Tarenna attenuata*）、紫弹树（*Celtis biondii*）、常绿榆（*Ulmus lanceifolia*）、猴耳环等。所处的灌木丛大多为藤刺灌木丛，群落的物种组成主要包括龙须藤、鸡嘴簕（*Caesalpinia sinensis*）、云实（*Biancaea decapetala*）、老虎刺（*Pterolobium punctatum*）、刺桑（*Taxotrophis ilicifolia*）、阔叶瓜馥木（*Fissistigma chloroneurum*）、广西澄广花、野独活（*Miliusa balansae*）、锈毛石斑木（*Rhaphiolepis ferruginea*）、三角车（*Rinorea bengalensis*）等。

第十章 狭叶坡垒、广西青梅和广西火桐地理分布及生境特征

一、狭叶坡垒地理分布及生境特征

（一）狭叶坡垒地理分布

狭叶坡垒仅分布于我国广西崇左市宁明县、防城港市上思县广西十万大山国家级自然保护区及周边县市。水平分布范围为 107° 33′ ～ 107° 54′ E、21° 41′ ～ 21° 54′ N。垂直分布于海拔 60 ～ 600 m。

（二）狭叶坡垒生境特征

狭叶坡垒分布区属北热带季风气候区，气候温暖湿润。生长于山沟、山谷或山坡下部，土壤主要为砖红性红壤，土层较薄，pH 值为 5.5 左右。为耐阴偏阳的树种，幼苗期、幼树期耐荫蔽，随后逐渐喜光。所在群落乔木层物种有大花五桠果（*Dillenia turbinata*）、紫荆木、猴耳环、红鳞蒲桃（*Syzygium hancei*）、大叶栎、枫香树、黄牛木（*Cratoxylum cochinchinense*）等；灌木层主要物种有锯叶竹节树、九节、柏拉木（*Blastus cochinchinensis*）等；草本层主要物种有淡竹叶、乌毛蕨（*Blechnopsis orientalis*）、狗脊（*Woodwardia japonica*）、沿阶草等。

二、广西青梅地理分布及生境特征

（一）广西青梅地理分布

广西青梅分布于我国广西和云南，在广西仅分布于百色市那坡县。目前在那坡县只在百合乡平坛村上平坛屯发现 1 个种群分布区。通过无人机航拍可知该种群面积约为 0.215 hm²。分布区位于 105° 49′ E、23° 10′ N。2003 年调查数据显示，广西青梅种群胸径 10 cm 以上的大树有 6 株，其中最大植株胸径为 64 cm，高 30 m。垂直分布

于海拔 530 m。

（二）广西青梅生境特征

广西青梅分布区属于亚热带季风气候区。广西青梅为热带树种，喜温暖湿润的环境，生长于北热带沟谷雨林中丘陵地带的溪沟坡地。生境年均温 18.8℃，年均降水量 1408.3 mm，无霜期 324 d。6～9 月多雨，12 月至翌年 3 月干旱。该分布区的原生植被已受严重人为破坏，群落周围均已被开垦种植八角（*Illicium verum*）等经济树种。土壤为砂页岩发育而成的黄红壤，土壤疏松、湿润、肥沃，林下枯枝落叶层厚，腐殖质丰富，pH 值为 6.0 左右，成土母岩为砂页岩。所在群落乔木层物种主要有乌榄（*Canarium pimela*）、香楠（*Aidia canthioides*）、粗叶木（*Lasianthus chinensis*）、柄果木（*Mischocarpus sundaicus*）、苹婆、饭甑青冈（*Quercus fleuryi*）、红鳞蒲桃等；灌木层主要物种有红背山麻秆、小芸木（*Micromelum integerrimum*）、猴耳环、瓜馥木、草珊瑚（*Sarcandra glabra*）；草本层主要物种有穿鞘花（*Amischotolype hispida*）、金毛狗、掌叶线蕨（*Leptochilus digitatus*）等。

三、广西火桐地理分布及生境特征

（一）广西火桐地理分布

广西火桐主要分布于我国广西来宾市，崇左市大新县，百色市田阳区、靖西市、那坡县，河池市都安瑶族自治县、巴马瑶族自治县、环江毛南族自治县等石灰岩地区。水平分布范围为 106°19′～109°10′E、22°54′～23°57′N。垂直分布于海拔 110～990 m。

（二）广西火桐生境特征

广西火桐分布区属亚热带季风气候区。分布区土壤类型为棕色或褐色石灰土，土层较薄，有机质含量中等，pH 值为 6.9～8.2，呈中性或弱碱性。广西火桐种群数量少，呈零星分布，分布区多处于石灰岩石山的中下部及村庄、道路、农耕地旁，受人类活动影响大。广西火桐为强阳生落叶树种，常为上层植被组成部分。所在群落乔木层物种主要有尾叶紫薇（*Lagerstroemia caudata*）、圆叶乌桕、枫香树、水东哥（*Saurauia tristyla*）、野柿（*Diospyros kaki* var. *silvestris*）；灌木层主要物种有灰毛浆果棟、斜叶榕（*Ficus tinctoria* subsp. *gibbosa*）、黄椿木姜子（*Litsea variabilis*）、秋枫、红背山麻秆、粗糠柴、苹婆、石山花椒（*Zanthoxylum calcicola*）、印度野牡丹（*Melastoma malabathricum*）、八角枫（*Alangium chinense*）等；草本层主要物种有火炭母、蔓生莠竹、淡竹叶、鬼针草等。

第十一章 膝柄木、喙核桃、紫荆木和扣树地理分布及生境特征

一、膝柄木地理分布及生境特征

（一）膝柄木地理分布

膝柄木分布于印度、越南、马来西亚和中国。在我国主要分布于广西北海市和防城港市东兴市。在北海市主要分布于铁山港区南康镇；在东兴市主要分布于江平镇巫头村。水平分布范围为 108° 07′ ～ 109° 28′ E、21° 32′ ～ 21° 39′ N。垂直分布于海拔 50 m 以下。

（二）膝柄木生境特征

膝柄木分布区属南亚热带季风气候区，具有季风明显、海洋性强、干湿分明、冬暖夏凉、灾害性天气多等特点，冬季盛行干燥寒冷的东北季风，夏季盛行高温高湿的西南季风和东南季风。年均降水量 2000 mm，年均 RH 为 80%；年均温 22 ～ 23℃，≥ 10℃年积温 7708 ～ 8261℃，最低温 –1.8℃，年均日照时长 1561 ～ 2253 h。膝柄木主要生长于近海岸的坡地杂木林中。经过我们实际测量统计发现，国内的膝柄木野外活体植株不足 20 株，植株年龄均偏大，多为成熟植株，幼龄植株少，只发现 2 株幼树，其中一株已被人为破坏。所在群落乔木层物种主要有红鳞蒲桃、紫荆木、潺槁木姜子（*Litsea glutinosa*）、竹节树（*Carallia brachiata*）等；灌木层物种主要有桃金娘（*Rhodomyrtus tomentosa*）、打铁树（*Myrsine linearis*）、薄叶红厚壳（*Calophyllum membranaceum*）、乌药（*Lindera aggregata*）、酒饼簕（*Atalantia buxifolia*）等。

二、喙核桃地理分布及生境特征

（一）喙核桃地理分布

喙核桃主要分布于我国贵州、广西、云南，越南也有分布。在广西主要分布于河池市罗城仫佬族自治县、南丹县、巴马瑶族自治县、东兰县，百色市凌云县、那坡县，桂林市永福县、龙胜各族自治县等，分布区包含桂东北、桂北、桂西北、桂西南等地区，在中亚热带、南亚热带至热带北缘均有生长。水平分布范围为106°39′～110°50′E、24°04′～25°45′N。垂直分布于海拔250～1300 m。

（二）喙核桃生境特征

喙核桃在广西的主要分布区年均温17～21℃，最冷月（1月）均温8～11℃，最热月（7月）均温24～26℃，≥10℃年积温5500～7000℃，年均降水量1500～1750 mm。生于以砂页和砂页岩为主的溪谷或沟谷两侧山坡，土壤为酸性红壤、黄壤或棕色石灰土。喙核桃为阳生树种，喜光，喜湿，与一般阳生植物相比，对强光的利用能力较强，能适应的环境类型较广，一般作为群落的组成部分出现。在分布区那坡县百合乡一带局部地段，喙核桃种群混生在以望天树、中国无忧花为主的沟谷雨林中，为乔木层的上层、中层偶见种；在分布区永福县寿城镇及龙胜各族自治县瓢里镇一带的局部沟谷，喙核桃种群则生于以锥属（Castanopsis）和木荷属（Schima）植物为主的常绿阔叶林内，为群落乔木层的次优势种，主要伴生种有栲（Castanopsis fargesii）、枫香树、光叶铁仔（Myrsine stolonifera）、尖连蕊茶（Camellia cuspidata）、西南红山茶（Camellia pitardii）、广东山胡椒（Lindera kwangtungensis）、厚壳桂（Cryptocarya chinensis）、鹅掌柴、草鞋木（Macaranga henryi）、粗糠柴等。

三、紫荆木地理分布及生境特征

（一）紫荆木地理分布

紫荆木主要分布于我国广东西南部、广西南部和云南东南部，越南也有分布。在广西主要分布于梧州市、钦州市、防城港市、南宁市、玉林市和崇左市等。水平分布范围为107°39′～110°51′E、21°32′～23°49′N。垂直分布于海拔98～1100 m。

（二）紫荆木生境特征

紫荆木分布区为北热带季风气候区。紫荆木生长于混交林中或山地林缘，多集中在海拔 200 ～ 600 m 的低山或丘陵。除局部残存小面积片林外，多呈零星分布。紫荆木为阳生树种，喜光，喜温暖湿润气候。主要分布区气候温暖潮湿，土壤多为由花岗岩、砂岩和页岩发育而成的红壤和砖红壤，pH 值为 5.4 ～ 6.2。紫荆木能耐干旱瘠薄的环境，在石灰岩山地和土山上都能生长，主根发达，侧根稀少，天然更新能力差，在密林中极少见到幼苗和幼树。在广西十万大山、大青山和六万大山一带的酸性土季雨林中，紫荆木是主林层优势种或重要的伴生种。其所在群落乔木层主要物种有红锥（*Castanopsis hystrix*）、毛果柯（*Lithocarpus pseudovestitus*）、狭叶坡垒、黄果厚壳桂（*Cryptocarya concinna*）、杜英（*Elaeocarpus decipiens*）等；灌木层主要物种有岭南山竹子、九节、鹅掌柴等；草本层主要物种有金毛狗、铁芒萁（*Dicranopteris linearis*）、华山姜（*Alpinia oblongifolia*）等。

四、扣树地理分布及生境特征

（一）扣树地理分布

扣树分布于我国湖北、湖南、广东、福建、海南、四川、云南、广西等地。在广西主要分布于南宁市武鸣区、宾阳县、马山县、上林县和崇左市大新县等。在武鸣区主要分布于罗波镇；在宾阳县主要分布于思陇镇；在马山县主要分布于古零镇；在上林县主要分布于镇圩乡；在大新县主要分布于龙门乡。其中以大新县分布数量为最多。分布区域范围为 107° 23′ ～ 108° 30′ E、22° 52′ ～ 23° 40′ N。垂直分布于海拔 200 ～ 1200 m。

（二）扣树生境特征

扣树主要生长于密林或村边坡地。阳生树种，在直射阳光下生长得较快；在树荫下也能生长，但生长较慢。喜欢温暖湿润、土壤肥沃疏松的环境，怕霜冻，对热量要求较高，适宜土壤 pH 值为 4.5 ～ 7.5。在年均温 10℃以上、≥ 10℃年积温 4500℃以上、长年平均绝对最低温不低于 −10℃、年均降水量 1500 mm 以上、*RH* 80% 以上的生态条件下生长。主要伴生种有楝（*Melia azedarach*）、乌榄、秋枫、海红豆（*Adenanthera microsperma*）、九节等。

第十二章 瑶山苣苔、弥勒苣苔、报春苣苔和贵州 地宝兰地理分布及生境特征

一、瑶山苣苔地理分布及生境特征

（一）瑶山苣苔地理分布

瑶山苣苔是广西特有植物，仅分布于广西来宾市金秀瑶族自治县。主要分布于2个片区，第一个片区位于金秀镇的广西金秀老山自治区级自然保护区老山片区内，分布面积大约只有 10 hm²；第二个片区位于长垌乡的广西大瑶山国家级自然保护区内。水平分布范围为 110° 11′ ～ 110° 12′ E、23° 58′ ～ 24° 06′ N，分布范围十分狭窄。垂直分布于海拔 860 ～ 1200 m。

（二）瑶山苣苔生境特征

瑶山苣苔分布区地处中亚热带和南亚热带的过渡带上，所处自然保护区内地形复杂、森林广布，具有明显的山地气候特征，即冬暖夏凉，阴雨天多，日照少，湿度大。年均温 17℃，最热月（7月）均温 21.7℃，最冷月（1月）均温 13.8℃，年日照时数 1268.6 h，年均降水量 1824 mm，年蒸发量 1203 mm，RH 为 83%。地带性土壤为赤红壤，随着海拔的升高，依次出现山地红壤、山地黄红壤、山地黄壤、山地漂灰黄壤；瑶山苣苔主要生长在山地黄壤上。瑶山苣苔多生长于林下或水沟旁的石上。其所在群落乔木层优势种有罗浮锥（*Castanopsis faberi*）、毛锥（*Castanopsis fordii*）、大叶青冈（*Quercus jenseniana*）、枫香树、广东山胡椒、樟叶泡花树（*Meliosma squamulata*）等；灌木层优势种有苦竹（*Pleioblastus amarus*）、茜树（*Aidia cochinchinensis*）、竹叶木姜子（*Litsea pseudoelongata*）、东方古柯（*Erythroxylum sinense*）、日本五月茶（*Antidesma japonicum*）等；草本层主要物种有大芒萁（*Dicranopteris ampla*）、戟叶圣蕨（*Stegnogramma sagittifolia*）、翠云草、狗脊等。

二、弥勒苣苔地理分布及生境特征

（一）弥勒苣苔地理分布

弥勒苣苔分布于我国云南、广西和贵州。在广西仅分布于百色市隆林各族自治县，主要分布区为广西大哄豹自治区级自然保护区。我们近年调查发现广西有 3 个弥勒苣苔分布区。水平分布范围为 105° 18′ ～ 105° 19′ E、24° 98′ N，分布范围十分狭窄。垂直分布于海拔 1120 ～ 2600 m。

（二）弥勒苣苔生境特征

弥勒苣苔主要生长在石灰岩林内岩壁上。所在群落乔木层主要物种有滇青冈（*Quercus schottkyana*）、青冈、云贵鹅耳枥（*Carpinus pubescens*）、化香树、常绿榆等；灌木层主要物种有光叶海桐（*Pittosporum glabratum*）、广西密花树、九里香、野漆等；草本层主要物种有广西鸢尾兰（*Oberonia kwangsiensis*）、半柱毛兰、粗茎苹兰（*Pinalia amica*）等。

三、报春苣苔地理分布及生境特征

（一）报春苣苔地理分布

报春苣苔分布于我国广东、湖南、广西和江西。在广西主要分布于贺州市和梧州市苍梧县。水平分布范围为 111° 32′ ～ 111° 33′ E、24° 24′ ～ 24° 25′ N，分布范围十分狭窄。垂直分布于海拔 260 ～ 300 m。

（二）报春苣苔生境特征

报春苣苔生长于石灰岩山洞附近的植物群落中。群落主要由一些喜钙及耐阴湿的植物组成。报春苣苔对生长环境要求严格，温度不能太高（适宜温度 20 ～ 25℃），湿度要大（适宜 *RH* 为 90% ～ 100%），光线不能太强（适合较弱的散射光）。据任海等（2003）报道，报春苣苔生存土壤太薄且营养贫乏，pH 值为 7.5，有机质、全氮、全磷和全钾含量占比分别为 1.8%、0.87%、0.16% 和 0.71%，因而植株的生长极为缓慢，一般一株植株的年生长量为 30 g 左右；报春苣苔分布的石灰岩山洞内 CO_2 平均浓度为 0.09%，比山洞外高约 2 倍，且山洞内 *RH* 终年保持在 97% 左右；报春苣苔仅生于相对弱的光环境下，且只在散射光线能到达的地方出现，只能忍受正常光照强度的 1/4 以下的光照；作为洞穴植物，其生态分布的限制因子是光源和特殊的大气环境。报春苣苔伴生种主要有野地钟萼草（*Lindenbergia muraria*）、欧洲凤尾蕨（*Pteris cretica*）、岩凤尾蕨（*Pteris deltodon*）、铁线蕨（*Adiantum capillus-veneris*）、蜈蚣草（*Eremochloa ciliaris*）以及苔藓类等。

四、贵州地宝兰地理分布及生境特征

（一）贵州地宝兰地理分布

贵州地宝兰是我国特有种，分布于贵州和广西。在广西仅分布于百色市乐业县和那坡县。水平分布范围为 105° 56′ ～ 106° 17′ E、23° 29′ ～ 24° 57′ N，分布范围十分狭窄。垂直分布于海拔 300 ～ 600 m。

（二）贵州地宝兰生境特征

贵州地宝兰分布区属亚热带季风气候区。贵州地宝兰常生长于河边、公路边、山坡荒地、疏林灌草丛中。分布区土壤类型为红壤、赤红壤，弱酸性至酸性，pH 值为 4.6 ～ 6.5。所在群落乔木层主要物种有细叶云南松（*Pinus yunnanensis* var. *tenuifolia*）、栓皮栎（*Quercus variabilis*）、桉（*Eucalyptus robusta*）、番石榴（*Psidium guajava*）、木棉（*Bombax ceiba*）、油桐（*Vernicia fordii*）、粗糠柴等；灌木层主要物种有盐肤木、粗叶榕（*Ficus hirta*）、排钱树（*Phyllodium pulchellum*）、华紫珠（*Callicarpa cathayana*）、黑面神等；草本层主要物种有藿香蓟（*Ageratum conyzoides*）、飞机草（*Chromolaena odorata*）、地胆草（*Elephantopus scaber*）、牛筋草（*Eleusine indica*）等。

第三部分

广西极小种群野生植物
保护遗传学研究

第十三章　长叶苏铁保护遗传学研究

一、材料与方法

（一）材料

2022 年于广西百色市的田东县印茶镇（PL）、德保县那甲镇（NL）和德保县城关镇（QH）三地采集 3 个不同野生种群的长叶苏铁样本共计 42 份，其中 PL 种群 19 份、NL 种群 14 份、QH 种群 9 份。采集的长叶苏铁样本放置于装有变色硅胶的密封袋中干燥保存，对每份样本的具体信息做好标签，并对采样点进行 GPS 定位，采样具体信息见表 13-1。植物样本由广西植物研究所韦发南研究员鉴定。

表 13-1　3 个长叶苏铁种群的采样信息

种群	采样点	经度	纬度	样本数量（份）
PL	田东县印茶镇	107°03′E	23°27′N	19
NL	德保县那甲镇	106°47′E	23°28′N	14
QH	德保县城关镇	106°39′E	23°21′N	9

（二）方法

1. DNA 提取和检测

本研究使用改良的十六烷基三甲基溴化铵（CTAB）提取方法提取长叶苏铁叶片 DNA，使用 1% 琼脂糖凝胶电泳检测纯度，并用 NanoDrop 2000 微量分光光度计检测浓度和质量，将合格的 DNA 样本保存于 –20℃冰箱中用于后续实验。

2. 引物筛选

本研究使用 Primer3 软件从全基因组序列中得到 96 对引物，一共筛选出 6 对扩增成功、峰型良好的简单重复序列（SSR）引物（表 13-2）。引物由生工生物工程（上海）股份有限公司北京合成部合成。

表 13-2　SSR 引物信息

位点	重复单元	上游引物（5'→3'）	下游引物（5'→3'）	等位基因区间
GZST002	（GA）$_6$	TGTGGAACGTGGAATGGTAA	AGGAATCCCGAAGGAAGAAA	158～160
GZST019	（ATAA）$_5$	GATGAGGAAGCCTACGCAGT	GAAAGACCTCACCATCCGAG	212～221
GZST055	（AT）$_6$	TCATGAAGATGGCAACCAAC	TCCCTTCCAAGCAAATGTCT	161～184
GZST013	（GAG）$_5$	ACCGGTCGACTAGATGGATG	AGGTCCGAAGCTTTCCTCTC	252～265
GZST088	（AG）$_7$	TGGCTTTCGATTTCCACACT	GAACGCTCGCTCTCTCTCTC	136～159
GZST065	（CGA）$_5$	GCTTGGCTGTACCGTTCTTT	CGCCATTGACAACAACAGAC	157～174

3. PCR 扩增及测序

PCR 扩增反应在 Veriti 384 孔梯度 PCR 仪上进行，反应体系为 10 μL：2 × Taq PCR MasterMix 5.0 μL，DNA（20 ng）1.0 μL，浓度 10 μmol/L 的上游、下游引物各 0.5 μL，ddH$_2$O 3.0 μL。PCR 扩增反应程序设置为 95℃预变性 5 min；95℃变性 30 s，62℃至 52℃退火 30 s，72℃延伸 30 s，运行 10 个循环，每个循环下降 1℃；95℃变性 30 s，52℃退火 30 s，72℃延伸 30 s，运行 25 个循环；72℃末端延伸 20 min，最后 4℃保存。PCR 产物使用 1% 琼脂糖凝胶电泳检测，后参照 ABI 3730XL 测序仪上机操作流程进行荧光毛细管电泳测序。

4. 数据分析

从 ABI 3730XL 测序仪上导出原始数据，按检测位点分类归档后，分别导入到 GeneMarker 分析软件中进行基因型数据的读取，并按位点名称分别导出 Excel 基因型原始数据和 PDF 分型峰图文件。使用 GenAlEx version 6.501 软件计算 SSR 位点和种群的各项遗传多样性指标，包括观测等位基因数（N_a）、N_e、I、多态信息含量（PIC）、观测杂合度（H_o）和 H_e。利用 PowerMarker 软件计算各种群间的 GD。利用 UPGMA 进行聚类分析，并绘制环状聚类图和树状聚类图。使用 GenAlEx version 6.501 软件计算各种群间和种群内的变异、分化并进行显著性检验；计算遗传分化系数（F_{st}）和基因流（N_m），N_m 按公式 $N_m=0.25（1-F_{st}）/F_{st}$ 计算。

二、结果与分析

（一）SSR 引物多态性分析

使用 6 对引物对 42 份长叶苏铁样本进行的 SSR 多态性分析，结果见表 13-3。共检测到等位基因 23 个，每对引物的 N_a 范围为 2.000～8.000，N_a 平均值为 3.833。N_e 总数为 13.161，范围为 1.024（GZST019）～3.662（GZST065），平均值为 2.194。I 最高的位点是 GZST065（1.525），平均值为 0.762。H_o 和 H_e 的平均值分别为 0.279 和 0.396，GZST065 和 GZST088 的 H_o 最高，均为 0.610，H_e 最高的位点是 GZST065（0.727）。PIC 范围为 0.023～0.695，平均值为 0.364，其中位点 GZST065 的多态性最高（PIC=0.695）。6 对引物中，GZST013、GZST019 和 GZST088 不存在显著差异，其余 3 对引物均存在显著差异。综合来看，位点 GZST065 和 GZST088 的各项遗传多样性指数数值均较高。

表 13-3　6 对 SSR 引物的多态性

位点	N_a	N_e	I	H_o	H_e	PIC	P 值	显著性
GZST002	2.000	1.049	0.113	0	0.047	0.046	0	***
GZST013	2.000	1.325	0.410	0.286	0.245	0.215	0.280	ns
GZST019	2.000	1.024	0.065	0.024	0.024	0.023	0.938	ns
GZST055	3.000	2.620	1.016	0.143	0.618	0.538	0	***
GZST065	6.000	3.662	1.525	0.610	0.727	0.695	0.004	**
GZST088	8.000	3.481	1.444	0.610	0.713	0.665	0.421	ns
平均值	3.833	2.194	0.762	0.279	0.396	0.364		
标准差	2.563	1.219	0.655	0.276	0.329			

注：ns 表示差异不显著，即种群符合哈迪－温伯格定律（HWE）；* 表示存在显著差异，$P < 0.05$；** 表示存在非常显著差异，$P < 0.01$；*** 表示存在极显著差异，$P < 0.001$。

（二）长叶苏铁种群遗传多样性分析

1. 种群间的遗传多样性分析

3 个长叶苏铁野生种群的遗传多样性检测结果见表 13-4。3 个种群的 N_a 平均值为 2.833，PL 种群的 N_a 最高，为 3.167。3 个种群的 N_e 平均值为 2.005，NL 种群的 N_e 最高，为 2.234。NL 种群的 I 最高，该种群内遗传多样性最丰富。3 个种群中 H_o 最高的是 PL 种群（0.338），最低的是 QH 种群（0.167）。H_e 范围为 0.263(QH)～0.423(NL)。3 个种群的 H_o 均小于 H_e，说明 3 个种群内杂合子个体较少。QH 种群的遗传多样性参数（除固定系数 F 外）在 3 个种群间均表现为最低，遗传多样性水平在 3 个种群中较低。

表 13-4 长叶苏铁种群间的遗传多样性

种群	N_a	N_e	I	H_o	H_e	F
NL	3.000	2.234	0.763	0.274	0.423	0.409
PL	3.167	2.190	0.734	0.338	0.392	0.076
QH	2.333	1.590	0.474	0.167	0.263	0.380
平均值	2.833	2.005	0.657	0.260	0.359	0.288

2. 种群的遗传分化

3 个长叶苏铁种群的分子方差分析（AMOVA）结果显示长叶苏铁种群间的遗传变异占 3%，个体间的遗传变异占 30%，大多数的遗传变异来源于个体内（67%）。长叶苏铁种群间的 N_m 和 F_{st} 分析结果见表 13-5，NL 种群与 PL 种群间的 N_m 最大（11.034）且 F_{st} 最小（0.022），NL 种群与 QH 种群间的 N_m 最小（2.981）且 F_{st} 最大（0.077）。

表 13-5 长叶苏铁种群间的 N_m（对角线上方）和 F_{st}（对角线下方）

种群	NL	PL	QH
NL	—	11.034	2.981
PL	0.022	—	4.996
QH	0.077	0.048	—

3. 长叶苏铁的聚类分析和主坐标分析

采用 GD 对 3 个长叶苏铁种群进行 UPGMA 聚类分析（图 13-1），结果显示 3 个种群可分为两类，其中 PL 种群和 NL 种群遗传关系更近（GD 为 0.059），可归为一类，QH 种群单独一类。

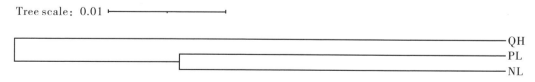

图 13-1 3 个长叶苏铁种群的 UPGMA 聚类结果

42 份长叶苏铁样本的 UPGMA 聚类分析结果见图 13-2，42 份样本可分为 9 类，3 个种群的样本在各类中相互穿插，并不存在明显的种群分组，多数 PL 种群和 NL 种群聚类在同一类中，也说明了 PL 种群和 NL 种群的 *GD* 更近。

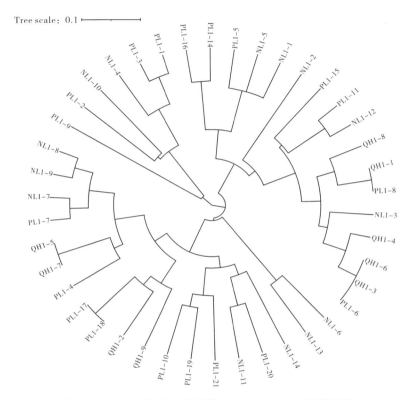

图 13-2　42 份长叶苏铁样本的 UPGMA 聚类结果

对广西长叶苏铁的 42 份样本进行主坐标分析（PCoA）(图 13-3)，结果显示第一主坐标贡献率为 26.38%，第二主坐标贡献率为 15.20%，累积贡献率为 41.58%，可代表原始数据的主要信息。图中 3 个种群的 42 份样本个体相互交叉和重叠，显示了 3 个种群间存在着丰富的基因渗透和基因交流。

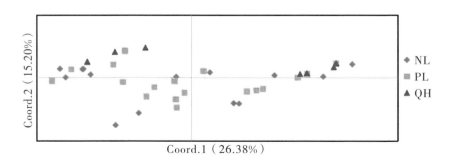

图 13-3　42 份长叶苏铁样本的 PCoA 结果

三、讨论

（一）长叶苏铁遗传多样性

SSR 标记在植物遗传多样性分析和分子标记辅助育种等方面具有较为广泛的应用（陈彪等，2019；叶冬梅等，2023）。本研究使用筛选出的 6 对重复性好的 SSR 引物对长叶苏铁遗传多样性进行检测。结果表明，6 对引物中，位点 GZST065 和 GZST088 的各项遗传多样性指数数值均较高，说明这 2 个位点的多态性较高，拥有的遗传变异较多。参照张红瑞等（2023）对 PIC 的划分方法，本研究中有 3 个位点（GZST055、GZST065、GZST088）是高度多态性位点（$PIC > 0.5$），有 3 个位点（GZST002、GZST013、GZST019）是低度多态性位点（$PIC \leqslant 0.25$）。遗传多样性能体现物种演化潜力以及适应环境变化的能力，物种的遗传多样性水平越高，适应环境变化的能力越强，反之则越弱（田星等，2021）。本研究中 3 个种群的 H_e（0.359）低于红河断裂带分布的长叶苏铁的 H_e（0.446）（Zheng et al.，2016），也低于其他濒危物种的 H_e 平均值（0.420）（杨磊等，2023）。与其他苏铁属（$Cycas$）植物相比，长叶苏铁的 H_e 低于闽粤苏铁（$Cycas\ taiwaniana$，0.703）、叉叶苏铁（0.543）、多歧苏铁（$Cycas\ multipinnata$，0.497）和德保苏铁（0.484）等，高于攀枝花苏铁（$Cycas\ panzhihuaensis$，0.328）和仙湖苏铁（$Cycas\ szechuanensis$，0.288）（Zheng et al.，2017；席辉辉等，2022）。3 个长叶苏铁种群中 NL 种群的遗传多样性最高。但总体来看，广西长叶苏铁遗传多样性水平均较低。Zheng 等（2016）基于 SSR 对云南长叶苏铁的遗传多样性研究结果显示，云南长叶苏铁的 H_e 为 0.466，F_{st} 为 0.260。本研究中长叶苏铁的 H_e 为 0.359，F_{st} 为 0.057，表明广西的长叶苏铁相对于云南的遗传多样性更低，种群分化程度更低。这可能与广西长叶苏铁种群植株数量少且成年植株稀少有关，因此急需对广西长叶苏铁进行繁育及回归引种的相关研究，扩大其种群植株数量。

（二）长叶苏铁遗传分化

对于本研究中的长叶苏铁，其种群间的遗传变异占 3%，种群内的遗传变异占 97%，变异主要集中在种群内，种群水平的遗传交流较少。这种现象发生的原因可能有两点：一是广西长叶苏铁种群所积累的遗传变异少，这是种群植株数量少导致的；二是长叶苏铁的花粉可能无法远距离传播。苏铁类植物传粉方式大多为虫媒或者风媒。根据杨泉光等（2012）发现的越南篦齿苏铁（$Cycas\ elongata$）在 3.0 m 范围外花粉的分布密度随距离的增加而急剧下降的研究结果，我们推测长叶苏铁多为种群内杂交，种群内的基因交流频繁。关于长叶苏铁传粉机制的研究目前还未见报道，后续应加强这方面的研究。

（三）广西长叶苏铁的保护策略

苏铁属植物是古生代孑遗植物，零星分布，竞争能力较弱，且雌雄异株异熟，多为虫媒或风媒传粉，结籽率不高，更新能力较弱（杨泉光等，2012）。因其观赏价值和经济价值都很高，野生苏铁属植物遭受过度的开发利用。社会经济的快速发展以及全球气候变化也使得苏铁属植物生境遭受破坏甚至毁灭（席辉辉等，2022）。上述内因与外因使得苏铁属植物濒临灭绝，需要尽快对其进行研究和保护。自2004年第一次有关于长叶苏铁的研究成果发表以来，业界对其进行的研究甚少。本研究中广西长叶苏铁种群的遗传多样性水平较低，种群间遗传分化程度低，绝大部分的遗传变异来自于种群内，且3个长叶苏铁种群42个个体的遗传背景相互混杂，存在高度的基因交流。鉴于长叶苏铁自身的生物学性状及外界的影响，对广西长叶苏铁种质资源保护提出以下建议：第一，由于3个种群均位于保护区外，3个种群都需要建立保护小区，全面保护长叶苏铁野外个体和种群，以避免生境被破坏或出现人为盗挖。3个种群中NL种群的遗传多样性较高，保护时应将该种群作为重点保护单元进行保护。第二，筛选遗传多样性高的优良个体进行迁地保护，并系统地对其生物学性状、繁育方法及回归引种等相关基础知识进行研究。第三，加大对群众的宣传教育力度，提高群众保护环境的意识。第四，加强种群动态监测，采用人工授粉等方法人为辅助长叶苏铁种群更新。

四、结论

长叶苏铁是国家一级重点保护野生植物，了解广西长叶苏铁的遗传多样性和变异特征对广西长叶苏铁的保护和管理有着重要意义。本研究筛选出6对稳定性好的SSR引物，对分别来自广西百色市田东县印茶镇、德保县那甲镇和德保县城关镇的3个长叶苏铁种群的遗传多样性和变异特征进行分析。结果表明，6对引物中，高度多态性位点（GZST055、GZST065、GZST088）和低度多态性位点（GZST002、GZST013、GZST019）各占50%。广西3个长叶苏铁种群的N_a平均值为2.833，N_e平均值为2.005，I平均值为0.657，H_o平均值为0.260，H_e平均值为0.359。种群间遗传分化程度低（0.057），主要遗传变异来源于种群内（97%），3 个种群的基因交流频繁且遗传背景相互混杂。总体来看，广西长叶苏铁遗传多样性水平较低。德保县那甲镇 NL 种群的遗传多样性最高，应将该种群作为重点保护单元进行保护。本研究还对广西长叶苏铁开展资源保护工作提出了建议和对策。

第十四章　德保苏铁保护遗传学研究

一、材料与方法

（一）材料

本试验采集广西百色市德保县敬德镇扶村上平屯（SP）、百色市右江区泮水乡册外村（CW）、百色市右江区大楞乡广西大王岭自治区级自然保护区（BS）、百色市右江区泮水乡百维村（BM）和广西植物研究所濒危植物种植园（ZWS）5 个种群的德保苏铁共 75 份样本。在每株样本植株上选择 3～10 片健康无病虫害的叶片。采集的德保苏铁新鲜叶片放置于装有变色硅胶的密封袋中干燥保存，对每份样本的具体信息做好标签，并对采样点进行 GPS 定位，采样具体信息见表 14-1。植物样本由广西植物研究所韦发南研究员鉴定为德保苏铁。

表 14-1　5 个德保苏铁种群的采样信息

种群	采样点	经度	纬度	样本数量（份）
SP	百色市德保县敬德镇扶村上平屯	106° 12′ E	23° 29′ N	12
CW	百色市右江区泮水乡册外村	106° 10′ E	23° 46′ N	25
BS	百色市右江区大楞乡广西大王岭自治区级自然保护区	106° 10′ E	23° 47′ N	15
BM	百色市右江区泮水乡百维村	106° 09′ E	23° 38′ N	8
ZWS	广西植物研究所	110° 17′ E	25° 01′ N	15

（二）DNA 提取和引物筛选

使用 E.Z.N.A.® Tissue DNA Kit 试剂盒（Omega Bio-Tek 公司）进行 DNA 提取，并利用 1% 琼脂糖凝胶电泳进行质检，检测合格的 DNA 样本稀释至 30 ng/μL 置于 -20℃冰箱中备用。使用 Primer3 软件从全基因组序列中得到 96 对引物。从各种群中共选取 16 份筛选样本，扩增 96 对引物，反应在 Veriti 384 孔梯度 PCR 仪上进行，复筛后得到扩增稳定、多态性良好的引物。

一共筛选出 6 对扩增成功、峰型良好的 SSR 引物。筛选出的 6 对 SSR 引物的信息见表 14-2。引物由生工生物工程（上海）股份有限公司北京合成部合成。

聚丙烯酰胺凝胶电泳 PCR 扩增反应采用 20 μL 体系：1 μL 模板 DNA（30 ng/μL），10 μL 2×Taq PCR Master Mix，正、反引物各 0.5 μL（10 μmol/L），8 μL ddH$_2$O 补齐至 20 μL 体系。

PCR 扩增反应程序设置：95℃预变性 5 min；95℃变性 30 s，62℃至 52℃梯度退火 30 s，72℃延伸 30 s，运行 10 个循环；95℃变性 30 s，52℃退火 30 s，72℃延伸 30 s，运行 25 个循环；72℃延伸 20 min，最后 4℃保存。

二、数据分析

（一）遗传多样性分析

在 GenAlEx version 6.501 软件中，计算 SSR 位点和种群的各项遗传多样性指标，包括 N_a、N_e、I、PIC、H_o、H_e。

（二）种群遗传结构分析

利用 PowerMarker 软件计算各种群间的 GD。利用 UPGMA 进行聚类分析，并绘制环状聚类图。利用 Structure 2.3.4 对 75 份样本进行种群结构分析，设置 K=1～20，Burn-in 周期为 10000，马尔科夫链蒙特卡洛方法（Markov Chain Monte Carlo，MCMC）设为 100000，每个 K 值运行 20 次，并利用在线工具 Structure Harvester 算出最佳 ΔK 值（即最佳种群分层情况）。根据最佳 K 值结果作图。结构分析的结果图用 CLUMMP 和 DISTRUCT 软件绘制。

（三）分子方差分析和基因流估算

根据种群遗传结构分析结果，在 GenAlEx version 6.501 软件中计算各种群间和种群内的变异、分化并进行显著性检验；计算 F_{st} 和 N_m，N_m 按 Wright（1931）的公式来计算：N_m= 0.25（1−F_{st}）/F_{st}。

（四）系统发育分析

利用 PowerMarker v3.25 计算了样本两两之间的 Nei's GD。基于 Nei's GD 矩阵，利用 MAGA v6.0 的 UPGMA 构建所有个体的系统发育树。

三、结果

（一）引物多态性分析

本研究使用 Primer3 软件从全基因组序列中得到 96 对引物，一共筛选出 6 对扩增成功、峰型良好的引物。引物由生工生物工程（上海）股份有限公司北京合成部合成。由表 14-2 可知，6 对引物在 75 份样本中共检测出 31 个等位基因。其中，最小等位基因数为 3.000，最大等位基因数为 8.000，N_a 平均值为 5.167。N_e 总数为 13.229，数值变化范围为 1.406（GZST019）～ 3.160（GZST065），N_e 平均值为 2.205（等位基因在种群中分布得越均匀，N_e 越接近实际检测到的等位基因的个数）。I 的范围为 0.581（GZST019）～ 1.466（GZST055），平均值为 0.961。H_o 的范围为 0.014（GZST002）～ 0.603（GZST065），平均值为 0.398。H_e 的范围为 0.289（GZST019）～ 0.684（GZST065），平均值为 0.508。PIC 的范围为 0.265（GZST019）～ 0.631（GZST055），平均值为 0.454。

表 14-2　6 对 SSR 引物的多态性

位点	N_a	N_e	I	H_o	H_e	F	PIC	P 值	显著性
GZST002	3.000	1.830	0.675	0.014	0.453	0.969	0.357	0	***
GZST013	3.000	1.727	0.641	0.592	0.421	−0.406	0.338	0.006	**
GZST019	6.000	1.406	0.581	0.319	0.289	−0.104	0.265	0	***
GZST055	8.000	2.940	1.466	0.411	0.660	0.377	0.631	0	***
GZST065	4.000	3.160	1.240	0.603	0.684	0.118	0.625	0.033	*
GZST088	7.000	2.166	1.160	0.446	0.538	0.171	0.510	0	***
平均值	5.167	2.205	0.961	0.398	0.508	0.188	0.454		
标准差	2.137	0.701	0.374	0.217	0.151	0.467			

注：* 表示存在显著差异，$P < 0.05$；** 表示存在非常显著差异，$P < 0.01$；*** 表示存在极显著差异，$P < 0.001$。

（二）种群间遗传多样性

分析德保苏铁不同种群的遗传多样性数据可知（表 14-3），N_a 范围为 2.500（BM）～ 4.167（CW），平均值为 3.100。N_e 范围为 1.456（SP）～ 2.125（BS），平均值

为 1.875。I 范围为 0.566（SP）～ 0.838（CW），平均值为 0.681。H_o 范围为 0.247（SP）～ 0.456（BS），平均值为 0.387。H_e 范围为 0.300（SP）～ 0.440（CW），平均值为 0.374。在德保苏铁 5 个种群中，BS（I=0.758，H_e=0.421）和 CW（I=0.838，H_e=0.440）种群遗传多样性较高。

表 14-3　德保苏铁种群间的遗传多样性

种群	N_a	N_e	I	H_o	H_e	F
BM	2.500	1.745	0.575	0.411	0.324	−0.203
BS	3.167	2.125	0.758	0.456	0.421	−0.091
CW	4.167	2.083	0.838	0.443	0.440	0.102
SP	3.000	1.456	0.566	0.247	0.300	0.159
ZWS	2.667	1.965	0.666	0.378	0.386	−0.016
平均值	3.100	1.875	0.681	0.387	0.374	−0.010

（三）遗传分化与变异分布

AMOVA 是一种通过进化距离来度量并计算单倍型（或基因型）间遗传变异的方法。AMOVA 表明（表 14-4），德保苏铁 24% 的遗传变异发生于种群间，76% 的遗传变异存在于个体内，个体内的遗传变异是总变异的主要来源。F_{st} 反映种群等位基因杂合性水平，其值为 0 ～ 1，用于衡量种群间分化程度指标。由表 14-5 可知，各种群间 F_{st} 范围为 0.046 ～ 0.262，遗传分化差异性较大。其中，CW 和 ZWS 种群之间 F_{st} 小于 0.050，表现出低程度的遗传分化，表明种群间遗传分化差异性很小，具有较近的亲缘关系；BM 和 BS 种群之间、SP 和 ZWS 种群之间、CW 和 SP 种群之间 F_{st} 均在 0.050 ～ 0.150 范围内，表现出中等程度的遗传分化，除 BM 和 ZWS 种群之间 F_{st} 大于 0.250，种群间有很高程度的遗传分化以外，其他种群之间 F_{st} 均在 0.15 ～ 0.25 范围内，种群间也存在较高程度的遗传分化。N_m 范围为 0.706 ～ 2.064，10 组中有 5 组种群间 N_m 大于 1，种群间 N_m 较大，能适当阻止遗传分化。

表 14-4　德保苏铁种群的 AMOVA

变异来源	自由度	总方差	均方差	估算差异值	变异百分比（%）
种群间	4	55.678	13.919	0.429	24
个体间	70	105.096	1.501	0.177	10
个体内	75	86.000	1.147	1.147	66
总计	149	246.774		1.753	100

表 14-5　德保苏铁种群间的 N_m（对角线上方）与 F_{st}（对角线下方）

种群	BM	BS	CW	SP	ZWS
BM	—	1.865	0.926	0.781	0.706
BS	0.118	—	1.139	0.985	0.881
CW	0.213	0.180	—	3.736	5.133
SP	0.242	0.202	0.063	—	2.064
ZWS	0.262	0.221	0.046	0.108	—

（四）种群遗传结构分析

为了揭示德保苏铁种群的种质遗传结构，利用 Structure 软件中的基于贝叶斯聚类方法对德保苏铁种群的遗传结构进行初步分析（图 14-1）。结果显示在 K=1 ～ 20 范围内，当 K=2 时，ΔK 取得最大值，表明德保苏铁 5 个种群 75 个个体的基因型分为两类（图 14-2）。

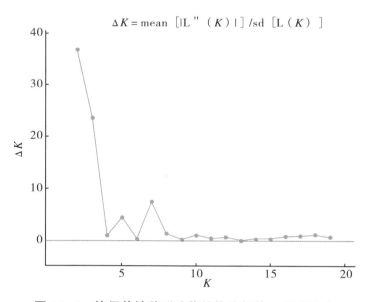

图 14-1　德保苏铁种群遗传结构分析的 ΔK 值分布

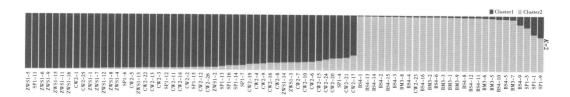

图 14-2　德保苏铁种群的遗传结构图

（五）聚类与主坐标分析

在 PowerMarker 中对德保苏铁种群间的 Nei's GD 进行计算。5 个种群间 GD 最大为 0.332（BM/SP），最小为 0.126（CW/ZWS）（表 14-6）。采用基于 Nei's GD 的 UPGMA 进行聚类分析。由图 14-3、图 14-4 可知，BM 与 BS 为一类，CW、ZWS 与 SP 为一类。采用 PCoA 对 75 份种质资源样本进行分析，发现第一主坐标和第二主坐标分别占总遗传变异的 22.59% 和 13.43%。由图 14-5 可知，PCoA 结果与 UPGMA 聚类结果基本一致。

表 14-6　德保苏铁种群间 GD

种群	BM	BS	CW	SP	ZWS
BM	—	0.137	0.214	0.332	0.308
BS	0.137	—	0.195	0.313	0.310
CW	0.214	0.195	—	0.141	0.126
SP	0.332	0.313	0.141	—	0.151
ZWS	0.308	0.310	0.126	0.151	—

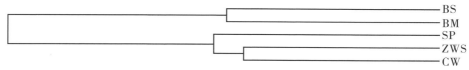

图 14-3　5 个德保苏铁种群的 UPGMA 聚类结果

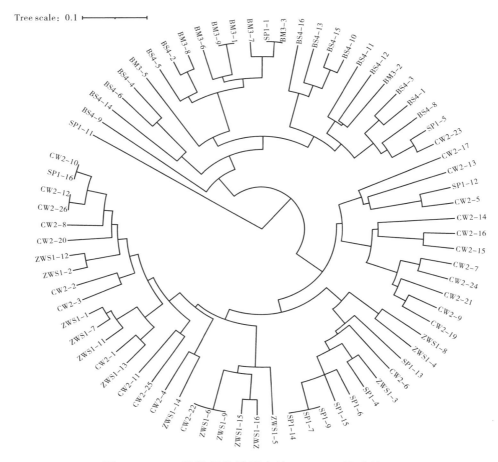

图 14-4　75 份德保苏铁样本的 UPGMA 聚类结果

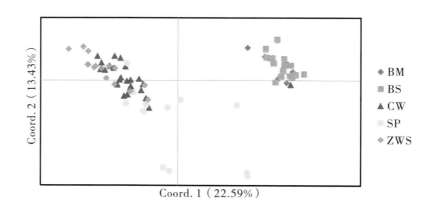

图 14-5　75 份德保苏铁样本的 PCoA 结果

四、讨论

研究德保苏铁种质资源的遗传多样性，对于探索其遗传多样性的丰富程度，掌握其特点和分布规律，促进德保苏铁种质资源的保护、育种亲本的合理选择和优良基因的定位等方面都具有重要的意义。本研究利用 6 对高质量的德保苏铁 SSR 引物，对 5 个种群、75 份种质资源样本进行遗传多样性分析。$PIC \geqslant 0.5$ 时，该基因座位具有高度多态性；$0.25 \leqslant PIC < 0.5$ 时，为中度多态性；$PIC < 0.25$ 时，为低度多态性。德保苏铁 6 条引物 PIC 变化范围为 $0.265 \sim 0.631$，平均值为 0.454，表明供试材料具有较好的多态性。

对 75 份德保苏铁种质资源样本进行遗传多样性分析，共检测出 31 个等位基因。其中，最小等位基因数为 3.000，最大等位基因数为 8.000，N_a 平均值为 5.167。I、H_o 和 H_e 平均值分别为 0.961、0.398 和 0.508，高于 Gong 等（2016）研究广西德保苏铁遗传多样性得出的数据（$I=0.910$，$H_e=0.474$）；H_e 低于银杏（*Ginkgo biloba*，$H_e=0.705$）（祁铭等，2019）、水杉（*Metasequoia glyptostroboides*，$H_e=0.582$）（岳雪华，2019）等孑遗植物。与其他苏铁属植物比较发现，德保苏铁的遗传多样性低于叉叶苏铁（$I=1.213$，$H_e=0.543$）（龚奕青，2015）和闽粤苏铁（$H_e=0.703$）等，高于攀枝花苏铁（$H_e=0.328$）和仙湖苏铁（$H_e=0.288$）（席辉辉等，2022）等，处于中等水平。

F_{st} 是评价种群间遗传分化程度的参考指标。当 F_{st} 在 $0 \sim 0.05$ 范围内时，表明遗传分化程度处于较低水平；当 F_{st} 在 $0.05 \sim 0.15$ 范围内时，表明遗传分化程度处于中等水平；当 F_{st} 在 $0.05 \sim 0.25$ 范围内时，表明遗传分化程度处于较高水平（董丽敏等，2019）。通过 6 对 SSR 引物在 75 份种质资源样本中进行遗传结构分析，发现德保苏铁种群间存在较高程度的遗传分化，仅在 CW 和 ZWS 种群间 F_{st} 小于 0.05，遗传分化程度很低，其他种群之间存在中等及以上程度的遗传分化。影响种群遗传分化的因素有多种，其中 N_m 是影响种群遗传分化的重要因素之一。根据 Wright（1931）理论，只有当种群间 N_m 大于 1 时，基因流才能抵制遗传漂变的作用，并防止遗传漂变导致的种群间遗传分化的发生。在德保苏铁 10 组种群中有 5 组种群间的 N_m 大于 1，N_m 平均值为 1.822 大于 1，因此德保苏铁在一定程度上能阻止遗传分化。通过 UPGMA 聚类、PCoA 和种群遗传结构分析对德保苏铁种质资源进行划分，3 种分析方法得到的结果较为一致，75 份种质资源样本被划分为两类，BM 与 BS 种群为一类，CW、ZWS 与 SP 种群为一类，但并没有严格按照地理位置聚集，表明 5 个种群间有一定程度的遗传分化。

德保苏铁具有中等偏上的遗传多样性水平和较高的遗传分化程度。根据我们野外实地调查发现，野生德保苏铁数量稀少，且幼苗植株较少。建议采取就地保护、建立保护小区等保护措施，保护栖息地的同时避免其破碎化，使菌根真菌和传粉者也能得到保护，同时减少人为采挖与贩卖等现象的产生。这对于延长该物种生命周期和恢复其野生种群极其重要。根据研究结果，进行就地保护时，野生德保苏铁遗传多样性较高的百色市右江区大楞乡广西大王岭自治区级自然保护区种群和百色市右江区泮水乡册外村种群应作为重点保护单元进行重点保护。在开展迁地保护时，也应多采集这 2 个种群的不同植株材料进行人工繁殖。但由于苏铁属植物之间不完全的生殖隔离可能会增加不同种之间种群杂交的概率，所以在人工迁地保护过程中应避免因杂交导致的德保苏铁不纯正的风险。

五、结论

利用筛选出的 6 对 SSR 引物，对广西德保苏铁 5 个种群 75 份样本进行遗传多样性和种群结构分析，为德保苏铁资源保护提供理论依据。结果表明：（1）6 对引物在 75 份样本中共检测出 31 个等位基因，其中，最小等位基因数为 3.000，最大等位基因数为 8.000，N_a 平均值为 5.167。I 范围为 0.581 ~ 1.466，平均值为 0.961。H_e 范围为 0.289 ~ 0.684，平均值为 0.508。PIC 范围为 0.265 ~ 0.631，平均值为 0.454。（2）从德保苏铁 5 个种群的遗传多样性来看，H_o 介于 0.247 和 0.456 之间，平均值为 0.387。H_e 范围为 0.300 ~ 0.440，平均值为 0.374。德保苏铁种群间的 F_{st} 范围为 0.046 ~ 0.262。各种群之间存在较高程度的遗传分化。（3）AMOVA 表明 24% 的遗传变异存在于种群，76% 的遗传变异存在于个体，个体的变异是总变异的主要来源。（4）PCoA、种群遗传结构分析、GD 与聚类分析结果一致，全部样本分为两大类。同时对野生德保苏铁遗传多样性较高的百色市右江区大楞乡广西大王岭自治区级自然保护区种群和百色市右江区泮水乡册外村种群应给予重点保护。

第十五章　宽叶苏铁保护遗传学研究

一、材料与方法

（一）材料

试验材料来自广西防城港市 4 个宽叶苏铁野生种群（MZT、SY、PFA、WWL）和桂林市广西植物研究所引种栽培的 1 个种群（ZWS）。共采集 102 株宽叶苏铁的叶片样本。采集的宽叶苏铁新鲜叶片样本放置于装有变色硅胶的密封袋中干燥保存，将每份样本的具体信息做好标签，并对采样点进行 GPS 定位，具体采样信息见表 15–1。植物样本由广西植物研究所韦发南研究员鉴定为宽叶苏铁。

表 15–1　5 个宽叶苏铁种群的采样信息

种群	采集点	经度	纬度	样本数量（份）
MZT	防城港市防城区那梭镇妹仔田	108° 06′ E	21° 45′ N	21
SY	防城港市防城区那梭镇上岳山	108° 05′ E	21° 45′ N	36
PFA	防城港市防城区那梭镇平风坳	108° 04′ E	21° 41′ N	18
WWL	防城港市防城区那梭镇稳稳岭	108° 03′ E	21° 42′ N	12
ZWS	桂林市雁山区广西植物研究所	110° 18′ E	25° 04′ N	15

（二）方法

1. DNA 提取和检测

采用磁珠法植物基因组提取试剂盒配套自动化工作站对宽叶苏铁样本进行核酸提取，采用凝胶电泳检测 DNA 质量，要求浓度 ≥ 30 ng/μL，浓度过低不利于后续 PCR 实验进行。

2. 引物合成和荧光 PCR 扩增

根据全基因组序列分析设计 SSR 引物，得到 96 对引物用于筛选。引物采用接头法合成，即合成时在上游引物加上 21 bp 的接头序列。采用接头法进行 PCR 扩增时，第一步带接头的上游引物与下游引物与模板结合，得到带有接头序列的 PCR 产物，第二步带荧光基团的接头引物与下游引物与第一步的 PCR 产物结合，得到带有荧光基团和 21 bp 接头序列的 PCR 产物。

从各个种群中共选取 16 份筛选样本，扩增 96 对引物，PCR 扩增反应在 Veriti 384 孔梯度 PCR 仪上进行。PCR 扩增反应程序设置：95℃预变性 5 min；95℃变性 30 s，62℃至 52℃梯度退火 30 s，72℃延伸 30 s，运行 10 个循环；95℃变性 30 s，52℃退火 30 s，72℃延伸 30 s，运行 25 个循环；72℃延伸 20 min，最后 4℃保存。反应结束后，扩增产物经荧光毛细管电泳检测。使用 GeneMarker 软件对结果进行分析，得到 6 对扩增稳定、多态性良好的引物。将稀释至同一浓度的荧光 PCR 产物加至上机板中，参照 ABI 3730XL 测序仪上机操作流程，选择待检测板名称对应的检测文件，运行 SSR 样本分析检测程序。

3. 原始数据分析

从 ABI 3730XL 测序仪上导出 .fsa 格式原始数据，按检测位点进行分类归档后，分别导入到 GeneMarker 分析软件中，进行基因型数据的读取，并按位点名称分别导出 Excel 基因型原始数据和 PDF 分型峰图文件。

4. 遗传多样性分析

在 GenAlEx version 6.501 软件中，计算 SSR 位点和种群的各项遗传多样性指标，包括 N_a、N_e、I、PIC、H_o、H_e 和近交系数（F_{is}）。利用 PowerMarker 软件计算各种群间的 GD。利用 UPGMA 进行聚类分析，并绘制环状聚类图。根据种群遗传结构分析结果，在 GenAlEx version 6.501 软件中计算各种群间和种群内的变异、分化并进行显著性检验；计算 F_{st} 和 N_m，N_m 按 Wright（1931）的公式来计算：$N_m = 0.25（1-F_{st}）/F_{st}$。在 PowerMarker 中对种群间的 Nei's GD 进行计算。

二、结果

（一）引物筛选结果

本研究使用 Primer3 软件从全基因组序列中得到 96 对引物，一共筛选出 6 对扩增成功、峰型良好的引物。引物由生工生物工程（上海）股份有限公司北京合成部合成。

（二）引物多态性

6 对 SSR 引物的多态性见表 15-2 和表 15-3。6 对引物在 102 份样本中共检测出 26 个等位基因，其中，最小等位基因数为 2.000，最大等位基因数为 9.000，N_a 平均值为 4.333。N_e 总数为 14.528，数值变化范围为 1.062（GZST013）～ 5.083（GZST065），N_e 平均值为 2.421（等位基因在种群中分布得越均匀，N_e 越接近实际检测到的等位基因的个数）。I 的范围为 0.135（GZST013）～ 1.835（GZST065），平均值为 0.907。H_o 的范围为 0（GZST002）～ 0.794（GZST055），平均值为 0.443。H_e 的范围为 0.058（GZST013）～ 0.803（GZST065），平均值为 0.471。PIC 的范围为 0.057（GZST013）～ 0.780（GZST065），平均值为 0.427。F_{is} 平均值为 -0.002，范围为 -0.405（GZST055）～ 1.000（GZST002）。

表 15-2　6 对 SSR 引物的多态性

位点	N_a	N_e	I	H_o	H_e	F	PIC	P 值	显著性
GZST002	2.000	1.587	0.557	0	0.370	1.000	0.302	0	***
GZST013	2.000	1.062	0.135	0.059	0.058	-0.021	0.057	0.758	ns
GZST019	2.000	1.561	0.545	0.471	0.360	-0.309	0.295	0.002	**
GZST055	4.000	2.552	1.032	0.794	0.608	-0.306	0.530	0	***
GZST065	9.000	5.083	1.835	0.763	0.803	0.050	0.780	0.522	ns
GZST088	7.000	2.683	1.340	0.571	0.627	0.089	0.596	0.023	*
平均值	4.333	2.421	0.907	0.443	0.471	0.084	0.427		
标准差	3.011	1.446	0.619	0.342	0.263	0.481			

注：ns 表示差异不显著，即种群符合 HWE；* 表示存在显著差异，$P < 0.05$；** 表示存在非常显著差异，$P < 0.01$；*** 表示存在极显著差异，$P < 0.001$。

表 15-3　6 对引物的 F_{is} 和 N_m

位点	F_{is}	F_{it}	F_{st}	N_m
GZST002	1.000	1.000	0.930	0.019
GZST013	-0.059	-0.031	0.027	8.926
GZST019	-0.391	-0.261	0.093	2.430
GZST055	-0.405	-0.298	0.077	3.014
GZST065	-0.088	-0.028	0.056	4.234
GZST088	-0.067	0.041	0.101	2.234
平均值	-0.002	0.071	0.214	3.476
标准差	0.211	0.194	0.144	1.226

注：F_{it} 为总近交系数。

（三）种群遗传多样性

5 个宽叶苏铁种群的遗传多样性和种群各位点的遗传多样性见表 15-4 和表 15-5。在种群水平上，各种群的 I 范围为 0.679 ～ 0.735，平均值为 0.709。H_o 范围为 0.349 ～ 0.533，平均值为 0.453。H_e 范围为 0.348 ～ 0.406，平均值为 0.384。各种群遗传多样性高低顺序为 MZT ＞ WWL ＞ ZWS ＞ SY ＞ PFA，各种群间差异显著。各种群的 F_{is} 范围为 –0.393 ～ –0.023，总平均值为 –0.151，说明这些宽叶苏铁种群杂合子过多。Nybom（2004）对 307 个物种的遗传多样性研究结果表明，多年生植物、广泛分布物种和异型杂交种群水平的 I 平均值分别为 0.250、0.220 和 0.270。据统计，双子叶植物、多年生植物、短命植物、狭域分布种、异交植物和重力传播种子物种在种群水平上的 H 平均值分别为 0.191、0.200、0.280、0.270、0.190。本研究中的 5 个宽叶苏铁种群的 I 和 H_o 平均值分别为 0.709 和 0.453，高于植物遗传多样性平均值，表明宽叶苏铁的遗传多样性处于较高水平。

表 15-4　5 个宽叶苏铁种群的遗传多样性

种群	N_a	N_e	I	H_o	H_e	F_{is}
MZT	2.833	2.173	0.735	0.484	0.406	−0.175
PFA	2.833	2.341	0.679	0.349	0.348	−0.023
SY	3.833	1.929	0.712	0.417	0.369	−0.133
WWL	2.833	2.219	0.732	0.480	0.405	−0.032
ZWS	2.667	2.207	0.689	0.533	0.390	−0.393
平均值	3.000	2.174	0.709	0.453	0.384	−0.151

表 15-5　宽叶苏铁种群各位点的遗传多样性

种群	位点	N_a	N_e	I	H_o	H_e	F_{is}
MZT	GZST002	1.000	1.000	0	0	0	—
	GZST013	2.000	1.153	0.257	0.143	0.133	−0.077
	GZST019	2.000	1.630	0.575	0.524	0.387	−0.355
	GZST055	3.000	2.443	0.968	0.762	0.591	−0.290
	GZST065	5.000	4.618	1.566	1.000	0.783	−0.276
	GZST088	4.000	2.194	1.044	0.476	0.544	0.125

续表

种群	位点	N_a	N_e	I	H_o	H_e	F_{is}
PFA	GZST002	1.000	1.000	0	0	0	—
	GZST013	1.000	1.000	0	0	0	—
	GZST019	1.000	1.000	0	0	0	—
	GZST055	3.000	2.227	0.938	0.667	0.551	−0.210
	GZST065	6.000	4.983	1.680	0.706	0.799	0.117
	GZST088	5.000	3.834	1.455	0.722	0.739	0.023
SY	GZST002	1.000	1.000	0	0	0	—
	GZST013	2.000	1.056	0.124	0.054	0.053	−0.028
	GZST019	2.000	1.810	0.640	0.676	0.447	−0.510
	GZST055	4.000	2.785	1.129	0.919	0.641	−0.434
	GZST065	8.000	3.330	1.538	0.485	0.700	0.307
	GZST088	6.000	1.591	0.839	0.371	0.371	0
WWL	GZST002	2.000	1.198	0.305	0	0.165	1.000
	GZST013	2.000	1.105	0.199	0.100	0.095	−0.053
	GZST019	2.000	1.308	0.398	0.273	0.236	−0.158
	GZST055	2.000	1.862	0.655	0.727	0.463	−0.571
	GZST065	5.000	4.667	1.574	1.000	0.786	−0.273
	GZST088	4.000	3.176	1.259	0.778	0.685	−0.135
ZWS	GZST002	1.000	1.000	0	0	0	—
	GZST013	1.000	1.000	0	0	0	—
	GZST019	2.000	1.724	0.611	0.600	0.420	−0.429
	GZST055	2.000	1.867	0.657	0.733	0.464	−0.579
	GZST065	6.000	4.592	1.632	1.000	0.782	−0.278
	GZST088	4.000	3.061	1.237	0.867	0.673	−0.287

（四）遗传变异

AMOVA 是一种通过进化距离来度量并计算单倍型（或基因型）间遗传变异的方法。种群的 AMOVA 结果见表 15-6。AMOVA 表明 21% 的遗传变异发生于种群间，79% 的遗传变异存在于个体内；个体内的遗传变异是宽叶苏铁总变异的主要来源（表 15-6、表 15-7）。

表 15-6　宽叶苏铁种群的 AMOVA

变异来源	自由度	总方差	均方差	估算差异值	变异百分比（%）
种群间	4	57.456	14.364	0.335	21
个体间	98	115.762	1.181	0	0
个体内	103	131.000	1.272	1.272	79
总计	205	304.218		1.607	100

注：个体内差异指由杂合的等位基因引起的遗传差异，大小与个体杂合位点数相关，即个体的遗传多样性。

表 15-7　宽叶苏铁种群间的 N_m（对角线上方）和 F_{st}（对角线下方）

种群	MZT	PFA	SY	WWL	ZWS
MZT	—	3.031	11.620	1.301	1.058
PFA	0.076	—	2.510	1.237	0.666
SY	0.021	0.091	—	1.185	0.966
WWL	0.161	0.168	0.174	—	5.870
ZWS	0.191	0.273	0.206	0.041	—

（五）主坐标分析

PCoA 可更为直观地展示出种群间及个体间的 GD。对从 5 个宽叶苏铁种群中采集的 102 份样本进行 PCoA，结果如图 15-1 所示。由该图可知，横轴（Coord.1）代表的差异为 25.30%，纵轴（Coord.2）代表的差异为 11.68%。WWL 种群和 ZWS 种群构成的类群主要分布于分界线的左方且 2 个种群的个体相互混杂。MZT 种群、PFA 种群、SY 种群这 3 个种群构成的类群内的个体主要分布于分界线的右侧，3 个种群的个体相互混杂且中间还混杂了一个 WWL 种群的个体。这说明 WWL 种群、ZWS 种群构成的类群与 MZT 种群、PFA 种群、SY 种群这 3 个种群构成的类群之间存在较高程度的遗传分化，但类群中的种群之间遗传分化程度较低。

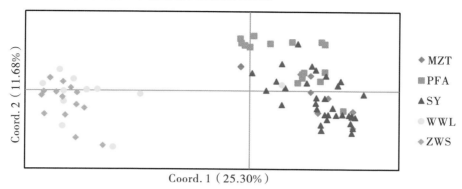

图 15-1　102 份宽叶苏铁样本的 PCoA 结果

（六）种群遗传结构分析

1. Structure 分析

利用 6 个分子标记对 102 份宽叶苏铁样本的种群结构进行评估。根据似然值最大原则，判断最佳 K 值等于 2，可以将 102 份宽叶苏铁样本划分为 2 个亚群（图 15-2、图 15-3）。

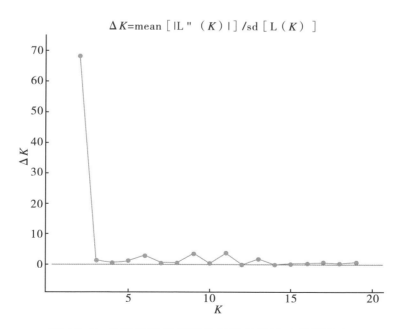

图 15-2　宽叶苏铁种群遗传结构分析的 ΔK 值分布

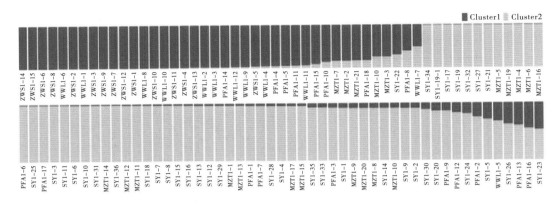

图 15-3　宽叶苏铁种群的遗传结构图

2. 遗传距离与聚类分析

在 PowerMarker 中对种群间的 Nei's *GD* 进行计算。5 个种群间 *GD* 最大为 0.268（SY/ZWS），最小为 0.049（SY/MZT）（表 15-8）。采用基于 Nei's *GD* 的 UPGMA 进行聚类分析（图 15-4、图 15-5）。

表 15-8　宽叶苏铁种群间的 *GD*

种群	MZT	PFA	SY	WWL	ZWS
MZT	—	0.120	0.049	0.201	0.265
PFA	0.120	—	0.116	0.192	0.265
SY	0.049	0.116	—	0.202	0.268
WWL	0.201	0.192	0.202	—	0.092
ZWS	0.265	0.265	0.268	0.092	—

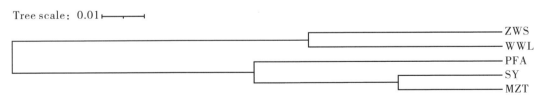

图 15-4　5 个宽叶苏铁种群的 UPGMA 聚类结果

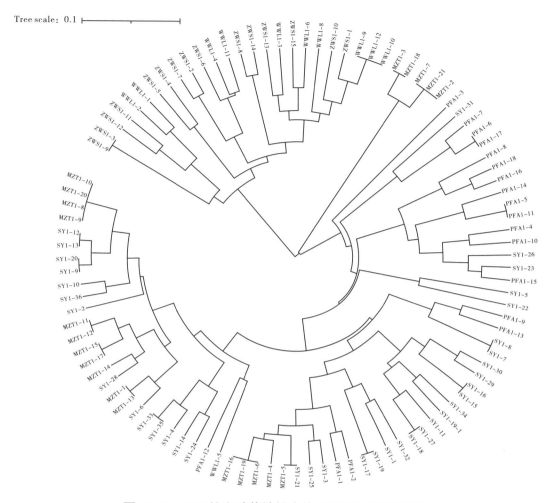

图 15-5　102 份宽叶苏铁样本的 UPGMA 聚类结果

三、讨论

在物种种群水平上，宽叶苏铁野外各种群的 I 范围为 0.679 ～ 0.735，平均值为 0.709；H_o 范围为 0.349 ～ 0.533，平均值为 0.453；H_e 范围为 0.348 ～ 0.406，平均值为 0.384；各种群遗传多样性高低顺序为 MZT > WWL > ZWS > SY > PFA，各种群间差异显著；各种群的 F_{is} 范围为 –0.393 ～ –0.023，平均值为 –0.151，表明这些宽叶苏铁种群有杂合子过剩的现象。Nybom（2004）对 307 个物种的遗传多样性研究结果表明，所调查的多年生植物、广布种、异交种种群水平的 I 平均值分别为 0.250、0.220和 0.270。据统计，双子叶植物、多年生植物、短命植物、狭域分布种、异交植物和重力传播种子物种在种群水平上的 H 平均值分别为 0.191、0.200、0.280、0.270、0.190。本研究中的 5 个宽叶苏铁种群的 I 和 H_e 平均值分别是 0.709 和 0.453，高于植物遗传多样性平均值，表明宽叶苏铁的遗传多样性属于较高水平。其中广西防城港市防城区那梭镇妹仔田种群和防城港市防城区那梭镇稳稳岭种群具有较高遗传多样性，建议作为优先保护和利用的野生种群。

宽叶苏铁具有较高的遗传多样性水平，且其种子萌发率较高。宽叶苏铁濒危的原因主要有以下几点：（1）野生宽叶苏铁的自然更新完全依赖种子，开花结籽植株极少，结籽量更少，繁殖率低下，使得宽叶苏铁种群发展缺乏幼苗后备资源，种群规模逐渐减小而濒危。（2）生境破碎化会导致原始生境面积减小，同时形成大量边界生境区以及使分布区到边界的距离大大缩短，并且常常留下像补丁一样的生境残片。生境破碎化对生长在该生境的种群产生的影响是非常明显的，宽叶苏铁所处的生境出现破碎化后种群被分割、隔离而出现异质种群。（3）由于分布区狭小，物种缺乏基因交流且长期退化，宽叶苏铁生态适应能力较差。从生殖对策上看，种子世代周期长，繁殖能力差，在生存上表现为 K 对策。（4）从调查情况来看，宽叶苏铁受到的主要威胁还是人为干扰，特别是生长于保护区外的宽叶苏铁，如生长于肉桂（*Cinnamoum cassia*）人工林中的植株，由于群众每年都要对肉桂进行除草抚育，宽叶苏铁易被当作杂草清除；以及大片森林被毁，宽叶苏铁赖以生存的环境急剧恶化，使这类古老的孑遗植物逐渐濒危。因此，建议将遗传多样性较高的宽叶苏铁种群作为优先保护和利用的种群，通过人工手段促进其天然更新，扩大适宜生境，促进种群恢复。

四、结论

明确珍稀濒危孑遗植物宽叶苏铁的遗传多样性和遗传结构，是对其制定有效的保护和管理策略的基础和前提。本研究基于 6 对多态性好且可以稳定扩增的 SSR 引物对来源于 5 个种群 102 株宽叶苏铁个体的遗传多样性和遗传结构进行分析。结果显示，在物种种群水平上，各种群的 I 平均值为 0.709，H_o 平均值为 0.453，表明宽叶苏铁具有较高的遗传多样性水平；H_e 平均值为 0.384；各种群遗传多样性高低顺序为 MZT > WWL > ZWS > SY > PFA，各种群间差异显著；各种群的 F_{is} 平均值为 −0.151，表明这些宽叶苏铁种群有杂合子过剩的现象。AMOVA 表明 21% 的遗传变异发生于种群间，79% 的遗传变异存在于个体内，个体内的遗传变异是宽叶苏铁总变异的主要来源。

表明宽叶苏铁遗传变异丰富，有较高的进化潜力。5 个种群间的 GD 最大为 0.268（SY/ZWS），最小为 0.049（SY/MZT）；MZT 种群和 SY 种群聚为一类，然后与 PFA 种群相聚，最后与 WWL 种群和 ZWS 种群相聚；这与宽叶苏铁野生种群分布的位置和距离相符。结合该物种野外种群现状，建议建立保护小区，开展就地保护，并加强引种和人工繁育等迁地保护措施。本研究可为宽叶苏铁植物资源保护提供理论支持，具有重要的理论和实践意义。

第十六章　广西叉叶苏铁野生和迁地保护种群的遗传多样性比较分析

一、材料与方法

（一）材料

2022 年对广西叉叶苏铁 4 个野生种群和 1 个迁地保护种群进行采样，具体采样信息见表 16-1，其中 YCLL 种群、MB 种群和 MALL 种群这 3 个种群为位于自然保护区外的野外种群，PR 种群为广西崇左白头叶猴国家级自然保护区内的野外种群，ZWS 种群为桂林植物园引种的迁地保护种群。从 5 个种群中采集叉叶苏铁样本共计 109 份，采集时选择完整无病虫害的叉叶苏铁叶片样本放置于装有变色硅胶的密封袋中干燥保存，将每份样本做好标签，并对采样点进行 GPS 定位。植物样本由广西植物研究所韦霄研究员鉴定为叉叶苏铁。

表 16-1　5 个叉叶苏铁种群的采样信息

种群	种群类型	采样点	经度	纬度	样本数量（份）
YCLL	野外种群	崇左市太平镇陇郎屯	107° 17′ E	22° 30′ N	29
MB		崇左市太平镇磨布屯	107° 16′ E	22° 30′ N	22
MALL		崇左市太平镇陇楼屯	107° 18′ E	22° 28′ N	17
PR		广西崇左白头叶猴国家级自然保护区	107° 24′ E	22° 33′ N	26
ZWS	迁地保护种群	桂林市雁山区桂林植物园	110° 18′ E	25° 04′ N	15

（二）方法

1. DNA 提取和检测

使用改良的 CTAB 法对叉叶苏铁叶片进行 DNA 提取，使用 1% 琼脂糖凝胶电泳检测 DNA 纯度，并用 NanoDrop 2000 微量分光光度计检测 DNA 浓度和质量，将合格的 DNA 样本保存于 –20℃冰箱用于后续实验。

2. 引物筛选

本研究使用 Primer3 软件从全基因组序列中得到 96 对引物，一共筛选出 6 对扩增成功、峰型良好的引物。引物由生工生物工程（上海）股份有限公司北京合成部合成。筛选出 6 对 SSR 引物的信息见表 16–2。

3. PCR 扩增及测序

在 Veriti 384 孔梯度 PCR 仪上进行 PCR 扩增反应，反应体系（10 μL）：DNA（20 ng）1.0 μL，2×Taq PCR MasterMix 5.0 μL，ddH$_2$O 3.0 μL，浓度 10 μmol/L 的上游、下游引物各 0.5 μL。PCR 扩增反应程序设置：95℃预变性 5 min；95℃变性 30 s，62℃至 52℃梯度退火 30 s，72℃延伸 30 s，运行 10 个循环，每个循环下降 1℃；95℃变性 30 s，52℃退火 30 s，72℃延伸 30 s，运行 25 个循环；72℃末端延伸 20 min，最后 4℃保存。PCR 产物使用 1% 琼脂糖凝胶电泳检测，参照 ABI 3730XL 测序仪上机操作流程进行荧光毛细管电泳测序。

（三）数据分析

1. 原始数据导出

使用 GeneMarker 分析软件进行基因型数据的读取，并导出 Excel 基因型原始数据和 PDF 分型峰图文件。

2. 遗传多样性及遗传分化

使用 GenAlEx version 6.501 软件计算 SSR 位点以及种群的各项遗传多样性指标，包括 N_a、N_e、I、H_o、H_e、F_{st} 和 N_m 等，使用 PowerMarker v3.25 计算所有位点的 PIC。

3. 遗传结构及 AMOVA

利用 Structure 2.3.4 对 109 份叉叶苏铁样本进行种群结构分析，设置 K=1 ～ 20，Burn–in 周期为 10000，MCMC 设为 100000，每个 K 值运行 20 次，并利用在线工具 Structure Harvester 算出最佳 ΔK 值（即最佳种群分层情况）。根据最佳 K 值结果作图，使用 CLUMMP 和 DISTRUCT 软件制图。使用 GenAlEx version 6.501 进行 AMOVA。

4. 聚类分析和主坐标分析

利用 PowerMarker 软件计算各种群间的 GD，利用 UPGMA 进行聚类分析，并绘制环状聚类图和树状聚类图，使用 GenAlEx version 6.501 进行 PCoA。

二、结果与分析

（一）SSR 引物多态性分析

6 对引物在 109 份样本中共检测出 24 个等位基因。其中，最小等位基因数为 3.000，最大等位基因数为 6.000，N_a 平均值为 4.000。N_e 总值为 12.461，平均值为 2.077。I 的范围为 0.286（GZST013）～ 1.186（GZST088），平均值为 0.846。H_o 最大值为 0.679（GZST019），平均值为 0.355。H_e 最小值为 0.130（GZST013），最大值为 0.642（GZST088），平均值为 0.482。PIC 的范围为 0.124（GZST013）～ 0.591（GZST088），平均值为 0.418。6 对引物中除 GZST013 不存在显著差异外，其余 5 对引物均存在显著差异（表 16-2）。综合来看，位点 GZST088 的多态性较好。

表 16-2　6 对 SSR 引物的多态性

位点	N_a	N_e	I	H_o	H_e	PIC	P 值	显著性
GZST002	3.000	1.998	0.802	0	0.500	0.413	0	***
GZST013	3.000	1.149	0.286	0.138	0.130	0.124	0.898	ns
GZST019	6.000	2.068	1.016	0.679	0.516	0.475	0.017	*
GZST055	4.000	2.204	0.874	0.370	0.546	0.444	0.001	***
GZST065	4.000	2.252	0.910	0.330	0.556	0.463	0	***
GZST088	4.000	2.790	1.186	0.615	0.642	0.591	0	***
平均值	4.000	2.077	0.846	0.355	0.482	0.418		
标准差	1.095	0.533	0.305	0.263	0.179			

注：ns 表示不显著，即种群符合 HWE；* 表示存在显著差异，$P < 0.05$；** 表示存在非常显著差异，$P < 0.01$；*** 表示存在极显著差异，$P < 0.001$。

（二）叉叶苏铁种群遗传多样性分析

1. 种群间的遗传多样性分析

对叉叶苏铁种群的遗传多样性进行分析（表 16-3）可知，4 个野生种群的 N_a 范围为 2.500（PR）～ 3.333（MALL），平均值为 2.875。YCLL 种群的 N_e 最高（1.855），PR 种群的 N_e 最低（1.662），平均值为 1.796。I 平均值为 0.637，MALL 种群的 I 最高（0.711）。H_o 最高值为 0.402（MB），最低值为 0.269（PR），平均值为 0.363。PR 种群的 H_e 最低（0.324），MALL 种群的 H_e 最高（0.394），平均值为 0.373。综合来看，PR 种群的各项指标数值在 4 个野生种群中表现最低，遗传多样性水平最低。ZWS 种群的 I 和 H_e 均高于 4 个野生种群的平均值，但其 I 略低于 MALL 种群的，同时其 H_e 略低于 MALL 种群和 YCLL 野生种群的。

表 16-3　叉叶苏铁种群间的遗传多样性

种群		N_a	N_e	I	H_o	H_e	F
野生种群	MALL	3.333	1.852	0.711	0.388	0.394	0.029
	MB	2.833	1.816	0.638	0.402	0.379	−0.054
	PR	2.500	1.662	0.543	0.269	0.324	0.091
	YCLL	2.833	1.855	0.657	0.393	0.393	−0.015
	平均值	2.875	1.796	0.637	0.363	0.373	0.013
迁地保护种群 ZWS		3.000	1.865	0.686	0.323	0.391	0.244

2. 种群的遗传分化

5 个叉叶苏铁种群整体的 AMOVA（图 16-1）表明，叉叶苏铁种群间的遗传变异占 25%，个体间的遗传变异占 7%，而大多数的遗传变异来源于个体内（68%）。

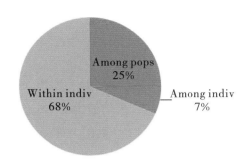

注：Among pops 表示种群间；Among indiv 表示个体间；Within indiv 表示个体内。

图 16-1　5 个叉叶苏铁种群的 AMOVA

对叉叶苏铁种群间的 N_m 和 F_{st} 进行分析（表 16-4），5 个种群中 YCLL 种群与 MB 种群之间的 N_m 最大（26.635）且 F_{st} 最小（0.009），PR 种群与 MB 种群之间的 N_m 最小（0.952）且 F_{st} 最大（0.208），迁地保护种群与 4 个野生种群之间的 F_{st} 和 N_m 范围分别为 0.119 ～ 0.200 和 0.998 ～ 1.855。

表 16-4　叉叶苏铁种群间的 N_m（对角线上方）和 F_{st}（对角线下方）

种群	MALL	MB	PR	YCLL	ZWS
MALL	—	5.700	1.009	7.855	0.998
MB	0.042	—	0.952	26.635	1.263
PR	0.199	0.208	—	1.037	1.855
YCLL	0.031	0.009	0.194	—	1.156
ZWS	0.200	0.165	0.119	0.178	—

3. 叉叶苏铁种群遗传结构分析

对叉叶苏铁野生种群和迁地保护种群共 109 份样本进行 Structure 分析，根据似然值最大原则，当 $K=2$ 时，ΔK 最大（图 16-2）。根据图 16-3 可以看出，本研究中的 109 份叉叶苏铁样本大致分为两类基因型，这两类基因型可按地理位置明显区分。其中 MALL 种群、YCLL 种群和 MB 种群 3 个野生种群基因型相近，分为一类；而 ZWS 种群与 PR 种群更为接近，可分为一类。

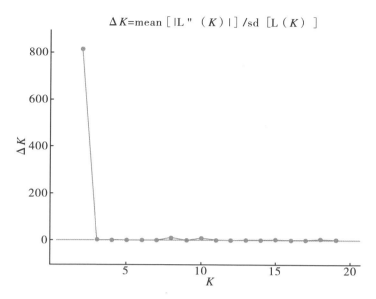

$$\Delta K = \text{mean} \left[|L''(K)| \right] / \text{sd} \left[L(K) \right]$$

图 16-2　叉叶苏铁种群遗传结构分析的 ΔK 值分布

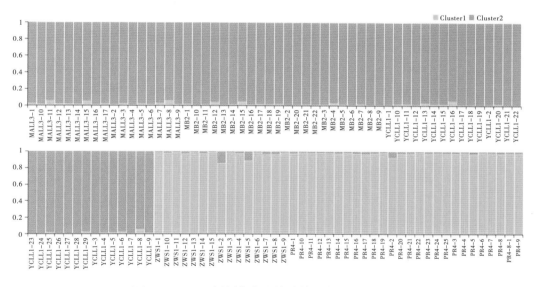

图 16-3　叉叶苏铁种群的遗传结构图（K=2）

4. 叉叶苏铁的聚类分析和主坐标分析

对 109 份叉叶苏铁样本进行 UPGMA 聚类分析（图 16-4A），109 份样本主要分为两大类（类 1 和类 2），类 1 包含了 ZWS 种群和 PR 种群的所有样本，在此类中，多数样本按地区分类，但各有 2 份样本穿插在彼此的分组中；类 2 包含 MALL 种群、YCLL 种群和 MB 种群 3 个野外种群的所有样本，在此类中，3 个种群的样本相互穿插，也说明这 3 个种群 *GD* 更近，存在较高的基因交流现象。

对 5 个叉叶苏铁种群进行 UPGMA 聚类分析（图 16-4B），结果显示 5 个种群可分为 2 个亚群，其中一个亚群包括 ZWS 种群和 PR 种群，这 2 个种群的 *GD* 较近；另一个亚群包括 MALL 种群、YCLL 种群和 MB 种群 3 个野外种群，在这个亚群中，YCLL 种群和 MB 种群的 *GD* 是最近的。

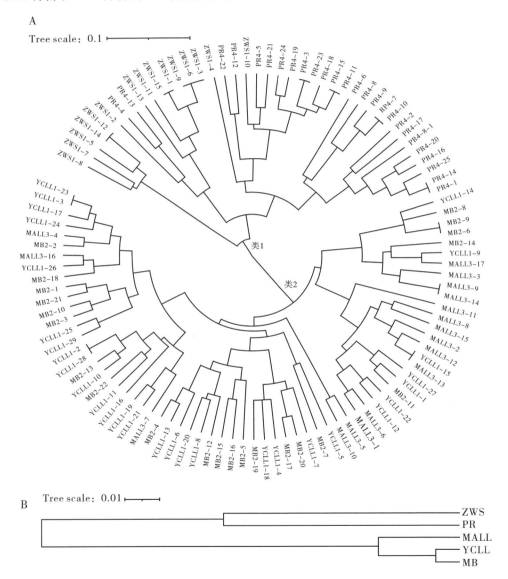

A.109 份样本的 UPGMA 聚类结果；B.5 个种群的 UPGMA 聚类结果

图 16-4　叉叶苏铁 5 个种群 109 份样本的 UPGMA 聚类结果

对叉叶苏铁的 109 份样本进行 PCoA（图 16-5），结果显示第一主坐标贡献率为
27.42%，第二主坐标贡献率为 17.92%，累积贡献率达到 45.34%，可代表原始数据的主
要信息。图中 5 个种群的 109 份样本可以明显分为两类，其中 MALL 种群、YCLL 种
群和 MB 种群 3 个野外种群的样本距离更近，分为一类；而 ZWS 种群和 PR 种群距
离更近，为另一个类。

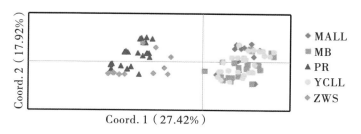

图 16-5　109 份叉叶苏铁样本的 PCoA 结果

三、讨论

（一）叉叶苏铁遗传多样性

SSR 标记在植物遗传多样性分析方面应用较为广泛，使用 SSR 分子标记技术对
叉叶苏铁遗传多样性进行分析，能准确地估计叉叶苏铁 DNA 水平上真实的遗传变异，
从而揭示叉叶苏铁的遗传多样性和遗传变异，为叉叶苏铁的资源保护和选育提供参考
（张红瑞等，2023）。本研究的 6 个位点中，仅 GZST013 位点的 PIC（0.124）是低度
多态性位点（$PIC \leqslant 0.250$），其余 5 个位点均显示中高度多态性。遗传多样性能体现
物种演化潜力以及适应环境变化的能力，物种的遗传多样性水平越高，适应环境变化
的能力越强，反之越弱（田星等，2021）。本研究中叉叶苏铁野生种群遗传多样性分
析结果显示，I 的平均值为 0.637，H_e 的平均值为 0.373，低于龚奕青（2015）对叉叶
类苏铁研究结果（I=1.213，H_e=0.446），与其他苏铁属植物相比，叉叶苏铁的 H_e 高于
仙湖苏铁的（0.288）和攀枝花苏铁的（0.328），低于德保苏铁的（0.484）、多歧苏铁
的（0.497）和闽粤苏铁的（0.703）等（席辉辉等，2022）。总体来看，广西叉叶苏铁
遗传多样性水平均较低，在 4 个野生种群中，MALL 种群和 YCLL 种群遗传多样性较
高，但 PR 种群遗传多样性较低，由于种群间的遗传多样性不平衡，部分遗传多样性
较低的种群会使该物种整体的遗传多样性水平降低。叉叶苏铁迁地保护种群与野外种

群的遗传多样性比较结果显示，ZWS 种群的 H_e 高于 4 个野生种群的平均值，但略低于 MALL 种群的和 YCLL 种群的，I 也高于 4 个野生种群的平均值但略低于 MALL 种群的，说明对叉叶苏铁进行迁地保护在一定程度上能有效保护其遗传多样性，这对叉叶苏铁的保护具有重要的指导意义。

（二）叉叶苏铁遗传结构和遗传分化

叉叶苏铁种群间的 F_{st} 平均值为 0.135，ZWS 种群与 PR 种群的遗传分化达中等程度（0.119），与另外 3 个野生种群间的 F_{st} 为 0.165 ~ 0.200，达到高度分化水平，这可能是因为引种种源不同，且引种保护地与 4 个野生种群地理距离较远，基因交流频率低而形成了较高程度的遗传分化。4 个野生种群中，MALL 种群、MB 种群和 YCLL 种群 3 个种群间的 F_{st} 为 0.009 ~ 0.042，种群间分化较小，但这 3 个种群与 PR 种群间的 F_{st} 为 0.194 ~ 0.208，均大于 0.15，达到高度分化水平，原因可能是 MALL 种群、MB 种群和 YCLL 种群 3 个野生种群间地理距离相对较近，存在基因交流的概率更大，从而使得这 3 个野生种群的遗传分化程度低，GD 更近。UPGMA 聚类、Structure 分析和 PCoA 的结果也支持以上结论，即 109 份叉叶苏铁样本可大致分为两类，ZWS 种群和 PR 种群为一类，而 MALL 种群、MB 种群和 YCLL 种群 3 个野生种群距离更近，为另一类。本研究中叉叶苏铁种群间的遗传变异占 25%，种群内的遗传变异占 75%，变异主要来源于种群内，种群水平的遗传交流较少，发生这种现象的原因可能如下：（1）叉叶苏铁种群数量减少，导致种群内积累的遗传变异少；（2）叉叶苏铁花粉无法远距离传播导致叉叶苏铁多为种群内杂交，种群内基因交流更为频繁。

（三）叉叶苏铁的保护策略

保护濒危植物的栖息地是延长该物种生命周期及恢复野生种群的主要方法之一。4 个叉叶苏铁野生种群中，MALL 种群表现出的遗传多样性最高，应作为野生种群的重点保护种群。同时，由于叉叶苏铁种群少，建议为位于保护区外的 MALL 种群、MB 种群和 YCLL 种群 3 个种群设立保护小区，以更好保护其完整的遗传多样性。此外，还要进行种群动态监测及小种群生存概率方面的研究工作。

保存野生叉叶苏铁种群的遗传多样性是迁地保护成功的关键。ZWS 种群的 H_e 高于 4 个野生种群的平均值，但略低于 MALL 种群的和 YCLL 种群的，说明对叉叶苏铁进行迁地保护在一定程度上能有效保护其遗传多样性，但还需继续开展对其迁地保护的种质资源的收集，特别要加强 MALL 种群和 YCLL 种群资源的引种工作，以提高迁地保护种群的遗传多样性水平。另一方面还需加强叉叶苏铁良种筛选、人工授粉、培育种苗、生物学特性、栽培技术方面的研究。

叉叶苏铁为极小种群野生植物，其种质资源少，种群数量和个体都很少，应加强其野外回归引种工作，需开展就地回归和异地回归试验，扩大叉叶苏铁种群数量，加强其遗传交流，从而有效提高叉叶苏铁遗传多样性。

四、结论

叉叶苏铁为国家一级重点保护野生植物，了解广西叉叶苏铁野生种群和迁地保护种群的遗传多样性和遗传结构，可为其种质资源保护及管理策略制定提供指导。本研究筛选出 6 对稳定性和多态性良好的 SSR 引物，对广西叉叶苏铁 4 个野生种群和 1 个迁地保护种群共 109 个个体的遗传多样性和遗传结构进行分析。结果表明：（1）广西叉叶苏铁遗传多样性水平较低。4 个野生种群的 N_a 平均值为 2.875，N_e 平均值为 1.796，I 平均值为 0.637，H_o 平均值为 0.363，H_e 平均值为 0.373。迁地保护种群的 N_a、N_e、I、H_o 和 H_e 分别为 3.000、1.865、0.686、0.323 和 0.391。（2）在遗传结构中，种群间遗传呈中度分化（0.135）。种群间遗传变异占 25%，种群内遗传变异占 75%，遗传变异主要来源于种群内。（3）UPGMA、PCoA 和 Structure 分析表明 109 份叉叶苏铁样本可分为两类，ZWS 种群和 PR 种群为一类，其余 3 个种群为一类。（4）野生种群中 MALL 种群的种群遗传多样性最高（I=0.711，H_e=0.394），应将该种群作为重点保护单元进行保护。（5）迁地保护种群（ZWS）的 I 和 H_e 均高于野生种群的平均值，但 I 略低于 MALL 种群的，H_e 略低于 MALL 种群的和 YCLL 种群的。建议继续加强 MALL 种群和 YCLL 种群资源的引种工作，以提高迁地保护种群的遗传多样性水平。

第十七章　元宝山冷杉和梵净山冷杉的叶绿体微卫星遗传多样性分析

一、材料与方法

（一）取样

本研究采集分析了梵净山冷杉（*Abies fanjingshanensis*）1 个种群 113 份样本、元宝山冷杉 1 个种群 118 份样本及岷江冷杉（*Abies fargesii* var. *faxoniana*）1 个种群 18 份样本，其来源及样本数量见表 17-1。每株植株采集幼嫩叶片约 0.1 g，置于含变色硅胶的密封袋中，带回实验室后置于 -20℃ 环境下保存待用。

表 17-1　采样信息

物种	采样点	海拔（m）	经度	纬度	样本数量（份）
梵净山冷杉 *Abies fanjingshanensis*	贵州铜仁市梵净山	2250	108° 42′ E	27° 55′ N	113
元宝山冷杉 *Abies yuanbaoshanensis*	广西柳州市融水苗族自治县元宝山	1970	109° 10′ E	25° 25′ N	118
岷江冷杉 *Abies fargesii* var. *faxoniana*	四川阿坝藏族羌族自治州理县米亚罗镇	3300	102° 38′ E	31° 34′ N	18

（二）DNA 的提取及纯化

采用改良的 CTAB 法提取叶片的总 DNA，用 DNA 快速纯化试剂盒纯化总 DNA（北京鼎国生物技术有限责任公司）。

（三）引物、PCR 扩增反应条件及 DNA 测序

本研究参照 Vendramin 等（1996）报道的 20 对 cpSSR 引物，共筛选到 3 对具有多态性的引物，用这 3 对多态性引物对全部 DNA 样本进行扩增，引物序列、退火

温度见表 17-2。PCR 扩增反应体系及反应程序参照 Vendramin 等（1996）报道的方法。扩增产物的检测的方法依照代文娟等（2006）的研究。为了研究这 3 个多态性位点在梵净山冷杉种群和元宝山冷杉种群中是否存在具有同等长度但属于不同谱系现象（homoplasy），先对这 3 个种各取 10 份样本，3 个位点的 PCR 产物连接到 pMD-18T 质粒载体上进行克隆测序。结果（GenBank No. GU564547 ～ GU564563）表明位点 Pt71936 在梵净山冷杉的叶绿体微卫星外存在 1 个突变点，因此，我们对其余的梵净山冷杉样本的位点 Pt71936 的 PCR 产物进行直接测序。

表 17-2　引物序列和退火温度

位点	引物序列（5'→3'）		退火温度（℃）	参考文献
Pt63718	F：	CACAAAAGGATTTTTTTTCAGTG	55	
	R：	CGACGTGAGTAAGAATGGTTG		
Pt30204	F：	TCATAGCGGAAGATCCTCTTT	55	Vendramin et al.，1996
	R：	CGAATTGATCCTAACCATACC		
Pt71936	F：	TTCATTGGAAATACACTAGCCC	55	
	R：	AAAACCGTACATGAGATTCCC		

（四）数据统计与分析

用 10 bp DNA Ladder 确定各等位基因的分子量大小，记录各样本在各引物的 PCR 产物长度。用 Arlequin ver 3.01 软件（Excoffier et al.，2005）计算各物种的单倍型频率（frequency of haplotypes）、N_o、N_e、H_e（Nei，1978）。

二、结果

（一）单倍型的种类

采用 3 对具有多态性的 cpSSR 引物分别对所有样本的总 DNA 进行扩增，梵净山冷杉、元宝山冷杉和岷江冷杉在 3 个位点上的等位基因片段大小范围和数量见表 17-3。3 个位点分别有 6 个、8 个和 7 个等位基因。

表 17-3　梵净山冷杉、元宝山冷杉和岷江冷杉在 3 个位点上的等位基因片段大小范围和数量

位点	等位基因大小（bp）			等位基因数量（个）
	梵净山冷杉	元宝山冷杉	岷江冷杉	
Pt63718	95 ～ 96	93 ～ 95	96 ～ 99	6
Pt30204	139 ～ 142	137 ～ 140	136 ～ 147	8
Pt71936	147 ～ 149	145 ～ 148	146 ～ 152	7

测序结果显示，在梵净山冷杉 113 份样本中，位点 Pt71936 的扩增产物有 45 份样本在重复序列的一端外侧存在 1 个点突变即由碱基 A 突变为 C。根据测序结果和分子量大小，共定义了 35 种单倍型，各种群的单倍型数量及频率见表 17-4。在 35 种单倍型中，各单倍型为各物种所特有，没有种间共享的单倍型；梵净山冷杉和元宝山冷杉的稀有单倍型较少，这 2 个种群中频率最高的单倍型分别为 h1（46.02%）和 h16（44.07%）；岷江冷杉的单倍型以稀有单倍型为主，只出现 1 份样本的单倍型数量占总样本数量的 61.16%。

表 17-4　cpSSR 单倍型定义和频率分布情况

类型	单倍型（bp）（Pt63718/Pt30204/Pt71936）	数量（频率）		
		梵净山冷杉	元宝山冷杉	岷江冷杉
h1	96/142/149a	52（0.4602）		
h2	96/142/149c	4（0.0354）		
h3	95/142/149a	6（0.0531）		
h4	95/142/147a	2（0.0177）		
h5	95/142/147c	4（0.0354）		
h6	96/140/149a	7（0.0619）		
h7	96/140/149a	1（0.0088）		
h8	95/140/149c	5（0.0442）		
h9	95/140/147a	1（0.0088）		
h10	95/140/147c	15（0.1327）		
h11	95/139/149c	13（0.1150）		
h12	95/139/147c	3（0.0265）		

续表

类型	单倍型（bp）（Pt63718/ Pt30204/ Pt71936）	数量（频率）		
		梵净山冷杉	元宝山冷杉	岷江冷杉
h13	95/140/148		1（0.0085）	
h14	95/140/146		2（0.0169）	
h15	95/140/145		13（0.1102）	
h16	95/138/148		52（0.4407）	
h17	95/138/146		1（0.0085）	
h18	95/137/148		35（0.2966）	
h19	93/140/148		1（0.0085）	
h20	93/140/146		12（0.1017）	
h21	93/138/148		1（0.0085）	
h22	96/136/149			1（0.0556）
h23	96/136/148			1（0.0556）
h24	96/137/150			2（0.1111）
h25	96/139/147			1（0.0556）
h26	96/138/150			3（0.1667）
h27	96/141/152			2（0.1111）
h28	98/142/149			1（0.0556）
h29	96/139/148			1（0.0556）
h30	98/147/149			1（0.0556）
h31	97/139/148			1（0.0556）
h32	96/137/146			1（0.0556）
h33	96/138/146			1（0.0556）
h34	99/140/147			1（0.0556）
h35	96/139/149			1（0.0556）
总计		12	9	14

（二）遗传多样性

梵净山冷杉、元宝山冷杉和岷江冷杉在 3 个多态性位点的遗传多样性参数见表

17-5。梵净山冷杉的 N_o 和 N_e 分别为 12 和 3.92，元宝山冷杉的 N_o 和 N_e 分别为 9 和 3.28，两者的 N_o 和 N_e 均低于广布种岷江冷杉的（N_o=14，N_e=11.57）；梵净山冷杉的 H_e（0.75）和元宝山冷杉的 H_e（0.70）也低于岷江冷杉的（H_e=0.97）。说明梵净山冷杉和元宝山冷杉的叶绿体遗传多样性均低于广布种岷江冷杉的。

表 17-5　梵净山冷杉、元宝山冷杉和岷江冷杉的遗传多样性参数

物种	N_o	N_e	H_e
梵净山冷杉	12	3.92	0.75（0.0364）
元宝山冷杉	9	3.28	0.70（0.0271）
岷江冷杉	14	11.57	0.97（0.0298）

注：括号中数值为标准差。

三、讨论

叶绿体微卫星标记（chloroplast microsatellite，cpSSR）是一种高效的分子标记，它既有 SSR 的优点，又有叶绿体独立的演化特点。在叶绿体 SSR 分析中，单倍型具有重要意义，可揭示种群叶绿体遗传多态性（张新叶等，2004）。cpSSR 已被应用于多种植物的研究工作（陈伯望等，2000），其中，包括冷杉属（Abies）植物的研究（Parducci et al.，2001；Hansen et al.，2005；代文娟等，2006）。本研究采用 cpSSR 对梵净山冷杉和元宝山冷杉的遗传多样性进行分析，并与广布种岷江冷杉的 1 个种群进行比较分析，以期为梵净山冷杉和元宝山冷杉保护供理论依据。基于 cpSSR，梵净山冷杉和元宝山冷杉与其他冷杉属植物的遗传多样性比较见表 17-6。与广布种相比，梵净山冷杉和元宝山冷杉的 N_o 和 H_e 均明显低于岷江冷杉的（Clark et al.，2000）、欧洲银冷杉（Abies alba）的和希腊冷杉（Abies cephalonica）的（Parducci et al.，2001）。与同是狭域分布的其他冷杉属植物相比，梵净山冷杉和元宝山冷杉与西西里冷杉（Abies nebrodensis）等种群的 N_o 平均值相近（Clark et al.，2000；Parducci et al.，2001；Terrab et al.，2007；Jaramillo-Correa et al.，2008），但梵净山冷杉和元宝山冷杉的种群 N_e 平均值和 H_e 平均值均略低于其他狭域分布冷杉属植物的。梵净山冷杉和元宝山冷杉的 N_o 均低于资源冷杉的 N_o 总值（18 种），但资源冷杉有 3 个地理分布区（代文娟等，2006）。可见，梵净山冷杉和元宝冷杉具有较低的叶绿体单倍型多样性。

表 17-6　基于 cpSSR 的梵净山冷杉和元宝山冷杉与其他冷杉属植物的
遗传多样性比较

	物种	N_o 平均值	N_e 平均值	H_e 平均值	参考文献
广布种	岷江冷杉 Abies fargesii var. faxoniana	14.0	11.57	0.97	本研究
	希腊冷杉 Abies cephalonica	18.3	17.93	0.99	Parducci et al., 2001
	欧洲银冷杉 Abies alba	15.5	13.50	0.96	Parducci et al., 2001
	香脂冷杉 Abies balsamea	20.0	—	0.95	Clark et al., 2000
狭域分布种	梵净山冷杉 Abies fanjingshanensis	12.0	3.92	0.75	本研究
	元宝山冷杉 Abies yuanbaoshanensis	9.0	3.28	0.70	本研究
	西西里冷杉 Abies nebrodensis	11.0	4.90	0.85	Parducci et al., 2001
	南香脂冷杉 Abies fraseri	16.0	—	0.84	Clark et al., 2000
	显鳞香脂冷杉 Abies balsamea var. phanerolepis	9.0	—	0.78	Clark et al., 2000
	西班牙冷杉 Abies pinsapo	9.7	6.00	0.83	Terrab et al., 2007
	摩洛哥冷杉 Abies pinsapo subsp. marocana	9.0	5.20	0.83	Terrab et al., 2007
	危地马拉冷杉 Abies guatemalensis	11.2	—	0.93	Jaramillo-Correa et al., 2008
	瓦哈卡冷杉 Abies hickelii	10.7	—	0.94	Jaramillo-Correa et al., 2008
	神圣冷杉 Abies religiosa	9.2	—	0.91	Jaramillo-Correa et al., 2008
	冷杉属植物 Abies flinckii	8.0	—	0.80	Jaramillo-Correa et al., 2008

在35种单倍型中，各单倍型为各物种所特有，没有种间共享的单倍型；梵净山冷杉和元宝山冷杉的稀有单倍型较少，这2个种群中频率最高的单倍型分别为h1（46.02%）和h16（44.07%）。Parducci等（2001）在采用cpSSR对西西里冷杉进行的研究中也有类似的发现，西西里冷杉种群中41%的个体拥有同一种单倍型。从单倍型的组成可推测，梵净山冷杉和元宝山冷杉可能在近期经历了遗传瓶颈效应。通过比较梵净山冷杉、元宝山冷杉、岷江冷杉与其他冷杉属植物的叶绿体遗传多样性，结果显示，梵净山冷杉和元宝山冷杉的遗传多样性较低。梵净山冷杉和元宝山冷杉曾经繁盛一时，因气候的变化不利于它们的生长而只残存在特殊、局限的小生境中（向巧萍等，2001）。小种群分布的物种会使遗传漂变加剧，近亲繁殖增加，物种的遗传多样性降低，从而使物种的遗传多样性逐渐丧失，对环境的适应能力变差（Young et al.，1996）。现存的梵净山冷杉和元宝山冷杉均仅剩1个孤立的种群，不存在种群间的基因流，由于瓶颈效应、遗传漂变和近亲繁殖造成这2个物种较低的遗传多样性水平。遗传多样性降低，使种群的适应能力变差，进化潜力衰减，这必然又导致种群的生长不良，使之处于极度濒危状态。因此，为了使梵净山冷杉和元宝山冷杉不丧失对环境的适应能力和进化潜力，加强对这2种冷杉的保护是十分迫切和重要的。

四、结论

元宝山冷杉和梵净山冷杉是极度濒危的国家一级重点保护野生植物。本研究应用cpSSR研究了它们的遗传多样性，并与同属的广布种岷江冷杉的1个种群进行了比较。结果显示，3对cpSSR引物（Pt63718、Pt30204和Pt71936）在这3种冷杉的249份样本中共检测到21个等位基因，组成35种单倍型；梵净山冷杉的N_o和N_e分别为12和3.92，元宝山冷杉的N_o和N_e分别为9和3.28，两者的N_o和N_e均低于广布种岷江冷杉的（N_o=14，N_e=11.57）；梵净山冷杉和元宝山冷杉的稀有单倍型较少，2个种群中频率最高的单倍型分别为h1（46.02%）和h16（44.07%）；梵净山冷杉的H_e（0.75）和元宝山冷杉的H_e（0.70）也低于岷江冷杉的H_e（0.97）。说明梵净山冷杉和元宝山冷杉的叶绿体遗传多样性水平低。

第十八章 银杉保护遗传学研究

一、材料与方法

（一）材料

供试材料分别采集于广西桂林市龙胜各族自治县广西花坪国家级自然保护区的谢塘湾（XTW）和野猪塘（YZT）及来宾市金秀瑶族自治县广西大瑶山国家级自然保护区银杉公园银杉野生种群（YSGY4HD、YSGY5HD），共 4 个野生银杉种群。共采集了38 份银杉植物样本，根据每个种群规模大小，采集样本数目有所差异。采集地详细信息及采集数量见表 18-1。选取成熟且无病虫害的植物样本放置于装有变色硅胶的密封袋中，快速干燥后放置于实验室阴凉干燥处保存备用。植物样本由广西植物研究所韦霄研究员鉴定为银杉。每种植物样本留存一份植物标本，保存于广西植物研究所标本馆内。

表 18-1 4 个银杉种群的采样信息

种群	采样点	海拔（m）	经度	纬度	样本数量（份）
XTW	龙胜各族自治县	1300	109° 54′ E	25° 36′ N	5
YZT	龙胜各族自治县	1250	109° 54′ E	25° 36′ N	14
YSGY4HD	金秀瑶族自治县	1180	110° 14′ E	24° 09′ N	7
YSGY5HD	金秀瑶族自治县	1190	110° 14′ E	24° 10′ N	12

（二）方法

1. DNA 的提取

采用改良的 CTAB 法提取银杉叶片中的总 DNA，使用 1% 琼脂糖凝胶电泳检测DNA 的纯度，使用 NanoDrop 2000 微量紫外分光光度计检测 DNA 的质量和浓度。筛选出质量合格（$OD_{260}/OD_{280}=1.8 \sim 2.0$）的 DNA，储存于 −20℃ 环境下备用。

2. 引物的合成与筛选

根据参考基因组序列分析设计 SSR 引物，从中得到 96 对引物用于实验。

每个银杉种群随机选取 2 份不重复样本，共计 8 份样本对 96 对引物进行筛选，反应在 Veriti 384 孔梯度 PCR 仪上进行。PCR 扩增反应程序设置：95℃预变性 5 min；95℃变性 30 s，62℃至 52℃梯度退火 30 s，72℃延伸 30 s，运行 10 个循环；95℃变性 30 s，52℃退火 30 s，72℃延伸 30 s，运行 25 个循环；72℃延伸 20 min，最后保存于 4℃环境下备用。PCR 反应结束后，扩增产物经荧光毛细管电泳检测。使用 GeneMarker 软件对结果进行分析，得到 18 对引物。

8 份样本再对上一步筛出的 18 对引物进行复筛，反应在 Veriti 384 孔梯度 PCR 仪上进行。PCR 扩增反应程序设置：95℃预变性 5 min；95℃变性 30 s，62℃至 52℃梯度退火 30 s，72℃延伸 30 s，运行 10 个循环；95℃变性 30 s，52℃退火 30 s，72℃延伸 30 s，运行 25 个循环；72℃延伸 20 min，最后保存于 4℃环境下备用。反应结束后，扩增产物经荧光毛细管电泳检测。使用 GeneMarker 软件对结果进行分析，最终得到 14 对多态性较高的引物。

3. PCR 扩增与琼脂糖凝胶电泳检测

使用筛选出 14 对引物 38 份样本的 DNA 进行 PCR 扩增反应，反应在 Veriti 384 孔梯度 PCR 仪上进行。反应体系为 10.0 μL：2×Taq PCR MasterMix 5.0 μL，基因组 DNA（20 ng）1.0 μL，上游引物 0.5 μL（10 pmol/μL），下游引物 0.5 μL（10 pmol/μL），ddH$_2$O 3.0 μL。扩增程序设置：95℃预变性 5 min；95℃变性 30 s，62℃至 52℃梯度退火 30 s，72℃延伸 30 s，运行 10 个循环，每个循环下降 1℃；95℃变性 30 s，52℃退火 30 s，72℃延伸 30 s，运行 25 个循环；72℃延伸 20 min，最后保存于 4℃环境下备用。反应结束后，扩增产物经荧光毛细管电泳和 1% 琼脂糖凝胶电泳检测后参照 ABI 3730XL 测序仪上机操作流程进行荧光毛细管电泳测序检测。

（三）数据处理

从 ABI 3730XL 测序仪上导出 .fsa 格式原始数据，按检测位点进行分类归档后，分别导入到 GeneMarker 分析软件中，进行基因型数据的读取，并按位点名称分别导出 Excel 基因型原始数据和 PDF 分型峰图文件。在 GenAlEx version 6.501 等软件中，计算 SSR 位点和种群的各项遗传多样性指标，包括 N_a、N_e、I、PIC、H_o、H_e 和 F_{is}。利用 PowerMarker 软件计算各种群间的 GD。利用 UPGMA 进行聚类分析，并绘制环状聚类图。根据种群遗传结构分析结果，在 GenAlEx version 6.501 软件中计算各种群间和种群内的变异、分化并进行显著性检验；计算 F_{st} 和 N_m，N_m 按公式 $N_m=0.25（1-F_{st}）/F_{st}$ 计算。

二、结果

（一）SSR 引物的多态性分析

于 96 对备选引物中筛选出 14 对多态性较高的引物用于种群遗传多样性分析实验，引物信息详情见表 18-2。

表 18-2　14 对引物信息

位点	重复单元	上游引物（5'→3'）	下游引物（5'→3'）	目的片段
YS030	（AT）$_6$	AAGCAGGATTAATGCAATGGA	AACGGCTAAGGTGCAATAAGA	166
YS033	（TA）$_{11}$	TCCTCCATTAATTATTTTCTCTCTCC	CTTCAATCTCGTCGAACTTTCA	201
YS044	（TAATAG）$_5$	AGGTAAGAGGCAGTGTTGGG	ACATGTTCCCAATACCCGAA	157
YS050	（TA）$_9$	CAGGCCTTTTGTTTGGTTGT	TCCCTCGTTGTATTTCAATTCC	160
YS051	（AT）$_7$	TGGGATTGACACTTGTGGAA	GGAAACACTTCATTGAGGGC	118
YS052	（CTACTG）$_6$	GCTATCGCTTGTCGTCGATT	AGGCAGCAGCAGCAGAATA	217
YS054	（AT）$_8$	TCACGCAGAATCATAAACGC	AAAATTACTTAGTGCATTGCATGT	177
YS055	（TA）$_9$	TTTCGGGCTAACCAAAATGA	CCCAACCCGACTCTATACCA	166
YS056	（AG）$_8$	CCCACGATTATCTGCGTCTT	CCTCAACCGCTCATCTCTTC	175
YS061	（TA）$_6$	GAGCCATCAAAATATCCCCA	GAGTAAATCATACATGACATATTCCAA	232
YS065	（TA）$_9$	TTTAACTTTTAAAATGCATCTTCCTT	TGCCTAGTTTAAAACATAACCAATTA	144
YS071	（TA）$_6$	GACAGGGTCTACTACGCCCA	GCGCCACCCATATTCTATGT	116
YS086	（GGTAA）$_6$	TTACCTTTCCCAACCCTTCC	CCCCGTAATAGAAGAGCCAG	112
YS091	（AT）$_8$	CGGGGTGTGACCTAGTTGAT	CGCCTTTGTGAAGTGTATTTGA	179

使用 14 对引物对 38 份银杉样本进行 SSR 多态性分析，结果如表 18-3 所示。共检测到 58 个观测等位基因，N_a 平均值为 4.143，其中 YS033 的 N_a 最大，为 10.000，且显著高于其他引物的（$P < 0.01$）。N_e 总值为 39.493，平均每对引物的 N_e 为 2.821，其中 YS065 的 N_e 最大，为 5.868，且显著高于其他引物的（$P < 0.01$）。14 对引物的 I 范围为 0.436 ～ 1.909，平均值为 1.050，其中 YS065 的最高。H_o 范围为 0 ～ 0.895，

平均值为 0.446，其中 YS071 的最高。H_e 范围为 $0.266 \sim 0.830$，平均值为 0.584，其中 YS065 的最高。PIC 范围为 $0.231 \sim 0.808$，平均值为 0.509，其中 YS065 的最高。在 14 对引物中，有 5 对引物不存在显著差异，分别为 YS030、YS050、YS056、YS061、YS091，其余引物均存在不同程度的显著差异。由此来看，引物 YS065 的多态性最好。

表 18-3　14 对 SSR 引物的多态性

位点	N_a	N_e	I	H_o	H_e	PIC	P	显著性
YS030	4.000	2.287	0.964	0.474	0.563	0.486	0.655	ns
YS033	10.000	4.157	1.774	0.553	0.759	0.738	0.002	**
YS044	2.000	2.000	0.693	0	0.500	0.375	0	***
YS050	3.000	2.422	0.955	0.526	0.587	0.499	0.549	ns
YS051	4.000	2.592	1.095	0.378	0.614	0.547	0	***
YS052	2.000	2.000	0.693	0	0.500	0.375	0	***
YS054	7.000	4.659	1.696	0.500	0.785	0.755	0.002	**
YS055	6.000	3.923	1.449	0.737	0.745	0.699	0	***
YS056	2.000	1.761	0.624	0.368	0.432	0.339	0.363	ns
YS061	2.000	1.363	0.436	0.263	0.266	0.231	0.949	ns
YS065	8.000	5.868	1.909	0.763	0.830	0.808	0.002	**
YS071	2.000	1.978	0.688	0.895	0.494	0.372	0	***
YS086	3.000	2.052	0.753	0.026	0.513	0.394	0	***
YS091	3.000	2.431	0.977	0.763	0.589	0.514	0.063	ns
总计	58.000	39.493	14.706	6.246	8.177	7.132	2.585	
平均值	4.143	2.821	1.050	0.446	0.584	0.509		
标准差	2.598	1.307	0.472	0.294	0.155			

注：ns 表示差异不显著；* 表示存在显著差异，$P < 0.05$；** 表示存在非常显著差异，$P < 0.01$；*** 表示存在极显著差异，$P < 0.001$。

（二）银杉遗传多样性分析

利用筛选出的 14 对引物，对 4 个野生种群进行遗传多样性分析，结果如表 18-4 所示。4 个银杉种群的 N_a 的范围为 $2.357 \sim 3.143$，平均值为 2.679，其中 YZT 种群

的 N_a 最高，为 3.143，YSGY4HD 种群的最低；N_e 的范围为 1.836 ～ 2.134，平均值为 2.006，YSGY5HD 种群的 N_e 最高，YSGY4HD 种群的最低；I 的范围为 0.610 ～ 0.736，平均值为 0.679，YZT 种群的 I 最高，为 0.736，YSGY4HD 种群的最低；H_o 的范围为 0.408 ～ 0.475，平均值为 0.444，YZT 种群的 H_o 最高，为 0.475，YSGY4HD 种群的最低；H_e 的范围为 0.371 ～ 0.416，平均值为 0.396，YZT 种群的 H_e 最高，为 0.416，YSGY4HD 种群的最低。由以上数据可知，在 4 个银杉野生种群中 YZT 种群的遗传多样性最高，YSGY4HD 的遗传多样性最低，广西花坪国家级自然保护区的银杉种群的遗传多样性要高于广西大瑶山国家级自然保护区的。

表 18-4　4 个银杉种群间的遗传多样性

种群	N_a	N_e	I	H_o	H_e	F
XTW	2.500±0.359	1.987±0.254	0.663±0.132	0.471±0.088	0.390±0.070	−0.241±0.094
YZT	3.143±0.543	2.068±0.275	0.736±0.137	0.475±0.098	0.416±0.068	−0.096±0.125
YSGY4HD	2.357±0.269	1.836±0.200	0.610±0.118	0.408±0.087	0.371±0.070	−0.109±0.099
YSGY5HD	2.714±0.462	2.134±0.289	0.705±0.149	0.423±0.082	0.407±0.078	−0.069±0.085
平均值	2.679±0.209	2.006±0.126	0.679±0.066	0.444±0.043	0.396±0.035	−0.130±0.050

（三）银杉种质资源的种群遗传分化

4 个银杉种群的 AMOVA 结果见表 18-5，遗传变异主要来源于个体内（66%），种群之间的变异为 34%，而个体间并未显示出变异。4 个银杉种群的 N_m 与 F_{st} 见表 18-6。由表 18-6 可知，YZT 种群与 XTW 种群 2 个种群之间的 N_m 最大，为 8.705，并且这 2 个种群之间的 F_{st} 最小，为 0.028；YZT 种群与 YSGY4HD 种群、YSGY5HD 种群之间的 N_m 均较小，分别为 0.486、0.522，导致种群之间存在较高程度的遗传分化，其 F_{st} 分别为 0.340、0.324。

表 18-5　4 个银杉种群的 AMOVA 结果

变异来源	自由度	总方差	均方差	估算差异值	变异百分比（%）
种群间	3	96.654	32.218	1.626	34
个体间	34	96.360	2.834	0	0
个体内	38	118.500	3.118	3.118	66
总计	75	311.514		4.744	100

表 18-6　4 个银杉种群间的 N_m（对角线上方）和 F_{st}（对角线下方）

种群	XTW	YZT	YSGY4HD	YSGY5HD
XTW	—	8.705	0.542	0.565
YZT	0.028	—	0.486	0.522
YSGY4HD	0.316	0.340	—	5.841
YSGY5HD	0.307	0.324	0.041	—

（四）银杉的聚类分析与主成分分析

根据 4 个银杉种群间的 GD（表 18-7），采用基于 Nei's GD 的 UPGMA 进行聚类分析，聚类结果如图 18-1 所示。由该图可知，4 个种群主要分为两类，其中 YSGY4HD 种群和 YSGY5HD 种群（GD 为 0.068）聚为一类，YZL 种群和 XTW 种群聚为一类（GD 为 0.067）。与种群间的聚类结果一致，38 份样本主要分为两类（图 18-2），其中 YSGY4HD 种群和 YSGY5HD 种群的所有样本聚为一类，YZL 种群和 LTW 种群所有样本聚为另一类，且 2 个类群中并未存在个体混杂现象，可见分离程度较好。但每个类群中的 2 个种群个体则是按照个体差异进行聚类而出现混杂现象。

主成分分析（PCA）可更为直观展示出种群间以及个体间的 GD。对 4 个银杉种群的所有样本进行 PCA，结果如图 18-3 所示。由该图可知，横轴（Coord.1）代表的差异为 47.20%，纵轴（Coord.2）代表的差异为 8.65%。XTW 种群和 YZL 种群主要分布于分界线左方，YSGY4HD 种群和 YSGY5HD 种群则主要分布于分界线右方，2 个类群明显分离。XTW 种群和 YZL 种群内的个体之间存在相互穿插，此类现象也发生于 YSGY4HD 种群和 YSGY5HD 种群个体间，说明这 2 个大类群之间基因交流较少，而类群内部存在频繁的基因交流。

表 18-7　4 个银杉种群间的 GD

种群	XTW	YZT	YSGY4HD	YSGY5HD
XTW	—	0.067	0.449	0.409
YZT	0.067	—	0.480	0.438
YSGY4HD	0.449	0.480	—	0.068
YSGY5HD	0.409	0.438	0.068	—

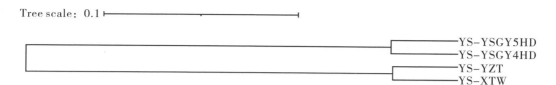

图 18-1　4 个银杉种群的 UPGMA 聚类结果

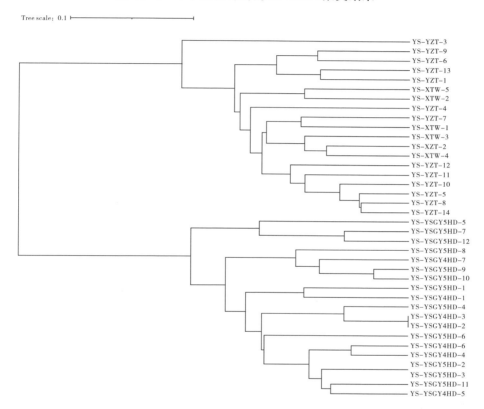

图 18-2　38 份银杉样本的 UPGMA 聚类结果

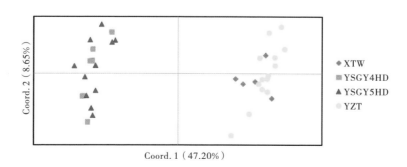

图 18-3　38 份银杉样本的 PCA 结果

三、讨论

（一）银杉种群的遗传多样性

PIC 常用于衡量位点的多态性程度。一般地，*PIC* 越高说明引物的稳定性越高、多态性越好。当选用的引物 *PIC* > 0.5 时，则认为具有高度多态性；当 *PIC* 为 0.25～0.5 时，为中度多态性；而当 *PIC* < 0.25 时，则为低度多态性（肖志娟等，2014）。本研究所选用的 14 对引物的 *PIC* 平均值为 0.509，其中有 6 条高多态性引物和 7 条中多态性引物，由此可知筛选出的 14 对引物的 *PIC* 均较高。另外，N_a 也常用于衡量 SSR 位点的多态性和种群的变异程度（陈焘等，2020）。14 对 SSR 引物在 4 个银杉种群中共检测出 58 个等位基因，平均每对引物上具有 4.143 个等位基因。以上结果均表明，筛选出的引物具有较好的多态性，可用于遗传多样性分析。

遗传多样性常用于衡量物种对环境的适应能力和演化潜力。对广西 4 个银杉野生种群的遗传多样性分析结果表明 4 个银杉种群的 *I*、H_o、H_e 分别为 0.679 ± 0.066、0.444 ± 0.043、0.396 ± 0.035，遗传多样性高于湖南郴州市八面山的银杉种群（葛颂，1997）。该现象的出现一方面可能是因为，本研究所采集的龙胜各族自治县 2 个银杉种群之间和金秀瑶族自治县 2 个银杉种群之间的地理距离近于八面山较为孤立的银杉种群，而银杉又为风媒异株授粉植物，地理位置相隔较近的种群基因交流频繁，更有助于维持较高的遗传多样性。另一方面，可能与本研究采用的 SSR 标记具有更高的多态性有关。但与松科（Pinaceae）其他广布植物，如马尾松（*Pinus massoniana*）（杨雪梅等，2018）、樟子松（*Pinus sylvestris* var. *mongolica*）（王辉丽等，2022）相比，银杉的遗传多样性较低。一般认为，分布广泛的物种，其种群的遗传多样性往往较高，而濒危物种或极小种群因其遗传多样性较低，对环境的适应能力较差，从而限制了其种群的扩张。另有研究表明，裸子植物因生命周期长、风媒异株授粉、结籽量大等特点，即使在小范围内，其种群水平也会反映出其物种的大部分的遗传变异。由此说明，银杉较低的遗传多样性，导致其对环境的适应能力较差，限制了种群的扩张，进一步提高了其濒危的风险。因此，加强对银杉种质资源的保护刻不容缓，本研究以 *I*、H_e、H_o 为参考指标，对 4 个银杉种群的遗传多样性比较发现，龙胜各族自治县野猪塘种群的遗传多样性高于其他种群，此种群可作为银杉重点保护野生种群和引种栽培的优质种质资源。

另外，本研究还发现，所研究的 4 个银杉种群的 H_o 均大于 H_e，说明在银杉种群内杂合子的个体数过剩，纯合子缺失，银杉种群可能发生过外来基因迁入或特殊事件，如瓶颈效应。外来基因的迁入又称基因的渐渗杂交，是指一个物种的遗传物质传递到另一个物种并反复回交以致穿越种间障碍（翟大才等，2018）。松属（*Pinus*）作为种间杂交较为容易的类群，国内外已有许多相关报道（邢有华等，1992；罗世家等，2001）。在本研究涉及的银杉种群所在的野生群落中，华南五针松为主要的同科植物，因此，参考研究结果，不排除这2个物种可能存在杂交的现象。瓶颈效应也可能是杂合子过剩的原因之一，在某个历史时期，银杉可能发生了大面积的种群萎缩，种群的遗传多样性发生了严重丢失。这与银杉种群较低的遗传多样性相吻合。

（二）银杉种群的遗传分化与遗传结构

F_{st} 常用于衡量种群间的遗传分化程度。研究认为，若 F_{st} 为 0～0.05，各亚群间不存在分化；若为 0.05～0.15，则为中度分化；若为 0.15～0.25，则为高度分化（Curnow et al.，1979）。在本研究中，4 个银杉种群的 F_{st} 为 0.028～0.340，平均值为0.226，说明在种群水平上银杉属于高度分化，种群之间的遗传变异仅为 22.6%，而大部分变异来源于个体内。AMOVA 结果也证实了这一点，仅有 34% 的变异来源于种群间，66% 的变异来源于个体内，个体内的变异为遗传变异主要来源，符合异交风媒植物的遗传变异主要集中于种群内的结论（Hamrick et al.，1989）。种群间的 N_m 是影响遗传分化的重要因素。N_m 数值可分为高（$N_m \geq 1$）、中（$0.250 < N_m < 1$）、低（$N_m < 0.249$）3 个水平。4 个银杉种群之间的 N_m 为 0.522～8.705，其中龙胜各族自治县 2 个种群之间的 N_m 为 8.705，金秀瑶族自治县 2 个种群之间的 N_m 为 5.841，均属高度基因交流，可有效防止因近交产生的遗传分化和遗传漂变。而 YZT 种群、XTW 种群与金秀瑶族自治县的 2 个种群之间的 N_m 均属中度基因交流。由此可见，高水平基因流动性有助于维持银杉种群的遗传多样性，但远距离的地理隔离一定程度上会阻碍银杉种群之间的基因交流，从而产生种群间明显的遗传分化。这与大明松（*Pinus taiwanensis*）（罗群凤等，2022）、云南松（*Pinus yunnanensis*）（许玉兰等，2016）、油松（*Pinus tabuliformis*）（武文斌等，2018）种群遗传研究表明的远距离的地理隔离未导致其种群之间明显的遗传分化的结论有所不同。并且该遗传分化程度会随着时间的推移而逐渐加大。因此在对银杉进行迁地保护时，应适当地安排多种群迁入或增加不同种群之间的基因交流，以增加银杉对不同环境的适应能力。

本研究对银杉种群的 UPGMA 聚类、PCA 结果也均表明，4 个银杉种群明显可划分为两类，一类为龙胜各族自治县的 XTW 种群和 YZT 种群，一类为金秀瑶族自治县的 YSGY4HD 种群和 YSGY5HD 种群。从聚类结果可看出，银杉种群存在明显的地理划分。同时，通过对 4 个种群所有样本的聚类分析也发现，虽有些许样本存在混杂现象，但未出现地理位置相隔较远的样本聚为一类的现象。

（三）保护建议与保护措施

银杉作为第四纪冰川时期残留下来的孑遗植物，目前仅分布于环境温度低、雨量充沛且空气湿度高的高海拔地区。但随着全球气候环境的不断变化，银杉分布范围逐渐萎缩，个体数量不断减少，逐渐呈现出片段化和岛屿化分布，最终导致其遗传多样性降低和种群间遗传分化加深。本研究的结果也证实了这一点。因此，鉴于银杉种群的特殊的遗传特性，本研究对广西银杉种质资源的保护提出以下建议：（1）可将龙胜各族自治县广西花坪国家级自然保护区的野猪塘银杉种群作为优质的种质资源进行引种栽培，并加强人工繁育研究，增加其种群规模。（2）加强迁地保护与回归，并注意引入多种群个体，以减缓种群间的遗传分化，另外，还需对迁地保护的种群的遗传多样性进行世代检测，并及时引入原生种质资源，以保持其对原生环境的适应性。

四、结论

银杉是三百万年前第四纪冰川时期残留下来的我国特有单种属裸子植物，属国家一级保护植物和极小种群野生植物。被誉为植物界的"活化石""大熊猫"，对研究松科植物系统发育和进化具有重要的参考价值。为探究银杉的濒危机制并加强对其种质资源的保护，本研究利用 SSR 分子标记技术对分布于广西的 4 个银杉野生种群进行遗传多样性和种群结构的分析。结果表明：（1）于 96 对引物中共筛选出 14 对多态性较高的引物，从 14 对引物中共检测出 58 个等位基因，N_a 平均值为 4.143，N_e 平均值为 2.821，I 平均值为 1.050，H_o 平均值为 0.446，H_e 平均值为 0.584，PIC 平均值为 0.509。（2）4 个银杉种群的 N_a 范围为 2.357 ～ 3.143，N_e 范围为 1.836 ～ 2.134，I 范围为 0.610 ～ 0.736，H_o 范围为 0.408 ～ 0.475，H_e 范围为 0.371 ～ 0.416。龙胜各族自治县广西花坪国家级自然保护区野猪塘银杉种群的遗传多样性最高（H_o=0.475，H_e=0.416）；金秀瑶族自治县广西大瑶山国家级自然保护区银杉公园 4 号样地野生种群遗传多样性最低（H_o=0.408，H_e=0.371）。（3）AMOVA 结果表明，遗传变异主要来源于个体内（66%），种群间的变异仅为 34%。4 个银杉种群可分为 2 个类群，其中龙胜各族自治县的 2 个种群聚为一类，金秀瑶族自治县的 2 个种群聚为另一类。类群内的 2 个种群基因交流频繁（$N_m > 1$），分化程度低，但 2 个类群之间基因交流较少（0.05 $< N_m < 0.15$）且存在高度的遗传分化。总体上来看，广西分布的银杉种群的遗传多样性水平较低且地理位置较远的种群之间存在高度的遗传分化。其中龙胜各族自治县广西花坪国家级自然保护区野猪塘银杉种群的遗传多样性最高，可将此种群作为重点保护单元和良种选育的材料。以上研究结果为广西野生种群的保护和引种栽培提供科学的理论依据和科学指导。

第十九章　单性木兰保护遗传学研究

一、材料与方法

（一）材料

2022 年于广西采集 6 个野生种群的单性木兰样本共计 106 份，其中 HJXHDLT 种群 15 份、HJXJLBNT 种群 23 份、HJXQDLT 种群 9 份、HJXXBC 种群 20 份、LCXDHNT 种群 21 份、NPXDLX 种群 18 份。采集的单性木兰叶片放置于装有变色硅胶的密封袋中干燥保存，对每份样本的具体信息做好标签，并对采样点进行 GPS 定位，具体采样信息见表 19–1。

表 19–1　6 个单性木兰种群的采样信息

种群	采样点	经度	纬度	海拔（m）	样本数量（份）
HJXHDLT	河池市环江毛南族自治县	107° 55′ E	25° 08′ N	720	15
HJXJLBNT	河池市环江毛南族自治县	107° 58′ E	25° 03′ N	397	23
HJXQDLT	河池市环江毛南族自治县	107° 55′ E	25° 08′ N	680	9
HJXXBC	河池市环江毛南族自治县	107° 56′ E	25° 08′ N	685	20
LCXDHNT	河池市罗城仫佬族自治县	108° 49′ E	24° 51′ N	330	21
NPXDLX	百色市那坡县	105° 54′ E	23° 16′ N	1260	18

（二）方法

1. DNA 提取与检测

使用改良的 CTAB 法对单性木兰的 DNA 进行提取，使用 1% 琼脂糖凝胶电泳检测纯度，并用 NanoDrop One 超微量分光光度计检测质量和浓度。

2. 引物筛选

利用 Primer3 软件根据叶绿体基因组设计引物共计 96 对，从 96 对引物筛选出 7 对扩增效果较好的 SSR 引物（表 19–2），本研究将各引物的位点作为其名称。引物由生工生物工程（上海）股份有限公司北京合成部合成。

3. PCR 扩增及测序

PCR 扩增反应在 Veriti 384 孔梯度 PCR 仪上进行，反应体系为 10 μL：2 × Taq PCR MasterMix 5.0 μL，DNA（20 ng）1.0 μL，上游、下游引物（10 pmol/μL）各 0.5 μL，ddH₂O 3.0 μL。PCR 扩增反应程序设置：95℃预变性 5 min；95℃变性 30 s，62℃至 52℃梯度退火 30 s，72℃延伸 30 s，运行 10 个循环，每个循环下降 1℃；95℃变性 30 s，52℃退火 30 s，72℃延伸 30 s，运行 25 个循环；72℃末端延伸 20 min，最后 4℃保存。PCR 产物在经过 1% 琼脂糖凝胶电泳检测后参照 ABI 3730XL 测序仪上机操作流程进行荧光毛细管电泳测序。

表 19-2　SSR 引物信息

引物名称	重复单元	上游引物（5'→3'）	下游引物（5'→3'）	目的片段
DXML007	（GGTTG）₄	AGGGCTTAAATTCAGGTCGG	CCGAGGTTGTGTTGGGTTAG	100
DXML043	（TC）₆	CGAGCCCAAGATTGATTGAT	GCGGACGAGTAGGCATTTTA	165
DXML055	（TC）₆	CTCTGGTCCATCTTTGCCAT	TCCAGAGGGGGAGATTTTCT	159
DXML057	（ACCCTC）₄	ACGAAAAAGGAACCCTCACC	GTCTCAGAAAACTCGCCCAC	113
DXML059	（CT）₈	CCTCTCCCTCTCGCTCTCTC	ATCGATGCTGGTGGTGGTAG	111
DXML085	（TTATT）₅	TGAGATGGGAACCAAATTGA	GCTGAGGAAGGAAACTGCAA	124
DXML088	（CT）₉	AATTACATGGTGTCTCCCGC	TTCGATTTCGACAACTGCAC	115

（三）数据分析

从 ABI 3730XL 测序仪上导出原始数据，按检测位点分类归档后，分别导入 GeneMarker 分析软件中进行基因型数据的读取，并按位点名称分别导出 Excel 格式的基因型原始数据和 PDF 格式的分型峰图文件。使用 GenAlEx version 6.501 软件计算 SSR 引物和种群的各项遗传多样性指标，包括 N_a、N_e、I、PIC、H_o 和 H_e。利用 PowerMarker 软件计算各种群间的 GD。利用 UPGMA 进行聚类分析。使用 GenAlEx version 6.501 软件计算各种群间和种群内的变异、分化并进行显著性检验；计算 F_{st} 和 N_m，N_m 按公式 $N_m=0.25（1-F_{st}）/F_{st}$ 计算。

二、结果与分析

（一）SSR 标记多态性分析

从相关的 SSR 文献中得到 96 对引物，用 106 份样本进行引物筛选验证，一共筛选出 7 对扩增成功的引物，结果（表 19-3）显示其峰型良好。7 对引物在 106 份样本中共筛选出 21 个等位基因，每对引物筛选出的等位基因数为 2.000 ～ 7.000，平均值为 3.000。N_e 的范围为 1.205 ～ 2.484，平均值为 1.829；I 的范围为 0.312 ～ 1.151，平均值为 0.689；H_o 的范围为 0.189 ～ 0.552，平均值为 0.388；H_e 的范围为 0.170 ～ 0.597，平均值为 0.426；PIC 的范围为 0.156 ～ 0.547，平均值为 0.356。F_{is} 的范围为 -0.382 ～ 0.353，平均值为 0.055。

表 19-3　7 对 SSR 引物的多态性

引物名称	N_a	N_e	I	H_o	H_e	F_{is}	PIC	P 值	显著性
DXML007	2.000	2.000	0.693	0.443	0.500	0.113	0.375	0.244	ns
DXML043	2.000	1.666	0.589	0.552	0.400	-0.382	0.320	0	***
DXML055	3.000	1.561	0.579	0.311	0.359	0.133	0.301	0.407	ns
DXML057	3.000	2.182	0.895	0.491	0.542	0.094	0.465	0.109	ns
DXML059	2.000	1.705	0.604	0.340	0.413	0.179	0.328	0.065	ns
DXML085	2.000	1.205	0.312	0.189	0.170	-0.108	0.156	0.284	ns
DXML088	7.000	2.484	1.151	0.387	0.597	0.353	0.547	0	***
平均值	3.000	1.829	0.689	0.388	0.426	0.055	0.356		

注：ns 表示差异不显著，即种群符合 HWE；* 表示存在显著差异，$P < 0.05$；** 表示存在非常显著差异，$P < 0.01$；*** 表示存在极显著差异，$P < 0.001$。

（二）SSR 遗传多样性分析

对单性木兰进行遗传多样性分析（表 19-4），N_a 的范围为 2.000 ～ 2.429，平均值为 2.262；N_e 的范围为 1.482 ～ 1.866，平均值为 1.707；I 的范围为 0.411 ～ 0.691，平均值为 0.578；H_o 的范围为 0.315 ～ 0.514，平均值为 0.395；H_e 的范围为 0.254 ～ 0.454，平均值为 0.368。

表 19-4　单性木兰种群间的遗传多样性

种群	N_a	N_e	I	H_o	H_e	F_{is}
HJXHDLT	2.429	1.812	0.637	0.371	0.395	0.044
HJXJLBNT	2.429	1.624	0.563	0.342	0.346	0.005
HJXQDLT	2.000	1.621	0.543	0.476	0.363	−0.282
HJXXBC	2.429	1.866	0.691	0.514	0.454	−0.131
LCXDHNT	2.286	1.839	0.620	0.354	0.397	0.020
NPXDLX	2.000	1.482	0.411	0.315	0.254	−0.220
平均值	2.262	1.707	0.578	0.395	0.368	−0.094

（三）种群间遗传分化和 AMOVA

单性木兰种群的 AMOVA 结果见表 19-5。结果显示单性木兰 13% 的遗传变异来自种群间，属于较低程度的遗传分化，87% 的遗传变异来自个体间，为主要变异来源。说明 6 个单性木兰种群的遗传分化主要来自个体间，个体间遗传分化程度较高，种群间遗传分化程度较低。

表 19-5　单性木兰种群的 AMOVA 结果

来源	自由度	总方差	均方差	方差组分	变异百分比（%）
种群间	5	42.354	8.471	0.205	13
种群内	100	131.406	1.314	0	0
个体间	106	143.500	1.354	1.354	87
总 计	211	317.260			100

（四）种群间遗传分化与遗传距离

对 6 个单性木兰种群进行 N_m 和 F_{st} 分析，分析结果见表 19-6。N_m 是衡量种群间遗传变异的重要指标，N_m 越大，种群间相似程度越高。6 个单性木兰种群间 N_m 水平为 1.075 ～ 15.132，平均值为 5.513，N_m 水平较高。6 个单性木兰种群间的 F_{st} 为 0.016 ～ 0.189，平均值为 0.080，种群间的分化程度属中等水平。

6 个单性木兰种群两两之间的 GD 为 0.026 ～ 0.159（表 19-7）。其中，HJXXBC 种群和 HJXHDLT 种群的 GD 最低，HJXXBC 种群和 NPXDLX 种群的 GD 最高，这与 UPGMA 聚类分析的结果（图 19-1）一致。

表 19-6 单性木兰种群间的 N_m（对角线上方）和 F_{st}（对角线下方）

种群	HJXHDLT	HJXJLBNT	HJXQDLT	HJXXBC	LCXDHNT	NPXDLX
HJXHDLT	—	5.601	15.132	5.373	12.149	1.284
HJXJLBNT	0.043	—	4.571	3.347	7.587	1.547
HJXQDLT	0.016	0.052	—	8.526	9.365	1.362
HJXXBC	0.044	0.070	0.028	—	4.582	1.075
LCXDHNT	0.020	0.032	0.026	0.052	—	1.200
NPXDLX	0.163	0.139	0.155	0.189	0.172	—

表 19-7 单性木兰种群间的 GD

种群	HJXHDLT	HJXJLBNT	HJXQDLT	HJXXBC	LCXDHNT	NPXDLX
HJXHDLT	—	0.063	0.028	0.026	0.034	0.137
HJXJLBNT	0.063	—	0.081	0.070	0.049	0.144
HJXQDLT	0.028	0.081	—	0.027	0.041	0.120
HJXXBC	0.026	0.070	0.027	—	0.055	0.159
LCXDHNT	0.034	0.049	0.041	0.055	—	0.119
NPXDLX	0.137	0.144	0.120	0.159	0.119	—

（五）聚类分析和主坐标分析

根据种群间的 Nei's GD 的 UPGMA 进行聚类分析。聚类图（图 19-1）显示，HJXHDLT 种群和 HJXXBC 种群首先聚为一类，再依次和 HJXQDLT 种群、LCXDHNT 种群、HJXJLBNT 种群聚集，最后和 NPXDLX 种群聚集。结果表明种群间 GD 与地理距离有一定的相关性。

为进一步研究种群间的遗传关系，对 106 份单性木兰样本进行 PCoA（图 19-2）。分析结果显示，横轴（Coord.1）和纵轴（Coord.2）分别占所有单性木兰种质总遗传变异的 26.23% 和 14.48%。PCoA 和 UPGMA 的结果基本一致。

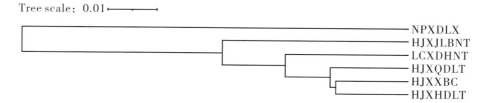

图 19-1 基于 Nei's GD 的 6 个单性木兰种群的 UPGMA 聚类结果

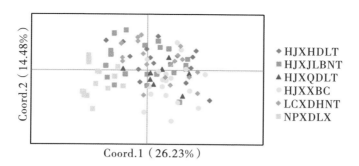

图 19–2 基于 Nei's *GD* 的 106 份单性木兰样本的 PCoA 结果

（六）种群遗传结构

利用 Structure 的贝叶斯聚类方法对单性木兰种群的遗传结构进行分析，当 *K*=2 时最佳（图 19–3），表明单性木兰 6 个种群 106 份样本的基因型分为两类，如图 19–4 所示。两类基因型在每份单性木兰样本中均有分布，表明大部分广西单性木兰的基因交流程度较高，这也从侧面说明了广西野生单性木兰资源具有较高的遗传多样性水平。

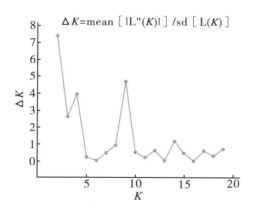

图 19–3 单性木兰种群遗传结构分析的 △*K* 值分布

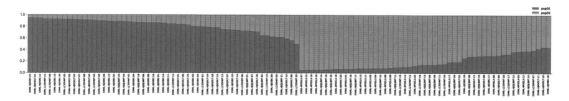

图 19–4 单性木兰种群的遗传结构图（*K*=2）

三、讨论

（一）单性木兰的遗传多样性

遗传多样性水平的高低可以反映一个物种的演化潜力和抵抗外界环境变化的能力，遗传多样性水平越低，物种适应环境变化的能力越弱，反之越强。本研究从 96 对引物中筛选出 7 对，对广西单性木兰 6 个种群 106 份样本进行了遗传多样性分析。根据张红瑞等（2023）对 PIC 的划分，本研究 7 对引物中，1 对引物（DXML088）为高度多态性引物（$PIC > 0.5$），5 对引物（DXML007、DXML043、DXML055、DXML057、DXML059）属于中度多态性引物（$0.5 \geqslant PIC > 0.25$），1 对引物（DXML085）为低度多态性引物（$PIC \leqslant 0.25$），整体有较高的多态性水平。

本研究结果显示，种群间的 N_a、N_e、H_o 和 I 平均值分别为 2.262、1.707、0.395 和 0.578，表明了单性木兰种群间存在较高的遗传多样性。一般认为濒危植物的遗传多样性水平普遍较低，而本研究中单性木兰相较于其他濒危植物具有较高的遗传多样性，这与前人的研究结果（曾丽艳，2007；Zhao et al.，2010；林燕芳，2012）一致，说明该物种的濒危原因并不是遗传多样性的降低。

（二）单性木兰的遗传结构

遗传分化是遗传结构的重要指标。对于本研究中的单性木兰，其种群间的遗传变异占 13%，个体间的遗传变异占 87%，变异主要来自个体间。潘文婷等（2022）研究鹅掌木秋属（*Liriodendron*）的 G_{st} 为 $0.197 \sim 0.440$，种源之间存在较高程度的遗传分化以及中等的基因流；柴勇等（2017）研究的长蕊木兰（*Alcimandra cathcartii*）的 G_{st} 为 0.229，77.06% 遗传变异存在于种群内；王金玲等（2017）研究的天女木兰（*Oyama sieboldii*）的 F_{st} 和 N_m 分别为 0.480 和 0.598，种群之间的基因交流水平较低。

N_m 可以反映基因在种群内以及种群间交流水平的高低，是影响种群结构的主要因素（陈少瑜等，2023）。有研究表明，当 $N_m > 4$ 时，种群间基因交流充分，遗传分化程度低；当 $4 > N_m > 1$ 时，种群间基因交流频率较高，主要发生均质化作用；当 $N_m < 1$ 时，种群间基因交流水平低，可能存在遗传漂变带来的遗传分化现象（赵秋菊等，2023）。本研究中单性木兰种群间的 $N_m > 4$，种群间基因交流充分，遗传分化程度较低。这可能与啮齿动物对单性木兰种子的搬运贮藏有关，已有研究表明，单性木兰种子会散发出浓郁芳香的气味，这种气味对啮齿动物有强烈的吸引作用（唐创斌等，

2022)。

综上所述，单性木兰遗传多样性水平较高，种群间的基因交流充分，遗传分化属中等程度。因此，单性木兰的濒危原因并不是因为遗传多样性水平的降低，其自身生物学特性所导致的繁殖困难和动物对其种子的取食是其濒危的主要原因。

四、结论

遗传多样性评价是对珍稀濒危植物自然种群管理的关键性步骤之一。利用 SSR 分子标记技术对广西单性木兰 6 个种群 106 份样本进行遗传多样性和遗传结构分析。研究结果表明，6 个单性木兰种群的 N_a 平均值为 2.262，N_e 平均值为 1.707，I 平均值为 0.578，H_o 平均值为 0.395，H_e 平均值为 0.368。种群间的 N_m 和 F_{st} 分别为 5.513 和 0.080，种群间基因交流充分，存在中等程度的遗传分化。单性木兰 13% 的遗传变异来自种群间，87% 的遗传变异来自个体间。总体而言，广西单性木兰的遗传多样性水平较高。其中遗传多样性水平最高的种群是 HJXXBC 种群，该种群应作为重点保护单元进行就地保护。以上研究结果为单性木兰野生资源保护工作提供重要的参考依据。

第二十章 水松保护遗传学研究

一、材料与方法

（一）材料

本研究共采集来自我国南方 6 个省区的水松 20 个种群 178 份样本，包括广东（广州市、平远县、曲江区、斗门区、化州市）、广西（桂林市、合浦县）、江西（南昌市、余江区、弋阳县、铅山县）、湖南（永兴县）、福建（邵武市、建瓯市、屏南县、永春县、漳平市）和云南（昆明市、富宁县），其中广东斗门区共采集 2 个种群。各个种群的种群编号、采集地点、生境海拔、经纬度和样本数量详见表 20-1。

表 20-1 水松种群的采样信息

种群编号	采样点	海拔（m）	经度	纬度	样本数量（份）
GDPY	广东平远	167	115° 54′ E	24° 32′ N	3
GDQJ	广东曲江	135	113° 38′ E	24° 39′ N	4
GDGZ	广东广州	69	113° 22′ E	23° 11′ N	5
GDDMS	广东斗门（SEN）	31	113° 12′ E	22° 22′ N	23
GDDMH	广东斗门（HAI）	34	113° 15′ E	22° 23′ N	16
GDHZ	广东化州	32	110° 39′ E	21° 37′ N	2
GXHP	广西合浦	69	109° 13′ E	21° 39′ N	1
GXGL	广西桂林	183	110° 18′ E	25° 05′ N	1
JXNC	江西南昌	55	115° 49′ E	28° 46′ N	6
JXYJ	江西余江	46	116° 58′ E	28° 17′ N	11
JXYY	江西弋阳	42～88	117° 18′～117° 24′ E	28° 18′～28° 22′ N	33
JXQS	江西铅山	84～104	117° 32′ E	28° 12′～28° 15′ N	11
FJSW	福建邵武	584	117° 27′ E	27° 31′ N	2
FJJO	福建建瓯	409～575	118° 29′～118° 36′ E	26° 54′～27° 01′ N	8

续表

种群编号	采样点	海拔（m）	经度	纬度	样本数量（份）
FJPN	福建屏南	1280	118° 52′ E	27° 01′ N	19
FJZP	福建漳平	768 ～ 779	117° 18′ E	25° 03′ N	1
FJYC	福建永春	778 ～ 873	118° 04′ ～ 118° 06′ E	25° 29′ ～ 25° 31′ N	9
HNYX	湖南永兴	355 ～ 678	113° 29′ ～ 113° 31′ E	26° 12′ ～ 26° 13′ N	12
YNFN	云南富宁	370	105° 55′ E	23° 49′ N	1
YNKM	云南昆明	1980	102° 44′ E	25° 09′ N	10

（二）总 DNA 提取

水松总 DNA 提取根据改良的 CTAB 法进行。采用电泳—EB 染色荧光强度检测总 DNA 的质量。将总 DNA 与不同浓度梯度的 DNA 点于同一 1% 琼脂糖凝胶上电泳检查，根据总 DNA 与标准浓度梯度的 λ DNA 的 EB 染色荧光强度，来估测总 DNA 的浓度。

（三）ISSR 引物筛选和 PCR 扩增

试验选用加拿大 British Columbia 大学提供的一套（共 100 条）ISSR 引物试剂。每个种群选用 2 份样本 DNA 作为模板进行预备试验，分别用其 100 个引物进行扩增，筛选具有多态性位点的引物。对 DNA 模板量、Mg^{2+} 和 dNTP 浓度及退火温度等因素进行比较和优化。最终确定水松 ISSR 的 20 μL 的 PCR 扩增反应体系反应组分最佳组合（表 20-2）。

表 20-2　水松 PCR 扩增反应组分的最佳组合

PCR 组分	每个反应所需的量（μL）	每个组分的作用浓度
Buffer（Mg^{2+} 1.5 mM）	2	1×
Mg^{2+}（25 mM）	0.7	0.875 mM
甲酰胺	0.4	2%
引物（15 μm）	0.3	225 nM
dNTP（10 mM）	0.3	0.15 mM
Taq 酶（5 μ/μL）	0.3	1.5 μ

续表

PCR 组分	每个反应所需的量（μL）	每个组分的作用浓度
ddH$_2$O	15	
模板 DNA（20 ng/μL）	1	

从加拿大哥伦比亚大学获得的一套 100 个 ISSR 引物中筛选出了 10 个条带清晰、重复性好的引物（表 20-3）用于下一步分析。PCR 扩增反应在 MJ Research 96 孔 PCR 仪上进行，每个反应体积为 20 μL，反应体系组分和扩增程序如下：20 μL 体系中含 20 ng 的模板 DNA、10 mM Tris–HCl（pH=9.0）、50 mM KCl、0.1%Triton×100、2.75 mM MgCl$_2$、1 mM dNTPs、2% formamide；200 nM primer；1.5 units Taq polymerase。

水松 PCR 扩增反应程序设置：94℃ 5 min，运行 1 个循环；94℃ 30 s，48～52℃ 45 s，72℃ 1.5 min，运行 35 个循环；72℃ 10 min，运行 1 个循环。末轮循环后不再变性，PCR 样本转至 –20℃保存。

反应产物在含有 EB 的 1.5% 琼脂糖凝胶中电泳检测，在 UVP–GDS8000 凝胶成像系统下拍照，并用 100 bp DNA ladder（上海生工生物工程股份有限公司）作为分子量标记。

表 20-3 ISSR 引物序列

引物名称	引物序列 5'→3'
808	AGA GAG AGA GAG AGA GC
809	AGA GAG AGA GAG AGA GG
811	GAG AGA GAG AGA GAG AC
835	AGA GAG AGA GAG AGA GYC
840	GAG AGA GAG AGA GAG AYT
842	GAG AGA GAG AGA GAG AYG
857	ACA CAC ACA CAC ACA CYG
880	GGA GAG GAG AGG AGA
881	GGG TGG GGT GGG GTG
888	（CGT）（AGT）（CGT）CAC ACA CAC ACA CA

（四）数据处理和分析

将 ISSR 条带的有无记录为 1 或 0，形成数据矩阵用于进一步分析处理，计算遗传多样性指数（又称基因多样度或杂合度）。遗传多样性指数反映一个种群遗传变异的大小，它与变异位点的多少成正比。统计各引物的多态条带数量，并利用 POPGENE 软件计算基因频率、N_e、PPB、I、χ^2 检验、Nei's H、等位基因观察值（A_o）、G_{st}、Nei's GD 等。另外，用 AMOVA–PREP 和 WINAMOVA 进行种群结构分析，可以计算 3 个不同层次的分子方差组分、F_{st}、种群间的配对、在种群或群组水平计算异性方差指数（Heteroscedasticity index）及非参数置换程序对种群进行统计检验等。用 Mantel test 检测采样种群间的 GD 矩阵和地理距离矩阵之间是否存在相关性。Mantel test 在软件 TFPGA 1.3 上运行。

二、结果

（一）水松的遗传多样性分析

用所选的 10 个 ISSR 引物对所采集的 20 个水松种群的样本进行扩增，共产生 90 条 ISSR 条带，所得片段大小为 200～1300 bp。引物 880 产生的条带最多，有 13 条；而引物 809 产生的条带最少，仅 5 条；平均每个引物产生 9 条条带。其中多态性条带有 24 条，即物种水平的 PPB 为 26.67%，每个引物产生的多态性条带的数量也不同，引物 880 产生 5 条多态性条带，而引物 809 和 888 仅产生 1 条多态性条带。扩增结果见表 20–4。

表 20–4　ISSR 的扩增结果

引物名称	统计条带数（条）	多态性条带数（条）	条带片段大小范围（bp）
808	9	3	360～900
809	5	1	610～1000
811	10	2	450～1200
835	7	2	310～700
840	12	2	250～800
842	11	2	600～1300
857	7	2	280～880
880	13	5	280～1200
881	8	4	200～1050
888	8	1	400～1050

20 个水松种群的 PPB 在种群间的差异很大，从 2.22% 至 18.89%，平均值为 7.28%。N_e 平均值为 1.050，遗传多样性不论是在种群水平或物种水平都相当低，在种群水平 N_e=1.050，H_e=0.032，种群间基因多样度 H_o=0.041；在物种水平 PPB=26.67%，N_e=1.139，总遗传多样性 H_t=0.077，种间基因多样度 Hsp=0.121。FJPN 种群的遗传多样性最高，PPB=18.89%，N_e=1.130，H_e=0.075，H_o=0.110；GDHZ 种群的遗传多样性最低，PPB=2.22%，N_e=1.016，H_e=0.009，H_o=0.013（表 20–5）。由于 FJZP 种群、YNFN 种群、FJSW 种群、GXHP 种群、GXGL 种群均只有 1 份样本，其 PPB 均为 0。H_o 为 0.013（GDHZ）～ 0.110（FJPN），在种群水平，其平均值为 0.041，在物种水平，其平均值为 0.028。

表 20–5　水松的遗传多样性参数

种群编号	A_o	N_e	H_e	H_o	PPB（%）
GDPY	1.100（0.302）	1.090（0.275）	0.047（0.142）	0.066（0.200）	10.00
JXYJ	1.100（0.302）	1.074（0.236）	0.041（0.128）	0.059（0.184）	10.00
JXYY	1.167（0.375）	1.113（0.276）	0.065（0.152）	0.095（0.220）	16.67
FJJO	1.167（0.375）	1.133（0.308）	0.073（0.166）	0.105（0.237）	16.67
FJPN	1.189（0.394）	1.130（0.286）	0.075（0.160）	0.110（0.233）	18.89
FJZP	1.000（0）	1.000（0）	0（0）	0（0）	0
FJYC	1.022（0.148）	1.017（0.119）	0.010（0.065）	0.014（0.093）	2.22
YNFN	1.000（0）	1.000（0）	0（0）	0（0）	0
GDQJ	1.078（0.269）	1.057（0.207）	0.032（0.114）	0.047（0.164）	7.78
JXNC	1.144（0.354）	1.114（0.291）	0.062（0.156）	0.090（0.222）	14.44
JXQS	1.089（0.286）	1.063（0.216）	0.036（0.119）	0.052（0.171）	8.89
GDDMS	1.144（0.354）	1.063（0.185）	0.040（0.112）	0.063（0.169）	14.44
GDDMH	1.089（0.286）	1.037（0.141）	0.024（0.086）	0.039（0.132）	8.89
GDHZ	1.022（0.148）	1.016（0.105）	0.009（0.061）	0.013（0.090）	2.22
HNYX	1.056（0.230）	1.029（0.153）	0.017（0.082）	0.025（0.118）	5.56
FJSW	1.000（0）	1.000（0）	0（0）	0（0）	0
GXHP	1.000（0）	1.000（0）	0（0）	0（0）	0
GXGL	1.000（0）	1.000（0）	0（0）	0（0）	0

续表

种群编号	A_o	N_e	H_e	H_o	PPB（%）
GDGZ	1.044（0.207）	1.019（0.111）	0.012（0.062）	0.019（0.094）	4.44
YNKM	1.044（0.207）	1.037（0.173）	0.020（0.094）	0.029（0.134）	4.44
平均值	1.073（0.064）	1.050（0.046）	0.032（0.030）	0.041（0.037）	7.28

（二）水松种群的遗传结构

AMOVA 结果显示水松的遗传变异主要存在于种群内，占总变异的 53.57%，种群间的遗传变异占总变异的 29.82%，但水松种群间和种群内个体间均出现显著的分化（$P < 0.0002$）（表 20-6）。

表 20-6　水松的 AMOVA 结果

变异来源		自由度	总方差	均方差	方差组分	变异百分比（%）	P 值
嵌套分析	区域间	5	137.668	27.530	0.5517	16.60	< 0.0020
	区域内种群间	14	266.121	9.175	0.9910	29.82	< 0.0002
	种群内个体间	158	281.250	1.780	1.7801	53.57	< 0.0002
	总计	177	685.039			100.00	
种群间分析	种群间	19	266.121	14.006	1.4397	44.72	
	种群内个体间	158	281.250	1.780	1.7801	55.28	
区域间分析	区域间	5	137.668	27.534	0.9581	28.68	
	区域内个体间	172	409.703	2.382	2.3819	71.32	

用 POPGENE 在假设遗传平衡时，计算出种群的 G_{st} 为 0.636（表 20-7），即总的遗传变异中有 63.6% 存在于种群间，比 AMOVA 所得结果要高。

表 20-7　水松的遗传多样性分析

	H_t	H_s	G_{st}
位点平均值	0.077	0.028	0.636
标准差	0.025	0.003	

注：H_s 为种群内遗传多样性。

（三）种群间的遗传距离

为进一步说明水松种群间的遗传分化，根据 POPGENE 计算了种群间 *GD* 和地理距离关系（表 20-8），种群间 *GD* 和遗传一致度（*GI*）见表 20-9。根据水松的 *GD* 绘制的聚类图，20 个水松种群的关系如图 20-1 所示。从表中可看出，YNFN 种群与其他种群间的 *GD* 都较大，GXGL 种群和 YNFN 种群的 *GD* 最大（0.1054），其次为 YNKM 种群和 GXGL 种群，而 GDPY 种群和 GDQJ 种群间的 *GD* 最小（0.0090）。这可能是生境选择压力下，在进化过程中，GXGL 种群中水松的基因组 DNA 的变化使其在遗传上与其他种群产生了较大的差异。

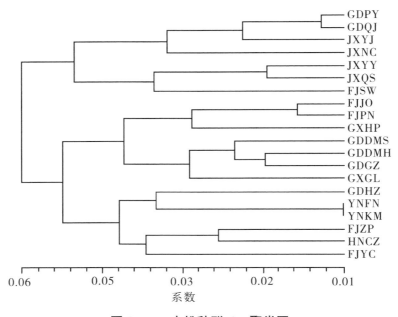

图 20-1　水松种群 *GD* 聚类图

利用 Mantel test 检测了 20 个种群间的 *GD* 与地理距离的相关性，*R*=0.232（*P*=0.018），说明二者没有显著相关性。可能直线地理距离并不能解释水松种群间的 *GD*，种群间的遗传差异与地理距离之间无直接相关性。

表 20-8　水松种群间的地理距离（对角线上方）和 GD（对角线下方）

种群	GDPY	GDQJ	JXNC	JXYJ	JXYY	JXQS	FJSW	FJJO	FJPN	GDDMS	GDDMH	GDHZ	GXHP	GXGL	GDGZ	FJZP	FJYC	HNYX	YNFN	YNKM
GDPY	—	253.0	462.6	440.9	484.3	457.8	409.6	385.5	397.6	361.4	360.2	626.5	771.1	614.5	330.1	168.7	265.1	354.2	1072.3	1371.1
GDQJ	0.0090	—	481.9	481.5	554.2	559.0	518.1	549.4	590.4	289.2	288.1	457.8	578.3	361.4	204.8	390.4	467.5	120.5	821.7	1091.5
JXNC	0.0419	0.0329	—	53.0	139.8	166.3	209.6	291.6	361.4	746.9	745.3	927.7	1036.1	689.1	674.7	361.4	414.5	428.9	1168.7	1397.6
JXYJ	0.0166	0.0284	0.0319	—	96.4	120.5	149.4	240.9	306	742.2	741	927.7	1036.1	722.9	674.7	330.1	361.4	445.8	1199.9	1433.7
JXYY	0.0365	0.0417	0.0414	0.0234	—	36.1	118.1	190.4	250.6	807.2	805.6	1009.6	1127.7	814.4	746.9	337.3	349.4	530.1	1296.4	1525.3
JXQS	0.0515	0.0685	0.0647	0.0302	0.0184	—	84.3	156.6	216.9	797.6	796	1012	1137.3	824.1	751.8	313.2	332.5	542.2	1313.2	1546.9
FJSW	0.0536	0.0829	0.0896	0.0365	0.0464	0.0294	—	81.9	149.4	747.0	745.5	963.8	1101.2	814.4	686.7	236.1	240.9	518.1	1298.8	1542.1
FJJO	0.0510	0.0657	0.0329	0.0377	0.0246	0.0307	0.0337	—	69.9	744.6	743.1	963.8	1098.8	857.8	698.8	209.6	190.4	568.7	1349.4	1612.0
FJPN	0.0320	0.0466	0.0303	0.0311	0.0281	0.0460	0.0561	0.0132	—	771.1	755.6	1009.6	1163.8	910.8	727.7	224.1	180.7	621.7	1399.9	1662.6
GDDMS	0.0784	0.0749	0.0432	0.0614	0.0391	0.0556	0.0990	0.0352	0.0332	—	3.5	277.1	469.9	481.9	91.6	549.4	602.4	404.8	819.3	1139.7
GDDMH	0.0612	0.0649	0.0381	0.0531	0.0530	0.0572	0.0846	0.0328	0.0292	0.0231	—	275.6	468.4	480.4	90.1	547.8	600.9	403.3	817.8	1138.2
GDHZ	0.0843	0.0840	0.0735	0.0800	0.0593	0.0525	0.0819	0.0476	0.0374	0.0395	0.0478	—	269.9	409.6	228.9	799.9	862.6	501.2	650.6	915.6
GXHP	0.0743	0.0850	0.0526	0.0666	0.0658	0.0782	0.0931	0.0380	0.0248	0.0603	0.0402	0.0510	—	409.6	457.8	951.8	1031.3	602.4	433.7	759.0
GXGL	0.1012	0.1026	0.0690	0.0893	0.0548	0.0733	0.1304	0.0501	0.0472	0.0274	0.0262	0.0628	0.0572	—	407.2	734.9	819.3	296.4	486.7	754.2
GDGZ	0.0749	0.0722	0.0558	0.0757	0.0550	0.0587	0.0933	0.0454	0.0411	0.0247	0.0187	0.0257	0.0453	0.0416	—	506	573.5	313.3	781.9	1106
FJZP	0.0417	0.0536	0.0570	0.0433	0.0497	0.0456	0.0572	0.0372	0.0326	0.0671	0.0492	0.0628	0.0572	0.0931	0.0571	—	81.9	445.78	1214.4	1493.9
FJYC	0.0498	0.0596	0.0399	0.0286	0.0611	0.0526	0.0558	0.0370	0.0345	0.0599	0.0414	0.0548	0.0482	0.0738	0.0648	0.0441	—	530.1	1298.8	1573.5
HNYX	0.0643	0.0743	0.0625	0.0478	0.0542	0.0346	0.0530	0.0415	0.0446	0.0487	0.0318	0.0426	0.0630	0.0704	0.0397	0.0269	0.0344	—	783.1	1048.2
YNFN	0.0781	0.0901	0.0681	0.0617	0.0757	0.0612	0.0690	0.0580	0.0511	0.0480	0.0583	0.0345	0.0690	0.1054	0.0478	0.0572	0.0423	0.0306	—	330.1
YNKM	0.0577	0.0720	0.0560	0.0438	0.0554	0.0456	0.0489	0.0432	0.0421	0.0471	0.0562	0.0405	0.0666	0.1012	0.0529	0.0440	0.0352	0.0257	0.0053	—

表20-9　Nei's 无偏差估算水松种群间的 GI（对角线上方）和 GD（对角线下方）

种群	GDPY	GDQJ	JXNC	JXYJ	JXYY	JXQS	FJSW	FJJO	FJPN	GDDMS	GDDMH	GDHZ	GXHP	GXGL	GDGZ	FJZP	FJYC	HNYX	YNFN	YNKM
GDPY	—	0.9910	0.9589	0.9836	0.9642	0.9498	0.9478	0.9503	0.9685	0.9246	0.9406	0.9191	0.9284	0.9038	0.9278	0.9592	0.9514	0.9377	0.9249	0.9440
GDQJ	0.0090	—	0.9677	0.9720	0.9591	0.9338	0.9204	0.9364	0.9545	0.9279	0.9372	0.9195	0.9185	0.9025	0.9304	0.9478	0.9422	0.9284	0.9138	0.9305
JXNC	0.0419	0.0329	—	0.9686	0.9595	0.9374	0.9143	0.9676	0.9702	0.9577	0.9626	0.9291	0.9487	0.9333	0.9457	0.9446	0.9609	0.9394	0.9342	0.9456
JXYJ	0.0166	0.0284	0.0319	—	0.9769	0.9702	0.9641	0.9630	0.9693	0.9404	0.9483	0.9231	0.9356	0.9145	0.9271	0.9577	0.9718	0.9534	0.9401	0.9571
JXYY	0.0365	0.0417	0.0414	0.0234	—	0.9817	0.9547	0.9757	0.9723	0.9617	0.9484	0.9424	0.9363	0.9467	0.9465	0.9515	0.9408	0.9472	0.9271	0.9461
JXQS	0.0515	0.0685	0.0647	0.0302	0.0184	—	0.9711	0.9698	0.9550	0.9459	0.9444	0.9488	0.9248	0.9293	0.9430	0.9554	0.9487	0.9660	0.9406	0.9555
FJSW	0.0536	0.0829	0.0896	0.0365	0.0464	0.0294	—	0.9669	0.9455	0.9058	0.9189	0.9214	0.9111	0.8778	0.9110	0.9444	0.9457	0.9484	0.9333	0.9523
FJJO	0.0510	0.0657	0.0329	0.0377	0.0246	0.0307	0.0337	—	0.9869	0.9654	0.9677	0.9535	0.9627	0.9512	0.9556	0.9635	0.9636	0.9594	0.9437	0.9577
FJPN	0.0320	0.0466	0.0303	0.0311	0.0281	0.0460	0.0561	0.0132	—	0.9673	0.9712	0.9633	0.9755	0.9539	0.9597	0.9679	0.9661	0.9564	0.9502	0.9588
GDDMS	0.0784	0.0749	0.0432	0.0614	0.0391	0.0556	0.0990	0.0352	0.0332	—	0.9771	0.9613	0.9415	0.9729	0.9756	0.9351	0.9418	0.9525	0.9531	0.9540
GDDMH	0.0612	0.0649	0.0381	0.0531	0.0530	0.0572	0.0846	0.0328	0.0292	0.0231	—	0.9533	0.9606	0.9742	0.9815	0.9520	0.9595	0.9687	0.9434	0.9454
GDHZ	0.0843	0.0840	0.0735	0.0800	0.0593	0.0525	0.0819	0.0476	0.0374	0.0395	0.0478	—	0.9503	0.9391	0.9747	0.9391	0.9467	0.9583	0.9661	0.9603
GXHP	0.0743	0.0850	0.0526	0.0666	0.0658	0.0782	0.0931	0.0380	0.0248	0.0603	0.0402	0.0510	—	0.9444	0.9557	0.9444	0.9529	0.9389	0.9333	0.9356
GXGL	0.1012	0.1026	0.0690	0.0893	0.0548	0.0733	0.1304	0.0501	0.0472	0.0274	0.0262	0.0628	0.0572	—	0.9592	0.9111	0.9288	0.9320	0.9000	0.9038
GDGZ	0.0749	0.0722	0.0558	0.0757	0.0550	0.0587	0.0933	0.0454	0.0411	0.0247	0.0187	0.0257	0.0453	0.0416	—	0.9445	0.9372	0.9611	0.9533	0.9485
FJZP	0.0417	0.0536	0.0570	0.0433	0.0497	0.0456	0.0572	0.0372	0.0326	0.0671	0.0492	0.0628	0.0572	0.0931	0.0571	—	0.9569	0.9735	0.9444	0.9570
FJYC	0.0498	0.0596	0.0399	0.0286	0.0611	0.0526	0.0558	0.0370	0.0345	0.0599	0.0414	0.0548	0.0482	0.0738	0.0648	0.0441	—	0.9662	0.9586	0.9654
HNYX	0.0643	0.0743	0.0625	0.0478	0.0542	0.0346	0.0530	0.0415	0.0446	0.0487	0.0318	0.0426	0.0630	0.0704	0.0397	0.0269	0.0344	—	0.9698	0.9747
YNFN	0.0781	0.0901	0.0681	0.0617	0.0757	0.0612	0.0690	0.0580	0.0511	0.0480	0.0583	0.0345	0.0690	0.1054	0.0478	0.0572	0.0423	0.0306	—	0.9947
YNKM	0.0577	0.0720	0.0560	0.0438	0.0554	0.0456	0.0489	0.0432	0.0421	0.0471	0.0562	0.0405	0.0666	0.1012	0.0529	0.0440	0.0352	0.0257	0.0053	—

三、讨论

（一）水松的遗传多样性

遗传多样性是物种适应环境、长期进化所必需的，遗传多样性的丧失往往说明该物种已不适应于短期或长期的环境变化（Hamrick，1994；Young et al.，1996）。本研究表明所调查的 20 个水松种群的遗传多样性已经相当低，在种群水平：PPB=7.28%，H_e=0.032，H_o=0.041；在物种水平：PPB=26.67%，H_t=0.077，Hsp=0.121。一些亚洲松的遗传多样性研究（Szmidt et al.，1996）显示其有相似的遗传变异。在物种水平上，水松的遗传多样性低于许多裸子植物，如花旗松（*Pseudotsuga menziesii*，PPB=54%，H_e=0.171，G_{st}=0.068）（El–Kassaby et al.，1982）和西黄松（*Pinus ponderosa*，PPB=95%，H_e=0.216，G_{st}=0.024）（Linhart et al.，1981）。本研究结果同时显示，个体数量较多的水松种群往往等位基因丰富，如 FJPN 种群有 19 个个体，其 N_e 为 1.130，而 GDQJ 种群仅有 4 个个体，其 N_e 为 1.057（表20–5）。种群遗传学理论上认为小的隔离种群容易丧失遗传多样性，并且种群间容易产生遗传分化。因此，种群大小和等位基因丰富度的关系表明，水松种群随着环境恶化而逐渐缩小并局限于一定地区，往往伴随着种群遗传多样性的减少。

受第四纪冰期的影响，水松成为仅残存于我国南方局部地区和越南的濒危种。化石证据表明水松曾广布于晚白垩纪的远东、西伯利亚、加拿大和美国及更新世的西伯利亚和泰国。第四纪早更新世冰期的影响和随后的干旱，造成了欧亚大陆连续分布的水松间断分布，水松的分布范围及种群规模也大幅缩小。化石水松的广泛分布及现代水松的孑遗分布说明，更新世冰川活动使该种经历了严重的瓶颈效应，遗传变异大量丧失，由于片断化作用，种群规模变小并仅残存于避难所里。生境的片断化直接导致了种群间基因流的减少，受遗传漂变的作用，遗传变异的持续丧失，小而隔离的种群只能保存很少的等位基因。因此，水松种群的遗传多样性可能是受历史因素如冰期、间冰期影响，水松可能在其进化历史过程中经历了严重的瓶颈效应和遗传漂变，造成了其遗传变异的丧失，而表现出相当低的遗传多样性（PPB=26.67%，N_e= 1.139，Hsp=0.1214）。通过检测 GD 和地理距离之间的关系（Mantel Test 分析），说明二者间没有显著的相关性（R=0.232，P=0.018），这表示水松种群可能经历了遗传漂变。

另外，水松作为孑遗种，在进化历史过程中经历了地理隔离和分化的影响，使其分布区不断缩小，近一个多世纪以来，尤其是近几十年，水松的生境片断化、栖息地受破坏以及环境压力（如污染、过度利用）使其生长受到了严重限制。经济的飞速发展，现代工业的突飞猛进，使水松的生存环境遭到严重破坏，很多水松种群濒临灭绝。Lacy 和 Lindenmayer（1995）采用数学模型模拟了生境片断化及其带来的种群统计波动、遗传漂变、基因流变化等对种群遗传结构的影响，他们发现，当种群被分割成不同数目的小种群后，小种群和整个大种群的杂合度和等位基因多样性均迅速降低。片断化导致的种群统计随机性的增加降低了有效种群大小，进而引起更多的遗传多样性丧失。很多原先记载有分布的水松种群已消失，如云南红河哈尼族彝族自治州屏边苗族自治县曾记载有水松种群分布，但据当地林业部门调查，该水松种群已不存在。并且水松大多生长在人为活动频繁的地方，水质污染等环境破坏现象将会降低环境异质性，环境异质性和种群大小成正对数关系，也就是说环境异质性下降将导致种群缩小（Prober et al.，1994）。土地耕作使水松栖息地生境不断缩小，残留的水松小种群在数量上仅是原来大种群的一小部分，只保留了原始种群的部分等位基因。而小种群中的遗传漂变和近交作用，距离隔离作用造成了水松的遗传多样性降低。虽然基因流能够影响生境片断化所造成的遗传后果，但遗传多样性的丧失和小种群间遗传分化的加剧是不可避免的。现在，水松受人为干扰越来越严重，残余的种群由于遗传漂变而持续丧失大量的等位基因，这将导致它对环境的适应性减弱，同时这种现象也常常受生境的片断化影响而加剧。

（二）水松的遗传结构

遗传结构是等位基因或基因型在时间和空间上的随机分布。分析水松种群间遗传变异所占比例的 G_{st}=0.636。AMOVA 表明水松种群间显著分化（$P < 0.01$），种群间的遗传变异占总量的 44.72%。

迄今为止，对植物遗传多样性和种群遗传结构的研究大多数是采用等位酶方法进行的。Hamrick 和 Godt（1989）对来自种子植物 165 属 449 种共 653 篇研究报道进行了总结。其中，钝稃野大麦（*Hordeum spontaneum*，G_{st}=0.433）、弯管列当（*Orobanche cernua*，G_{st}=0.577）（Gagne et al.，1998）、银杉（G_{st}=0.441）（Ge et al.，1998）等也显示出较高程度的遗传分化。水松种群间的遗传分化程度（G_{st}=0.636）比近交物种的平均水平要高。

珍稀濒危植物一般具有较低的遗传多样性和较高的遗传分化程度，这可能是由于一系列因素的影响，包括遗传系统在小种群中的适应性、连续遗传系统的片断化（人为活动）、有限的基因流（由于风媒传粉和高杂交率）。水松作为第四纪冰期的孑遗种，其种群的遗传结构受其漫长进化历史中生境的片断化和地理隔离影响，具有较高的遗传分化程度。受冰期的影响，水松分布区不断缩小，迫使它逐渐形成小而隔离的种群，剩余的个体只保留母本的一小部分等位基因（Ellstrand et al.，1993）。水松种群间 N_m 为 0.143，相对于地理隔离的种群来说也较低，并且水松种群间的地理距离都较远，种群间平均距离为 630 km，FJZP 种群和 YNKM 种群距离最远，为 1662.6 km。一般认为地理隔离和生殖隔离会引起近交衰退，从而降低种群内的遗传多样性和种群间的基因流，加剧种群间的分化。水松具有较低的基因流表明种群和个体间地理隔离和繁殖隔离可能是影响水松遗传结构的一个主要因素。种群内的自然选择也可能造成有限的基因流。

通常认为影响种群遗传结构最重要的因素是交配系统，交配系统不同的植物类群，其种群遗传结构也有很大差别。水松为裸子植物，风媒传粉，表现出高水平的基因多样性（ G_{st}=0.636 ）和低水平的遗传多样性（ H_e=0.032 ）。虽然目前还缺乏详细的繁殖生物学的证据，但结果已显示出水松种群内出现了严重的近交衰退。小种群可能由于个体数量的减少，会增加种群内的近交和遗传漂变，相对于大种群来说，小种群因遗传漂变而减弱对环境的适应性，更容易出现近交衰退。水松可能经历了严重的近交衰退而表现出高程度的遗传分化，如种群 YNFN 虽然只有一株水松，并且与其他种群的地理距离相当远（平均距离为 975.6 km），但它能自然更新萌发，很可能是自交产生新的个体。水松作为一个濒危种，由于同缘性，容易出现近交衰退而降低适合度，因而更容易灭绝，又由于随机环境因素的影响，而 N_m=0.143 不能满足每代个体成功迁移的需要，种群间显示出较高程度的遗传分化。

四、结论

野外调查发现，一些有文献记载及标本记录的水松种群现已消失，现存水松全部为栽培种。水松现栽培于我国广东、广西、福建、江西、湖南、云南、四川、江苏、浙江、安徽、河南、山东、香港、台湾等地，多为零星的块状分布，这种不连续的分布特征主要受气候条件和人类活动的影响。

对分布于我国南方的 20 个水松种群，采用 ISSR 分子标记技术，利用 10 个 ISSR 引物对 178 份样本进行 ISSR 扩增和分析，得出水松的遗传多样性在种群水平为

PPB=7.28%，*N*$_e$=1.050，*H*$_e$=0.032，*H*$_o$=0.041；在物种水平为 *PPB*=26.67%，*N*$_e$=1.139，*H*$_t$=0.077，*Hsp*=0.121。水松种群间遗传多样性水平相差很大，FJPN 种群的遗传多样性最高，*PPB*=18.89%，*N*$_e$=1.130，*H*$_e$=0.075，*H*$_o$=0.110；GDHZ 种群的遗传多样性最低，*PPB*=2.22%，*N*$_e$=1.016，*H*$_e$=0.009，*H*$_o$=0.013。由于 FJZP 种群、YNFN 种群、FJSW 种群、GXHP 种群、GXGL 种群均只有 1 份样本，其 *PPB* 均为 0。*H*$_o$ 为 0.013（GDHZ）～ 0.110（FJPN），在种群水平，其平均值为 0.041，在物种水平，其平均值为 0.028。反映种群间遗传变异所占比例的 *G*$_{st}$ 高（0.636），种群间 *N*$_m$ 较小（0.143），说明种群间遗传分化显著，且种群间的遗传分化程度明显高于自交物种的平均水平。AMOVA 显示水松种群内遗传变异占总变异的 53.57%，种群间遗传变异占总变异的 29.82%，且水松种群间和种群内个体间均出现显著的分化（*P* < 0.0002）。空间相关关系分析（*R*=0.232）表明 GD 与地理距离间无显著相关性。

第二十一章　广西青梅自然更新过程中的遗传多样性变化研究

一、材料与方法

（一）材料

材料采集自中国广西百色市那坡县广西青梅种群，该种群是目前已知的唯一分布于广西的广西青梅野生种群。分布区位于 105° 49′ E、23° 10′ N。通过无人机航拍显示该种群面积约为 0.215 hm²。值得注意的是，位于云南省的版纳青梅（*Vatica xishuangbannaensis*）最初被认为是一个独立物种，但由于与广西青梅的形态差异不大，后来被并入广西青梅。然而，最近的研究发现，版纳青梅与广西青梅在物候特征上存在明显差异，同时两者在系统发育关系上亦可被视为不同物种。因此，本研究仅对分布于广西的广西青梅种群开展研究。2022 年 7 月，我们对广西青梅种群开展调查，该种群共有 9 株成树，大部分在调查当年开花结果，其余均为幼树，约 200 株。使用胸径尺测量了 9 株成树的胸径（DBH），通过与 Huang 等（2001）和 Jiang 等（2016）之前的调查数据进行比较，进一步将 9 株成树分为 3 株大树（BT，胸径 38.4 ～ 64.3 cm）和 6 株中树（MT，胸径 8.1 ～ 19.8 cm）。为了减小树龄差异，我们将树高 0.5 ～ 1.0 m、地径 0.5 ～ 1.0 cm 的幼树归为小树（ST）。大树、中树和小树分别占据该群落的上、中、下生态位。使用装有变色硅胶的密封袋收集 3 株大树、6 株中树和随机挑选的 29 株小树的 1 ～ 3 片健康叶片。

（二）DNA 提取、GBS 文库构建和高通量测序

采用改良 CTAB 法提取了广西青梅的 DNA。使用 1.2% 琼脂糖凝胶电泳和 NanoDrop 检测 DNA 的纯度和完整性。使用 Qubit2.0 对 DNA 进行精准定量。使用限制性内切酶 *Msp* I 对 DNA 进行酶切，并构建了 GBS 文库。使用 Agilent 2100 对文库进行质检，并使用 Qubit 2.0 进行精准定量。随后使用 Illumina NovaSeq 6000 平台进行

高通量测序（PE150）。

（三）测序数据质控和 SNP 开发

使用 Trimmomatic v0.36（Bolger et al.，2014）对原始测序数据进行了一系列质量控制，包括去除含有接头序列的 reads、氮含量超过 10% 的 reads 以及含有低质量（≤ 5）碱基数超过 50% 比例的 reads。利用 FastQC（Andrews，2010）对 clean reads 进行质量评估。根据 Stacks v2.59（Rochette et al.，2019）的 de nove 流程进行 SNP 开发：首先使用 ustack 对双端测序样本的一端进行聚类获得 loci，m 和 M 分别设为 3 和 5；利用 cstacks 将全部样本合并形成 catalog，n 设为 3，构建拟参基因组；使用 sstacks 将各样本的 loci 分别比对至 catalog；利用 tsv2bam 合并双端测序的数据并存储为 locus；最后，通过 gstacks 进行 SNP calling。此外，还通过 population 模块对 SNP 进行了过滤，去除了缺失率低于 0.3、min_maf 低于 0.02 和 –max–obs–het 低于 0.5 的位点，并通过参数 –write–single–snp 选择每个 lucus 上的第一个 SNP 去除连锁不平衡（LD）位点。

（四）种群遗传分析

基于过滤后的高质量 SNP 数据，进行种群遗传分析。通过 IQtree v2.0（Minh et al.，2020）的最大似然算法构建个体间的系统发育树，并通过 Figtree 进行可视化。通过 Admixture v1.3.0（Alexander et al.，2009）软件分析样本的种群结构，通过假设分群数（K 值）（2 ~ 10）进行聚类，并根据最小的交叉验证误差（Cross validation error，CV error）确定最佳分群数。通过 MingPCACluster 进行主成分和亲缘关系分析，获取样本间的聚类情况。通过 Stacks 的 populations 模块估算 3 个亚群的多态性位点数（N_p）、H_o 平均值、H_e 平均值、核苷酸多样性（π）和 F_{is} 平均值等遗传多样性参数。使用 Vcftool v.0.1.15（Danecek et al.，2011）计算 Tajima's D 值，滑动窗口大小设置为 3000 bp。

（五）种群历史分析

使用 Stairway Plot v.2.1（Liu et al.，2020）来推断广西青梅的种群历史。由于 Stairway Plot 对 N_e 的估算精度依赖于低缺失数据集，因此，在先前 SNP 数据集的基础上，以 10% 的种群缺失率为阈值进一步过滤 SNP。通过脚本 easySFS.py 计算低缺失 SNP 的联合位点频谱（SFS）。突变率 μ 参考广西青梅的姊妹种青梅（*Vatica mangachapoi*）设置为 4.77×10^{-9}（Deng et al.，2020；Yu et al.，2021；Tang et al.，2022）。由于对广西青梅从种子到结果的时间记录较少，因此除了设置与青梅相同的世代时间（$g=25$），还设置了更保守的世代时间（$g=50$），以比较世代时间对结果可能产生的影响。同时，观察到的总核酸位点数（L）设为 10008381（Stacks 中检测到的总位点数），随机选择的位点数设为 67%，随机断点数（nrand）设为 $19 \sim 76$，使用 200 个 bootstrap 重复估计 N_e 中位数和 95% 置信区间。

二、结果

（一）基因分型测序及 SNP 位点统计

对 38 份广西青梅样本进行 GBS 测序，经过滤后共获得 14.97 Gb 高质量序列数据。样本的碱基平均错误率为 0.03%，平均 Q20 和 Q30 分别为 96.76% 和 90.85%。广西青梅的平均 GC 含量为 38.54%，在大树、中树和小树亚群中无显著差异。利用 Stacks 共检测到 790187 个原始 SNP，进一步过滤后获得 18784 个高质量 SNP，平均每个位点的长度为 285.54 bp（stderr 0.09）（表 21-1）。

表 21-1 测序数据信息

样本	DBH（cm）	原始数据量（bp）	有效数据量（bp）	错误率（%）	Q20（%）	Q30（%）
BT1	64.3	524695968	510319872	0.04	95.02	87.10
BT2	38.4	317097504	313115616	0.03	96.94	91.22
BT3	44.1	336167424	333241632	0.03	96.66	90.61
MT1	11.2	550409472	527887584	0.03	96.92	91.39
MT2	16.2	480363840	459468576	0.03	96.16	89.66
MT3	10.6	453028032	439166592	0.03	96.30	89.96
MT4	8.1	194504256	193845888	0.03	96.75	90.88
MT5	12.0	285981408	284870016	0.03	97.02	91.44
MT6	19.8	505279872	477393408	0.03	97.19	91.94
ST2	—	412753536	409101696	0.03	97.07	91.58
ST4	—	491252832	481708512	0.03	97.00	91.30
ST8	—	355197312	345741696	0.03	96.39	89.85
ST17	—	429248448	425391552	0.03	97.04	91.47
ST19	—	499372992	486743904	0.03	97.38	92.30
ST20	—	348508512	332620992	0.03	97.14	91.72
ST21	—	363316032	361811808	0.03	96.73	90.68

续表

样本	DBH（cm）	原始数据量（bp）	有效数据量（bp）	错误率（%）	Q20（%）	Q30（%）
ST22	—	308112192	305653824	0.03	96.46	90.12
ST23	—	403200864	395373024	0.03	96.50	90.06
ST27	—	448810560	434335392	0.04	95.55	88.20
ST29	—	361185984	356079456	0.03	96.44	89.97
ST30	—	355415904	349907904	0.03	96.95	91.24
ST32	—	317638080	312123168	0.03	97.45	92.51
ST36	—	447420672	437169600	0.03	97.11	91.62
ST38	—	451841472	444016224	0.03	97.04	91.48
ST39	—	340173216	334848960	0.03	97.67	93.03
ST40	—	393058656	386293536	0.03	97.29	92.06
ST41	—	374622912	371105280	0.03	96.22	89.50
ST42	—	367728480	362298240	0.03	96.53	90.28
ST44	—	375967584	371807136	0.03	96.91	91.13
ST45	—	468535104	457578432	0.03	96.09	89.25
ST47	—	476680608	467905248	0.03	97.44	92.48
ST48	—	428539104	415233792	0.03	97.81	93.32
ST49	—	461786976	452636352	0.03	96.97	91.24
ST50	—	432227520	419983200	0.03	97.13	91.69
ST51	—	408679488	404786880	0.03	96.44	89.99
ST54	—	408849120	403351776	0.03	95.90	88.86
ST55	—	335084832	333629280	0.03	96.90	91.16
ST56	—	380282112	376337376	0.03	96.39	89.93

（二）种群遗传分析

基于 18784 个高质量 SNP 构建了最大似然树。其中，大树、中树和小树 3 个亚群被明显区分（图 21-1A）。而 Admixture 结果显示，$K=3$ 时的 CV error 最小，因此，$K=3$ 可能是该广西青梅种群的最佳分类数（图 21-1B）。图 21-1C 显示了 $K=3$ 时的种群结构，其中，大部分中树和小树中都检测到来自 BT1 和 BT3 的遗传成分，1 个中树和 9 个小树检测到来自 BT2 的遗传成分。此外，在 MT3 和 MT2 中发现了一种新的遗传成分，并且在少数小树中也被检测到。PCA 结果显示，BT2 与其他大树个体明显分离，MT2 和 MT3 与其他中树个体分离（图 21-2A）。而小树中可分为 3 类，第 I 类为主要分类，包括 16 个小树（由于标签重叠，图 21-2A 中未展示这些样本名）；第 II 类与 BT2 较为接近，可能为 BT2 的杂交子代，其中 ST8 和 ST23 可能为 BT2 与 MT2 和 MT3 的杂交子代；第 Ⅲ 类与 MT2 和 MT3 较近，可能为其杂交子代。亲缘关系矩阵显示，大部分样本间的亲缘关系都较近（图 21-2B）。

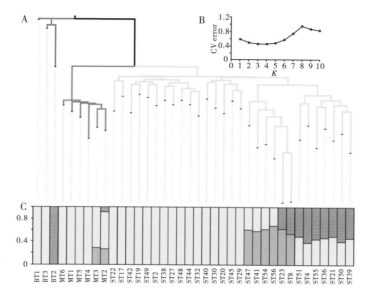

A. 个体间的最大似然树，蓝色、红色和黄色枝分别代表大树、中树和小树；B. 不同 K 值的 CV error；

C. $K=3$ 时的遗传结构图，不同颜色代表不同的遗传成分

图 21-1　广西青梅系统发育关系和种群结构

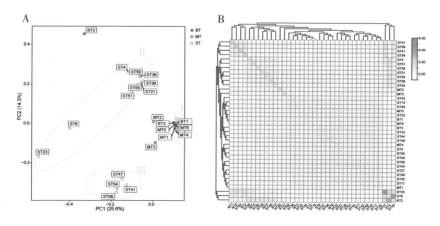

A. 亲缘关系分析，其中大树（BT）、中树（MT）和小树（ST）的个体用不同的颜色区分，小树用黄色线进一步分为 3 类；B. 热图的颜色表示根据 SNP 数据计算的成对亲缘关系系数；亲缘关系系数在 ＞ 0.354、0.177 ～ 0.354、0.0884 ～ 0.177、0.0442 ～ 0.0884 范围内分别为重复个体 / 同卵双生、第一代、第二代和第三代内的亲缘相关，负值表示无亲缘关系或存在种群结构

图 21-2　广西青梅的 PCA 结果

（三）遗传多样性分析

遗传多样性分析显示，广西青梅物种的 π 为 0.218，其 H_o（0.181）低于 H_e（0.213），F_{is} 为正（0.135），表明种群内存在近交现象。进一步对不同亚群进行遗传多样性分析，结果表明，大树、中树和小树中均检测到部分特有 SNP（675～6984）。相较于大树的 H_o、H_e 和 π，中树的 3 个参数依次下降了 25.24%、29.25%、34.65%，而小树的 H_o 和 π 分别下降了 14.76% 和 14.17%，H_e 略微增加了 0.47%。小树的 F_{is}（0.127）是 3 个亚群中最高的，表明广西青梅的种间近交在自然更新中存在上升趋势。此外，基于所有 SNP 位点计算的 Tajima's D 平均值为 0.069，说明广西青梅的稀有等位基因频率低，可能受到自然选择压力或经历了种群收缩（表 21-2）。

表 21-2　广西青梅及其不同亚群的遗传多样性

物种	BT	MT	ST	广西青梅
特有 SNP	675	731	6984	—
H_o	0.210 ± 0.002	0.157 ± 0.002	0.179 ± 0.001	0.181 ± 0.001
H_e	0.212 ± 0.002	0.150 ± 0.002	0.213 ± 0.001	0.213 ± 0.001
π	0.254 ± 0.002	0.166 ± 0.002	0.218 ± 0.001	0.218 ± 0.001
F_{is}	0.082 ± 0.000	0.023 ± 0.004	0.127 ± 0.015	0.135 ± 0.051
Tajima's D 值	—	—	—	0.069 ± 0.007

注：表内数据表示平均值 ± 标准差。

（四）广西青梅的种群历史

Stairway Plot 推断了不同历史时期广西青梅的 N_e 变化（图 21-3）。假定的两种世代时间推测的种群历史显示，广西青梅的 N_e 在很长一段时间内稳定在 5000 左右，之后相继进入持续下降的状态。在 $g=25$ 和 $g=50$ 时，N_e 开始下降的时期分别发生在 1000 年和 2000 年左右。更保守的世代时间估计使得 N_e 变化的时间点向后推移。然而，即使在更保守的世代时间（$g=50$）下，广西青梅的 N_e 开始下降也发生在末次冰期之后。

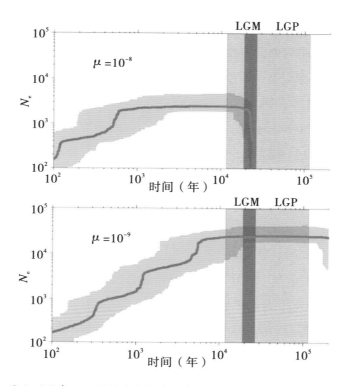

注：粗线和细线分别代表95%置信度估计时的中位数和2.5%和97.5%估定值；LGP和LGM分别代表末次冰期和末次盛冰期。

图21-3 在不同世代时间下广西青梅的种群历史

三、讨论

最大似然树的结果显示3株大树组成了所有广西青梅个体中最基部的一枝，而BT1是大树中的最外枝。事实上，BT1是此前被认为仅剩的1株广西青梅"母树"，而BT2和BT3是后续又发现的2株大树（黄仕训等，2001）。3株大树在最大似然树中的位置也符合根据胸径数据的记录，表明该最大似然树的结果很好地展示了这些广西青梅个体间的系统发育关系。由于生长较慢，20余年来，在该种群内及周边仅6株植株发育为中树，而其余均为小树。有趣的是，种群结构分析检测了两株中树（MT2和MT3）和6株小树中似乎存在不同于3株大树的遗传成分。这表明原先该种群周边可能还存在其他广西青梅的大树，而MT3和MT2可能是其他大树与当前的3株大树杂交的结果。我们的实际调查显示，该广西青梅群落及其周边已经确定无其他大树，因此，在MT3和MT2中检测到的可能是一种"幽灵成分"（提供这一成分的母树已经死亡）（Ru et al.，2018）。在我们随机抽样的 29 个小树中，保留"幽灵成分"的小树个体仅 6 株，表明它们在小树中的占比很低。先前对广西青梅种群年龄结构的研究表明，尽管种群中的小树比例很高，但成活率很低，只有胸径超过 4 cm 的树木才可能稳定存活（蒋迎红等，2016）。因此，保护广西青梅物种遗传多样性和维持种群结构稳定的关键是要加强对小树种群的保护，尤其是这些存在"幽灵成分"的珍贵子代。

利用 GBS 生成的全基因组 SNP 标记，我们评估的广西青梅的几个遗传多样性指标 H_o、H_e 和 π 分别为 0.181、0.213 和 0.218。与最近同样基于简化基因组生成的 SNP 标记评估的极小种群野生植物三棱栎（*Trigonobalanus doichangensis*，H_o=0.392，H_e=0.258，π=0.282，使用 GBS）（Hu et al.，2022）、海南风吹楠（H_o=0.151，H_e=0.167，π=0.172，使用 RADseq）（蔡超男等，2021）和濒危植物荷叶铁线蕨（*Adiantum nelumboides*，H_o=0.138，H_e=0.232，π=0.373，使用 GBS）（Sun et al.，2022）相比，广西青梅的遗传多样性水平属于中低水平。事实上，此前两项基于等位酶位点（Li et al.，2001）和基于 RAPD 标记（Li et al.，2002）的报告都揭示广西青梅种群间的低遗传多样性，如 Li 等（2002）研究中分布于广西那坡的广西青梅种群的 *PPB* 仅为 31.60%，N_a 仅为 1.166，N_e 仅为 1.117，Nei's *H* 仅为 0.098。先前的研究与我们的研究的结果共同进一步证实了广西青梅具有极小种群物种普遍的低遗传多样性特征。

研究结果还强调了在自然更新中，极小种群野生植物广西青梅不同世代种群间的遗传多样性变化。与大树相比，中树和小树亚群的遗传多样性都出现了不同程度降低的现象，其中，小树的 H_o 相比于大树的下降了 14.76%，这一比例高于其他林木中观察到的比例。例如李振等（2021）对沿海防护林树种短枝木麻黄的天然更新种群开展了遗传多样性研究，发现其自由落种的子代种群的 H_o 较母本种群的下降了 10.98%。这表明，尽管就地保护的开展促进了广西青梅的种群内个体数量的提升，但仅通过自然更新难以对其遗传多样性进行有效保护。F_{is} 为正值意味着近交或自交现象，这在很多极小种群物种中已经被观察到（Li et al.，2001；Yang et al.，2015；Zhang et al.，2019），并解释了它们的低遗传多样性。同样，我们也在广西青梅种群中检测到了 F_{is} 正值，并且小树亚群中系数最高。由于种群数量过小以及大多数个体间较近的亲缘关系，广西青梅在自然更新中出现自交或近交现象是难以避免的。通过种群结构分析发现，13 株明显混合结构的小树可以被认为是成年植株间异交的结果。此外，其他的 16 株小树个体也可能是遗传结构一致的不同成年植株异交的结果，因为很大比例的成年植株都是具有相同的遗传结构（图 21-1c 中的黄色成分）。然而无论是以异交为主还是以自交为主的交配模式，都难以避免地产生亲缘关系较近的子代，因此，最终势必造成子代种群间的遗传多样性下降。

从种群历史上看，持续下降的 N_e 可能是广西青梅遗传多样性低的另一个重要原因。据研究，龙脑香科（Dipterocarpaceae）植物的起源可以追溯到第三纪早期的冈瓦那古陆，而在中国的龙脑香科植物可能直接或间接起源于马来西亚的祖先类群（Zhu，2017）。Li 等（2002）推测广西青梅目前的局限分布可能是冰川导致的迁移的结果，而种群数量可能是受到末次冰期造成的种群瓶颈的影响。这一推测也得到了 Tajima' D 值的支持。并且，Stairway plot 也显示了在 LGM 后的某一时刻，广西青梅陷入了一种持续的种群衰退。当 N_e 下降到一个限制恢复的阈值大小时，种群数量可能进入一个"灭绝漩涡"，从而陷入持续下降状态，例如在极小种群天目铁木中出现的类似情况（Yang et al.，2018）。这意味着如果想要维持广西青梅的种群稳定状态，其 N_e 可能至少要恢复到 5000，甚至更高。

鉴于广西青梅的种群历史中存在长期的 N_e 下降和它们在自然更新中的遗传多样性衰退，后续的保护工作应当考虑通过必要的人工干涉来促进广西青梅小树种群的遗传多样性的提升。例如通过人工设计的授粉来减少近交现象，在有限的基因库中尽可能地获取多样性的杂交后代，并优先对这些人工杂交后代开展迁地保护，通过人工培育获取健壮的幼苗，再将它们重新引入野外种群。考虑到 MT2、MT3 和 BT2 的稀有遗传成分，可以通过种子采集和嫁接来进一步加强它们的迁地保护。

四、结论

广西青梅是中国特有的热带珍贵用材树种，也是一种典型的极小种群野生植物。本研究中，我们通过基因分型测序（GBS）在广西青梅中开发了全基因组水平的 SNP 标记，旨在探究其自然更新过程中不同世代亚群间的种群结构和遗传多样性，并推测广西青梅的种群历史，为有效指导广西青梅的保护提供科学依据。结果表明，广西青梅的 H_o、H_e 和 π 分别为 0.181、0.213 和 0.218，表现出极小种群物种普遍存在的低遗传多样性特征。然而，对不同自然更新时期树木的进一步分析表明，小树和中树的遗传多样性都低于大树。广西青梅遗传多样性低且持续下降的一个重要原因可能是由于种群规模过小而被迫发生的近亲繁殖。值得注意的是，在几个中树和小树个体的基因组中检测到一种稀有的遗传成分，这可能来自于其他已经死亡的大树。此外，

Tajima' D 值（0.069）和 Stairway plot 显示，自末次冰期以来，广西青梅的有效种群规模持续下降，出现了种群瓶颈。这些发现扩大了对极小种群野生植物多样性进化史及遗传多样性变异模式的认识，为制定有效的保护策略提供了依据。

第二十二章　基于 GBS 技术的凹脉金花茶遗传多样性和种群遗传结构分析

一、材料与方法

（一）材料

4 个凹脉金花茶种群共 56 份样本采自广西弄岗国家级自然保护区和广西下雷自治区级自然保护区。凹脉金花茶种群的采样信息见表 22-1。3 份淡黄金花茶（*Camellia flavida*）外类群样本采自广西弄岗国家级自然保护区。每株植株采集 2～3 片健康且幼嫩的新鲜叶片，放入茶叶袋并编号，将其放入装有变色硅胶的密封袋中干燥保存，送至上海凌恩生物科技有限公司进行简化基因组测序。

表 22-1　凹脉金花茶种群的采样信息

种群	采样地点	经度	纬度	海拔（m）	种群大小（株）	样本数量（份）
CI-BN	广西弄岗国家级自然保护区卜那	106° 48′ E	22° 32′ N	358	约 30	10
CI-LM	广西弄岗国家级自然保护区陇米督	106° 50′ E	22° 31′ N	257	约 50	16
CI-LW	广西下雷自治区级自然保护区陇位	106° 49′ E	22° 43′ N	245	约 200	15
CI-LH	广西下雷自治区级自然保护区陇恒	106° 50′ E	22° 43′ N	251	约 150	15

（二）GBS 测序及 SNP 开发

使用 E.Z.N.A. ®Tissue DNA Kit 试剂盒（Omega Bio-Tek 公司）进行 DNA 提取，并利用 1% 琼脂糖凝胶电泳进行质检。将质检合格的 DNA 委托上海凌恩生物公司进行文库构建和 GBS 测序。测序平台为 Illumina HiSeq，使用双端测序（PE 150）。使用 Trimmomatic v0.36（Bolger et al.，2014）对原始测序数据进行一系列质控。使用 FastQC（Andrews，2010）对质控后的高质量序列进行质量评估。使用 GATK v4.1.2.0（McKenna et al.，2010）检测 SNP，参数为默认参数。使用 stacks 软件包中 cstacks 程序进行过滤获得高质量的双等位 SNP，主要参数为"miss rate ≤ 0.5 & MAF ≥ 0.05"。

（三）遗传多样性

利用 Vcftools 计算 Tajima' D 值对所有 SNP 位点进行中性检验，运算的滑动窗口大小设置为 3000 bp，根据 95% 置信区间（$n=31$，$-2.021 \sim -1.087$；$n=46$，$-2.040 \sim -1.081$）确定受选择位点。基于所有位点，利用 Stacks v2.59（Rochette et al.，2019）的 populations 模块计算 π、H_o、H_e 和 F_{is}。

（四）遗传结构分析

使用邻接法（neighbor–joining method，NJ）构建系统发育树的可视化使用 ImageGP 的 phylogenetic tree view 功能。使用 Plink v1.07 进行 PCA，并计算各成分的特征向量。利用 fastStructure 对所有个体进行贝叶斯聚类，聚类数 K 值范围设置为 $2 \sim 5$，根据最小的 CV error 确定最佳 K 值。基于筛选后的标记，使用 gcta 软件进行亲缘关系分析，获得两两样本间的 G 矩阵（genetic relationship matrix）。基于样本间的 IBS 距离矩阵，使用 R 软件做 MDS 分析，对样本组成进行探究。

二、结果与分析

（一）测序数据统计分析

利用 Illumina NovaseqTM 测序平台对 59 份金花茶种质资源样本进行测序，结果显示高质量的 Clean reads 共有 1117487878 条，测序 GC 含量分布范围为 41.70% ～ 45.67%（表 22–2）。测序质量 Q20 和 Q30 的平均值分别为 98.74% 和 95.35%，GC 含量低且 Q30 较高，表明建库成功，样本测序质量较好，错误率低，数据量满足后续数据分析要求。

表 22-2　质控后数据统计情况

种群	序列数据	总数据	Q20（%）	Q30（%）	GC（%）
CF-1	24170248	3514748180	98.71	95.46	41.73
CF-2	11791766	1712936712	99.07	96.15	43.23
CF-3	12817294	1861690592	99.08	96.21	43.44
CI-BN-1	23241466	3376821295	98.72	95.54	42.82
CI-BN-2	28192990	4107424563	98.50	94.78	42.66
CI-BN-3	20869600	3035655753	98.45	94.52	42.81
CI-BN-4	24134698	3513577462	98.60	95.16	42.94
CI-BN-5	14551828	2123643817	98.88	95.38	43.75
CI-BN-6	11133180	1635000419	99.02	95.93	43.70
CI-BN-7	16017680	2351464926	99.01	95.82	43.38
CI-BN-8	18530882	2721101410	98.89	95.45	45.67
CI-BN-9	21242046	3099805477	98.63	95.13	41.70
CI-BN-10	25452712	3720697052	98.65	95.23	43.77
CI-LH-1	15079830	2183250179	98.19	93.89	42.73
CI-LH-2	21928416	3175856927	99.01	95.90	43.19
CI-LH-3	20843692	3021054540	99.08	96.20	43.16
CI-LH-4	20799978	3008743265	98.50	94.91	45.29
CI-LH-5	22599302	3261309681	98.58	95.08	43.17
CI-LH-6	15634122	2263975408	99.04	96.05	44.36
CI-LH-7	23248622	3396542394	98.72	95.46	42.99
CI-LH-8	18187476	2634475888	98.30	94.35	42.39
CI-LH-9	22622688	3291032883	98.61	95.18	42.69
CI-LH-10	15130614	2206360990	99.04	96.06	43.66
CI-LH-11	22199554	3233976337	98.52	94.78	43.35
CI-LH-12	21422546	3117455275	98.67	95.37	43.99
CI-LH-13	20662582	3015180949	98.89	95.48	43.94
CI-LH-14	21931524	3220858256	98.64	95.36	43.03
CI-LH-15	17053472	2501898964	99.01	95.90	44.09

续表

种群	序列数据	总数据	Q20（%）	Q30（%）	GC（%）
CI-LM-1	18753700	2754100639	98.61	95.25	43.50
CI-LM-2	12984810	1900204708	98.99	95.85	43.49
CI-LM-3	23445184	3422336215	98.50	94.73	43.14
CI-LM-4	11880744	1738026190	98.95	95.71	44.24
CI-LM-5	19774766	2866125093	98.64	95.20	42.76
CI-LM-6	21101452	3059014600	98.62	95.26	44.58
CI-LM-7	12221480	1777902350	98.88	95.39	43.35
CI-LM-8	12473358	1813054755	98.81	95.14	43.50
CI-LM-9	22507234	3260809884	98.48	94.82	42.50
CI-LM-10	23676866	3426523623	98.50	94.84	42.61
CI-LM-11	40725894	5899767087	99.05	96.05	43.22
CI-LM-12	23472344	3395554873	98.58	95.03	42.78
CI-LM-13	18503150	2680067526	99.02	95.94	43.64
CI-LM-14	12636584	1832104041	98.95	95.68	43.73
CI-LM-15	16732378	2452462892	98.62	95.09	43.16
CI-LM-16	20650406	2993997472	98.52	94.90	42.59
CI-LW-1	14335320	2089124365	99.11	96.37	42.90
CI-LW-2	19340704	2816121184	98.62	95.04	42.70
CI-LW-3	20428686	2976202017	98.47	94.56	43.16
CI-LW-4	24321930	3538989552	98.60	95.17	42.73
CI-LW-5	28642750	4176871087	98.86	95.34	43.06
CI-LW-6	12750056	1870486063	99.03	95.99	43.18
CI-LW-10	20947700	3060699871	98.33	94.32	43.34
CI-LW-11	13666482	1997207014	98.92	95.62	43.98
CI-LW-12	28927096	4199920597	98.69	95.43	42.19
CI-LW-13	13478806	1958898042	99.10	96.29	43.22
CI-LW-14	23968504	3471753755	98.55	94.96	43.02
CI-LW-15	20228336	2924521392	98.53	94.84	43.66

（二）测序数据统计与质量评估

使用 stacks 软件包中 cstacks 程序将每个个体之间的 RAD-tag 进行比对，整合深度信息和比对结果信息，从而得到高可信度的 SNP 位点 4241912 个，使用"miss rate ≤ 0.5 & MAF ≥ 0.05"过滤，得到 SNP 位点 4014956 个，用于后续分析。

（三）进化树分析

构建的进化树（图 22-1）显示，以淡黄金花茶作为外类群时，56 份凹脉金花茶自然种群样本被分为 4 大类群，第一类群为橙色部分，共包含 10 份样本，来自弄岗卜那（CI-BN）种群；第二类群为红色部分，共包含 16 份样本，来自弄岗陇米督（CI-LM）种群；第三类群为绿色部分，共包含 15 份样本，来自下雷陇恒（CI-LH）种群；第四类群为蓝色部分，共包含 15 份样本，来自下雷陇位（CI-LW）种群。

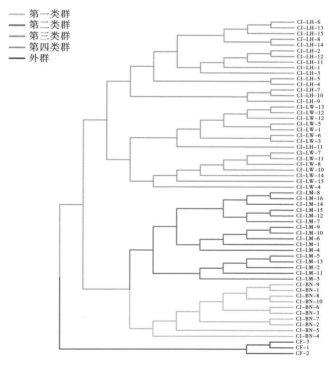

图 22-1　凹脉金花茶种群进化树

（四）主成分分析

PCA 能基于 SNP 的差异程度，按照不同性状将不同个体聚成不同的亚群，主要用于聚类分析。通过对 56 份凹脉金花茶样本进行 PCA，发现全部样本可以分为 3 个类群（图 22-2），类群 1 为 CI-BN 种群和 CI-LH 种群的凹脉金花茶样本聚在一起，类群 2 为 CI-LM 种群的凹脉金花茶样本聚为一起，类群 3 为 CI-LW 种群的凹脉金花茶样本聚在一起。在 PCA 三维图中，CI-BN 种群和 CI-LH 种群的凹脉金花茶样本存在交错重叠的现象，说明这 2 个种群间的凹脉金花茶基因交流频繁。

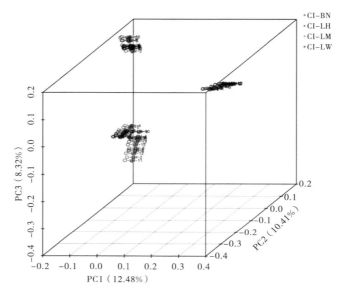

图 22-2　56 份凹脉金花茶样本的 PCA 聚类图

（五）种群结构分析

利用软件 fastStructure（Anil Raj，2014）对凹脉金花茶做种群结构分析。利用 Admixture v1.3.0（Alexander et al.，2009）对所有个体进行贝叶斯聚类，聚类数 K 值范围设置为 1～9，根据最小的 CV error 确定最佳 K 值（图 22-3）。结果显示，56 份凹脉金花茶样本分为 4 个类群最佳，$K=4$ 时，CV error 最小，与进化树分析的结果相似。$K=2$ 时，CI-LM 种群和 CI-BN 种群聚为一类，其余凹脉金花茶种群聚为一类；$K=3$ 时，CI-LW 种群和 CI-LH 种群聚为一类，CI-LM 种群、CI-BN 种群各聚为一类；$K=4$ 时，CI-LH 种群、CI-BN 种群、CI-LW 种群、CI-LM 种群各聚为一类，部分 CI-LM 种群凹脉金花茶样本和 CI-BN 种群凹脉金花茶样本间存在基因交流（图 22-4）。

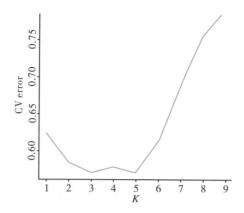

图 22-3　凹脉金花茶种群的 ΔK 值随 K 值变化曲线图

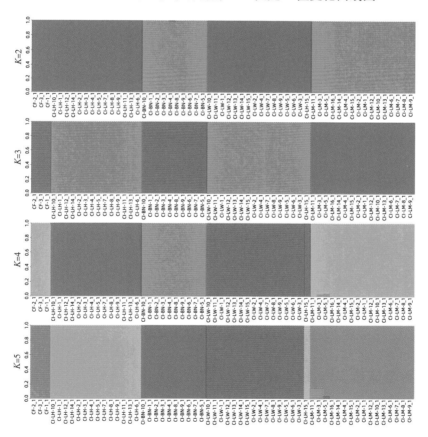

图 22-4　基于 SNP 标记的凹脉金花茶种群的遗传结构图

（六）亲缘关系分析

56 份凹脉金花茶样本间的亲缘关系分析结果见图 22-5。颜色越红代表样本间亲缘关系越近，颜色越蓝则代表样本间亲缘关系越远。结果显示凹脉金花茶各种群内样本间的亲缘关系均较近，其中 CI–BN 种群内样本间亲缘关系最近，CI–LH 种群和 CI–LW 种群间有一定的亲缘关系。

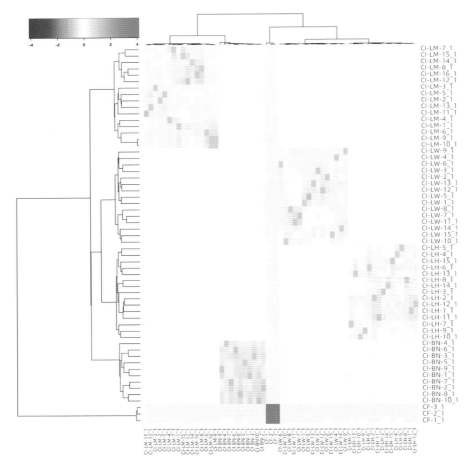

图 22-5　56 份凹脉金花茶样本间亲缘关系热图

（七）种群遗传多样性

凹脉金花茶遗传多样性计算结果表明（表 22–3），56 份样本中，H_o 高低顺序依次为 CI–LM ＞ CI–LW ＞ CI–LH ＞ CI–BN；H_e 高低顺序依次为 CI–LH ＞ CI–LW ＞ CI–LM ＞ CI–BN；π 高低顺序依次为 CI–LH ＞ CI–LW ＞ CI–LM ＞ CI–BN；F_{is} 高低顺序依次为 CI–LH ＞ CI–LW ＞ CI–LM ＞ CI–BN；4 个种群 N_a 范围为 1.3589 ～ 2.1817，N_e 范围为 1.2789 ～ 1.3343，I 范围为 0.3215 ～ 0.4344。

表 22-3　凹脉金花茶种群遗传多样性参数

种群	N_a	N_e	I	H_o	H_e	π	F_{is}
CI-LW	2.0549	1.3343	0.4307	0.1725	0.2010	0.2110	0.1233
CI-LH	2.0191	1.3331	0.4344	0.1718	0.2014	0.2117	0.1262
CI-LM	2.1817	1.3272	0.4148	0.1731	0.1959	0.2052	0.1037
CI-BN	1.3589	1.2789	0.3215	0.1716	0.1670	0.1803	−0.0230
平均值	1.9036	1.3184	0.4003	0.1722	0.1913	0.2021	0.0825

（八）遗传分化系数

由表 22-4 可知，凹脉金花茶种群间的 F_{st} 为 0.0520 ～ 0.1784。CI-LH 种群和 CI-LM 种群之间的 F_{st} 最低，与亲缘关系分析结果略有差异，推测可能是存在估算偏差；下雷陇恒（CI-LH）种群和下雷陇位（CI-LW）种群之间的 F_{st}（0.0923）、下雷陇恒（CI-LH）种群和弄岗陇米督（CI-LM）种群之间的 F_{st}（0.0520）实际上都属于低分化程度；CI-BN 种群与 CI-LW 种群之间的 F_{st} 最高。

表 22-4　凹脉金花茶种群间的 F_{st}

种群	LW	LH	LM	BN
CI-LW	—	0.0920	0.1410	0.1780
CI-LH	0.0923	—	0.0520	0.1340
CI-LM	0.1411	0.0520	—	0.1130
CI-BN	0.1784	0.1343	0.1125	—

三、讨论

（一）凹脉金花茶的遗传多样性

遗传多样性是生物多样性的重要组成部分，对于保持应对环境变化的能力和维持物种的进化潜力至关重要。遗传多样性越高，物种对栖息地变化的适应能力更强，反之越弱（Li，2020）。H_e 越高，遗传多样性更高，4 个凹脉金花茶种群 H_e 范围为 0.1670 ～ 0.2014；H_o 范围为 0.1716 ～ 0.1731。CI-LH 种群 H_e 最高，为 0.2014，其遗传多样性在 4 个种群中最为复杂。与同属植物相比，凹脉金花茶的 H_e 比淡黄金花茶（H_e=0.555）（卢永彬，2015）、柠檬金花茶（H_e=0.693）（刘上丽，2020）、金花茶（H_e=0.546）（Li，2020）都低。此外，F_{is}越小杂合子越多，反之F_{is}越大纯合子越高。从F_{is}的结果可以看出，CI-LW 种群、CI-LH 种群、CI-LM 种群的F_{is}为正值，说明种群之间的亲缘关系较近，有一定程度的近交现象和不同程度的杂合子缺失。通常 π 值越大，其所代表的种群遗传多样性水平越高，4 个种群的遗传多样性总体排序为 CI-LH > CI-LW > CI-LM > CI-BN，CI-LH 种群的凹脉金花茶具有最高的遗传多样性，CI-BN 种群的凹脉金花茶遗传多样性最低，在本研究中，凹脉金花茶的遗传多样性（π=0.202，H_o=0.172，H_e=0.191）比德保金花茶的（P_i= 0.067，H_o=0.042，H_e=0.042）和富宁金花茶的（π=0.072，H_o=0.049，H_e=0.070）高（石远婷，2022），与秃房茶的（*Camellia gymnogyna*，π=0.209，H_o=0.105，H_e=0.184）和大理茶的（*Camellia taliensis*，π=0.219，H_o=0.094，H_e=0.217）（罗静，2021）较接近。总体上看，凹脉金花茶种群遗传多样性处于中等水平。

（二）凹脉金花茶的种群遗传结构

生物种群的进化是种群在遗传结构上持续变化和演变的过程，种群遗传结构是一个物种最基本的特征之一（阚青敏，2019），是指遗传多样性在时间和空间上的分布样式，包括种群内的遗传变异和遗传分化（Loveless et al.，1984），遗传结构不仅体现种群进化的历史，还在一定程度上反映了种群未来的进化潜能（高薇等，2023）。本研究基于筛选出的 SNP 标记，对 56 份凹脉金花茶样本之间的遗传关系进行分析并构建进化树，从进化树可以看出，56 份凹脉金花茶样本分为 4 个类群，不同地方的每组样本基本上都能很好地聚在一起。在种群遗传结构图中，K=4 时，CV error 最小，则 56 份凹脉金花茶样本的种群结构最优分群数为 4，部分 CI-LM 种群样本和 CI-BN 种群样本间存在个体混杂现象，说明 2 个种群间有一定的基因交流。该结果与进化树分析结果基本相符，而与 PCA 存在差异。PCA 中，56 份凹脉金花茶样本可以分为 3 个类群，CI-BN 种群和 CI-LH 种群的凹脉金花茶划分为一个类群，而在进化树分析和种群结构分析中 CI-BN 种群和 CI-LH 种群的凹脉金花茶各自聚为一类。因此，PCA 结果是对系统进化树和种群遗传结构分析的进一步补充，更好地解释了凹脉金花茶的遗传结构，广西弄岗国家级自然保护区的 CI-BN 种群和 CI-LM 种群的凹脉金花茶样本在系统进化树、PCA、种群遗传结构中均各自聚为独立的一类，没有地理聚类的现象，推测是由于凹脉金花茶生长环境为石灰岩片段化造成的相互隔离，与赖彦池（2021）对凹脉金花茶遗传结构分析的研究结果相一致。

种群间的遗传分化程度可以通过 F_{st} 的大小进行判断，F_{st} 越大，说明亲缘关系越远，Wright（1965）根据不同的计值区间划分不同的遗传分化程度，即 $0 \leqslant F_{st} < 0.05$ 表明种群间的遗传分化程度极小，$0.05 \leqslant F_{st} \leqslant 0.15$ 表明种群间的遗传分化水平为中等程度，$0.15 \leqslant F_{st} \leqslant 0.25$ 表明种群间存在较大程度的遗传分化，F_{st} 在 0.25 以上表明种群间存在很大程度的遗传分化。CI-LH 种群和 CI-LW 种群之间、CI-LH 种群和 CI-LM 种群之间的 F_{st} 均在 0.05 ～ 0.15 范围内，表明种群间的遗传分化为中等程度；CI-LH 种群和 CI-BN 种群之间的 F_{st} 在 0.15 ～ 0.25 范围内，说明种群间存在较高程度的遗传分化；CI-LH 种群和 CI-LM 种群、CI-LH 种群和 CI-BN 种群以及 CI-LM 种群和 CI-BN 种群之间的 F_{st} 均在 0.05 ～ 0.15 范围内，说明种群间存在中等程度的遗传分化。可见 4 个种群的凹脉金花茶均存在中等和较高程度的遗传分化。因此，对凹脉金花茶的保护工作应更多地集中在保留其遗传多样性和各种群保护上，应加强资源调查，监测凹脉金花茶的种群规模，以确保保护工作的准确性和完整性。人为盗挖是导致凹脉金花茶濒危的一大因素，当地政府要加大对人为盗挖凹脉金花茶的惩处力度，同时收集凹脉金花茶种质资源，建立种质资源库，开展凹脉金花茶相关繁育工作，通过人为辅助的手段保护并扩大凹脉金花茶种群数量，从而更好地保护其遗传多样性。

综上，GBS 具有快速、简便的优点，在本研究中所获取的 SNP 数据量和数据质量可靠，建立的进化树、种群结构图、PCA、聚类图可以相互补充、相互验证，可为凹脉金花茶亲缘关系等遗传学研究提供科学的依据，可以明确不同来源的凹脉金花茶的遗传背景和亲缘关系，对凹脉金花茶的开发、利用和保护具有重要意义。

四、结论

为进一步了解凹脉金花茶遗传多样性和种群遗传结构。本研究采用 GBS 技术对 4 个种群 56 份凹脉金花茶样本和 3 份淡黄金花茶样本进行简化基因组测序，基于获得的高质量 SNP，对凹脉金花茶样本进行系统进化、PCA、遗传结构和亲缘关系分析。研究结果表明：（1）从 59 份金花茶样本中获得高质量 SNP 位点为 4014956 个，Q20 和 Q30 的平均值分别为 98.74% 和 95.35%，GC 含量分布为 41.70% ～ 45.67%；（2）进化树构建和种群遗传结构结果一致，56 份凹脉金花茶样本可被分为 4 个类群，而 PCA 则可划分为 3 个类群。（3）在凹脉金花茶的 F_{st} 中，3 组为 0.05 ～ 0.15，1 组为 0.15 ～ 0.25，LH 种群的 π、F_{is} 最高，BN 种群的 H_o、π、F_{is} 均为最低，4 个凹脉金花茶种群

H_e 范围为 0.167 ～ 0.201，平均值为 0.191；H_o 范围为 0.172 ～ 0.173，平均值为 0.172，π 范围为 0.180 ～ 0.212，平均值为 0.202。凹脉金花茶具有中等程度的遗传多样性和遗传分化水平。建议通过加强就地保护、建立种质资源库、禁止人为盗挖等措施提高凹脉金花茶自然种群的遗传多样性，以保护该植物。

第二十三章　顶生金花茶保护遗传学研究

一、材料与方法

(一)材料

材料分别采自广西崇左市天等县小山乡和福新乡的 4 个顶生金花茶野生种群,覆盖了顶生金花茶的整个分布区域。各种群地理位置、海拔及采样数等详见表 23-1。

表 23-1　4 个顶生金花茶野生种群采样信息

种群	代码	采集地点	海拔 (m)	经度	纬度	种群大小 (株)	样本数量 (份)
1	Pop 1	小山乡	450	107° 09′ E	23° 00′ N	50	27
2	Pop 2	小山乡	470	107° 09′ E	23° 00′ N	450	33
3	Pop 3	福新乡	430	106° 53′ E	22° 50′ N	600	31
4	Pop 4	福新乡	550	106° 54′ E	22° 50′ N	380	32

(二)SSR 分子标记技术

1. DNA 提取

DNA 提取采用改良 CTAB 法。

2. PCR 扩增反应

将合成的引物进行种间筛选,筛选出能在顶生金花茶上扩增出清晰条带且具有多态性的引物(表 23-2)。将筛选出的引物应用于所有顶生金花茶样本的 PCR 扩增反应。采用 15 μL 反应体系,其中包括:10×Buffer、2.0 mmol/L MgCl$_2$、0.3 mmol/L dNTP、0.9 μmol/L 引物、0.75 U Taq 酶、10 ng 模板 DNA。扩增反应程序设置:95℃ 预变性 5 min,94℃变性 30 s,56 ~ 62℃退火 30 s(因引物而异),72℃延伸 40 s,运行 40 个循环。PCR 扩增产物聚丙烯酰胺凝胶电泳检测。

（三）数据统计及分析

根据分子量的大小，分别读取不同迁移率的 PCR 扩增片段（即等位基因变异迁移率）的多态性位点，以凝胶胶面相对最低位点为 1，自下而上进行标记，标记值由小到大，无多态性位点标记为 0，使用 Excel 2007 记录并依据不同分析软件的要求相应的转换数据格式。

采用 GenelEx 6.41 分析软件计算各遗传多样性参数，包括 N_a、N_e、F_{is}、N_p、I、遗传杂合度（H_o、H_e、无偏差期望杂合度 UH_e）、Wright 氏 F 统计量（F_{is}、F_{it}、F_{st}）、N_m、Nei's GD 和 GI 等，并就种群间的 Nei's GD 矩阵与地理距离矩阵进行 Mantel 相关性检验，以了解 GD 与地理距离的相关性。基于该软件对 4 个顶生金花茶野生种群进行 AMOVA、PCA；采用 Genepop 4.0 软件基于极大似然估算法（EM）计算每对引物在每个种群上的无效等位基因频率；SSR 引物的 PIC 采用 PIC–CALC 6.0 软件计算；采用 Genepop V4 软件，选用极大似然估算法计算无效等位基因频率；用 F_{st} AT 2.9.3 软件计算种群 H_t、H_s、G_{st} 以及等位基因丰富度（AR），并检测每个种群是否偏离哈代 – 温伯格平衡（置信度为 95%）。

使用 NTSYS–PC 2.10e 软件中的 UPGMA 对 4 个顶生金花茶野生种群进行聚类，分析种群间的遗传关系，构建遗传树。

应用 Structure 2.3.1 软件中的 Bayesian 聚类方法，通过计算每个种群各位点的等位基因频率和样本的混合比率，对不同的基因型个体进行归类。Structure 中参数设置：Length of Burning Period 和 MCPeps after Burnin 均为 10^6，设置 K 值范围为 $1 \sim 4$（以种群总数为最大 K 值），每个 K 值各运行 10 次，利用 R 语言为背景的 Structur–Sum 程序对不同的 K 值进行比较分析以找到最合适的 K 值（即理想的分组数）。由于通过 L（K）值有时候不能得到真正的最佳的 K 值，需通过基于对数变化率的 ΔK 来确定最佳的 K 值，ΔK 最大值对应的 K 值即为最佳的 K 值。

二、结果与分析

（一）SSR 位点分析

经引物筛选，获得多态性较高、扩增效果较好的 9 对引物（表 23–2）作为本研究的 PCR 扩增引物。对 4 个顶生金花茶野生种群总计 123 份顶生金花茶种质资源进行 SSR 分析，结果如表 23-3 所示：9 对引物都扩增出清晰的谱带，PPB 皆为 100%，重复性较好；共检测出 83 个等位基因，N_a 介于 2.75 和 11.50 之间，平均值为 6.417；N_e 在 CN8 最高（6.150），在 CN9 最低（2.181），平均值为 4.029；SSR 引物的 I 和 PIC 的范围分别为 0.844 ~ 2.035 和 0.454 ~ 0.902；H_e 的范围为 0.560 ~ 0.835，而 H_o 的范围为 0.180 ~ 0.790；引物 CN8 具有较高的遗传多样性（I=2.035，H_o=0.790，PIC=0.902），而引物 CN9 具有最低的遗传多样性（I=0.844，H_o=0.180，PIC=0.454），且除 CN9（PIC=0.454）外，其余 8 个多态性位点的 PIC 均大于 0.5，均属于高度多态性位点；等位基因的丰富度（AR）范围为 2.734 ~ 10.700，CN8 最高，而 CN9 最低，平均每个等位基因的丰富度为 6.132；每对引物在每个种群上的无效等位基因频率的范围为 0 ~ 0.310。

表 23-2　SSR 引物序列及退火温度

引物名称	引物序列	重复单元	退火温度	片段大小
CN10	F：CCGTTCTCATTTACTTCGAT R：AATGGATTGGAAAAGATCAAG	$(CT)_{16}(A)_5$	58℃	359
CN17	F：TACATATGACATGCTTCTCGT R：AGGGGATGTACCAGTG	$(TG)_4 TCC(CT)_4 \cdots (GA)_{19}$	58℃	213
CN18	F：TCCGAACACCTGATAACAACT R：TCGCTGTCTTTGATCCAAT	$(GA)_{20}$	59℃	207
CN7	F：TGTCATGGTGCTGTCTCCGAT R：TTCTTCAGCCGACTGGT	$(CT)_{17}$	57.5℃	175
CN14	F：TCCCATTTGCTGCGTCTTC R：CCTTCGACCACCACAACCATT	$(T)_8 \cdots (TC)_{18} \cdots (G)_5$	59℃	194
CN11	F：CTAAACATAGCCAACCTACTC R：GTCACCTATTACACTAAGCC	$(GA)_{17}G(GA)_8 \cdots (A)_8$	59℃	274
CN9	F：GGGCTTCGCTCTAATTGTT R：GTCTCTTTCTAGGACGACGAT	$(CT)_{16}AT(CT)_3$	56℃	315
CN8	F：GAAAGGAGAAGAGGCGAGGTT R：ATTTAGGCGCCCATATGT	$(GA)_{24}$	58℃	106
MscjaP12	F：TGGATTCCACCCAGAGTCC R：CCACCGACTCGATGACATAA	$(CT)_{12}(CA)_{10}$	62℃	155

表 23-3　顶生金花茶野生种群 9 个 SSR 位点的多态性指数

位点	N_a	N_e	I	H_o	H_e	UH_e	AR	PIC	EM			
									Pop 1	Pop 2	Pop 3	Pop 4
CN10	4.000	2.641	1.038	0.565	0.560	0.570	3.949	0.683	0	0	0.082	0
CN17	4.500	3.090	1.199	0.505	0.621	0.632	4.480	0.708	0.113	0.154	0.052	0.039
CN18	9.250	6.116	1.942	0.721	0.829	0.843	8.820	0.876	0.049	0.027	0.132	0.051
CN7	5.500	3.494	1.398	0.669	0.707	0.719	5.261	0.694	0	0	0.225	0
CN14	5.750	3.708	1.300	0.422	0.613	0.624	5.502	0.695	0.103	0.065	0	0.307
CN11	10.000	6.079	1.973	0.736	0.835	0.849	9.381	0.872	0.066	0.003	0.085	0.114
CN9	2.750	2.181	0.844	0.180	0.539	0.548	2.734	0.454	0.276	0.310	0.290	0.328
CN8	11.500	6.150	2.035	0.790	0.828	0.842	10.700	0.902	0	0	0.285	0.032
P12	4.500	2.806	1.117	0.491	0.578	0.587	4.365	0.607	0.151	0.027	0.058	0.107
平均值	6.417	4.029	1.427	0.564	0.679	0.691	6.132	0.721	—	—	—	—

（二）顶生金花茶遗传多样性分析

4 个顶生金花茶种群均表现出较高的多态性，其 PPB 皆为 100%；4 个种群的 N_a 变化范围为 5.889 ～ 7.000；N_e 变化范围为 3.373 ～ 4.828；检测到 4 个种群中总共有 6 个特殊等位基因，分别是 Pop 1 中 1 个，Pop 2 中 2 个，Pop 4 中 3 个；H_o 的变化范围为 0.402 ～ 0.696，H_e 的变化范围为 0.597 ～ 0.766；Nei' UH_e 的变化范围为 0.607 ～ 0.778；I 的变化范围为 1.245 ～ 1.635，F_{is} 的变化范围为 0.104 ～ 0.323（表 23-4）。

根据 N_e、I、H_o、H_e 和 UH_e（表 23-4），可知 4 个顶生金花茶种群的遗传多样性大小依次为 Pop 2 > Pop 1 > Pop 4 > Pop 3，Pop 2 的遗传多样性最高而 Pop 3 的遗传多样性最低；Pop 2、Pop 3 和 Pop 4 的 F_{is} 为正值而且偏离哈代温伯格平衡（表 23-4），预示着这些种群杂合子不足。

表 23-4　4 个顶生金花茶种群遗传多样性指数

种群	PPB	N_a	N_e	N_p	I	H_o	H_e	UH_e	F_{is}
Pop 1	100%	6.556	4.386	1	1.562	0.664	0.735	0.749	0.113
Pop 2	100%	7.000	4.828	2	1.635	0.696	0.766	0.778	0.104*
Pop 3	100%	6.222	3.531	—	1.245	0.402	0.597	0.607	0.323*
Pop 4	100%	5.889	3.373	3	1.268	0.495	0.617	0.628	0.210*
平均值	100%	6.417	4.029		1.427	0.564	0.679	0.691	0.187

注：* 表示存在显著差异，$P < 0.05$。

（三）顶生金花茶遗传分化

顶生金花茶种群的遗传变异 F 统计结果见表 23-5。其中，属于 Wright's F 统计量的 F_{st} 在不同位点上的变化范围为 0.015 ~ 0.235，平均为 0.102，这表明有 10.2% 的遗传变异存在于种群间，而约有 89.8% 的遗传变异存在于种群内；Nei's F 统计量也显示类似的结果，其 H_t 和 H_s 分别为 0.551 ~ 0.913（平均值为 0.759）和 0.554 ~ 0.851（平均值为 0.693），H_s 平均值占 H_t 平均值的大部分（为 91.3%），说明仅 8.7% 的遗传变异存在于种群间。顶生金花茶种群间的 N_m 平均值为 4.575。

AMOVA 的结果（表 23-6）同样反映出相似的结论，在总的遗传变异中，17% 的变异发生在种群间，83% 的变异发生在种群内。

表 23-5　顶生金花茶种群遗传分化

位点	F_{is}	F_{st}	F_{it}	G_{st}	H_t	H_s	N_m
CN10	−0.009	0.235	0.229	0.225	0.735	0.570	0.812
CN17	0.188	0.169	0.325	0.255	0.751	0.635	1.229
CN18	0.129	0.065	0.186	0.051	0.891	0.848	3.582
CN7	0.053	0.028	0.080	0.015	0.731	0.720	8.617
CN14	0.311	0.157	0.419	0.142	0.730	0.627	1.347
CN11	0.119	0.054	0.166	0.040	0.887	0.851	4.374
CN9	0.665	0.015	0.670	−0.007	0.551	0.554	16.459
CN8	0.046	0.089	0.131	0.077	0.913	0.843	2.548
P12	0.151	0.102	0.237	0.088	0.646	0.589	2.207
平均值	0.184	0.102	0.272	0.088	0.759	0.693	4.575

表 23-6　顶生金花茶种群 AMOVA 结果

变异来源	自由度	总方差	估算差异值	变异百分比（%）
种群间	3	170.084	1.595	17
种群内	119	920.436	7.735	83
总计	122	1090.520	9.330	100

（四）顶生金花茶遗传结构

1. 遗传距离及一致性

表 23-7 显示，4 个顶生金花茶种群间的 GD 介于 0.099 与 0.475 之间，4 个种群遗

传相似性指数为 0.622 ～ 0.906。其中，最大 GD 在 Pop 3 与 Pop 4 之间（0.475），两个种群间遗传相似性指数最低（0.622）；最小 GD 在 Pop 1 与 Pop 2 之间（0.099），两个种群间遗传相似性指数最高（0.906）。Mantel 相关性检验结果显示，4 个顶生金花茶种群间 GD 与地理距离之间没有显著的相关性（R^2=0.0494，P=0.240 > 0.05）。

表 23-7　Nei's 无偏差估算 4 个顶生金花茶种群的 GI（对角线上方）和 GD（对角线下方）

种群	Pop 1	Pop 2	Pop 3	Pop 4
Pop 1	—	0.906	0.691	0.758
Pop 2	0.099	—	0.741	0.668
Pop 3	0.369	0.300	—	0.622
Pop 4	0.277	0.404	0.475	—

2. 聚类分析

图 23-1 系统构建树中可以看出，4 个顶生金花茶种群清晰地分为 3 组，Pop 1 和 Pop 2 首先聚在一起，然后二者与 Pop 3 聚在一起，最后与 Pop 4 相聚。

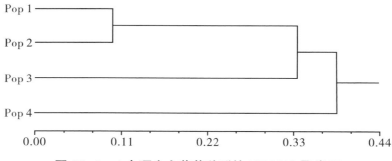

图 23-1　4 个顶生金花茶种群的 UPGMA 聚类图

3. Structure 分析

图 23-2 和图 23-3 显示，当最佳 K 值为 3 时，4 个顶生金花茶种群被划分为 3 个组群，第一组群（红色）有 Pop 1、Pop 2 两个种群，两个种群主要分布于小山乡，地理距离最近，遗传相似性也最大；第二组群（蓝色）是 Pop 3，第三组群（绿色）是 Pop 4。4 个种群内个体的基因型是混合型的，均不能与其他种群完全分离，结果与基于 GD 的 UPGMA 聚类图一致。

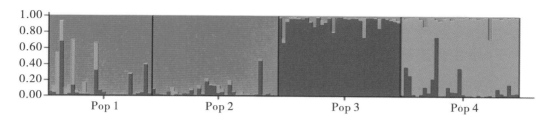

图 23-2　4 个顶生金花茶种群分组及遗传结构（*K*=3）

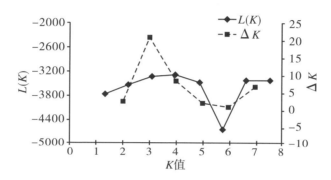

图 23-3　最佳 *K* 值筛选

4. 主成分分析

PCA 结果如图 23-4 所示，横轴 PC1 和纵轴 PC2 所代表的差异分别是 29.77%、49.84%，其中，Pop 1 和 Pop 2 重叠部分较多，Pop 3 和 Pop 4 重叠部分较少。

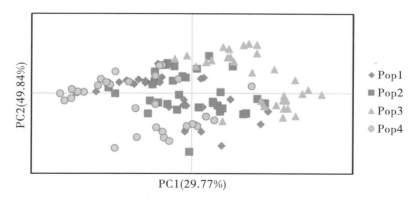

图 23-4　顶生金花茶 PCA 结果第一、第二主坐标散点图

三、结论与讨论

（一）顶生金花茶遗传多样性

物种的进化潜力和适应环境的能力与其遗传多样性水平息息相关。一个种群（或物种）遗传多样性越高或遗传变异越丰富，其进化潜力和对环境变化的适应能力就越强。本研究发现，顶生金花茶种群的遗传多样性水平（H_o 平均值为 0.564，H_e 平均值为 0.679）高于特有种的平均遗传多样性水平（H_o=0.42，H_e=0.32），并略高于广布种（H_o=0.62，H_e=0.57）（Nybom，2004），与非濒危多年生植物（H_e 平均值为 0.68）（Hilde，2004）的遗传多样性水平相近；与同属植物相比，顶生金花茶种群的遗传多样性水平高于两广茶资源遗传多样性水平（H_o 平均值为 0.32，H_e 平均值为 0.46）（乔小燕等，2011），与东兴金花茶的遗传多样水平（H_o 平均值为 0.83，H_e 平均值为 0.681）（韦霄等，2015）持平。由此，我们认为，纵然顶生金花茶是广西特有的珍稀濒危植物，分布区域狭窄且生境曾受到过人为的破坏，但其野生种群仍保持着中等偏高的遗传多样性水平。类似的属于濒危和狭域种且生境受到过破坏却保持中等或中等偏高的遗传多样性水平的情况，同为金花茶组植物的东兴金花茶、金花茶和毛瓣金花茶种群中也存在。

遗传多样性受繁育系统、自然选择、基因突变、遗传漂变、花粉传播和种子散播等诸多因素的影响。Hamrick 等（1989）认为繁育系统是在种群水平上影响遗传多样性的主要因素。顶生金花茶在种群水平上保持中等偏高的遗传多样性可能与其生活史和繁殖策略有着密切相关。研究表明金花茶和毛瓣金花茶的交配系统主要为异交（韦霄等，2015），其基因迁移主要依赖蜂类（蜜蜂）、小型鸟类（主要为太阳鸟）及其他昆虫传粉来进行，同为金花茶组植物的顶生金花茶的繁育系统很可能与之相类似，昆虫与鸟类传粉使种群间形成较强的基因流（N_m 平均值为 4.575）。当 $N_m > 1$，基因流就足以抵制遗传漂变作用所带来的遗传多样性下降。另外，虽然顶生金花茶的生境曾受到过人为干扰、生境破碎化，但其作为一种多年生、长寿命的树种，在生境破碎化之前就已经存在的个体，对现野生种群的遗传变异有减缓作用，这可能是顶生金花茶野生种群仍具有中等偏高的遗传多样性水平的另一个原因。

4 个顶生金花茶种群中有 3 个种群出现杂合子不足。无效等位基因、近交和华伦德效应（即 Wahlund 效应）是造成杂合子不足的主要因素。Dakin 等（2007）和 Chapuis 等（2004）认为，若无效等位基因频率大于 0.2，其将会对遗传多样性和遗传结构的分析造成显著影响。在本研究中，无效等位基因出现频率在大部分位点中低于 0.2，可判断其不影响顶生金花茶遗传参数（包括 F_{is}）的估算，无效等位基因造成杂合子不足的可能性不高。而顶生金花茶种群的固定系数平均值（F_{is} 平均值为 0.187）大于繁育系统为混合交配类型的物种的平均固定系数（$F_{is}=0.15$，$F_{is}=1-H_o/H_e$）（Nybom，2004），这说明顶生金花茶种群内可能存在近交情况。另外，AMOVA 结果表明，17% 的遗传变异源于种群间差异，且种群 H_o 平均值均低于 H_e 平均值，说明在顶生金花茶种群内出现华伦德效应（即 Wahlund 效应）。因此，顶生金花茶的杂合子不足很有可能是由近交和华伦德效应造成。

（二）顶生金花茶的遗传结构与基因流

顶生金花茶 H_s 平均值占 H_t 平均值的大部分（91.3%），G_{st} 平均值数值较小，仅为 0.088，低于植物 G_{st} 的平均值 0.228 和濒危植物 G_{st} 的平均值 0.141（Tallmon et al.，2004），可知顶生金花茶种群分化程度偏低。Structure 分析及 PCA 也得出相似的结果：Structure 分析结果显示，4 个种群之间基因型混合均不完全分离；PCA 结果显示，4 个种群间出现重叠部分。顶生金花茶自然分布区仅限于广西天等县境内，分布区域狭窄，个别种群间的遗传距不足 1 km，较短的地理距离有利于昆虫或鸟类传粉，从而有效促进种群间的基因交流。Slatkin（1987）认为，当 $N_m > 1$，基因流就足以抵制遗传漂变的作用，并能有效阻止不同种群间遗传分化的产生。顶生金花茶种群 N_m 为 4.575，种群间较高的基因交流足以防止遗传分化的产生。值得注意的是，虽然顶生金花茶种群间存在较大的基因流，但 Pop 1、Pop 2、Pop 4 均检测到私有等位基因。私有等位基因的存在可能是环境选择压作用的结果，当然，这还有待进一步深入研究。

在本研究中，UPGMA 聚类图显示出 Pop 1、Pop 2、Pop 3 在亲缘上聚为一类，而 Pop 4 则单独成为一类。Pop 1、Pop 2 分布于小山乡，Pop 3、Pop 4 分布于福新乡，Pop 3 在地理距离上与 Pop 4 最近，远离 Pop 1、Pop 2，但该种群在亲缘关系上却远离 Pop 4，忽略地理的隔离反常与 Pop 1、Pop 2 聚在一起。事实上，Mantel 检测显示，顶生金花茶种群的 GD 与地理距离之间没有显著的相关性，低的相关系数（$R^2=0.049$，$P=0.24 > 0.05$）表明种群间 95.1%（$1-0.049=0.951$）的 GD 的差异是由于非地理距离因素造成的。虽然 Pop 4 与 Pop 3 同分布于福新乡，但 Pop 4 是一个比较特殊的种群，其分布于海拔 550 m 以上人迹罕至的险峰上部，远高于其他 3 个种群分布区域（430～470 m），海拔上的隔离可能阻碍了 Pop 4 与其他种群间的基因交流，这可能是其在遗传分支上独为一支的原因。

（三）顶生金花茶保护策略

顶生金花茶作为我国广西特有的濒危珍稀物种，生长缓慢，结实率低，自然分布区域狭窄。加上气候变化，人为砍伐、烧毁，种子发芽率低，种群幼苗更新慢且成活率低等因素，导致现今的顶生金花茶野生种群规模小、分布零散。虽然顶生金花茶目前仍然保留着中等偏高的遗传多样性水平，但在规模小、个体有限的种群内部，彼此之间容易发生近亲交配，从而出现遗传漂变、近交衰退等现象，导致一些等位基因缺失和遗传多样性水平下降，使物种存在较大的遗传风险和适应性进化障碍。

遗传多样性是保证物种长期生存和进化潜力的物质基础。保护顶生金花茶种质资源的重要途径之一就是维持其遗传多样性水平。首先，应做好顶生金花茶就地保护工作。通过保护物种栖息地及其赖以生存的生态系统来实现对顶生金花茶种质资源的保护。将其自然分布区域圈出来，有目的地建立自然保护区，以减少人为干扰，使其自然生态系统逐步恢复，种群大小得以维持并能自然更新。顶生金花茶 Pop 2 遗传多样性最高，所以该种群有优先保护权，而带私有等位基因的种群应予以重点保护以防止私有等位基因出现不可逆转的丢失。其次，应加强顶生金花茶的迁地保护工作。通过种子收集、扦插繁殖等方式从种群取尽可能多的样本用于迁地保护，使物种绝大部分的遗传多样性得到保存。最后，应进一步开展顶生金花茶引种回归工作。顶生金花茶的野生种群面积和规模普遍较小，加上其结实率低，种子野外萌发率不佳等，在野外种群鲜见其小苗，说明其更新能力差。有必要通过采集种子和枝条进行人工繁殖，再用繁殖得到的种苗开展回归引种，扩大其种群规模和面积。

第二十四章　喙核桃保护遗传学研究

一、材料与方法

（一）材料

2022 年对广西区内 4 个喙核桃野生种群进行采样，采样信息见表 24-1，4 个种群共采集喙核桃样本 47 份。采集样本时选择完整无病虫害的喙核桃叶片，将叶片放入密封袋中后立即加入足量的变色硅胶，对喙核桃叶片进行干燥保存，每份样本做好标签，并对采样点进行 GPS 定位。植物样本由广西植物研究所韦霄研究员鉴定为喙核桃。

表 24-1　4 个喙核桃种群的采样信息

种群	采样地点	经度	纬度	样本数量（份）
JX	来宾市金秀瑶族自治县	110° 05′ E	24° 04′ N	12
DL	河池市东兰县	107° 21′ E	24° 22′ N	9
LC	河池市罗城仫佬族自治县	108° 34′ E	24° 54′ N	16
YF	桂林市永福县	110° 01′ E	24° 49′ N	10

（二）方法

1. DNA 提取和检测

使用改良的 CTAB 法对喙核桃叶片进行 DNA 提取，提取的 DNA 使用 1% 琼脂糖凝胶电泳检测纯度，使用 NanoDrop 2000 微量分光光度计检测所提取的 DNA 浓度和质量，检测合格的 DNA 样本置于 –20℃冰箱中保存，用于后续实验。

2. 引物筛选

对喙核桃进行简化基因组测序，然后根据检测结果使用 Primer3 软件设计 96 对引物，选取 8 份样本对 96 对引物进行多态性验证，经筛选得到 9 对引物，再选取 8 份样本对 9 对引物进行复筛获得 6 对扩增稳定，多态性良好的 SSR 引物（表 24-2）用于 47 份喙核桃样本的遗传多样性检测。引物由生工生物工程（上海）股份有限公司北京合成部合成。

表 24-2　SSR 引物信息

位点	重复单元	上游引物（5'→3'）	下游引物（5'→3'）	目的片段
HHT010	（TA）$_6$	CATGTTTCAATTCTGGCTGC	CGTTTCCAATCCCGGTTAAT	112
HHT033	（AT）$_6$	GAGGATCGGCACTGAGATTC	TTGCTTTTCTTGCATTTTGG	133
HHT039	（CCA）$_6$	TATTACCCACCACCACCACC	AGTGGCCAAGCAGAACATTT	125
HHT054	（CT）$_9$	GCCCACTGTTCAACCAGAAT	GGCAGGCAGAAACCATACTC	119
HHT058	（TC）$_7$	GCCAATCTCCTCTCGTTCAG	AGTGAGTGCGTAGTGTGCGT	181
HHT078	（TC）$_7$	GGCGCTACCTTCCTTCTCAT	CAAATACGTTCCTGAATGCG	121

3. PCR 扩增及测序

在 Veriti 384 孔梯度 PCR 仪上进行 PCR 扩增反应，反应体系为（10 μL）：DNA（20 ng）1.0 μL，2×Taq PCR MasterMix 5.0 μL，ddH$_2$O 3.0 μL，上游、下游引物（10 μmol/L）各 0.5 μL。PCR 扩增反应程序设置：95℃预变性 5 min；95℃变性 30 s，62℃至 52℃梯度退火 30 s，72℃延伸 30 s，运行 10 个循环，每个循环下降 1℃；95℃变性 30 s，52℃退火 30 s，72℃延伸 30 s，运行 25 个循环；72℃末端延伸 20 min，最后 4℃保存。荧光 PCR 扩增完成后，取 2 μL PCR 产物进行琼脂糖凝胶电泳检测（1% 浓度），合格后按照样本上机检测浓度要求，对各荧光 PCR 产物进行稀释，得到浓度均一的荧光 PCR 产物，然后参照 ABI 3730XL 测序仪上机操作流程对稀释至同一浓度的荧光 PCR 产物进行荧光毛细管电泳检测。

（三）数据分析

使用 GeneMarker 分析软件进行基因型数据的读取，并导出 Excel 基因型原始数据和 PDF 分型峰图文件。使用 GenelEx version 6.501 软件计算 SSR 位点和种群的各项遗传多样性指标，如 N_a、N_e、H_o、H_e、I、N_m 和 F_{st} 等，并进行 PCoA。使用 PowerMarker v3.25 计算所有位点的 PIC。使用 Structure 2.3.4 对 47 份喙核桃样本进行种群结构分析，设置 K=1～20，Burn-in 周期为 10000，MCMC 设为 100000，每个 K 值运行 20 次，运行的结果使用 Structure Harvester 算出最佳 ΔK 值（即最佳种群分组情况）。根据最佳 K 值结果作图，使用 CLUMMP 和 DISTRUCT 软件制图。使用 Genel Exversion 6.501 进行 AMOVA。使用 PowerMarker 软件计算各种群间的 GD，使用 UPGMA 进行聚类分析，绘制环状聚类图和树状聚类图。

二、结果与分析

（一）SSR 引物多态性分析

筛选出的 6 对引物在 47 份喙核桃样本中共检测出等位基因 19.000 个，其中，等位基因数最小为 2.000、最大为 6.000，N_a 平均值为 3.167。N_e 总数为 9.934，N_e 平均值为 1.656。I 平均值为 0.616。H_o 范围为 0.106（HHT033）～ 0.574（HHT054），平均值 0.303。H_e 最小值为 0.137（HHT033），最大值为 0.617（HHT039），平均值 0.345。PIC 最大值为 0.536（HHT039），最小值为 0.128（HHT033）。6 对引物的 F 范围为 −0.153（HHT054）～ 0.333（HHT058），F 平均值为 0.112。6 对引物中 HHT054 和 HHT078 存在极显著性差异（$P < 0.001$）。位点 HHT039 的多态性较高（H_e=0.617，I=1.014）（表 24–3）。

表 24-3 SSR 引物的多态性

位点	N_a	N_e	I	H_o	H_e	PIC	F
HHT010	2.000	1.184	0.291	0.170	0.156	0.143	−0.094
HHT033	2.000	1.159	0.264	0.106	0.137	0.128	0.224
HHT039	3.000	2.612	1.014	0.457	0.617	0.536	0.260
HHT054	6.000	1.993	0.982	0.574	0.498	0.450	−0.153***
HHT058	3.000	1.540	0.575	0.234	0.351	0.296	0.333
HHT078	3.000	1.446	0.572	0.277	0.308	0.280	−0.103***
平均值	3.167	1.656	0.616	0.303	0.345	0.306	0.112
标准差	1.472	0.558	0.324	0.178	0.189		

注：*** 表示极显著性差异，$P < 0.001$。

（二）喙核桃种群遗传多样性分析

1. 种群间的遗传多样性分析

对 4 个喙核桃野生种群进行遗传多样性分析（表 24-4）可知，喙核桃 4 个野生种群的 N_a 范围为 1.667 ～ 2.667，JX 种群最低，YF 种群最高，N_a 平均值为 2.125。N_e 最高的是 DL 种群，为 1.777，最低的是 LC 种群，为 1.424，N_e 平均值为 1.581。I 平均值为 0.477，最高的是 YF 种群（0.598），最低的是 JX 种群（0.379）。H_o 最大值为 0.383（YF 种群），最小值为 0.263（LC 种群），平均值为 0.310。JX 种群的 H_e 最低（0.247），YF 种群的 H_e 最高（0.339），H_e 平均值为 0.286。综合来看，4 个喙核桃野生种群中，YF 种群的遗传多样性水平最高（H_e=0.339，I=0.598），JX 种群的遗传多样性水平最低（H_e=0.247，I=0.379）。

表24-4　喙核桃种群间的遗传多样性

种群	N_a	N_e	I	H_o	H_e
DL	2.167	1.777	0.514	0.315	0.305
JX	1.667	1.531	0.379	0.278	0.247
LC	2.000	1.424	0.416	0.263	0.253
YF	2.667	1.593	0.598	0.383	0.339
平均值	2.125	1.581	0.477	0.310	0.286

2. 种群的遗传分化分析

4 个喙核桃野生种群的 AMOVA 结果（图 24-1）表明，喙核桃种群间的遗传变异占 20%，个体内的遗传变异占 80%。

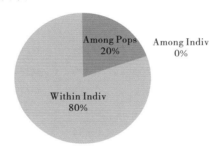

Among Pops：种群间；Among Indiv：个体间；Within Indiv：个体内

图 24-1　4 个喙核桃种群的 AMOVA 结果

对喙核桃种群间的 F_{st} 和 N_m 进行分析（表 24-5），结果显示 4 个喙核桃种群中，LC 种群和 DL 种群的 F_{st} 为 0.202，2 个种群间达到了高度分化水平，其他种群间的 F_{st} 为 0.058～0.137，达到中度分化水平。4 个喙核桃种群间的 N_m 为 0.986～4.084，其中 LC 种群和 DL 种群间的 N_m 最小，为 0.986，达到中度基因交流水平，而其他种群间的 N_m 为 1.580～4.084，均达到了高度基因交流水平，其中 YF 和 LC 2 个种群间的 N_m 最大（4.084）。

表 24-5　喙核桃种群间的 N_{m}（对角线上方）和 F_{st}（对角线下方）

种群	DL	JX	LC	YF
DL	—	1.584	0.986	2.489
JX	0.136	—	1.580	2.314
LC	0.202	0.137	—	4.084
YF	0.091	0.097	0.058	—

3. 喙核桃种群遗传结构分析

对 47 份喙核桃样本进行 Structure 分析，根据似然值最大原则，当 $K=7$ 时，ΔK 最大（图 24-2）。根据图 24-3 可知，4 个喙核桃种群的 47 份样本均混合了 7 种基因型，样本植株间存在不同程度的基因交流，遗传背景丰富。

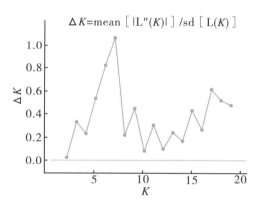

图 24-2　最佳类群数（K）与推断值（ΔK）的变化趋势

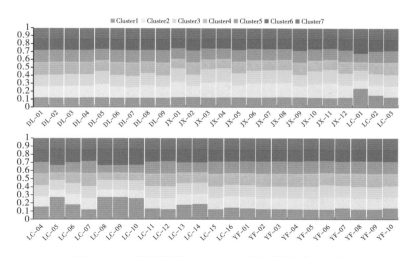

图 24-3　喙核桃的 Structure 分析结果（$K=7$）

4. 喙核桃 UPGMA 聚类分析

对 4 个喙核桃种群进行 UPGMA 聚类分析（图 24-4），结果显示 YF 种群和 LC 种群最先聚在一起，这 2 个种群的 GD 最近，其后与 JX 种群相聚，最后与 DL 种群相聚，但综合来看，4 个种群的 GD 均较近。

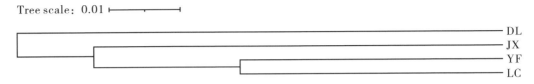

图 24-4　4 个喙核桃种群的 UPGMA 聚类结果

对 47 份喙核桃样本进行 UPGMA 聚类分析，由图 24-5 可知 47 份喙核桃样本无法按种群精确划分，喙核桃 4 个种群的 47 份样本均相互混杂，这也说明了 4 个喙核桃种群 GD 较近，基因交流较为频繁。

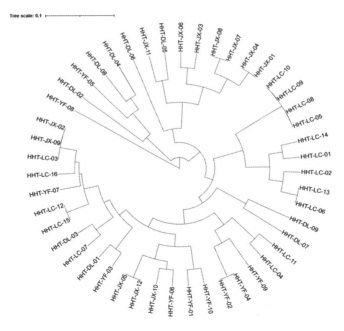

图 24-5　47 份喙核桃样本的 UPGMA 聚类结果

5. 喙核桃的主坐标分析

对 47 份喙核桃样本进行 PCoA，由图 24-6 可知，第一主坐标的贡献率为 29.69%，第二主坐标的贡献率为 21.95%，两个主坐标的累积贡献率达到 51.64%，可代表原始数据的主要信息。图中喙核桃 4 个种群的 47 份样本均相互混杂，该结果与遗传结构分析、UPGMA 聚类分析结果一致，即 4 个种群的喙核桃样本 *GD* 较近，彼此间存在较高的基因交流。

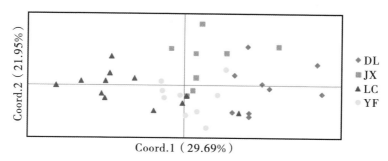

图 24-6　47 份喙核桃样本的 PCoA 结果

三、讨论

（一）喙核桃遗传多样性

SSR 标记在植物遗传多样性分析方面应用较为广泛，使用 SSR 分子标记技术对喙核桃遗传多样性进行分析，能揭示喙核桃的多样性和遗传变异，为喙核桃的资源保护和选育提供参考。本研究使用 SSR 分子标记技术对喙核桃种群遗传多样性的分析结果显示，*I* 平均值为 0.477，H_e 平均值为 0.286，低于其他濒危物种的平均值（H_e=0.42）（杨磊等，2023），与同科的珍稀濒危植物胡桃楸（*Juglans mandshurica*）相比，低于张浩（2021）对山东地区胡桃楸研究中的 *I*（0.749）及 H_e（0.363）；与同种植物的其他研究相比，低于 Zhang 等（2013）对分布于贵州省黔南布依族苗族自治州三都水族自治县、云南省文山州富宁县和麻栗坡县的 70 个喙核桃样本的研究结果（H_e=0.582），综上可见，本研究中喙核桃种群的遗传多样性水平均较低。这或许是因为广西喙核桃种群较小，且现存的喙核桃植株遭受到严重的人为破坏，人为砍伐和破坏可能会导致喙核桃生境片段化，进而导致种群内个体数量减少，同时阻断了现有种群之间的基因流，导致种群内本就不高的遗传多样性越来越低。

（二）喙核桃遗传结构和遗传分化

喙核桃种群间的 F_{st} 平均值为 0.120，达到中高度分化，N_m 平均值为 2.173，种群间的遗传分化程度较高，存在一定历史基因交流。LC 种群与 DL 种群的遗传分化达高度分化水平（0.202），此 2 个种群间的基因交流为中度水平（0.986）。另外，张智勇

（2013）的调查结果表示，喙核桃与核桃在很多形态学特征表现出相似性，如风媒花、雌雄同株异花、雌雄异熟等，现实中很多核桃品种自交不亲和，喙核桃具有相似的形态特征，也具有自交不亲和现象。由于喙核桃有风媒花、雌雄同株异花、雌雄异熟等特性，其种群间基因流交流不畅会增大遗传分化，特别是地理距离较远的种群间，如 LC 种群与 DL 种群（距离约 136.56 km）。

另外，我们调查中发现，在永福、东兰等地发现喙核桃单株下发现有相当数量的不同年份果实，但在周围没有发现任何植株和幼苗，且这些种子的萌发率很低，与张智勇（2013）的调查结果一致，这很可能预示着喙核桃存在着自交衰退现象，并导致种子萌发率低。由此分析，喙核桃可能是由于其种群小，且自身繁育困难，种子萌发率低，促进了种群内的遗传漂变的发生，从而导致种群间遗传分化水平较高。

AMOVA 表明种群间的遗传变异占 20%，个体内的遗传变异占 80%，遗传变异主要来源于种群内。张智勇等（2013）的研究结果显示 87% 的遗传变异来自于种群内，13% 的差异来自于种群间。不同地区的喙核桃研究结果一致，说明喙核桃种群的主要遗传变异存在于种群内，所以在进行遗传保护时，在进行整体遗传多样保护的基础上还应加大力度筛选优良植株进行保护并进行传粉生物学和种苗繁育研究，挖掘更多的种群内的遗传变异。UPGMA、Structure 分析和 PCoA 的结果均显示 47 份喙核桃样本的遗传背景相互混杂，种群间均质化明显，推测可能是广西现存的各种群的起源祖先种群相同，但由于历史进化过程中发生了生境片段化，从而造成了现存的多个分散种群，这可能会导致喙核桃的长期适应性进化能力降低，增加在变迁环境中因随机事件而灭绝的风险。因此，在进行喙核桃种群保护时建议建立保护小区，对喙核桃植株进行保护的同时对栖息地环境进行保护，以避免喙核桃无法适应变化的环境而灭绝。

四、结论

喙核桃为国家二级重点保护野生植物和极小种群野生植物。摸清广西喙核桃野生种群遗传多样性和遗传变异，可为广西喙核桃遗传多样性保护及管理策略制定提供指导。本研究采用 SSR 标记对喙核桃进行遗传多样性研究，不仅能准确地估计喙核桃种群的遗传多样性和遗传变异，分析濒危原因，为广西喙核桃遗传资源保护和迁地保护提供建议，同时还能为后续喙核桃资源评价、良种选育、种苗繁育和回归引种等工作奠定坚实基础。本研究筛选出 6 对稳定性和多态性良好的 SSR 引物，对广西 4 个喙核桃野生种群（共 47 份样本）的遗传多样性和遗传变异进行分析。研究结果表明：（1）4 个喙核桃野生种群的 N_a 平均值为 2.125，N_e 平均值为 1.581，I 平均值为 0.477，H_o 平均值为 0.310，H_e 平均值为 0.286。广西喙核桃的遗传多样性水平较低。（2）种群间遗传呈中高度分化（F_{st} 平均值为 0.120）。种群间遗传变异占 20%，个体内遗传变异占 80%。（3）UPGMA、PCoA 和 Structure 分析显示 47 份样本间彼此相互混杂，种群间没有明显遗传结构。（4）YF 种群的种群遗传多样性最高（H_e=0.339，I=0.598），应把该种群作为重点保护单元。

五、喙核桃的保护策略

遗传多样性能体现物种演化潜力及适应环境变化的能力，物种的遗传多样性水平越高，适应环境变化的能力越强，反之越弱。由于广西喙核桃的遗传多样性非常低，对环境的适应能力较低，环境的改变极易引起喙核桃遗传多样性的丢失，甚至是灭绝，对喙核桃和原生境进行就地保护成为遗传多样性保护的首要任务，应将广西所有喙核桃种群建立保护小区以达到保护种群植株及生境的目的。在 4 个种群中，YF 种群的遗传多样性水平最高（H_e=0.339，I=0.598），在进行保护时应作为重点保护种群。另外，喙核桃的主要遗传变异存在于个体内，应加强对喙核桃优良种质资源的筛选并进行迁地保护，加强喙核桃的种苗繁育、传粉生物学等相关基础研究，攻克繁育瓶颈问题，繁育更多的优质种苗。由于喙核桃野生更新能力差，建议加强回归引种工作，通过增加种群的植株数量来缓解自交衰退问题，从而保护和提高广西喙核桃种群的遗传多样性。

第二十五章　弥勒苣苔保护遗传学研究

一、材料与方法

（一）植物材料获取

在广西，弥勒苣苔仅分布于百色市隆林各族自治县的广西大哄豹自治区级自然保护区内。据我们 2023 年的调查，目前分布于广西野外的弥勒苣苔只有 3 个种群。试验材料采集了广西大哄豹自治区级自然保护区 JP1 种群、JP2 种群、JP3 种群、每个种群采集距离在 0.5 m 以上的 10 ~ 11 株植株，每株植株选择 2 片健康无病虫害的叶片。采集植株的新鲜叶片，置于装有变色硅胶的密封袋中进行干燥。共采集到 31 份样本。样本由广西植物研究所韦霄研究员鉴定为弥勒苣苔。JP1 种群与 JP2 种群、JP3 种群之间地理距离约为 1000 m。JP2 种群和 JP3 种群之间地理距离约为 100 m。弥勒苣苔 3 个种群详细信息见（表 25-1）。

表 25-1　3 个弥勒苣苔种群的采样信息

种群	采样点	海拔（m）	经度	纬度	样本数量（份）
JP1	广西大哄豹自治区级自然保护区	1122.29 ± 4	105° 19′ E	24° 98′ N	11
JP2	广西大哄豹自治区级自然保护区	1323.96 ± 4	105° 18′ E	24° 98′ N	10
JP3	广西大哄豹自治区级自然保护区	1327.33 ± 6	105° 18′ E	24° 98′ N	10

（二）DNA 提取和 EST-SSR 分型

使用 E.Z.N.A. ®Tissue DNA Kit 试剂盒（Omega Bio-Tek 公司）进行 DNA 提取，并利用 1% 琼脂糖凝胶电泳进行质检。从各个种群中共选取 6 份筛选样本，扩增 96 对引物，反应在 Veriti 384 孔梯度 PCR 仪上进行。PCR 扩增反应程序设置：95℃预变性 5 min；95℃变性 30 s，62℃至 52℃梯度退火 30 s，72℃延伸 30 s，运行 10 个循环；

95℃变性 30 s，52℃退火 30 s，72℃延伸 30 s，运行 25 个循环；72℃延伸 20 min，最后 4℃保存。反应结束后，扩增产物经荧光毛细管电泳检测。使用 GeneMarker 软件对结果进行分析，得到 7 对引物。

7 对多态性引物检测 31 份样本，反应在 Veriti384 PCR 仪上进行。PCR 扩增反应程序设置：95℃预变性 5 min；95℃变性 30 s，62℃至 52℃梯度退火 30 s，72℃延伸 30 s，运行 10 个循环；95℃变性 30 s，52℃退火 30 s，72℃延伸 30 s，运行 25 个循环；72℃延伸 20 min，最后 4℃保存。反应结束后，扩增产物经荧光毛细管电泳检测。

（三）数据分析

1. 遗传多样性与遗传分化

利用 GenelEx version 6.503（Peakall et al.，2012）计算 SSR 位点和种群的各项遗传多样性指标，包括 N_a、N_e、I、H_o、H_e 和 F_{is}。利用 PowerMarker v3.25（Liu et al.，2005）计算所有位点的 PIC。

根据种群遗传结构分析结果，在 GenelEx 软件中计算各种群间和种群内的变异、分化，计算 F_{st} 和 N_m。

2. 遗传结构分析

采用不同分析方法来描述种群间的遗传结构。使用 PCoA 来说明个体间的遗传相关性。利用 GeneAlEx v6.5.1 软件进行 AMOVA 研究了种群间和种群内的总遗传变异。利用 Structure 2.3.4（Pritchard et al. 2000）对 31 份样本进行种群结构分析，设置 K=1 ～ 20，Burn-in 周期为 10000，MCMC 设为 100000，每个 K 值运行 20 次，并利用在线工具 Structure Harvester 算出最佳 ΔK 值（即最佳种群分层情况）。根据最佳 K 值结果作图。结构分析的结果图用 CLUMMP 和 DISTRUCT 软件绘制。

3. 系统发育分析

利用 UPGMA 进行聚类分析，并绘制聚类图。利用 PowerMarker 软件计算两两样本之间的 Nei's GD，基于 Nei's GD 矩阵，利用 MAGA v6.0（Tamura et al.，2013）的 UPGMA 构建所有样本的系统发育树。

二、结果与分析

（一）EST-SSR 标记多态性

7 对引物在 31 份样本进行多态性分析，结果见表 25-2。在 31 份样本中共检测出 24 个等位基因，其中，最小等位基因数为 2，最大等位基因数为 7，N_a 平均值为 3.429。N_e 总数为 13.894，数值变化范围为 1.033（MLJT084）～ 3.024（MLJT066），N_e 平均值为 1.985。I 的范围为 0.082（MLJT084）～ 1.408（MLJT066），平均值为 0.745。H_o 的范围为 0.032（MLJT084）～ 0.710（MLJT056、MLJT058），平均值为 0.382。H_e 的范围为 0.031（MLJT084）～ 0.669（MLJT066），平均值为 0.410。PIC 的范围为 0.031（MLJT084）～ 0.633（MLJT066），平均值为 0.364。表明本研究使用的 EST-SSR 引物大部分多态性良好，可用于后续试验进行遗传信息分析。

表 25-2　7 对 SSR 引物信息多态性分析

位点	重复基序	上引物 / 下引物	N_a	N_e	I	H_o	H_e	PIC	F_{is}
MLJT030	（GC）$_6$	GAGGAATCACACATGGGAGC/ TCGAGCAACGCTCATACAAG	3	1.961	0.817	0.345	0.490	0.420	0.262
MLJT056	（TGC）$_5$	GCCGGATCTTGATTCATAGC/ TTCAACAGCACCACAATGCT	3	2.178	0.886	0.710	0.541	0.457	−0.311
MLJT058	（TCTTCC）$_5$	AACGGGTTCCTCCACTTCTT/ GACGCCTTGGAAAATCAGTT	5	3.001	1.252	0.710	0.667	0.606	−0.103
MLJT066	（TA）$_8$	TCTCTAGCCTCCCTCATTGC/ GTTGGGATGTCTCTTTTCCG	7	3.024	1.408	0.667	0.669	0.633	−0.037
MLJT084	（TG）$_6$	TTTTGGTTTGAGGGGTTTGA/ CCTTGCCAAATCTTGCTTTT	2	1.033	0.082	0.032	0.031	0.031	−0.053
MLJT093	（GT）$_6$	TCAAACGATGTTCGTGGTGT/ CTTGGAGCTTCTCTTCCCCT	2	1.579	0.553	0.097	0.367	0.300	0.725
MLJT095	（GCG）$_5$	ATGAAGACCGGAGAGCTGAC/ GAGTTGAAGAAGCCGTGGTC	2	1.118	0.216	0.111	0.106	0.100	−0.116
平均值			3.429	1.985	0.745	0.382	0.410	0.364	0.050

（二）遗传多样性

3 个弥勒苣苔种群的遗传多样性信息结果见表 25-3。N_a 范围为 2.286（JP2）～ 3.143（JP3），平均值为 2.714。N_e 范围为 1.840（JP1）～ 2.090（JP3），平均值为 1.933。I

范围为 0.619（JP2）～ 0.792（JP3），平均值为 0.685。H_o 范围为 0.379（JP2、JP3）～ 0.389（JP1），平均值为 0.382。H_e 范围为 0.377（JP1、JP2）～ 0.440（JP3），平均值为 0.398。PPB 范围为 71.43%（JP2）～ 100.00%（JP3），平均值为 85.71%。3 个种群当中，JP3 种群的 I 及 H_e 最高。

表25-3　3个弥勒苣苔种群的遗传多样性分析

种群	N_a	N_e	I	H_o	H_e	PPB
JP1	2.714	1.840	0.643	0.389	0.377	85.71%
JP2	2.286	1.870	0.619	0.379	0.377	71.43%
JP3	3.143	2.090	0.792	0.379	0.440	100.00%
平均值	2.714	1.933	0.685	0.382	0.398	85.71%

（三）遗传结构和遗传分化

AMOVA 分子方差结果表明（表 25-4），弥勒苣苔种群内的遗传变异占 100.00%，种群间的遗传变异占比为 0，F_{st} 平均值为 0.024，说明弥勒苣苔遗传变异发生在种群内，种群间分化低。F_{st} 反映种群等位基因杂合性水平，其值为 0 ～ 1，用于衡量种群间分化程度指标。弥勒苣苔 3 个种群间的 F_{st} 范围为 0.019 ～ 0.029，均小于 0.05，表明这 3 个种群之间的亲缘关系较近。N_m 范围为 8.288 ～ 13.223，各种群间基因流平均值为 10.619，基因流水平较高（表 25-5）。

在 Structure 软件中基于贝叶斯聚类方法对 31 份弥勒苣苔样本进行结构分析，根据 ΔK 与 K 值的关系，结果表明，ΔK 在 $K=2$ 时达到峰值。但由于 $K=1$ 没有计算 ΔK，从当前分析的结果看，3 个种群没有出现明显遗传结构（图 25-1）。

表25-4　3个弥勒苣苔种群的 AMOVA 结果

变异来源	自由度	均方和	均方偏差	方差组分	变异百分比（%）
种群间	2	3.183	1.591	0	0
种群内	59	96.382	1.634	1.634	100
总体	61	99.565		1.634	100

表25-5　弥勒苣苔种群间的 N_m（对角线上方）和 F_{st}（对角线下方）

种群	JP1	JP2	JP3
JP1	—	8.288	13.223
JP2	0.029	—	10.345
JP3	0.019	0.024	—

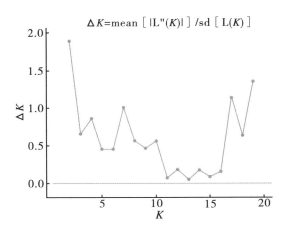

$$\Delta K=\text{mean}\big[|L''(K)|\big]/\text{sd}\big[L(K)\big]$$

图 25-1　弥勒苣苔种群遗传结构分析的 △K 值分布

（四）系统发育关系分析

在 PowerMarker 软件中对种群间的 Nei's GD 进行计算。采用基于 Nei's GD 的 UPGMA 对 3 个弥勒苣苔种群进行聚类分析，从图 25-2 可以看出，3 个种群个体混杂在一起，没有明显的地理聚类。31 份弥勒苣苔样本的 PCoA 结果显示，第一主坐标和第二主坐标分别占总遗传变异的 22.31% 和 17.29%，与 UPGMA 聚类结果基本一致（图 25-3）。

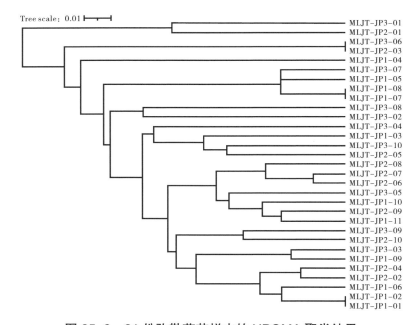

图 25-2　31 份弥勒苣苔样本的 UPGMA 聚类结果

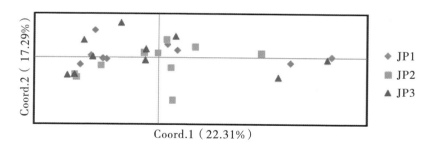

图 25-3 31 份弥勒苣苔样本的 PCoA 结果

三、讨论

（一）遗传多样性

遗传多样性及其维持是物种长期生存和进化的基础。本研究利用 96 对引物，从 SSR 位点中筛选出 7 对引物对 3 个弥勒苣苔种群的遗传结构及多样性进行了研究，研究结果表明广西分布的弥勒苣苔的 N_a 平均值（2.714）低于同为苦苣苔科的长梗吊石苣苔（*Lysionotus longipedunculatus*）和吊石苣苔（*Lysionotus pauciflorus*）的（$N_a >$ 5）（缪振鹏等，2019），略高于瑶山苣苔的（$N_a < 2.5$）（Zhang et al.，2011）；同样，弥勒苣苔的遗传多样性指数（I=0.685，H_e=0.398）略微高于报春苣苔的（I_s=0.495，H_e=0.339），但低于瑶山苣苔的（H_e=0.442）（Wang et al.，2013）和牛耳朵（*Primulina eburnea*）的（H_e=0.675）（刘影，2015）。与陈温宏等（Chen et al.，2014）的研究结果相比（H_e=0.137），本次估算的弥勒苣苔遗传多样性较高，可能存在两个方面原因，一是因为本次试验采样种群为 3 个，样本共 31 份，而陈温宏等的取样种群为 1 个，样本 15 份；二是与 AFLP 分子标记技术相比，本研究使用的是新一代 EST-SSR 分子标记技术，该技术具有重复性、共显性、多态性高等优点，可能导致其遗传多样性较高。与苦苣苔科其他植物相比较而言，弥勒苣苔具有中等遗传多样性。种群内的遗传多样性受许多因素的影响，如交配系统、种群大小、个体数量较低的长时间段、遗传漂变和基因流动。弥勒苣苔为单种属，原先在国内被认为已经灭绝，2006 年在国内才发现其存在，但其存活数量极少，被列为极小种群。弥勒苣苔具有中等遗传多样性原因之一可能是长期保持小种群规模及栖息地的破坏和丧失而导致的局部灭绝。弥勒苣苔生存于高海拔（> 1000 m）地区，因此，猜测弥勒苣苔种群大小的变动和较高海拔生境的严酷环境条件造成的遗传瓶颈降低了其遗传多样性。

（二）遗传结构和遗传分化

植物的遗传结构受到它们的交配系统和基因流的影响。F_{st} 和 N_m 是评价种群遗传结构的两个重要参数，空间遗传结构分析有助于探讨物种进化机制、揭示植物濒危机制（励娜等，2017）。根据 AMOVA 结果显示，其遗传变异发生于种群内，种群间遗传变异极低。近交系数受基因流和育种系统的影响：高水平的基因流（$N_m > 10.619$）降低了近交率，也降低了种群间的遗传分化。弥勒苣苔近交系数为正值（$F_{is} < 0.05$），表明该品种主要以异交为主。根据前人的研究，F_{st} 为 0，表明亚群之间无遗传分化；F_{st} 为 1，表明完全分化；F_{st} 范围为 0～0.05 的种群，各亚群间分化可忽略不计；如果 F_{st} 范围为 0.05～0.15，则视为中度分化；若 F_{st} 范围为 0.15～0.25，则被认为是高度分化。本研究结果显示，弥勒苣苔 F_{st}=0.024，与中国明对虾（*Fenneropenaeus chinensis*）（Lyu et al.，2023）、稻秆潜蝇（*Chlorops oryzae*）（Zhou et al.，2020）的研究结果相近，种群间遗传分化极小。弥勒苣苔 G_{st} 低于同为苦苣苔科植物的报春苣苔（G_{st}=0.350）（Ni et al.，2006）和盾叶苣苔（*Metapetrocosmea peltata*）（G_{st}=0.375）（李歌等，2020）。本研究结果 F_{st} 极小，表明弥勒苣苔种群的遗传稳定性较高。较高的基因流可阻止由于种群数量较少而引起的遗传漂变导致的种群间分化，还可以减少种群间的遗传差异。花粉和种子是基因流传播的两种主要形式。3 个弥勒苣苔种群的之间地理距离较近，弥勒苣苔花朵黄色，长筒状，鲜艳的花色容易吸引蜂蝶昆虫，增大了风媒传粉概率，提高了种群间的基因交流，降低了其种群间的遗传分化，PCoA 和 UPGMA 结果种群个体间呈遗传混杂状况也验证了这一观点。

（三）研究结果对弥勒苣苔保护的意义

（1）广西弥勒苣苔具有中等遗传多样性，弥勒苣苔濒危的原因可能是人为活动影响或其特殊的石灰岩生境要求难以发展新的种群，而不是遗传多样性低。确认保护单元对于濒危物种的保护及种群恢复极其重要，是短期管理及保护自然种群的核心，考虑 3 个种群没有明显的遗传分化，它们应该作为一个整体进行保护，开展人工授粉和种子采集等人工辅助育种工作。

（2）弥勒苣苔种子存在浅的生理性休眠，易受季节性等环境因素的影响，可通过人工诱发种子育种，进行迁地回归保护，扩大自然种群，提高遗传多样性。弥勒苣苔种群数量极少，对环境变化适应能力差，有必要进行人工授粉繁殖，提高坐果率。

（3）广西 3 个弥勒苣苔野生种群均处于保护区内，建议除规范化管理外，当地政府还可采取报纸、电视、公众号和广播宣传等方式提高人民群众的保护意识，必要时可采取法律保护策略。

四、结论

弥勒苣苔具有极高的观赏价值，被列为国家一级保护野生植物，为极小种群野生植物。本研究利用 EST-SSR 技术对广西弥勒苣苔传多样性及遗传结进行评估，针对其遗传特提出相应的保护策略。结果表明，弥勒苣苔具有中等遗传多样性，PPB 范围为 71.34% ～ 100%，H_e 平均值为 0.398，I 平均值为 0.685。遗传变异均存在于种群内，种群间不存在遗传变异。估计的 N_m 平均值为 10.619。UPGMA、PCoA 和 Structure 分析表明 3 个种群个体遗传上呈混杂状况，没有明显地理聚类，3 个种群应作为一个整体进行保护。以上研究结果为弥勒苣苔种质资源有效保护与利用提供重要的理论依据和参考价值。

第二十六章　贵州地宝兰、地宝兰和大花地宝兰
保护遗传学研究

一、材料与方法

（一）植物材料

在广西雅长兰科植物国家级自然保护区及其周边，崇左市江州区、龙州县和百色市那坡县等地区采集来自 6 个种群的 52 个地宝兰（*Geodorum densiflorum*）个体、5 个种群的 38 个贵州地宝兰个体和 3 个种群的 19 个大花地宝兰（*Geodorum attenuatum*）个体的叶片样本（表 26-1）。同时采集来自广西雅长兰科植物国家级自然保护区蔗香保护小区的 3 份美冠兰（*Eulophia graminea*）样本，作为外类群在系统发育分析时使用。所采集的植株间距均大于 5 m，使用装有变色硅胶的密封袋分别采集各植株的新鲜叶片。

表 26-1　3 种地宝兰属植物的采样信息

物种	种群	采样点	海拔（m）	经度	纬度	种群大小（株）	样本数量（份）
地宝兰	GD-ZX	百色市乐业县	451	106° 09′ E	24° 57′ N	< 50	10
	GD-DS	百色市乐业县	351	106° 14′ E	24° 50′ N	< 50	12
	GD-XY	百色市乐业县	425	106° 16′ E	24° 57′ N	< 50	11
	GD-YL	百色市乐业县	406	106° 10′ E	24° 46′ N	< 100	10
	GD-EG	百色市乐业县	408	106° 12′ E	24° 47′ N	< 50	3
	GD-LZ	崇左市龙州县	129	106° 54′ E	22° 25′ N	10	6
贵州地宝兰	GE-ZX	百色市乐业县	525	106° 09′ E	24° 57′ N	约 100	10
	GE-DS	百色市乐业县	345	106° 14′ E	24° 50′ N	约 50	8
	GE-XY	百色市乐业县	436	106° 16′ E	24° 57′ N	约 100	9
	GE-PF	百色市乐业县	962	106° 17′ E	24° 50′ N	10	7
	GE-NP	百色市那坡县	594	105° 56′ E	23° 29′ N	4	4
大花地宝兰	GA-LZ	崇左市龙州县	294	106° 54′ E	22° 25′ N	约 100	8
	GA-JZ	崇左市江州区	190	107° 25′ E	22° 34′ N	约 50	8
	GA-YN	云南西双版纳植物园	—	—	—	—	3
美冠兰	EG	百色市乐业县	525	106° 09′ E	24° 57′ N	—	3

（二）DNA 的提取、酶切及建库测序

1. DNA 的提取和检测

参照 Doyle（1987）的方法并改良后的 CTAB 法提取地宝兰、大花地宝兰和贵州地宝兰的总 DNA。

2. 酶切及建库测序

利用测序平台为 Illumina HiSeq，使用双端测序（PE），将质检合格的 DNA 委托上海凌恩生物公司进行文库构建和 GBS 测序。

（三）数据处理

1. GBS 测序及 SNP 开发

使用 Trimmomatic v0.36（Bolger et al.，2014）对原始测序数据进行一系列质控。使用 FastQC（Andrews，2010）对质控后的高质量序列进行质量评估。使用 Stacks v2.59（Rochette，2019）检测 SNP，参数为默认参数。使用 Vcftools v0.1.11（Danecek et al.，2011）进行过滤获得高质量的双等位 SNP，主要参数为"—minQ 20—minDP 4—max−missing 0.5—min−alleles 2—max−alleles 2"。

2. 遗传多样性

基于所有位点，利用 Stacks 的 populations 模块计算 π、H_o、H_e 和 F_{is}。

3. 遗传结构分析

使用 IQtree v2.0（Minh et al.，2020）的最大似然法构建系统发育树，利用"−m MFP"参数来根据贝叶斯理论指定最佳替代模型，并使用"−bb 1000 −bnni −alrt 1000"参数来计算节点支持率。系统发育树的可视化使用 ImageGP（Chen et al.，2022）的 phylogenetic tree view 功能。利用 Admixture v1.3.0（Alexander et al.，2009）对所有个体进行贝叶斯聚类，聚类数 K 值范围设置为 $1 \sim 9$，根据最小的 CV error 确定最佳 K 值。使用 Plink v1.07（Chang et al.，2015）进行 PCA，并计算各成分的特征向量。

4. 遗传分化

利用 Vcftools 计算种群间的 F_{st}，随后使用 R 语言中的 vegan 包对 F_{st} 进行 Mantel test，以 Spearman 为相关性系数，并进行 9999 次置换检验显著性。

二、结果与分析

（一）简化基因组测序数据评估

经过对 52 份地宝兰样本、38 份贵州地宝兰样本和 19 份大花地宝兰样本进行 ddGBS 测序。结果如表 26-2 所示，共获得了约 422G 原始数据，个体平均为 3.87G；样本测序原始序列数为 16154922 ～ 39796754，个体平均为 26327140；经过滤质量序列后共获得高质量测序数据为 15103540 ～ 37018968，个体平均为 24602294。测序平均 Q20 和 Q30 分别为 97.25%、93.21%，平均 GC 含量为 46.01%，结果显示其测序质量较高。利用 Stacks 对 109 份样本进行无参的 SNP calling，经过滤得到 29649 个高质量 SNP，可用于遗传多样性和种群结构的分析。

表 26-2　3 种地宝兰属植物简化基因组测序数据统计

种群	样本	原始数据量（bp）	原始序列数（bp）	过滤后的序列数（bp）	Q20（%）	Q30（%）	GC（%）
GD-DS	GD-DS-1	2864503366	19552924	18134180	97.81	95.96	43.54
	GD-DS-2	4457083620	30527970	28372812	97.30	93.53	47.94
	GD-DS-3	4020660128	27538768	25577302	97.36	94.85	53.44
	GD-DS-4	4264795488	29210928	27699080	97.71	95.43	46.81
	GD-DS-5	4621880536	31656716	29592114	97.76	95.84	48.92
	GD-DS-6	2889095888	19788328	18570788	97.81	95.87	52.07
	GD-DS-7	3825866344	26204564	24568272	97.84	95.97	50.01
	GD-DS-8	4406028004	30178274	27549212	97.54	95.45	52.23
	GD-DS-9	3405111822	23164026	21606838	97.70	95.75	46.60
	GD-DS-10	4599074793	21610034	20235666	97.22	94.55	50.46
	GD-DS-11	3811595928	25929224	24233482	97.37	94.84	52.93
	GD-DS-12	3736628707	31393002	29390890	97.89	94.67	44.25
GD-LZ	GD-LZ-1	4197829350	28459860	26777286	96.75	90.62	44.49
	GD-LZ-2	4427419590	30016404	28797628	97.10	91.50	39.86
	GD-LZ-3	4768018920	32325552	30590560	96.89	91.01	43.24
	GD-LZ-4	4677772249	31930186	30511308	97.28	92.08	44.99
	GD-LZ-5	4556055654	31099356	29687824	97.21	91.85	47.08
	GD-LZ-6	3607345094	24623516	23961982	97.32	92.14	41.90

续表

种群	样本	原始数据量（bp）	原始序列数（bp）	过滤后的序列数（bp）	Q20（%）	Q30（%）	GC（%）
GD-XY	GD-XY-1	2954128257	20164698	17337458	95.95	87.70	44.28
	GD-XY-2	3104550941	21191474	18317602	95.98	87.17	41.99
	GD-XY-3	2971543005	20283570	17831640	96.09	87.50	44.59
	GD-XY-4	2990283232	20481392	17440328	95.64	86.20	47.34
	GD-XY-5	3209595672	21983532	19363300	96.27	88.10	43.31
	GD-XY-6	4063816176	27645008	25440172	97.33	93.29	50.11
	GD-XY-7	3127979484	21278772	19849920	97.03	94.36	47.58
	GD-XY-8	2496042654	16979882	15760208	96.97	94.26	49.73
	GD-XY-9	3258895332	22169356	20498024	97.07	94.47	44.23
	GD-XY-10	3218878344	21749178	20119228	97.07	94.45	48.61
	GD-XY-11	3982698342	27093186	25940274	96.82	90.88	52.56
GD-YL	GD-YL-1	3883439488	26239456	24713166	97.59	95.59	40.82
	GD-YL-2	5883937432	39756334	37018968	97.53	93.49	41.41
	GD-YL-3	4742000805	32149158	29631884	97.36	95.19	40.56
	GD-YL-4	4693440265	31819934	29426008	97.57	95.51	46.11
	GD-YL-5	3768149755	25546778	23778646	97.47	95.41	41.00
	GD-YL-6	5830224461	39796754	36921300	97.72	95.83	42.49
	GD-YL-7	4968888259	33917326	31763808	97.62	95.59	45.67
	GD-YL-8	3734573019	25491966	23763708	97.38	95.21	40.45
	GD-YL-9	3891372555	26562270	24550178	97.79	95.62	42.60
	GD-YL-11	3954059892	27082602	25649330	97.87	95.99	46.03
GD-ZX	GD-ZX-1	3537689208	24230748	22643610	97.17	94.57	49.96
	GD-ZX-2	2358618612	16154922	15103540	97.30	94.86	50.50
	GD-ZX-3	3673345984	25159904	23313296	97.48	93.98	46.20
	GD-ZX-4	3180864332	21786742	20427694	97.38	95.01	42.35
	GD-ZX-5	3647179864	24980684	23560540	97.80	95.68	42.21
	GD-ZX-6	3038873200	20814200	19507456	97.91	95.83	42.16
	GD-ZX-7	4520047140	30748620	28611432	97.67	95.46	48.65
	GD-ZX-8	4341639120	29534960	27255596	97.45	95.02	41.68
	GD-ZX-9	5158773606	35093698	32963950	97.06	94.26	44.95
	GD-ZX-10	4109500542	27955786	26286508	97.67	95.43	40.79

续表

种群	样本	原始数据量（bp）	原始序列数（bp）	过滤后的序列数（bp）	Q20（%）	Q30（%）	GC（%）
GD-EG	GD-EG-1	3687512072	25256932	22985348	97.26	94.98	51.13
	GD-EG-2	4302913752	29472012	27728850	97.43	94.91	48.38
	GD-EG-3	4416874344	30252564	28482656	97.66	95.40	45.70
GE-DS	GE-DS-2	4985198848	33683776	31473736	97.56	95.21	41.64
	GE-DS-3	3591222960	24265020	22989596	97.80	95.65	42.09
	GE-DS-4	3532966016	23871392	22470434	97.56	95.20	48.43
	GE-DS-5	4694112275	31824490	29566012	97.62	93.85	45.92
	GE-DS-6	4280404865	29019694	27414972	97.66	95.39	42.52
	GE-DS-7	4522405460	30660376	28379850	97.22	94.61	45.00
	GE-DS-8	3132393266	21381524	20079704	97.62	95.34	45.09
	GE-DS-10	3736628707	25505998	23713578	97.37	94.84	52.93
GE-NP	GE-NP-1	2424503801	16549514	15635972	97.20	91.76	46.24
	GE-NP-2	2830460536	19386716	18503594	96.85	90.92	48.64
	GE-NP-3	3447057664	23609984	22746104	96.93	91.21	52.92
	GE-NP-4	2868489740	19647190	18955416	97.90	93.73	41.73
GE-PF	GE-PF-1	4328945964	29448612	27364950	97.57	95.40	58.22
	GE-PF-2	3666787110	24944130	22718804	97.31	95.07	50.01
	GE-PF-3	3455772696	23669676	23087292	97.52	92.70	40.02
	GE-PF-4	2997836104	20533124	19795558	97.47	92.58	44.99
	GE-PF-5	3212700508	22004798	21330516	97.62	92.99	44.60
	GE-PF-6	4059080130	27612790	26197698	97.99	96.24	41.38
	GE-PF-10	3969449984	26820608	25028120	97.89	96.05	48.70
GE-XY	GE-XY-1	2985237256	20170522	16409614	95.09	85.01	47.98
	GE-XY-2	2920146000	19797600	16424462	95.46	86.24	48.52
	GE-XY-3	3280900320	22243392	18505946	95.30	85.82	45.79
	GE-XY-4	3244911205	21999398	19399416	96.28	88.21	45.45
	GE-XY-5	3002011489	20491546	17203498	95.55	86.56	45.94
	GE-XY-6	4205360640	28803840	26707508	97.87	94.23	49.67
	GE-XY-7	3820567420	26168270	24622886	97.92	95.01	49.77
	GE-XY-9	3465239336	23734516	21778352	97.26	94.79	50.19
	GE-XY-10	3171215418	21572894	20143934	97.39	95.04	44.45

续表

种群	样本	原始数据量（bp）	原始序列数（bp）	过滤后的序列数（bp）	Q20（%）	Q30（%）	GC（%）
GE-ZX	GE-ZX-1	5808738928	39248236	37229294	98.30	93.93	48.72
	GE-ZX-2	3307197640	22345930	20742336	96.77	93.81	48.55
	GE-ZX-3	4225924560	28650336	26586416	96.76	93.81	51.16
	GE-ZX-4	3192732490	21645644	20153530	97.14	94.57	49.03
	GE-ZX-5	4188056590	28393604	26257566	97.03	94.38	51.09
	GE-ZX-6	3715578122	25362308	23043104	96.49	93.37	49.35
	GE-ZX-7	4356555470	29737580	27676088	97.48	93.86	46.05
	GE-ZX-8	2968703835	20264190	18997776	97.25	94.74	45.04
	GE-ZX-9	4221081060	28812840	26628658	97.33	93.26	45.56
	GE-ZX-10	4966473532	34016942	31734110	96.81	93.90	41.99
GA-YN	GA-YN-2	3922492248	26503326	24980498	96.74	90.53	51.98
	GA-YN-3	3785053528	25574686	24334352	96.83	90.86	52.74
	GA-YN-4	3804333192	25704954	24695382	96.39	89.78	52.85
GA-JZ	GA-JZ-1	4804765392	32909352	31811870	97.84	92.74	42.89
	GA-JZ-2	3695208316	25309646	24340988	97.14	91.59	40.18
	GA-JZ-3	4253659120	28740940	27350676	97.04	91.30	40.67
	GA-JZ-4	4115546988	28188678	26759654	96.82	90.72	41.56
	GA-JZ-5	4158431550	28288650	26858824	97.45	92.51	39.88
	GA-JZ-6	3482106894	23687802	22757840	96.93	91.05	45.01
	GA-JZ-7	4063204362	27640846	26233958	96.79	90.67	39.23
	GA-JZ-8	4082131494	27769602	26531934	96.96	91.16	38.99
GA-LZ	GA-LZ-1	4251434628	28921324	27837978	97.61	92.00	42.74
	GA-LZ-2	4090419942	27825986	26761742	97.36	91.30	46.36
	GA-LZ-3	3299774256	22295772	21481936	98.03	93.19	41.37
	GA-LZ-4	4018179872	27149864	26209584	97.85	92.68	41.08
	GA-LZ-5	4496558200	30382150	29393552	97.80	92.68	45.79
	GA-LZ-6	4600224395	31187962	30157382	97.85	92.73	43.48
	GA-LZ-7	4088693805	27719958	26758062	97.62	92.08	48.08
	GA-LZ-8	4413752830	29923748	28854582	97.52	91.86	47.72
平均值		3872001042	26327140	24602294	97.25	93.21	46.01

（二）遗传多样性

如表 26-3 所示，各种群的遗传多样性结果表明，6 个地宝兰种群的 H_o 范围为 0.006 ～ 0.009（平均值为 0.007），H_e 范围为 0.003 ～ 0.015（平均值为 0.010），π 范围为 0.004 ～ 0.016（平均值为 0.011），F_{is} 范围为 -0.003 ～ 0.026（平均值为 0.012）。6 个地宝兰种群的遗传多样性综合排序为 GD-ZX > GD-YL > GD-XY > GD-LZ > GD-DS > GD-EG。5 个贵州地宝兰种群的 H_o 范围为 0.106 ～ 0.141（平均值为 0.114），H_e 范围为 0.071 ～ 0.119（平均值为 0.086），π 范围为 0.087 ～ 0.129（平均值为 0.096），F_{is} 范围为 -0.039 ～ -0.024（平均值为 -0.034）。5 个贵州地宝兰种群中除了 GE-DS 的遗传多样性明显较高，另外 4 个种群的遗传多样性差异不明显。3 个大花地宝兰种群的 H_o 范围为 0.139 ～ 0.184（平均值为 0.155），H_e 范围为 0.137 ～ 0.157（平均值为 0.147），π 范围为 0.162 ～ 0.182（平均值为 0.171），F_{is} 范围为 -0.002 ～ 0.066（平均值为 0.038）。大花地宝兰总体上表现出较高的遗传多样性，其次是贵州地宝兰，地宝兰的遗传多样性水平较低。

表 26-3　地宝兰、贵州地宝兰和大花地宝兰种群的遗传多样性参数

物种	种群	H_o	H_e	π	F_{is}
地宝兰	GD-DS	0.006	0.006	0.007	0.009
	GD-EG	0.006	0.003	0.004	-0.003
	GD-LZ	0.007	0.008	0.009	0.005
	GD-XY	0.009	0.014	0.014	0.016
	GD-YL	0.008	0.014	0.015	0.020
	GD-ZX	0.007	0.015	0.016	0.026
	平均值	0.007	0.010	0.011	0.012
贵州地宝兰	GE-DS	0.141	0.119	0.129	-0.024
	GE-NP	0.108	0.071	0.087	-0.036
	GE-PF	0.106	0.079	0.089	-0.032
	GE-XY	0.106	0.081	0.087	-0.038
	GE-ZX	0.107	0.082	0.088	-0.039
	平均值	0.114	0.086	0.096	-0.034

续表

物种	种群	H_o	H_e	π	F_{is}
大花地宝兰	GA-JZ	0.141	0.157	0.170	0.066
	GA-LZ	0.139	0.148	0.162	0.051
	GA-YN	0.184	0.137	0.182	−0.002
	平均值	0.155	0.147	0.171	0.038

（三）种群系统发育分析

由 IQtree 构建的 3 种地宝兰属植物的系统进化树如图 26-1 所示，以美冠兰作为外类群时，地宝兰、贵州地宝兰和大花地宝兰的所有个体大体被划分为 3 个支系。但 GA-YN 种群的 3 个大花地宝兰个体与其他 2 个种群（GA-JZ 和 GA-LZ）个体的系统发育关系较远，而与 GE-DS 种群具有较近的亲缘关系。观察到 GE-DS-6 和 GE-DS-2 是贵州地宝兰中与地宝兰系统发育关系最为接近的 2 个个体，并且在遗传结构分析中检测到了来自地宝兰的遗传成分，说明地宝兰和贵州地宝兰可能存在基因交流。除此之外，地宝兰、贵州地宝兰和大花地宝兰中各种群间的样本互相混杂，说明同一物种的不同种群间存在亲缘关系，且种群间存在一定的基因交流。

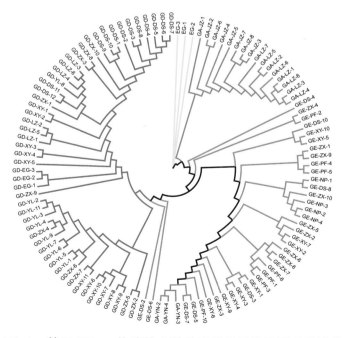

图 26-1　基于 IQtree 构建的 3 种地宝兰属植物种群系统进化树

（四）3种地宝兰属植物的谱系结构

Admixture 分析得到 $K=4$ 时，对应的 CV error 最低（图 26-2），说明最优分群数为 4。大花地宝兰、地宝兰和贵州地宝兰之间呈现出较为清晰的谱系结构，但相较下大花地宝兰和贵州地宝兰的谱系较为单一（图 26-3）。而地宝兰内部检测到两种不同的遗传成分，例如，以蓝色成分为主的 GD-DS 种群和 GD-LZ 种群，以黄色成分为主的 GD-XY 种群、GD-YL 种群和 GD-ZX 种群，以及少量混合结构的种群，如 GD-EG 种群。有趣的是，在贵州地宝兰的 2 个个体（GE-DS-2，DE-DS-6）中检测到了来自地宝兰的遗传成分，可能暗示 2 个物种间存在自然杂交。

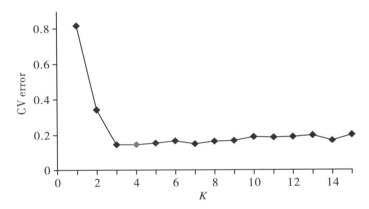

图 26-2　3 种地宝兰属植物种群的 CV error 分布

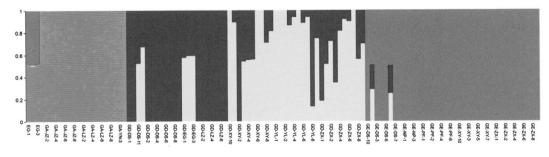

图 26-3　3 种地宝兰属植物谱系结构图

（五）主成分分析

3 种地宝兰属植物的 PCA 结果如图 26-4 所示，横轴 PC1 和纵轴 PC2 的贡献率分别为 38.72% 和 31.93%。PCA 结果与系统进化树（图 26-1）及遗传结构分析（图

26-2）结果一致，均将地宝兰、贵州地宝兰和大花地宝兰明显区分开来，说明 3 种地宝兰属植物的遗传背景相差较大，且存在地理位置聚类的现象。

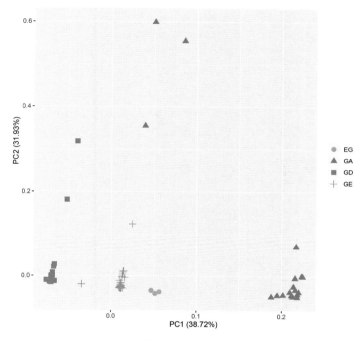

图 26-4　3 种地宝兰属植物 PCA 结果

（六）遗传分化系数

3 种地宝兰属植物种群间的 F_{st} 见表 26-4。同一物种种群间的 F_{st} 变幅为 0.041 ~ 0.619。其中 3 个大花地宝兰种群间的 F_{st} 变幅为 0.087 ~ 0.619，F_{st} 平均值为 0.426；6 个地宝兰种群间的 F_{st} 变幅为 0.060 ~ 0.354，F_{st} 平均值为 0.166；5 个贵州地宝兰种群间的 F_{st} 变幅为 0.041 ~ 0.093，F_{st} 平均值为 0.061。结果显示，同一物种在种群间的遗传分化程度高低排序为大花地宝兰＞地宝兰＞贵州地宝兰，大花地宝兰种群间的遗传分化程度较高，其次是地宝兰，贵州地宝兰种群间的遗传分化程度较低。不同物种种群间的 F_{st} 变幅为 0.438 ~ 0.742，F_{st} 平均值为 0.608，两两物种间的种群分化程度均处于较高水平。

表 26-4 地宝兰、贵州地宝兰和大花地宝兰种群间 F_{st} 矩阵

种群	GA-JZ	GA-LZ	GA-YN	GD-DS	GD-EG	GD-LZ	GD-XY	GD-YL	GD-ZX	GE-DS	GE-NP	GE-PF	GE-XY	GE-ZX
GA-JZ		0.087	0.619	0.725	0.673	0.707	0.722	0.718	0.713	0.438	0.507	0.510	0.514	0.512
GA-LZ			0.572	0.742	0.697	0.727	0.738	0.734	0.731	0.449	0.532	0.528	0.527	0.525
GA-YN				0.559	0.641	0.663	0.609	0.655	0.512	0.559	0.468	0.628	0.602	0.558
GD-DS					0.353	0.238	0.163	0.191	0.141	0.525	0.717	0.650	0.613	0.603
GD-EG						0.354	0.144	0.167	0.134	0.459	0.706	0.629	0.586	0.574
GD-LZ							0.134	0.154	0.122	0.503	0.712	0.642	0.603	0.592
GD-XY								0.078	0.061	0.521	0.698	0.637	0.603	0.595
GD-YL									0.060	0.515	0.695	0.634	0.600	0.591
GD-ZX										0.511	0.689	0.627	0.594	0.586
GE-DS											0.062	0.056	0.053	0.053
GE-NP												0.093	0.072	0.067
GE-PF													0.055	0.053
GE-XY														0.041

三、讨论

（一）3 种地宝兰属植物的遗传多样性

遗传多样性是物种或种群长期进化的结果，也是保护生物学研究的核心内容及生物多样性的重要组成部分。影响植物的遗传多样性有多种因素，包括进化历史、地理分布范围、繁殖方式等。当物种或种群的遗传多样性越大或基因可塑性越强，其应对环境变化的适应能力也随之增强，也具有更大的分布范围和进化潜力。对于双等位的 SNP 分子标记，π 是衡量遗传多样性的综合指标，通常 π 值越大，其所代表的种群遗传多样性水平越高（Catchen et al., 2013；Tichkule et al., 2021）。在本试验中，我们首次利用 SNP 标记的方法对地宝兰、贵州地宝兰和大花地宝兰的遗传多样性进行评估，得到的 π 平均值分别为 0.011、0.096、0.171，π 大小排序为大花地宝兰＞贵州地宝兰＞地宝兰，大花地宝兰具有较高的遗传多样性，贵州地宝兰，地宝兰遗传多样性水平较低。

研究发现，作为极危植物且狭域分布种的贵州地宝兰，其遗传多样性比作为广布种的地宝兰高，这有可能与其自身的繁殖方式有关。地宝兰的观测杂合度小于期望杂合度（H_o=0.007＜H_e=0.010），纯合子过量；贵州地宝兰的观测杂合度大于期望杂合度（H_o=0.114＞H_e=0.086），呈现出较高程度的杂合。此外，F_{is} 越小，杂合子越多；反之，F_{is} 越大，纯合子越高（Hamrick et al., 1992）。从 F_{is} 的结果得出，贵州地宝兰的 F_{is} 范围为 –0.039 ～ –0.024，F_{is} 均小于 0，表明种群间均发生了异交，自交情况过少，导致杂合子过剩。地宝兰的 F_{is} 范围为 –0.003 ～ 0.026，除了 GD–EG 种群的 F_{is} 小于 0，其他 5 个种群均大于 0，说明自交在地宝兰中非常普遍，这可能也是地宝兰分布更广和种群数量更多的原因。同样的，大花地宝兰的 F_{is} 范围为 –0.002 ～ 0.066，3 个种群中 GA–YN 种群的 F_{is} 小于 0，GA–JZ 和 GA–LZ 种群的 F_{is} 大于 0，从这个结果来看，大花地宝兰的自交率大于异交率。自交被认为是一种促进植物种群数量的有效策略，因为在传粉者受限时，仍然可以保证物种的繁殖。虽然地宝兰和贵州地宝兰都能进行自交，但 H_o、H_e 和 F_{is} 的分析结果均表明地宝兰更多的是以自交的繁殖方式进行种群扩张，代价是遗传多样性更低，而贵州地宝兰主要以异交的繁殖方式来保证后代的遗传多样性，因此自交能力低下是贵州地宝兰濒危的主要原因之一。对这 3 种地宝兰属植物的光合特性研究发现，贵州地宝兰对光照和 CO_2 利用能力及环境适应能力都比地宝兰和大花地宝兰差，说明外部因素也是其濒危的主要原因。

营婷（2013）曾采用 SSR 标记法对贵州地宝兰 4 个种群 84 个个体进行遗传多样性分析，得到 H_o 和 H_e 分别为 0.780 和 0.697，表明贵州地宝兰具有较高的遗传多样性水平，高于我们基于 SNP 数据的评估结果。不仅如此，张哲（2018）利用 SSR 标记的五唇兰（*Phalaenopsis pulcherrima*，H_o=0.659，H_e=0.651）的遗传多样性略高于司更花（2012）利用 ISSR 标记的五唇兰（H_o=0.499，H_e=0.0.343）；刘江枫（2018）基于 SSR 标记的分析显示，建兰（*Cymbidium ensifolium*）的 H_o 和 H_e 分别为 0.2795、0.7413，而刘翠华（2012）基于 ISSR 标记的分析显示，建兰的 H_e 仅为 0.273；徐晓薇（2011）等利用 7 个 SSR 位点标记寒兰（*Cymbidium kanran*），得到结果为 H_o=0.700，H_e=0.810，帖聪晓（2022）利用 SNP 标记寒兰得到结果为 H_o=0.281，H_e=0.263。因此我们推测不同的分子标记对遗传多样性的评估有一定差异，相较于 SNP 标记，SSR 对种群的 H_o 普遍存在高估。但是不同于 SSR 和 ISSR 等传统的分子标记，基于 SNP 标记具有全基因组分布均匀且数目多、能够稳定遗传、检测快速且不受基因组序列限制的优点，可进一步对物种遗传多样性做出更准确、全面的评估。

（二）3 种地宝兰属植物的遗传分化和种群遗传结构

F_{st} 的大小可以衡量种群间的遗传分化程度，F_{st} 越大，亲缘关系越远。Wright（1965）根据不同的计值区间划分不同程度的遗传分化程度，即 F_{st} 为 0 ~ 0.05 表示种群间遗传分化程度极小，F_{st} 为 0.05 ~ 0.15 表明种群间存在中等程度遗传分化，F_{st} 为 0.15 ~ 0.25 则意味着种群间存在较大程度遗传分化，F_{st} 大于 0.25 则表明种群间的遗传分化程度很大。有相关研究表明，遗传变异一般发生在种群间，长期的遗传隔离通常导致遗传分化，并受到交配系统、传粉生物学、生活史特征、种子传播和生活型等生物学特性的影响（Gamba et al.，2020）。试验研究结果表明，地宝兰物种内部种群间的 F_{st} 变幅为 0.060 ~ 0.354，共有 8 组 F_{st} 在 0.05 ~ 0.15 区间，7 组 F_{st} 大于 0.15，F_{st} 平均值为 0.166，说明种群间存在中等程度或较大程度的遗传分化。贵州地宝兰物种内部种群间的 F_{st} 变幅为 0.041 ~ 0.093，共有 9 组 F_{st} 在 0.05 ~ 0.15 区间，仅有 1 组 F_{st} 在 0 ~ 0.05 区间，平均 F_{st} 为 0.061，表明种群间存在中等程度遗传分化。大花地宝兰物种内部种群间的 F_{st} 变幅为 0.087 ~ 0.619，有 1 组 F_{st} 在 0.05 ~ 0.15 区间，2 组 F_{st} 大于 0.25，平均 F_{st} 为 0.426，表明种群间存在很大的遗传分化。

3 种地宝兰属植物均有较高的遗传分化，这可能与以下原因有关：一是种群规模极小、呈碎片化分布，我们在调查中发现它们的分布十分狭窄，其中 GD-LZ 种群、

GE–PF 种群和 GE–NP 种群的植株数量均不超过 10 株，种群规模过小导致种群间的基因交流困难。二是它们都可以进行自交，异交需要传粉者进行传粉，但是我们在野外观察过程中发现传粉昆虫的种类不多，多为蜂类、蝇类等，并且访问频率极低。此外，受人类频繁活动的影响，生境遭到破坏，种群数量减少，加之开花结实率比其他自交系兰花低（Lin et al.，2012）导致种群间的遗传分化更加严重（Jiang et al.，2018）。另外，地宝兰属植物对生境条件的要求比较高，喜欢专一的环境，一旦出现生存环境变化将有可能导致栖息地丧失，因此两个种群或物种间可能受到局部生境的差异而产生隔离。贵州地宝兰的遗传分化程度相比地宝兰和大花地宝兰较低，究其原因，其一可能与传粉者和花瓣颜色有关，因为在 Lin 等的研究中发现，昆虫访问含有较高浓度花蜜的地宝兰次数比含较低浓度花蜜的贵州地宝兰次数低，而这有可能是具有红色花瓣的贵州地宝兰比具有白色花瓣的地宝兰更具有吸引力。其二是地宝兰能突破授粉者服务有限的限制，更多的是采用自花授粉的繁殖方式。其三，3 个大花地宝兰种群中除了 GA–LZ 种群和 GA–JZ 种群间的 F_{st} 为 0.087，处于中等水平，另外两组 GA–YN 种群和 GA–JZ 种群、GA–YN 种群和 GA–LZ 种群间的 F_{st} 分别为 0.619、0.572，存在很大的遗传分化，很大的可能是引自云南洪景的大花地宝兰与贵州地宝兰有更近的亲缘关系，而与广西崇左市龙州县和崇左市江州区的大花地宝兰基因交流存在一定的障碍。除此之外，地宝兰属植物两两物种间的种群间 F_{st} 均远大于 0.25，说明物种间遗传分化程度很高。然而，从系统进化树和遗传结构分析来看，贵州地宝兰中检测到了地宝兰的一些遗传成分，有可能是杂交导致，说明高遗传分化的物种间存在基因交流的可能。

遗传结构能够体现种群进化的历史和反映种群未来的进化潜力。本研究通过叶贝斯聚类分析结果表明，最佳聚类值为 $K=4$，遗传谱系明显将各个种群划分为 3 个类群，大花地宝兰种群为一类，地宝兰种群为一类，贵州地宝兰种群为一类，这与系统进化树、PCA 结果一致。系统进化树和聚类分析结果表明，这 3 个物种间存在一定的基因渐渗，其中贵州地宝兰自交率和遗传分化程度在 3 个物种中有较低的表现，更有可能在物种间发生基因渗透，而昆虫的传粉距离和地理距离等因素是否阻碍基因渗透还有待研究。

四、结论

采用 GBS 技术对贵州地宝兰、地宝兰和大花地宝兰 3 个物种共 14 个种群 109 个个体进行 SNP 位点挖掘与遗传多样性分析。结果表明：（1）通过获得 29649 个高质量 SNP 位点分析得到贵州地宝兰（H_o=0.114，H_e=0.086，π=0.096）、地宝兰（H_o=0.007，H_e=0.010，π=0.011）和大花地宝兰（H_o=0.155，H_e=0.147，π=0.171）的遗传多样性水平，其中大花地宝兰表现出最高的遗传多样性水平，贵州地宝兰次之，遗传多样性为中等水平，地宝兰的遗传多样性水平最低。（2）14 个种群间具有很大程度的遗传分化（F_{st}=0.608），但也存在一定程度的基因交流。（3）种群系统发育分析、聚类分析和 PCA 表明，3 种地宝兰属植物存在地理聚类的现象。研究结果为极小种群野生植物贵州地宝兰的保护和引种提供科学的参考依据。

第二十七章　白花兜兰保护遗传学研究

一、材料与方法

（一）试验材料

于 2020 年 8 ~ 9 月采集白花兜兰野生种群样本，每个种群根据现存数量采集样本，剪取无病虫害的新鲜叶片，用变色硅胶快速干燥，用密封袋密封带回实验室存放于干燥处，并尽快提取其基因组 DNA，采样信息详见表 27-1。样本由广西植物研究所韦霄研究员鉴定为白花兜兰。

表 27-1　8 个白花兜兰种群的采样信息

种群	采样点	海拔（m）	经度	纬度	样本数量（份）
HML	广西环江毛南族自治县木论乡	633	107° 57′ E	25° 06′ N	66
HMD	广西环江毛南族自治县木论乡	585	108° 01′ E	25° 07′ N	8
LH	广西罗城仫佬族自治县怀群乡	224	108° 34′ E	24° 50′ N	14
YLY	广西宜州区刘三姐乡	437	108° 34′ E	24° 36′ N	26
YLD	广西宜州区龙头乡	310	108° 15′ E	24° 31′ N	6
LYZ	贵州荔波县永康乡	535	108° 02′ E	25° 17′ N	12
LLG	贵州荔波县黎明关水族乡	850	107° 54′ E	25° 11′ N	14
LLJ	贵州荔波县黎明关水族乡	710	107° 35′ E	25° 10′ N	12

（二）试验方法

1. 基因组总 DNA 的提取

白花兜兰总 DNA 用植物基因组 DNA 提取试剂盒（天根生物有限公司）提取，所得总 DNA 分别用 1% 琼脂糖凝胶和紫外分光光度计检测 DNA 的浓度和纯度，浓度调整为 40 ng/μL，-20℃贮存备用。

2. ISSR 引物的合成与筛选

ISSR 引物合成根据加拿大哥伦比亚大学（UBC）公布的 100 条通用引物序列，由上海生工生物有限公司合成。本试验采用 24 份白花兜兰样本（8 个种群，每个种群随机选3份样本）的基因组DNA对100条ISSR引物进行预扩增筛选引物，从中筛选出6条扩增产物条带清晰、多态性效果较好的引物用于8个白花兜兰野生种群的遗传多样性分析。

3. ISSR-PCR 反应体系及程序

结合Taq酶特性，参照兰科植物ISSR反应体系加以改进：25 μL PCR体系中含2.5 μL 10×Taq Buffer，1 μL引物（10 μM），0.4 μL dNTP（10 uM），1.5 μL Mg^{2+}（25 mM），0.2 μLTaq酶（5 U/μL），1 μL模板DNA（40 ng），用ddH$_2$O补足至25 μL。PCR扩增反应程序设置：95℃预变性5 min，接下来运行40个循环（95℃ 20 s，52℃ 20 s，72℃ 2 min）；然后在72℃延伸10 min，电泳结束后用UVP-GDS8000凝胶成像系统进行拍照记录。

4. 数据处理

ISSR-PCR 扩增产物按条带的有无分别统计条带。有条带记为1，无条带记为0，利用POPGene 32软件获得遗传多样性指数，利用NTsys 2.10e软件计算遗传相似系数，用UPGMA进行聚类分析，构建树状聚类图（孙淑英等，2017；Hua et al., 2017）。

二、结果与分析

（一）ISSR 多态性分析

用初步筛选出的引物对24份白花兜兰样本进行复筛，最终筛选出6条多态性较高、扩增效果较为理想的引物（表27-2）。用6条引物对158份白花兜兰样本进行PCR扩增，共扩增出总条带35条，其中多态性条带30条。平均每条引物总扩增条带数为5.83条，*PPB* 为85.76%，说明158份白花兜兰样本之间遗传多样性较为丰富。引物807和引物809的部分样本扩增结果如图27-1和图27-2所示。

表27-2　6个ISSR引物的扩增结果

引物	序列（5'→3'）	退火温度（℃）	总扩增条带（条）	多态性条带（条）	*PPB*（%）
807	AGAGAGAGAGAGAGAGT	54.7	4	4	100.00
808	AGAGAGAGAGAGAGAGC	55.3	7	6	85.71
809	AGAGAGAGAGAGAGAGG	54.6	6	5	83.33
811	GAGAGAGAGAGAGAGAC	55.3	7	6	85.71

续表

引物	序列（5'→3'）	退火温度（℃）	总扩增条带（条）	多态性条带（条）	PPB（%）
826	ACACACACACACACACC	52.6	4	4	100.00
829	TGTGTGTGTGTGTGTGC	53.2	7	5	71.43
平均值			5.83	5	85.76
总计			35	30	

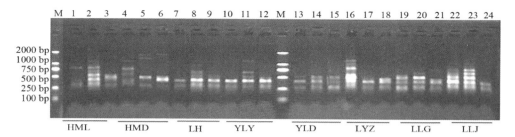

图 27-1 引物 807 对白花兜兰 8 个种群 24 份样本的扩增图谱

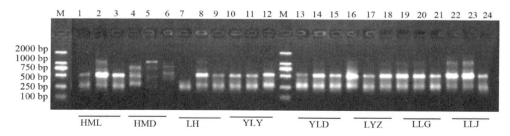

图 27-2 引物 809 对白花兜兰 8 个种群 24 份样本的扩增图谱

（二）遗传多样性分析

1. 种群内的遗传多样性分析

6 条引物对 8 个白花兜兰种群的 158 份样本进行 ISSR-PCR 反应，共扩增出 35 条谱带，种群间多态性位点数范围为 15 ~ 29，种群水平的 PPB 范围为 50.00% ~ 96.67%，平均值为 78.33%；N_a 范围为 1.500 ~ 1.967，平均值为 1.783；N_e 范围为 1.316 ~ 1.622，平均值为 1.482；N_a 与 N_e 在 8 个种群中差异不大，说明 8 个白花兜兰种群的等位基因在种群中分布均匀；I 范围为 0.279 ~ 0.518，平均值为 0.419；Nei's H 范围为 0.187 ~ 0.352，平均值为 0.281（表 27-3）。说明 8 个白花兜兰种群的遗传多样性均属于中等水平。

表27-3 白花兜兰种群内的遗传多样性

种群	多态性位点	PPB（%）	N_a	N_e	Nei's H	I
HML	29	96.67	1.967±0.183	1.601±0.314	0.348±0.146	0.518±0.186
HMD	27	90.00	1.900±0.305	1.622±0.337	0.352±0.159	0.517±0.212
LH	25	83.33	1.833±0.379	1.499±0.370	0.290±0.183	0.434±0.248
YLY	23	76.67	1.767±0.430	1.459±0.372	0.268±0.193	0.400±0.268
YLD	15	50.00	1.500±0.509	1.316±0.365	0.187±0.201	0.279±0.293
LYZ	24	80.00	1.800±0.407	1.459±0.346	0.275±0.178	0.415±0.248
LLG	21	70.00	1.700±0.466	1.434±0.376	0.253±0.198	0.378±0.279
LLJ	24	80.00	1.800±0.409	1.463±0.364	0.274±0.182	0.413±0.250
平均值	23.5	78.33	1.783±0.386	1.482±0.356	0.281±0.180	0.419±0.249

2. 种群间遗传变异分析

对 8 个白花兜兰野生种群的种群间遗传分化水平进行分析，H_t 为 0.321，H_s 为 0.281，种群间的 G_{st} 为 0.125，即总的遗传变异中有 12.47% 的变异来自种群间，87.53% 的变异来自种群内，表明种群内遗传分化非常大。种群间每代个体的 N_m 为 3.509，表明种群间基因交流非常频繁。

（三）种群遗传结构分析

1. 遗传距离与遗传一致度分析

8 个白花兜兰野生种群的 GI 为 0.866 ～ 0.979。LH 种群与 HMD 种群 GI 最小，为 0.866，LLG 种群与 LYZ 种群 GI 最大，为 0.979，表明 LH 种群与 HMD 种群的遗传差异最大，遗传关系最远；LLG 种群与 LYZ 种群遗传差异最小，亲缘关系最近。8 个种群的 GD 为 0.022 ～ 0.144，其中 LLG 种群与 LYZ 种群的 GD 最小，为 0.022，LH 种群与 HMD 种群的 GD 最大，为 0.144（表 27-4）。

表 27-4　8 个白花兜兰野生种群的 Nei's GI（对角线上方）与 GD（对角线下方）

种群	HML	HMD	LH	YLY	YLD	LYZ	LLG	LLJ
HML	—	0.943	0.940	0.957	0.933	0.943	0.943	0.929
HMD	0.059	—	0.866	0.895	0.877	0.891	0.885	0.900
LH	0.062	0.144	—	0.961	0.947	0.973	0.978	0.923
YLY	0.044	0.111	0.040	—	0.946	0.957	0.968	0.964
YLD	0.069	0.132	0.054	0.056	—	0.953	0.978	0.940
LYZ	0.059	0.115	0.027	0.044	0.049	—	0.979	0.928
LLG	0.059	0.122	0.023	0.032	0.022	0.022	—	0.943
LLJ	0.074	0.106	0.081	0.036	0.062	0.075	0.059	—

2. 聚类分析

基于遗传一致性，用 NTSYS 2.10e 软件将 8 个白花兜兰野生种群样本作聚类分析，结果如图 27-3 所示。8 个白花兜兰种群分为两大类，第一大类主要包括 HML 种群和 HMD 种群 2 个种群的 74 份样本，第二大类包括 LYZ 种群、LLG 种群、LH 种群、YLD 种群、YLY 种群、LLJ 种群 6 个种群 84 份样本。第二大类再划分成 3 个亚类，第 Ⅰ 类包括 YLD 种群 1 个种群 6 份样本；第 Ⅱ 类包括 YLY 种群和 LLJ 种群 2 个种群 38 份样本；第 Ⅲ 类包括 LYZ 种群、LLG 种群、LH 种群 3 个种群 40 份样本。

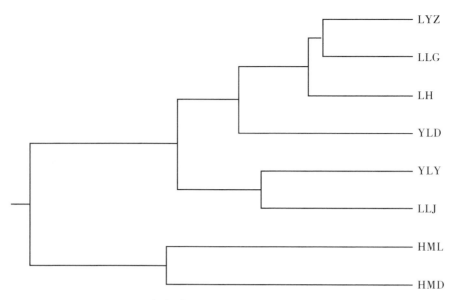

图 27-3　8 个白花兜兰种群的 UPGMA 树状聚类图

三、讨论

遗传多样性高低是评价种质资源优劣的重要内在因素之一，同时反映了物种对环境的适应能力。ISSR 分子标记技术在植物的遗传多样性分析、优良种质资源鉴定及种群亲缘关系分析方面具有广泛运用。目前 ISSR 分子标记技术在兰科植物中已经广泛运用于蝴蝶兰属、石斛属（*Dendrobium*）、兰属（*Gymbidium*）、金线兰属（*Anoectochilus*）等植物的遗传多样性、品种鉴定与亲缘关系分析研究。李永清等（2019）和鹿炎等（2019）利用 ISSR 分子标记技术对铁皮石斛（*Dendrobium officinale*）的种质资源进行了遗传多样性和亲缘关系分析，从 100 条 ISSR 引物中筛选出了 9 条多态性引物，*PPB* 为 99.36%，N_a 平均值为 1.913，N_e 平均值为 1.528，Nei's *H* 平均值为 0.310，*I* 平均值为 0.465；叶炜利等（2015）对金线兰（*Anoectochilus roxburghii*）及近缘种植物进行了 ISSR 遗传多样性研究，从 100 条 ISSR 引物筛选出了 12 条多态性引物，*PPB* 为 99.36%，N_a 平均值为 2.000，N_e 平均值为 1.555，Nei's *H* 平均值为 0.322，*I* 平均值为 0.484。本研究首次采用 ISSR 分子标记技术对 8 个白花兜兰野生种群的遗传多样性进行研究，从 100 条 ISSR 引物中筛选出 6 条具有多态性且条带清晰的引物，*PPB* 为 78.33%，其 N_a 平均值为 1.783，N_e 平均值为 1.482，Nei's *H* 平均值为 0.281，*I* 平均值为 0.419，表明白花兜兰的遗传多样性水平低于铁皮石斛的和金线兰的。

GI 是判断种内及种间亲缘关系及遗传基础的标准之一，GI 越大，亲缘关系越近。本研究中 8 个白花兜兰野生种群的 GI 为 0.866～0.979，种群间的平均 GI 为 0.937，且种群间 GI 均大于 0.8，表明 8 个白花兜兰野生种群的亲缘关系较近。GD 反映了不同种群及不同物种间的亲缘关系，GD 越小亲缘关系越近（Wang et al.，2009）。8 个白花兜兰种群两两间的 GD 为 0.022～0.144，GD 集中且较小，表明白花兜兰种群之间遗传分化程度小，亲缘关系较近。本研究的聚类分析中地理距离最近（5.534 km）的两个种群 HMD 种群和 LYZ 种群并没有严格按地理位置分布聚类，这可能是种群间的基因交流较为频繁导致的。

白花兜兰仅分布于广西和贵州喀斯特山坡的悬崖或断岩崖壁上，生存条件恶劣，分布范围狭窄，种群间地理距离近，导致种群间的基因交流频繁，但过大的基因流阻碍了由遗传漂变导致的遗传分化，不利于种群的长期进化与发展。白花兜兰的遗传多样性虽然低于铁皮石斛和金线兰等国家二级野生保护植物，但仍具有较高的遗传多样性，表明遗传多样性并不是白花兜兰濒危的根本原因。其濒危原因可能包括：一是市场上的兰花热潮使得白花兜兰遭受毁灭性的采挖，加之采挖过程中对其生境的破坏使其不能在短时间内得以恢复；二是白花兜兰在自然状态下结实率非常低。根据聚类结果及种群间遗传多样性指数，可知 HML 种群和 HMD 种群两个种群遗传多样性最高，可作为良种选育的原材料。此外，白花兜兰野生资源多样性保护要加大对白花兜兰野生种质资源及其生境的保护，严禁采挖，同时还要加强对白花兜兰野生种质资源的良种选育，通过组织培养等方式扩大人工培育，从而更好地保护极危植物白花兜兰的野生资源多样性。

四、结论

利用 ISSR 分子标记技术对极小种群野生植物白花兜兰 8 个野生种群的 158 份样本进行遗传多样性分析。从 100 条 ISSR 通用引物中筛选出 6 条多态性较高的引物，共扩增出 35 条谱带，其中多态性条带 30 条，PPB 为 85.76%。结果表明，8 个白花兜兰种群的 N_a 平均值为 1.783，N_e 平均值为 1.482，I 平均值为 0.419，Nei's H 平均值为 0.281，说明白花兜兰种群的遗传多样性水平属于中等水平；利用 NTSYS-pc 软件得出白花兜兰种群间的 G_{st} 平均值为 0.125，种群内遗传变异大于种群间遗传分化，遗传变异主要来自种群内个体间；N_m 为 3.509＞1，表明白花兜兰种群间交流频繁，从而限制了由遗传漂变导致的遗传分化。用 UPGMA 聚类分析将 8 个白花兜兰种群分为两大类，第一大类包括 HML 种群和 HMD 种群，第二大类包括 LYZ 种群、LLG 种群、LH 种群、YLD 种群、YLY 种群和 LLJ 种群。以上研究结果为白花兜兰种质资源保护、优良种质资源选育和引种栽培等提供理论依据。

第二十八章　海伦兜兰保护遗传学研究

一、材料与方法

（一）植物材料获取

海伦兜兰试验材料选择广西百色市靖西市广西邦亮长臂猿国家级自然保护区的 JX 种群、SJS 种群及崇左市龙州县广西弄岗国家级自然保护区的 SLZ 种群、MQZ 种群和龙州县下冻镇的 LZ 种群，每个种群选择距离在 2 m 以上的植株 7 ～ 22 株，每株植株采集 2 片健康无病虫害的叶片。采集到的新鲜叶片，使用变色硅胶快速干燥，共获得71 份样本（表 28-1）。样本由广西植物研究所韦霄研究员鉴定为海伦兜兰。

表 28-1　5 个海伦兜兰种群的采样信息

种群	采样点	海拔（m）	经度	纬度	样本数量（份）
SLZ	龙州县广西弄岗国家级自然保护区	547	106° 50′ E	22° 31′ N	22
LZ	龙州县下冻镇	429	106° 35′ E	22° 22′ N	11
MQZ	龙州县广西弄岗国家级自然保护区	430	106° 54′ E	22° 27′ N	19
JX	靖西市广西邦亮长臂猿国家级自然保护区	790	106° 29′ E	22° 55′ N	7
SJS	靖西市广西邦亮长臂猿国家级自然保护区	700	106° 28′ E	22° 54′ N	12

（二）DNA 提取和 EST-SSR 分型

使用 E.Z.N.A.®Tissue DNA Kit 试剂盒（Omega Bio-Tek 公司）进行 DNA 提取，并利用 1% 琼脂糖凝胶电泳进行质检。我们从兜兰属相关的 EST-SSR 文献中选择 34 对引物进行引物筛选，这 34 对引物在兜兰属的 7 个物种中具有良好的扩增效果（Xu et al., 2018）。采用 16 份样本进行引物筛选验证，最终筛选出 10 对扩增成功、峰型良好的引物开展遗传多样性分析。

聚丙烯酰胺凝胶电泳 PCR 扩增反应采用最终确定的 20 μL 反应体系：1 μL 模板

DNA（30 ng/μL），10 μL 2 × Taq PCR Master Mix，正、反引物各 0.5 μL（10 μmol/L），8 μL ddH$_2$O 补齐至 20 μL。PCR 扩增反应程序设置：94℃预变性 3 min；94℃变性 30 s，51 ～ 58℃退火 30 s，72℃延伸 30 s，运行 35 个循环；72℃延伸 10 min，最后 4℃保存。

（三）数据分析

1. 遗传多样性与遗传分化

使用 GeneAlEx v6.5.1 计算所有位点和每个种群的 N_a、N_e、I、H_o、H_e、N_m 及种群间 F_{st}、PPB，利用 PowerMarker v3.25 计算所有位点的 PIC。

2. 遗传结构分析

采用 3 种方法进行种群间的遗传结构分析。（1）使用 PCoA 来说明个体间的 GD。（2）利用 GeneAlEx v6.5.1 软件进行 AMOVA 研究种群间和种群内的总遗传变异。（3）使用 Structure 2.3.4 对全部个体进行了贝叶斯聚类分析，设置 K=1 ～ 20，Burn-in 周期为 10000，MCMC 设为 100000，每个 K 值运行 10 次，并利用在线工具 Structure Harvester 算出最佳 ΔK 值（即为最佳种群分层情况）。根据最佳 K 值结果作图。

3. 系统发育分析

利用 PowerMarker v3.25 计算了两两样本之间的 Nei's GD。基于 Nei's GD 矩阵，利用 MAGA v6.0 的 UPGMA 构建所有个体的系统发育树。

二、结果与分析

（一）EST-SSR 标记多态性

利用 10 对引物对海伦兜兰 5 个种群的 71 份样本进行多态性分析，结果见表 28-2。结果表明 71 份样本共检测到 19.08 个等位基因，N_a 的范围为 1.600（DL034）～ 5.600（DL020），平均值为 3.180；N_e 的范围为 1.177（DL034）～ 4.101（DL020），平均值为 2.191；I 的范围为 0.208（DL034）～ 1.510（DL020），平均值为 0.801；H_o 的范围为 0.153（DL034）～ 0.763（DL020），平均值为 0.490；H_e 的范围为 0.124（DL034）～ 0.740（DL020），平均值为 0.451；EST-SSR 基因座的 PIC 范围为 0.154（DL034）～ 0.817（DL020），平均值为 0.444。说明本研究使用的 EST-SSR 引物大部分多态性良好，可用于后续试验进行遗传信息分析。其中引物 DL034 的多态性显著低于其他引物的。

表 28-2　10 对引物信息及多态性分析

位点	重复基序	上游引物 / 下游引物	N_a	N_e	I	H_o	H_e	PIC
DL014	（CTC）$_6$	TTCCTTCCCTACCCTTTCCA/ CAGCGGTGTCGTTGATGTT	2.000	1.329	0.341	0.206	0.210	0.180
DL020	（GCC）$_6$	GGCCAAGTACATGCACCCAT/ TTCCCACCTCGGTTATGCAC	5.600	4.101	1.510	0.763	0.740	0.817
DL021	（CAG）$_6$	GCAAATCCATTCAGCCCTGC/ CGACATGGTCTGAGAGGAGC	2.600	1.858	0.703	0.622	0.461	0.384
DL023	（AGA）$_6$	CTTGGGACTCTTTCCTCGGC/ CCAGGAGGCTCTCAGCTTTC	3.400	2.594	1.042	0.696	0.614	0.592
DL030	（CCG）$_6$	CAGGTTGACAGCAATGTCGC/ GCCGCAGCTTTTCGGATAAG	2.600	1.471	0.474	0.195	0.248	0.204
DL032	（AAAC）$_5$	AGCGTGTTTGGACTAGAGCA/ TCGGGGATGCACATGGAAAA	3.400	2.562	1.010	0.771	0.601	0.522
DL034	（CGG）$_6$	GGGTGGGGAGAGTAGGAGTT/ GCCACAACTTGTTTTCCCGG	1.600	1.177	0.208	0.153	0.124	0.154
DL036	（CGT）$_6$	CCACGTGTGACAGAATCCCA/ GGCTCCCGACGAGGAATTAC	4.400	2.315	1.025	0.516	0.560	0.615
DL039	（ATC）$_6$	CCACCAGCTTTCATATCCTCCA/ GCCCATGCTGTGCAAAAAGA	2.600	1.449	0.510	0.281	0.292	0.294
DL040	（TCT）$_6$	AAGAAGTGGCTTCCATGGCA/ GCAAAACCAAGGTGTCGTCC	3.600	3.049	1.182	0.695	0.664	0.675
平均值			3.180	2.191	0.801	0.490	0.451	0.444

（二）遗传多样性

5 个海伦兜兰种群的遗传多样性信息结果见表 28-3。N_a 范围为 2.900（JX、MQZ）～ 3.600（SLZ），平均值为 3.180。N_e 范围为 2.163（MQZ）～ 2.316（JX），平均值为 2.191。I 范围为 0.749（MQZ）～ 0.861（JX），平均值为 0.801。H_o 范围为 0.404（SLZ）～ 0.603（LZ），平均值为 0.490。H_e 范围为 0.403（SJS）～ 0.503（JX），平均值为 0.451。PPB 范围为 90%～ 100%，平均值为 92%。这些结果表明海伦兜兰的遗传多样性较丰富，其中 JX 种群（I=0.861，H_e=0.503，PPB=90.00%）和 LZ 种群（I=0.855，H_e=0.501，PPB=100.00%）的遗传多样性较高，SJS 种群（I=0.773，H_e=0.403，PPB=90.00%）的遗传多样性相对较低。

表 28-3　基于 10 对 EST-SSR 引物的 5 个海伦兜兰种群的遗传多样性水平

种群	N_a	N_e	I	H_o	H_e	PPB
JX	2.900	2.316	0.861	0.524	0.503	90.00%
LZ	3.000	2.212	0.855	0.603	0.501	100.00%
MQZ	2.900	2.163	0.749	0.508	0.433	90.00%
SLZ	3.600	2.020	0.764	0.404	0.418	90.00%
SJS	3.500	2.242	0.773	0.409	0.403	90.00%
平均值	3.180	2.191	0.801	0.490	0.451	92.00%

（三）遗传结构与分化

AMOVA 结果（表 28-4）表明，海伦兜兰种群间的遗传变异仅占 7%，而种群内遗传变异占 93%，绝大部分遗传变异发生在种群内部，说明海伦兜兰的变异主要发生在种群内，种群间遗传分化程度较低，种群内遗传分化程度较高。F_{st} 反映种群等位基因杂合性水平，其值为 0 ～ 1，是衡量种群间分化程度的指标。由表 28-5 可知，各种群间 F_{st} 在 0.022 ～ 0.127 范围内，遗传分化程度不高，其中，SJS 种群与 SLZ 种群、SJS 种群与 LZ 种群和 SLZ 种群与 LZ 种群之间的 F_{st} 均小于 0.05，表现出低遗传分化，表明该种群之间具有较近的亲缘关系，而其他各个地区之间的遗传分化值均在 0.05 ～ 0.15 范围内，表现出中等遗传分化，SJS 种群与 JX 种群的 F_{st} 最大（0.127），表明这两个种群间亲缘关系最远。N_m 是衡量植物种群间和种群内变异的重要指标，N_m 越小，种群间相似程度越小。海伦兜兰种群间 N_m 范围为 1.718 ～ 11.103，平均值为 4.469，基因流水平较高。

表 28-4　海伦兜兰种群的 AMOVA 结果

遗传变异来源	自由度	均方和	均方偏差	方差组分	遗传变异百分比（%）
种群间	4	30.053	7.513	0.184	7
种群内	137	338.855	2.473	2.473	93
总计	141	368.908		2.658	100

表 28-5　5 个海伦兜兰种群间 N_m（对角线上方）和 F_{st}（对角线下方）

种群	JX	LZ	MQZ	SLZ	SJS
JX	—	3.188	2.058	2.303	1.718
LZ	0.073	—	3.342	8.767	11.103
MQZ	0.108	0.070	—	2.426	3.199
SLZ	0.098	0.028	0.093	—	11.056
SJS	0.127	0.022	0.072	0.022	—

利用 Structure 软件中的基于贝叶斯聚类方法对海伦兜兰种群的遗传结构进行分析（图 28-1）。结果显示，在 $K=1 \sim 20$ 范围内，当 $K=3$ 时，ΔK 取得最大值，表明海伦兜兰 5 个种群的 71 份个体基因型分为 3 种，但 3 种基因型在基因池中分布不均且不能按照基因型分布（图 28-2）。N_m 为 $1.274 \sim 8.213$（10 个多态性位点的 N_m 均大于 1），平均值为 2.840，表明 71 份海伦兜兰种质资源样本中可能存在较高的基因流，与种群遗传结构分析结果基本一致。

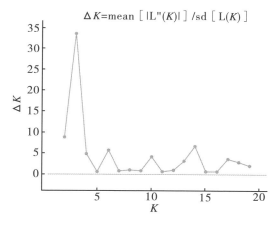

图 28-1　5 个海伦兜兰种群结构分析的 ΔK 值分布

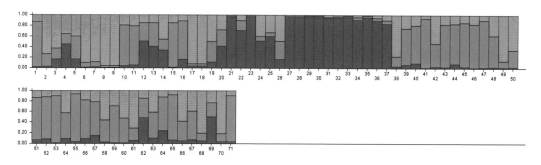

图 28-2　5 个海伦兜兰种群的遗传结构图

（四）系统发育关系分析

基于 Nei's *GD* 矩阵，采用 UPGMA 对 71 份海伦兜兰种质资源样本进行聚类分析（图 28-3），结果显示 2 份来自 JX 种群的样本和 1 份来自 MQZ 种群的样本聚为一类（Ⅰ），剩下 5 份来自 JX 种群的样本、11 份来自 LZ 种群的样本、18 份来自 MQZ 种群的样本、22 份来自 SLZ 种群的样本和 12 份来自 SJS 种群的样本聚为一类（Ⅱ）。分支Ⅱ又划分为 2 支（即Ⅱ-1、Ⅱ-2），Ⅱ-1 包括 4 份来自 LZ 种群的样本和 1 份来自 SLZ 种群的样本，Ⅱ-2 包括 5 份来自 JX 种群的样本、7 份来自 LZ 种群的样本、18 份来自 MQZ 种群的样本、21 份来自 SLZ 种群的样本和 12 份来自 SJS 种群的样本。对 71 份种质资源样本进行 PCoA，结果显示第一主坐标和第二主坐标分别占总遗传变异的 15.57% 和 11.31%（图 28-4）。表明 UPGMA 聚类分析结果与 PCoA 结果基本一致，即 71 份海伦兜兰样本明显划分为 3 支，但没有按照地理位置明显划分。从图 28-3 可以看出，LZ 种群少数样本与 SLZ 种群 1 份样本亲缘关系较近，JX 种群少数样本与 MQZ 种群 1 份样本亲缘关系较近。

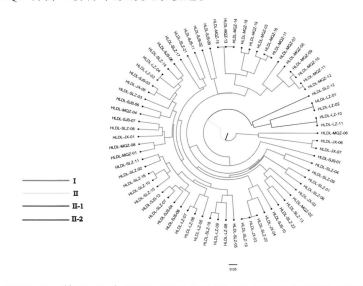

图 28-3　基于 10 个 EST-SSR 标记的 71 份海伦兜兰样本遗传关系的进化树

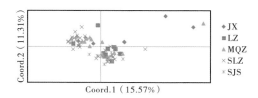

图 28-4　71 份海伦兜兰样本的 PCoA 结果

三、讨论

（一）遗传多样性

EST-SSR 分子标记技术具有灵活性高、成本低、多态性丰富、重复性好等优势，用此分子标记技术来分析海伦兜兰的遗传多样性，其结果更能反映 DNA 水平上真实的遗传变异，从而揭示海伦兜兰的遗传变异与多样性，为海伦兜兰的品种选育与保护提供重要的参考依据。遗传多样性是物种演化潜力和抵抗外界环境变化的一种体现，物种遗传多样性越丰富，其适应外界环境的能力越强，反之越弱（徐言等，2023）。本研究结果表明，海伦兜兰的微卫星位点均表现出较高的多态性，PIC 平均值为 0.444，比增艳华等（2023）研究的野生春兰（$Cymbidium\ goeringii$）多态性低（PIC=0.8050）。海伦兜兰的 PPB 为 92.00%，高于李宗艳等（2013）研究的硬叶兜兰（$Paphiopedilum\ micranthum$）的 PPB（81.25%）、朱亚艳等（2017）研究的贵州南部 8 种野生兜兰属植物的 PPB（80.26%）和田力等（2023）研究的贵州北盘江流域 6 种野生兜兰属植物的 PPB（84.54%）。海伦兜兰的 H_e 为 0.451，I 为 0.801。试验结果显示，海伦兜兰具有中等遗传多样性，低于利用 SSR 标记的其他兰科物种如蕙兰（$Cymbidium\ faberi$，H_e=0.600，I=1.049）（寇帅等，2021），高于带叶兜兰（$Paphiopedilum\ hirsutissimum$，$H_e$=0.421、$I$=0.743）（徐言等，2023）、铁皮石斛（$H_e$=0.344、$I$=0.508）（徐蕾等，2015）。

植物的遗传多样性通常取决于其繁育系统、生活型，稀有和特有物种的遗传多样性水平预计低于广布物种。一般而言，分布广、种子由动物传播的多年生草本植物具有较高遗传多样性。海伦兜兰为地生型草本植物，分布范围有限，种群数量极少（唐凤鸾等，2022），结果显示海伦兜兰具有中等遗传多样性。海伦兜兰作为极小野生种群保护植物被首次报道后，有大量野生植株被非法出售。SJS 种群和 SLZ 种群遗传多样性相对较低，可能是栖息地被破坏和长期保持小种群规模和种群破碎化导致遗传多样性的丧失（黄云峰等，2007；Qian et al.，2013）。有前人研究发现，生境海拔越高，其遗传多样性越高（杨舒婷等，2022）。海伦兜兰对生境要求极高，分布地区海拔均较高，JX 种群位于海拔 790 m，相对较高，人为干扰相对困难，因此保留较高的遗传多样性。

（二）遗传结构和遗传分化

从遗传结构上看，海伦兜兰遗传变异仅有 7% 来自种群间，绝大部分遗传变异发生在种群内。这与徐言等（2023）发现兜兰属植物遗传变异主要发生在种群内的研究结果一致。海伦兜兰具有中等遗传多样性和种群间变异低的现象可能与海伦兜兰具有艳丽的花色而实施欺骗性授粉策略以及具有沙尘状的种子等特征有关，这些特征增加了种群内的基因交流频率（Manners et al., 2013）。根据前人的研究，F_{st} 范围为 0 ～ 0.05 的种群，各亚群间分化可忽略不计；F_{st} 范围为 0.05 ～ 0.15 的种群，则视为中度分化；F_{st} 范围为 0.15 ～ 0.25 的种群，则被认为是高度分化（董丽敏等，2019）。本研究结果表明，海伦兜兰遗传分化处于中等水平（F_{st}=0.071），低于贵州北盘江流域 6 种野生兜兰属植物（G_{st}=0.537）（田力等，2023）。影响种群遗传分化的因素较多，其中 N_m 是影响种群遗传分化的重要因素之一。海伦兜兰基因流水平较高（N_m=4.916），较高水平的基因流可以阻止遗传漂变引起的种群遗传分化。种群间的基因流动一般受到种子和花粉传播的限制。兰花的典型特征是种群遗传分化低，这通常归因于兰花多为尘埃状种子，虽然大多数兰花种子通常落在母株附近，但它可以依赖风进行长距离传播（Chen et al., 2014）。

（三）系统发育关系

在本研究中，UPGMA 聚类树、Structure 分析和 PCoA 结果基本一致，将 71 份海伦兜兰样本分为 3 类，但并没有严格按照地理位置划分，这与秦惠珍等（2022）对白花兜兰的研究结果一致。说明 5 个海伦兜兰种群之间遗传分化较小，亲缘关系较近。JX 种群与 MQZ 种群的地理距离较 JX 种群与 SJS 种群的地理距离远，但 JX 种群与 MQZ 种群的部分个体优先聚集在一起，同理 SLZ 种群部分个体优先与 LZ 种群部分个体聚集在一起而不是与同一个保护区内距离较近的 MQZ 种群聚集在一起。出现这一结果的原因可能是各种群间基因交流频繁或受到人为活动影响，如海伦兜兰在发表后被非法大量采集，导致海伦兜兰资源在不同地区之间迁移。

（四）研究结果对海伦兜兰保护的意义

（1）遗传多样性是影响物种生存能力和进化能力的重要因素之一，本研究得到海伦兜兰遗传多样性处于中等水平（H_e=0.451，I=0.801）。根据结果分析，JX 种群和 LZ

种群这两个种群的遗传多样性较高，应该作为重点保护单元进行保护。

（2）保护濒危植物栖息地的同时，可以避免破碎化，菌根真菌和传粉者也能得到保护，使环境稳定，这对于延长该物种生命周期和恢复野生种群极其重要。目前，除了龙州县下冻镇的 LZ 种群，其他种群（JX 种群、SJS 种群、SLZ 种群和 MQZ 种群）都在自然保护区内。因此，在就地保护方面，对于 JX 种群、SJS 种群、SLZ 种群和 MQZ 种群，需加强保护区建设，加大管护和巡护力度，避免生境被破坏和出现人为采挖。对于 LZ 种群，林业部门需尽快建立保护小区。

（3）海伦兜兰分布区狭窄，种群个体数量极少，抗干扰能力差，为保护其遗传多样性，有必要开展人工授粉，促进种群的有性繁殖，防止物种退化。建议从种群间选择有代表性的植株的子代进行迁地保护，最大限度保护其遗传多样性。

四、结论

海伦兜兰具有极高的观赏价值，为国家一级保护植物。本研究利用 EST–SSR 分子标记技术对广西海伦兜兰的 5 个种群 71 份样本的遗传多样性和遗传结构进行分析，旨在为该种质资源有效保护与利用提供重要的参考依据。结果表明：海伦兜兰具有中等遗传多样性，PPB 为 90% ～ 100%，H_e 的平均值为 0.451，I 的平均值为 0.801。绝大多数（93%）遗传变异存在于种群内，仅有 7% 遗传变异存在于种群间，种群内的遗传变异大于种群间的变异，估计的 N_m 为 2.840。UPGMA、PCoA 和 Structure 分析结果表明，聚类并没有严格按照地理位置划分，靖西市广西邦亮长臂猿国家级自然保护区种群和龙州县下冻镇种群的遗传多样性均较高，应该作为海伦兜兰重点保护单元进行保护。

第四部分

广西极小种群野生植物光合生理生态特性研究

第二十九章　长叶苏铁、德保苏铁、宽叶苏铁和
叉叶苏铁的光合生理生态特性比较研究

一、材料与方法

（一）试验地概况

试验地位于广西桂林市雁山区广西植物研究所濒危植物种质资源圃。地理位置为 $110°\ 17'$ E、$25°\ 01'$ N，海拔 150 m，年均温 19.2℃，极端高温 40℃，极端低温 -5.5℃，冬季有霜冻，偶见雪。年均降水量 1865.7 mm，多集中于春夏两季，年均 RH 为 78%，土壤为砂页岩及第四纪红土发育的酸性红壤，pH 值为 5.0 ～ 6.0。0 ～ 35 cm 深的土壤营养成分含量：有机碳 0.6631%，有机质 1.1431%，全氮 0.1175%，全磷 0.1131%，全钾 3.0661%。种质资源圃内的乔木层物种主要为樟（*Camphora officinarum*）、深山含笑、楝（*Melia azedarach*）等，郁闭度为 65%。

（二）材料

供试苏铁种类为长叶苏铁、德保苏铁、宽叶苏铁（十万大山苏铁）、叉叶苏铁已开花的成年植株。使用仪器设备为 Li-6400 便携式光合仪（Li-Cor, Lincoln, Nebraska, USA）。

（三）方法

采用 Li-6400 便携式光合仪 LED 红蓝光源叶室测定叶片的 P_n，测定时间为 12 月中旬天气晴朗的上午 9：00 ～ 11：00，测定时选取健康、无病虫害的完整叶片，测量前将待测叶片在 800 $\mu mol \cdot m^{-2} \cdot s^{-1}$ 的 PAR 下诱导 15 min。使用开放气路，空气流速设为 500 mL $\cdot$ min^{-1}。设定的 PAR 梯度为 1500 $\mu mol \cdot m^{-2} \cdot s^{-1}$、1200 $\mu mol \cdot m^{-2} \cdot s^{-1}$、1000 $\mu mol \cdot m^{-2} \cdot s^{-1}$、800 $\mu mol \cdot m^{-2} \cdot s^{-1}$、600 $\mu mol \cdot m^{-2} \cdot s^{-1}$、400 $\mu mol \cdot m^{-2} \cdot s^{-1}$、200 $\mu mol \cdot m^{-2} \cdot s^{-1}$、150 $\mu mol \cdot m^{-2} \cdot s^{-1}$、100 $\mu mol \cdot m^{-2} \cdot s^{-1}$、50 $\mu mol \cdot m^{-2} \cdot s^{-1}$、

20 $\mu mol \cdot m^{-2} \cdot s^{-1}$、0 $\mu mol \cdot m^{-2} \cdot s^{-1}$，测定时每一梯度下停留 120 ～ 200 s。以光量子通量密度（PFD）为横轴、P_n 为纵轴绘制光响应曲线。

（四）数据处理

用 Excel 对光合参数进行初步分析。使用叶子飘（2010）的光合计算软件拟合。采用 SPSS Statistics 26 进行多重比较，使用 Origin 2021 软件制作相关图表。

二、结果与分析

（一）4 种苏铁属植物的光响应曲线比较

植物的光响应曲线可以客观呈现其 P_n 与 PFD 之间的关系规律。使用叶子飘的光合计算软件拟合后的 4 种苏铁属植物光响应曲线如图 29-1 所示。由图 29-1 可知，在 PFD 为 0 时，4 种苏铁属植物的 P_n 均小于 0，反映出其在黑暗下的呼吸作用。在 PFD 为 0 ～ 200 $\mu mol \cdot m^{-2} \cdot s^{-1}$ 时，P_n 陡然上升，实测值近似为一条直线；在 PFD 为 200 ～ 400 $\mu mol \cdot m^{-2} \cdot s^{-1}$ 时，4 种苏铁属植物的 P_n 均上升变缓；在 PFD 为 400 ～ 1500 $\mu mol \cdot m^{-2} \cdot s^{-1}$ 时，P_n 逐渐趋于饱和。

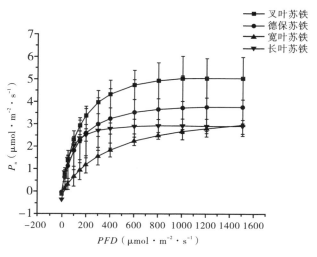

图 29-1　4 种苏铁属植物的光响应曲线比较

（二）4 种苏铁属植物的光响应参数的比较

4 种苏铁属植物的光响应参数值见表 29-1。由表 29-1 可知，4 种苏铁属植物的

AQY、LCP 和暗呼吸速率（R_d）存在显著差异（$P < 0.05$），P_{max} 和 LSP 无显著差异（$P > 0.05$）。其中，叉叶苏铁的 P_{max} 最高，为 5.0563 $\mu mol \cdot m^{-2} \cdot s^{-1}$；宽叶苏铁的 LSP 和 LCP 最高，分别为 2040.3504 $\mu mol \cdot m^{-2} \cdot s^{-1}$ 和 10.554 $\mu mol \cdot m^{-2} \cdot s^{-1}$；长叶苏铁的 AQY 和 R_d 最高，为 0.0724 mol $\cdot$ mol^{-1} 和 0.3708 $\mu mol \cdot m^{-2} \cdot s^{-1}$。

表 29-1　4 种苏铁的光响应参数比较

种类	AQY（mol $\cdot$ mol^{-1}）	P_{max}（$\mu mol \cdot m^{-2} \cdot s^{-1}$）	LSP（$\mu mol \cdot m^{-2} \cdot s^{-1}$）	LCP（$\mu mol \cdot m^{-2} \cdot s^{-1}$）	R_d（$\mu mol \cdot m^{-2} \cdot s^{-1}$）
叉叶苏铁	0.0388 ± 0.0026ab	5.0563 ± 0.9137a	1284.0028 ± 100.9120a	3.0264 ± 3.7442a	0.1152 ± 0.1416ab
德保苏铁	0.0316 ± 0.0194a	3.7625 ± 1.3475a	1410.3892 ± 40.4558a	1.5274 ± 0.0632a	0.0478 ± 0.0287a
宽叶苏铁	0.0092 ± 0.0092a	2.8499 ± 0.2277a	2040.3504 ± 297.2179a	10.554 ± 5.6731b	0.0948 ± 0.0719ab
长叶苏铁	0.0724 ± 0.0045b	2.9119 ± 0.3060a	948.6135 ± 283.8893a	5.7067 ± 0.9359b	0.3708 ± 0.0361b

注：同列不同小写字母表示不同种之间在 0.05 水平的显著差异。

（三）4 种苏铁属植物的胞间 CO_2 浓度、气孔导度、蒸腾速率光响应曲线分析

CO_2 是植物光合作用原料，因此胞间 CO_2 浓度（C_i）的高低直接影响植物的光合速率。图 29-2 的 C_i 光响应曲线结果表明，在 0 ~ 100 $\mu mol \cdot m^{-2} \cdot s^{-1}$ 的 PFD 下，4 种苏铁属植物的 C_i 随 PFD 的增大而急剧下降；当 PFD 处于 100 ~ 400 $\mu mol \cdot m^{-2} \cdot s^{-1}$ 时，C_i 下降速度开始逐渐减缓；当 PFD 超过 400 $\mu mol \cdot m^{-2} \cdot s^{-1}$ 后，C_i 开始缓慢上升。

气孔是植物叶片进行光合作用时吸收外界 CO_2 的主要通道，随着光合速率的上升，气孔会逐渐打开以获取更多的 CO_2 参与光合作用。由 G_s 的光响应曲线可知，4 种苏铁属植物的变化趋势相似，PFD 为 0 ~ 1500 $\mu mol \cdot m^{-2} \cdot s^{-1}$ 时，G_s 随着 PFD 的增大而缓慢升高。长叶苏铁的 PFD 在 1000 ~ 1500 $\mu mol \cdot m^{-2} \cdot s^{-1}$ 范围时，G_s 上升的趋势开始变快。

T_r 受 PFD 的影响，与 PFD 呈正相关的关系。由 T_r 的光响应曲线可知，4 种苏铁属植物的 T_r 随 PFD 的增大而升高。长叶苏铁在各 PFD 下的 T_r 显著高于另外 3 种苏铁属植物，且 PFD 在 1000 ~ 1500 $\mu mol \cdot m^{-2} \cdot s^{-1}$ 范围时，T_r 上升的趋势开始变快。而叉叶苏铁、德保苏铁和宽叶苏铁的 T_r 变化趋势基本相似。

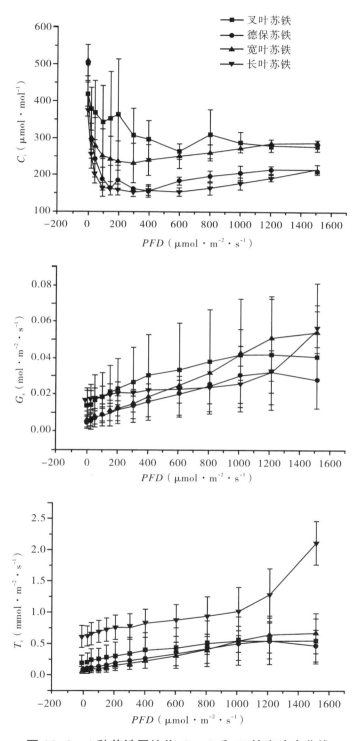

图 29-2　4 种苏铁属植物 C_i、G_s 和 T_r 的光响应曲线

三、讨论

光合作用是一切生命活动和生理过程的基础，它能决定植物有机物质的积累和能量吸收，与植物的生长发育密切相关（Makino et al.，2011）。本研究对4种迁地保护的苏铁属植物的光合特性进行了比较分析，结果表明，叉叶苏铁和德保苏铁的光响应曲线变化趋势基本一致，长叶苏铁的 LSP 较低；4种苏铁属植物的 AQY、LCP 和 R_d 存在显著差异。在同一迁地保护生境下，4种苏铁属植物的光合能力各有差异，可能与不同种之间的基因型有关，这需要进一步研究。

通过拟合光响应曲线得到光响应参数可以反映植物的光合能力。本研究中，长叶苏铁的 AQY 和 R_d 最高，宽叶苏铁的 LCP 和 LSP 最大，叉叶苏铁的 P_{max} 最高。说明在4种苏铁属植物中，长叶苏铁对弱光的利用能力最强，但较高的 R_d 不利于其对光合产物的积累；宽叶苏铁对弱光的利用能力最弱，LCP 和 LSP 之间的范围较大，对光照强度的适应范围最广。叶片 P_{max} 可以衡量植物的光合潜力，叉叶苏铁表现出了较好的光合潜力。4种苏铁属植物的 T_r、C_i 和 G_s 在不同 PFD 下的变化趋势也有所不同。叉叶苏铁和德保苏铁的光响应曲线变化趋势基本一致，与长叶苏铁、宽叶苏铁的变化趋势存在较大差异，说明4种苏铁属植物光合性状在不同种之间存在遗传变异。植物达到 LSP 后的 P_n 变化趋势分两种类型，一种是 PFD 增大，P_n 不变，另一种是随着 PFD 增大，P_n 下降。本研究中的4种苏铁属植物 P_n 的变化趋势属于第一种。

四、结论

4种苏铁属植物的光合特性存在一定差异，尤其是 AQY、LCP 和 R_d 存在显著差异。叉叶苏铁的 P_{max} 最高，其次为德保苏铁，最低的是宽叶苏铁。宽叶苏铁的 LSP 和 LCP 最高，长叶苏铁的 LSP 较低，德保苏铁的 LCP 最低。长叶苏铁的 AQY 最高，宽叶苏铁的 AQY 最低。在 $0 \sim 100\ \mu mol \cdot m^{-2} \cdot s^{-1}$ 的 PFD 下，4种苏铁属植物的 C_i 随 PFD 的增大而急剧下降；当 PFD 处于 $100 \sim 400\ \mu mol \cdot m^{-2} \cdot s^{-1}$ 时，C_i 下降速度开始逐渐减缓；PFD 超过 $400\ \mu mol \cdot m^{-2} \cdot s^{-1}$ 后，C_i 开始缓慢上升。4种苏铁属植物的 T_r 随 PFD 的增大而升高。长叶苏铁在各 PFD 下的 T_r 显著高于另外3种苏铁属植物。叉叶苏铁、德保苏铁和宽叶苏铁的 T_r 变化趋势基本相似。在光合作用中对有机物质的积累速度较慢，是其生长缓慢的主要原因。本研究通过分析4种苏铁属植物在相同迁地保护生境下的光合特性及其差异，为其人工栽培和保护提供重要参考依据。

第三十章 资源冷杉、元宝山冷杉和日本冷杉幼苗的光合特性比较研究

一、材料与方法

（一）试验地概况

供试材料资源冷杉、元宝山冷杉和日本冷杉（*Abies firma*）均定植栽培于试验地育苗棚内。试验地位于广西壮族自治区桂林市资源县的广西银竹老山资源冷杉国家级自然保护区，地理位置为110°32′～110°37′E、26°13′～26°20′N，海拔1390 m左右。试验地地处中亚热带季风气候区，年均温为16℃，四季分明。年均RH为83%，一年中除9月属于半湿润级外，其他月均属于湿润级，其中4月、5月最湿润。

（二）材料

本研究中3种植物的测试材料均选用人工培育生长健壮、苗高为1.0～1.5 m、冠幅约为1 m²、地径约为5 cm的7年生幼苗。

（三）方法

1.光合色素含量的测定

每种植物剪取0.2 g健康无病虫害的叶片置于95%乙醇溶液中，避光浸泡约24 h。待叶片组织完全变白后，取出叶片组织并将浸提液转移并定容至50 mL的容量瓶中，混匀后，制成叶绿素待测液。以95%乙醇溶液为参比溶液，用TU–1901型紫外分光光度计分别于665 nm、649 nm、655 nm、470 nm处测定叶绿素a（Chl a）、叶绿素b（Chl b）和类胡萝卜素（Car）的含量，计算公式如下：

$$\text{Chl a 含量（mg/g）}=(13.95D_{665}-6.88D_{649})\times\frac{V}{1000W}$$

$$\text{Chl b 含量（mg/g）}=(24.96D_{649}-7.32D_{655})\times\frac{V}{1000W}$$

$$\text{Car 含量（mg/g）} = \frac{1000D_{470} - 2.05C_a - 114.8C_b}{245} \times \frac{V}{1000W}$$

式中，D_{665} 为在 665 nm 处的吸光值；D_{649} 为在 649 nm 处的吸光值；D_{655} 为在 655 nm 处的吸光值；D_{470} 为在 470 nm 处的吸光值；C_a 为 Chl a 浓度（$13.95D_{665} - 6.88D_{649}$）；$C_b$ 为 Chl b 浓度（$24.96D_{649} - 7.32D_{655}$）；$V$ 为提取液体积（mL）；W 为叶片鲜重（g）。

2. 光响应曲线的测定

测试时间为 2023 年 9 月某个晴天的上午 10：00 ～ 12：00，使用 Li-6400 便携式光合仪 LED 红蓝光源叶室测定光响应曲线，随机选取 3 株中段无病虫害、无缺损的植株的健康叶片。PAR 依次设置为 0、20 $\mu mol \cdot m^{-2} \cdot s^{-1}$、50 $\mu mol \cdot m^{-2} \cdot s^{-1}$、100 $\mu mol \cdot m^{-2} \cdot s^{-1}$、200 $\mu mol \cdot m^{-2} \cdot s^{-1}$、400 $\mu mol \cdot m^{-2} \cdot s^{-1}$、800 $\mu mol \cdot m^{-2} \cdot s^{-1}$、1000 $\mu mol \cdot m^{-2} \cdot s^{-1}$、1200 $\mu mol \cdot m^{-2} \cdot s^{-1}$、1400 $\mu mol \cdot m^{-2} \cdot s^{-1}$、1500 $\mu mol \cdot m^{-2} \cdot s^{-1}$，每个梯度下取 3 个平行结果。设置 C_a 为 400 $\mu mol \cdot m^{-2} \cdot s^{-1}$。在测量前将叶片置于 1000 $\mu mol \cdot m^{-2} \cdot s^{-1}$ 的 PAR 下诱导 15 min。

3. 光响应曲线的拟合及相关生理参数的计算

采用叶子飘光合计算软件（2010）分别为 3 种植物的光响应曲线数据进行多模型拟合并选取出拟合程度最优的模型，最终得到 P_{max}、LSP、LCP、AQY、R_d 等相关生理指标。$WUE = P_n / T_r$。

4. 数据处理

采用 Excel 2019 软件对数据进行初步的统计与处理，采用 SPSS 23.0 软件中的单因素方差分析对三种植物光合参数进行差异性分析（Duncan 法）。采用 Origin 8.5 软件进行相关图表制作。

二、结果

（一）资源冷杉、元宝山冷杉和日本冷杉幼苗期的光合色素含量

3 种植物的光合色素含量如图 30-1 所示。由该图可知，日本冷杉 Car 的含量高于资源冷杉的和元宝山冷杉的，为 0.265 mg/g。资源冷杉 3 种光合色素的含量均显著低于日本冷杉的和元宝山冷杉的。除 Car 含量外，元宝山冷杉 Chl a 和 Chl b 的含量均显著高于日本冷杉的和资源冷杉的，分别为 1.303 mg/g、0.417 mg/g。

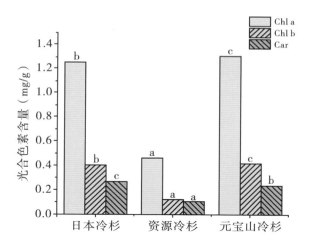

注：同一颜色柱形图的不同小写字母表示差异显著，$P < 0.05$。

图 30-1　日本冷杉、资源冷杉和元宝山冷杉幼苗期的光合色素含量

（二）资源冷杉、元宝山冷杉和日本冷杉的光响应曲线

利用叶子飘光合模型模拟软件对这 3 种植物的光响应曲线进行拟合，其中直角双曲线修正模型对这 3 种植物拟合程度均最好（R^2=0.98、0.97、0.99），故选用该模型对这 3 种植物的光合特性进行分析。3 种植物的 P_n 对 PAR 的响应如图 30-2 所示。由图 30-2 可知，在 PAR 为 0 ～ 200 μmol·m^{-2}·s^{-1} 时，3 种植物的 P_n 均随着 PAR 的增强呈现出直线上升的趋势。在 PAR 超过 200 μmol·m^{-2}·s^{-1} 后，3 种植物的 P_n 的变化趋势开始出现差异。相比之下，日本冷杉和资源冷杉 P_n 的增速变缓，而元宝山冷杉的 P_n 则依旧保持较高的增速。当 PAR 在 800 ～ 1200 μmol·m^{-2}·s^{-1} 时，日本冷杉的 P_n 趋于平缓，当 PAR 超过 1200 μmol·m^{-2}·s^{-1} 时，日本冷杉开始出现明显的光抑制现象。资源冷杉则在 PAR 大于 1000 μmol·m^{-2}·s^{-1} 时，P_n 才趋于平缓，当 PAR 大于 1400 μmol·m^{-2}·s^{-1} 时，才出现光抑制现象且 P_n 下降不明显。相比之下，元宝山冷杉整体上的 P_n 大于日本冷杉和资源冷杉，在 PAR 小于 1000 μmol·m^{-2}·s^{-1} 时，其 P_n 均表现出明显的上升趋势，在 PAR 为 1000 ～ 1400 μmol·m^{-2}·s^{-1} 时，P_n 趋于平缓且光抑制现象不明显。

根据叶子飘直角双曲线修正模型还得到了这 3 种植物的 P_{max}、AQY、LSP、LCP、R_d、WUE 等相关生理参数，结果如表 30-1 所示。经比较可知，这 3 种植物的光合生理生态参数有所差异。其中，资源冷杉的 P_{max} 最低，为 4.962 ± 0.121 μmol·m^{-2}·s^{-1}，

其次为日本冷杉，元宝山冷杉的 P_{max} 最高。说明资源冷杉的光合能力较弱，其叶片在单位面积内同化的 CO_2 量较少，不利于植物的生长发育。资源冷杉的 AQY 也显著低于日本冷杉和元宝山冷杉，说明资源冷杉对弱光的利用率低。资源冷杉和元宝山冷杉较高的 LSP，说明这两种濒危植物对强光具有较强的适应性。元宝山冷杉 R_d 较高，分别为日本冷杉和资源冷杉的 5.8 倍和 2.6 倍，说明元宝山冷杉呼吸作用较强，不利于光合产物积累。

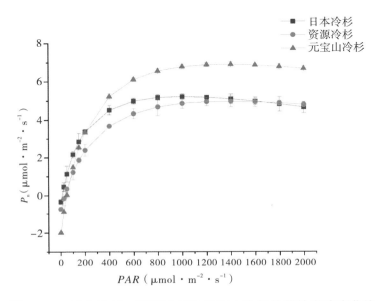

图 30-2　日本冷杉、资源冷杉和元宝山冷杉幼苗的光响应曲线

表 30-1　日本冷杉、资源冷杉和元宝山冷杉的光合生理生态参数

物种	P_{max} (μmol·m^{-2}·s^{-1})	AQY (mol·mol^{-1})	LSP (μmol·m^{-2}·s^{-1})	LCP (μmol·m^{-2}·s^{-1})	R_d (μmol·m^{-2}·s^{-1})	WUE (μmol·mmol^{-1})
日本冷杉	5.216± 0.193b	0.023± 0.001b	992.374± 45.120b	21.986± 2.093a	0.3422± 0.407a	5.352± 0.231b
资源冷杉	4.962± 0.121a	0.020± 0.001a	1367.731± 77.444a	32.181± 2.411b	0.754± 0.060b	5.882± 0.141c
元宝山冷杉	6.889± 0.109c	0.032± 0.001c	1369.431± 103.075a	48.681± 4.287c	1.997± 0.182c	0.327± 0.118a

注：同列不同小写字母表示差异显著，$P < 0.05$。

三、讨论

濒危植物因自身特殊的生物学特性，如光合、呼吸、蒸腾等，使其竞争力较弱，在群落中处于劣势地位。光作为参与植物生长发育重要的环境因子，濒危植物对光环境的适应能力，可从侧面反映出其濒危原因和机制。其中，光响应曲线及相关生理参数在反映植物对光能利用率方面具有重要参考价值。而植物的光合能力又与叶绿素含量密切相关，可直接反映出植物对光能的利用率和对光环境的适应能力（Liu et al., 2007）。本研究发现，幼苗期的资源冷杉的 P_n 与 P_{max} 显著低于日本冷杉和元宝山冷杉。另外，叶绿素含量测定结果也表明资源冷杉叶片中 Chl a、Chl b 的含量显著低于其他 2 种植物的。因此，本研究认为资源冷杉中低含量的叶绿素也可能是其 P_n 较低的原因之一，阻碍光合产物的积累，使该植物在群落竞争中处于劣势地位。而幼苗期的元宝山冷杉较高的叶绿素含量，保证了其光合产物的积累，使其在群落竞争中处于优势地位。

除叶绿素外，Car 也是参与植物光合作用的重要色素，Car 参与植物体内叶黄素循环，可有效降低过量光量子对植物器官的损伤并帮助植物有效利用弱光。相较于日本冷杉，资源冷杉叶片中较低的 Car 含量和较低的 AQY，说明资源冷杉在幼苗期对弱光环境适应性较差，增加了其濒危风险。我们对资源冷杉的南风面群落调查时发现，资源冷杉野外小苗极少，该群落郁闭度较高，群落下部光环境差，资源冷杉幼苗下部枝条多有枯死现象，难以存活。林缘的幼苗生长比林中的幼苗生长健壮，并容易长成大树。翠柏（*Calocedrus macrolepis*）（刘方炎等，2010）、察隅冷杉（*Abies chayuensis*）（黄迪等，2023）野生群落出现类似情况。

植物对光环境的适应性存在限制，过弱或过强均会限制其光合作用，LCP 代表的是植物可适应光环境的下限，LSP 代表的则是上限。本研究发现，资源冷杉和元宝山冷杉两种濒危植物的 LSP 均高于日本冷杉的，说明这两种濒危植物对强光的适应性较强，但 LCP 也均高于日本冷杉的，说明这两种濒危植物在幼苗期不具备较强的耐阴性。一般认为，阴生植物的 LCP 和 LSP 的范围分别为 $0 \sim 20\ \mu mol \cdot m^{-2} \cdot s^{-1}$ 和 $500 \sim 1000\ \mu mol \cdot m^{-2} \cdot s^{-1}$（蒋高明，2004）。由此可知，资源冷杉与元宝山冷杉在幼苗期具有喜阳特性，在此期间需要给予充足的光照，以保证其正常生长。

喜阳不耐阴植物在全光照下会出现日灼现象。为减少过剩的光能对叶片的灼烧，其会通过较强的蒸腾作用，来降低叶面温度。因此，高 WUE 可以保证植物对干旱环境具有较好的适宜性，但多数濒危植物均表现出不耐干旱的生理特性（赵丽丽等，2019）。本研究发现，资源冷杉与日本冷杉的 WUE 相差不大；而元宝山冷杉的 WUE 却仅为日本冷杉的 1/16。由此可见，元宝山冷杉在接受强光时缺乏对水分的利用，表现出不耐干旱的特性。黄仕训等（1998）研究认为气候变迁可能是元宝山冷杉濒危的主要原因。元宝山冷杉幼苗因对干旱环境的耐性差，可能是其种群难以扩张的原因之一。

四、结论

　　了解濒危植物与广布近缘种在生理生态上的差异并找出濒危植物可能与环境不协调的生理特征，对揭示濒危植物的濒危机制和制定相应的保护方案至关重要。本研究对濒危植物资源冷杉和元宝山冷杉的幼苗进行光合色素和光响应曲线的测定，并以广布近缘种日本冷杉为对照，探究资源冷杉和元宝山冷杉特殊的光合生理生态特性，为其引种栽培提供科学依据，并进一步揭示资源冷杉和元宝山冷杉濒危机制。研究结果表明：（1）资源冷杉幼苗中的光合色素含量，远低于元宝山冷杉的和日本冷杉的；而元宝山冷杉幼苗叶片中的叶绿素含量显著高于日本冷杉的。（2）资源冷杉的 P_n 与 P_{max} 均低于日本冷杉的，而元宝山冷杉的却显著高于日本冷杉的，叶片中光合色素含量的差异可能是产生这一现象的原因之一。（3）资源冷杉和元宝山冷杉的 LSP 均高于日本冷杉的，分别为 $1367.731 \pm 77.444\ \mu mol \cdot m^{-2} \cdot s^{-1}$ 和 $1369.431 \pm 103.075\ \mu mol \cdot m^{-2} \cdot s^{-1}$，说明濒危植物资源冷杉和元宝山冷杉在幼苗期对强光具有一定的适应性；而资源冷杉较低的 AQY，表明资源冷杉对弱光的利用率较低；资源冷杉和元宝山冷杉的 LCP 显著高于日本冷杉的。（4）元宝山冷杉幼苗具有较低的 WUE，表明其耐旱性较差，易受水分胁迫的影响。

　　综上所述，濒危植物资源冷杉与元宝山冷杉在幼苗期具有喜阳特性。相比之下，资源冷杉幼苗的耐阴性较差，是其濒危的原因之一。元宝山冷杉的耐阴性较强，对弱光环境具有一定的适应性。建议在就地保护时，应当除去资源冷杉与元宝山冷杉幼苗周边灌木和杂草，以利于资源冷杉与元宝山冷杉幼苗生长发育。在对资源冷杉和元宝山冷杉幼苗迁地保护引种栽培时，应给予充足的光照，促进其幼苗生长。另外，元宝山冷杉对水分的利用率较低，易受水分胁迫影响，因此在保证光照充足的栽培条件下，必须加强元宝山冷杉幼苗的水分管理。研究结果对揭示资源冷杉和元宝山冷杉的濒危机制及制定保护策略提供科学依据。

第三十一章　银杉、水松和马尾松光合生理生态特性比较研究

一、材料与方法

（一）试验地概况

试验地位于广西桂林市雁山区，地处中亚热带季风气候区，年均温为 19℃，7 月均温 28.4℃，1 月均温 7.7℃，绝对高温 38℃，绝对低温 –5.5℃，冬季有霜冻，年均有霜期 9 ～ 24 d，年均降水量 1800 mm，年均 *RH* 为 78.0%，具有明显的干湿两季。土壤为酸性红壤，pH 值为 6.0。

（二）材料

供试材料为栽培于桂林市雁山区广西植物研究所的银杉和马尾松以及分布于桂林市雁山区的野生水松成年植株。分别选取 2 ～ 3 株长势相同且无病虫害的银杉和马尾松成年植株进行光合参数测定；桂林市雁山区只分布有 2 株野生水松植株，本试验以这 2 株植株为光合参数测定材料。

（三）光响应曲线的测定

于 2023 年 7 月某个晴天的上午 10：00 ～ 12：00，使用 Li–6400 便携式光合仪 LED 红蓝光源叶室测定光响应曲线，每种植物随机选取树中段无病虫害、无缺损的健康叶片。*PAR* 依次设置为 0、20 μmol · m^{-2} · s^{-1}、50 μmol · m^{-2} · s^{-1}、100 μmol · m^{-2} · s^{-1}、200 μmol · m^{-2} · s^{-1}、400 μmol · m^{-2} · s^{-1}、800 μmol · m^{-2} · s^{-1}、1000 μmol · m^{-2} · s^{-1}、1200 μmol · m^{-2} · s^{-1}、1400 μmol · m^{-2} · s^{-1}、1500 μmol · m^{-2} · s^{-1}、1800 μmol · m^{-2} · s^{-1}，每个梯度下取 3 个平行结果。设置 *C*$_a$ 为 400 μmol · m^{-2} · s^{-1}。在测量前将叶片置于 1500 μmol · m^{-2} · s^{-1} 的 *PAR* 下诱导 20 min。

（四）数据处理

采用 Excel 2019 软件对数据进行初步的统计与处理。采用光合计算软件中的非直角双曲线修正模型对光响应曲线进行拟合，采用 Origin 8.5 软件进行相关图表制作。采用 SPSS 23.0 软件分析 3 种植物的 P_{max}、R_d、AQY、LCP、LSP 等光合特性指标的差异性（Duncan 法）。

二、结果

（一）3 种植物的 P_n 对 PAR 的响应

银杉、水松和马尾松 3 种植物的 P_n 对 PAR 的响应如图 31-1 所示。不同植物的 P_n 随 PAR 的变化趋势而有所差异。在 PAR 增强的起始阶段，植物 P_n 受 PAR 影响较为显著，基本处于线性上升阶段。在此之后，随着 PAR 增强，植物 P_n 的上升趋势变缓，在达到峰值之后，则出现下降趋势。由图 31-1 可知，当 PAR 在 $0 \sim 200\ \mu mol \cdot m^{-2} \cdot s^{-1}$ 范围内时，银杉、水松和马尾松 P_n 基本均呈线性上升，但上升幅度存在差异，其中马尾松的变化幅度较大，银杉次之，水松变化最小。在此之后，3 种植物 P_n 上升趋势均逐渐变缓，水松的 P_n 在 PAR 为 $1500\ \mu mol \cdot m^{-2} \cdot s^{-1}$ 时达到最大值，为 $6.217\ \mu mol \cdot m^{-2} \cdot s^{-1}$；银杉则在 PAR 为 $1800\ \mu mol \cdot m^{-2} \cdot s^{-1}$ 时达到最大值，为 $5.456\ \mu mol \cdot m^{-2} \cdot s^{-1}$；马尾松在 PAR 为 $1200\ \mu mol \cdot m^{-2} \cdot s^{-1}$ 时达到最大值，为 $9.633\ \mu mol \cdot m^{-2} \cdot s^{-1}$。在达到最大值后，因过强的光照会导致植物的光合作用受到抑制，所以 3 种植物的 P_n 均不再随 PAR 的增强而上升，反而趋于平稳或呈下降趋势。整体上来看，马尾松的 P_n 随 PAR 增强而变化幅度最大，银杉和水松次之且两者差异不大。

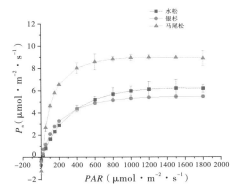

图 31-1　银杉、水松和马尾松的光响应曲线

（二）3种植物的光合特征参数比较

3种植物的光合参数如表31-1所示。通过比较发现，除 LCP 外，3种植物的 P_{max}、AQY、LSP 均存在不同程度的差异。其中马尾松的 P_{max}、AQY 显著高于水松的和银杉的（$P < 0.05$），分别为 $8.944 \pm 0.167\ \mu mol \cdot m^{-2} \cdot s^{-1}$、$0.039 \pm 0.001\ mol \cdot mol^{-1}$，但 LSP 显著低于水松的与银杉的（$P < 0.05$）。银杉的 P_{max} 最低，为 $5.458 \pm 0.104\ \mu mol \cdot m^{-2} \cdot s^{-1}$。水松的 AQY 最低，为 $0.017 \pm 0.001\ mol \cdot mol^{-1}$。

表31-1　银杉、水松及马尾松叶片的光合参数

物种	P_{max} （$\mu mol \cdot m^{-2} \cdot s^{-1}$）	AQY （$mol \cdot mol^{-1}$）	LSP （$\mu mol \cdot m^{-2} \cdot s^{-1}$）	LCP （$\mu mol \cdot m^{-2} \cdot s^{-1}$）
水松	$6.219 \pm 0.263b$	$0.017 \pm 0.001c$	$1564.571 \pm 62.387a$	$9.848 \pm 0.754a$
银杉	$5.458 \pm 0.104c$	$0.019 \pm 0.001b$	$1516.200 \pm 32.125a$	$10.333 \pm 0.207a$
马尾松	$8.944 \pm 0.167a$	$0.039 \pm 0.001a$	$1275.970 \pm 58.367b$	$11.547 \pm 0.477a$

注：同列不同小写字母代表差异显著，$P < 0.05$。

三、讨论

光合作用是植物最基本的生理功能，植物自身独特的生理因素是影响植物光合作用最本质的特征，另外其光合特性又受光照强度、水分、温度等多方面外界环境的影响，其中光照是影响光合作用最直接的外界因素，不同植物对光照强度的适应范围不同。一般可以根据植物光合作用的 LCP 与 LSP 来判断植物对光照环境的适应能力（秦惠珍等，2021）。LSP 高、LCP 低的植物对光环境具有较强的适应性，可利用的光照范围较大，相反 LSP 低、LCP 高的植物对光环境的适应性弱，可利用的光照范围较小（陈丽飞等，2008）。有研究认为，阳生植物的 LSP 一般在 $540\ \mu mol \cdot m^{-2} \cdot s^{-1}$ 以上（夏江宝等，2011），LCP 则在 $9 \sim 18\ \mu mol \cdot m^{-2} \cdot s^{-1}$ 范围内（张向峰等，2011），由此可知这3种植物均属于阳生树种，需要较强的光照条件。

AQY 也是用来衡量植物光合作用的重要指标之一，其表示植物对弱光的利用能力，该值越高，表明植物吸收与转换光能的色素蛋白复合体越多，表明植物利用弱光的能力越强（秦惠珍等，2022）。两种珍稀濒危植物水松和银杉的 AQY 与马尾松的相比，均存在显著差异（$P < 0.05$），其中马尾松的最大，银杉的次之，水松的最小，说明银杉和水松对弱光的利用能力较差。虽然银杉对光环境的适应范围较大，

但其对弱光环境的适应能力较弱。张向峰等（2011）也研究发现，银杉 *LCP* 较高（10.2 μmol·m^{-2}·s^{-1}），*LSP* 也较高（1500 μmol·m^{-2}·s^{-1}），银杉对弱光的利用能力较弱，为阳生植物，这一研究与本研究结果基本一致。有研究发现，天然银杉林的更新方式属于"林窗式"更新，幼苗和成年植株均具有喜阳特性。其幼苗对光的需求量较大，成年植株更需要充足的阳光（谢宗强，1999；樊大勇等，2005）。银杉耐阴性差，且与群落中其他物种相比竞争能力差，幼苗的生长受到抑制，这可能是其种群数量难以维持、群落难以更新的原因之一。另外，银杉的 *P*$_{max}$ 也显著低于其常见的伴生树种马尾松的，说明银杉通过光合作用积累有机物的速度缓慢，限制植株生长，从而使其在群落中的竞争能力下降，增加其在自然演替过程中被淘汰的风险。

本研究还表明，水松的 *AQY* 和 *P*$_{max}$ 也显著低于马尾松的。水松对生长环境的要求同样也较为严苛，在其整个生长过程中始终需要充足的光照，又因其生物学特性较为原始，生长缓慢，在群落中的竞争能力较弱（郑世群等，2011）。郑世群等（2008）通过对屏南水松群落的调查研究发现，自然群落主要是由水松、马尾松等树种组成，尽管水松目前在林分中处于主导地位，但种群组合并不恒定。水松更新缓慢，有逐渐被马尾松演替取代的趋势。因此，除外界环境影响外，水松光合作用能力弱于竞争物种也是其在群落竞争过程中处于劣势的原因之一。

四、结论

银杉和水松均具有喜阳特性，为阳生树种。银杉和水松的 *P*$_{max}$、*AQY* 显著低于马尾松的，但 *LSP* 显著高于马尾松的，说明银杉和水松对光环境的适应范围较大，但耐阴性较差，生长需要充足的光照环境。与广布种马尾松相比，银杉和水松整体的 *P*$_{n}$ 较低，生长缓慢，在群落竞争中处于劣势地位。因此，银杉和水松自身的光合特性，可能是其种群数量难以增加的原因之一。为保护这两种濒危植物，在就地保护过程中可采用疏伐其群落中的竞争树种、开辟林窗等措施，或在迁地保护、引种栽培时选择光照条件较好的环境。本研究对两种珍稀濒危植物银杉和水松与广布种马尾松的光合特性差异进行比较，并在光合作用方面分析银杉种群和水松种群难以自然更新的原因，研究结果为水松和银杉种质资源的保护和引种栽培提供一定的科学依据。

第三十二章 单性木兰幼苗与成年植株叶片光合功能及结构比较研究

一、材料与方法

（一）试验地概况

试验地位于广西河池市环江毛南族自治县，该区域地处云贵高原东南麓，位于广西壮族自治区西北部、河池市东北部。地理位置为 107° 51′ ～ 108° 43′ E、24° 44′ ～ 25° 33′ N。属中亚热带季风性湿润气候。年均温 20.3℃，年均降水量 1399.7 mm，年均雨日为 137 ～ 187 d。全年降水量有约 80% 集中在 4 ～ 8 月。冬短夏长，平均无霜期 293 ～ 366 d。土壤为赤红壤。

（二）材料

以野生单性木兰幼苗与成年植株为试验对象，幼苗与成年植株皆生长状况良好且无病虫害，幼苗与成年植株各选取 3 株，幼苗选择林下幼苗，要求长势基本一致，每株植株上选择位置朝向相同、大小基本一致且长势旺盛的叶片，进行重复测定。

（三）方法

1. 光响应曲线的测定

采用 Li-6400 便携式光合仪 LED 红蓝光源叶室测定叶片的 P_n，测定时间为 9 月下旬天气晴朗的上午 9：00 ～ 11：00，测定时选取健康、无病虫害的完整叶片，测量前将待测叶片在 600 μmol·m⁻²·s⁻¹ 的 *PFD* 下诱导 15 min。使用开放气路，空气流速设为 500 mL·min⁻¹，LT_{air} 为 28 ℃。设定的 *PFD* 梯度为 1800 μmol·m⁻²·s⁻¹、1500 μmol·m⁻²·s⁻¹、1200 μmol·m⁻²·s⁻¹、1000 μmol·m⁻²·s⁻¹、800 μmol·m⁻²·s⁻¹、600 μmol·m⁻²·s⁻¹、400 μmol·m⁻²·s⁻¹、200 μmol·m⁻²·s⁻¹、150 μmol·m⁻²·s⁻¹、100 μmol·m⁻²·s⁻¹、50 μmol·m⁻²·s⁻¹、20 μmol·m⁻²·s⁻¹、0 μmol·m⁻²·s⁻¹，测定

时每一梯度下停留 120 ～ 200 s。以 *PFD* 为横轴、P_n 为纵轴绘制光响应曲线。

2. 光合色素含量的测定

测定完光响应曲线后，从进行光合测定的植株上采集成熟度、叶片位置、叶片大小一致的叶片进行生理指标的测定。取 0.2 g 完整叶片，用 95% 的乙醇浸泡 24 h。用紫外可见分光光度计 Alpha 1502（上海谱元仪器有限公司）在 470 nm、649 nm、655 nm 和 665 nm 的波长下测定吸光值，参考李勃生（2000）的方法计算出 Chl a、Chl b、Car 的含量，以及 Chl a 含量与 Chl b 含量的比值 Chl a/Chl b、Car 含量与叶绿素总量的比值 Car/Chl（a+b）。计算公式如下：

$$\text{Chl a 含量（mg/g）} = （13.95D_{665} - 6.88D_{649}） \times \frac{V}{1000W}$$

$$\text{Chl b 含量（mg/g）} = （24.96D_{649} - 7.32D_{655}） \times \frac{V}{1000W}$$

$$\text{Car 含量（mg/g）} = \frac{1000D_{470} - 2.05C_a - 114.8C_b}{245} \times \frac{V}{1000W}$$

3. 叶片解剖结构

将新鲜叶片沿着横截面切成 4 个小块，立即放入 2.5% 的戊二醛固定液中固定，固定后用乙醇进行梯度脱水（乙醇比例为 30%、50%、70%、85%、90% 各 1 次，100% 2 次，15 min/ 次），在临界点干燥脱水并镀金，在真空电子扫描镜（ZEISS EVO18）下观察、拍照。再使用 Axio Vision SE64 Rel.4.9.1 扫描电镜配套软件，测定叶片厚度（leaf thickness，LT）、上表皮厚度（upper epidermal thickness，UET）、下表皮厚度（lower epidermal thickness，LET）、栅栏组织厚度（palisade parenchyma thickness，PPT）、海绵组织厚度（spongy parenchyma thickness，SPT）、气孔面积（stomatal area，SA），并计算出栅海比（PPT/SPT）和气孔密度（stomatal density，SD）。其中，气孔密度（个 /mm²）= 视野气孔个数 / 视野面积。

（四）数据处理与分析

用 Excel 对光响应曲线、光合色素含量、叶片结构等参数进行初步分析。采用叶子飘（2010）的光合计算软件 4.1.1 双曲线修正模型对光响应曲线进行拟合，并计算出 *AQY*、P_{max}、*LSP*、*LCP* 和 R_d 等参数。使用 Origin 2021 软件制作相关图表，利用 SPSS Statistics 26 进行单因素方差分析，采用 Canoco 5.0 进行冗余分析。

二、结果与分析

（一）单性木兰幼苗与成年植株的光响应曲线比较

单性木兰幼苗与成年植株光响应曲线随 PFD 的变化趋势基本一致，呈先急剧升高后趋于平缓的趋势，但由图 32-1 可知最大 P_n 存在明显差异。在各 PFD 下单性木兰成年植株的 P_n 整体高于幼苗的。由表 32-1 可知，单性木兰成年植株和幼苗的 LSP 分别为 915.2911 $\mu mol \cdot m^{-2} \cdot s^{-1}$ 和 693.8406 $\mu mol \cdot m^{-2} \cdot s^{-1}$，当 PFD 超过饱和点后，P_n 不再升高（图 32-1）。

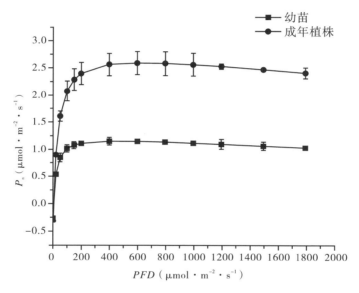

图 32-1　单性木兰幼苗与成年植株的光响应曲线

（二）单性木兰幼苗与成年植株光响应参数的比较

利用拟合方程计算出单性木兰幼苗与成年植株的 AQY、P_{max}、LSP、LCP 和 R_d。由表 32-1 可知单性木兰成年植株的 AQY、P_{max}、LSP 和 R_d 均高于幼苗的，仅 LCP 低于幼苗的。通过单因素方差分析，单性木兰幼苗与成年植株的 P_{max} 和 LSP 存在显著性差异（$P < 0.05$），而 AQY、LCP 和 R_d 无显著性差异（$P > 0.05$）。

表32-1　单性木兰幼苗与成年植株光响应参数比较

种类	AQY （$mol \cdot mol^{-1}$）	P_{max} （$\mu mol \cdot m^{-2} \cdot s^{-1}$）	LSP （$\mu mol \cdot m^{-2} \cdot s^{-1}$）	LCP （$\mu mol \cdot m^{-2} \cdot s^{-1}$）	R_d （$\mu mol \cdot m^{-2} \cdot s^{-1}$）
幼苗	0.0876 ± 0.0093a	1.1649 ± 0.2913a	693.8406 ± 32.7275a	3.7948 ± 0.7656a	0.2696 ± 0.0216a
成年植株	0.1026 ± 0.0117a	2.5016 ± 0.1285b	915.2911 ± 8.8158b	3.1488 ± 0.0872a	0.2913 ± 0.0241a

注：同列不同小写字母表示差异显著，$P < 0.05$，下同。

（三）单性木兰幼苗与成年植株的 G_s、T_r、C_i 光响应曲线分析

气孔是植物叶片进行光合作用时吸收外界气体 CO_2 的主要通道，随着光合速率的上升，气孔会逐渐打开以获取更多的 CO_2 参与光合作用。由图32-2可以看出，单性木兰幼苗与成年植株的 G_s 光响应曲线的变化趋势相似。在 $0 \sim 400 \ \mu mol \cdot m^{-2} \cdot s^{-1}$ 的 PFD 下，幼苗与成年植株的 G_s 光响应曲线斜率较大，说明随着 PFD 的增强 G_s 上升幅度较大；当 PFD 为 $400 \sim 800 \ \mu mol \cdot m^{-2} \cdot s^{-1}$ 时，G_s 达到最大值；PFD 超过 $800 \ \mu mol \cdot m^{-2} \cdot s^{-1}$ 后，G_s 开始呈现下降趋势。

T_r 受 PFD 的影响，与 PFD 呈正相关的关系。在 $0 \sim 1800 \ \mu mol \cdot m^{-2} \cdot s^{-1}$ 的 PFD 下，单性木兰成年植株的 T_r 都高于幼苗的。成年植株在 $0 \sim 1800 \ \mu mol \cdot m^{-2} \cdot s^{-1}$ 的 PFD 下，T_r 和 PFD 成正比。而幼苗在 $0 \sim 800 \ \mu mol \cdot m^{-2} \cdot s^{-1}$ 的 PFD 下，T_r 随着 PFD 的增强而升高，PFD 超过 $800 \ \mu mol \cdot m^{-2} \cdot s^{-1}$ 后，T_r 开始下降。

CO_2 是植物光合反应中的重要因素之一，因此 C_i 的高低直接影响植物的光合速率。C_i 的光响应曲线结果表明，在 $0 \sim 1800 \ \mu mol \cdot m^{-2} \cdot s^{-1}$ 的 PFD 下幼苗的 C_i 高于成年植株的；在 $0 \ \mu mol \cdot m^{-2} \cdot s^{-1}$ 的 PFD 下单性木兰幼苗和成年植株的 C_i 最大；$0 \sim 100 \ \mu mol \cdot m^{-2} \cdot s^{-1}$ 的 PFD 下，光响应曲线的斜率最大，C_i 急剧下降；在 $100 \sim 1200 \ \mu mol \cdot m^{-2} \cdot s^{-1}$ 的 PFD 下，C_i 变化趋于平缓。PFD 在 $1200 \sim 1800 \ \mu mol \cdot m^{-2} \cdot s^{-1}$ 时，成年植株的 C_i 缓慢升高，而幼苗的 C_i 呈现先升后降的趋势。

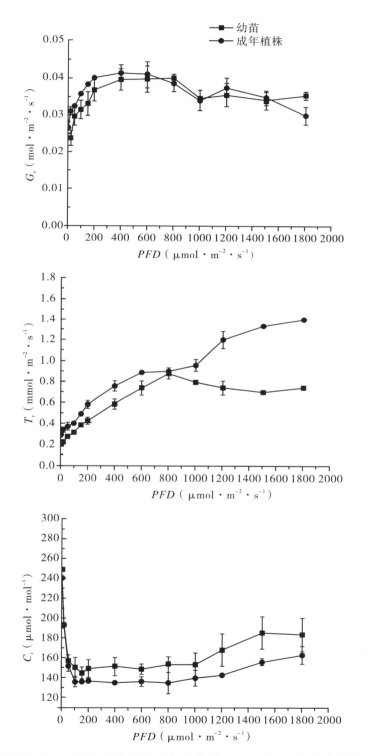

图 32-2　单性木兰幼苗与成年植株的 G_s、T_r 和 C_i 光响应曲线

（四）单性木兰幼苗与成年植株叶片结构形态特征

从图 32-3 单性木兰幼苗与成年植株的叶片横切结构可以看出，叶片主要由上表皮、栅栏组织、海绵组织和下表皮构成。成年植株叶片上表皮细胞排列规整，较于幼苗叶片的叶肉细胞排列更紧致。在相同的放大倍数下，成年植株叶片正片有更为清晰的叶脉分布。通过 Axio Vision SE64Rel.4.9.1 软件主要测定的指标有 LT、UET、LET、PPT、SPT、SA、纵轴长度、横轴长度和 SD。

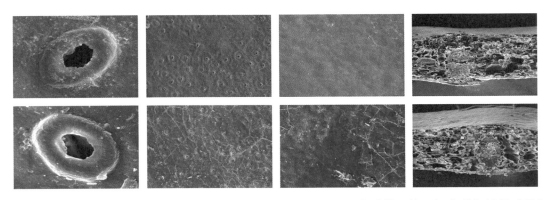

图 32-3　单性木兰幼苗与成年植株的叶片结构（第一行为幼苗叶片；第二行为成年植株叶片）

（五）单性木兰幼苗与成年植株叶片各组织性状及比较

由表 32-2 可知，单性木兰幼苗叶片的 UET、LET、PPT、SPT、LT 及 PPT/SPT 都高于成年植株的。通过单因素方差分析，单性木兰幼苗与成年植株的 LT 和 PPT 存在显著差异，而 UET、LET、SPT 和 PPT/SPT 无显著差异。

表 32-2　单性木兰幼苗与成年植株叶片各组织厚度及其比例的比较

种类	LT（μm）	UET（μm）	LET（μm）	PPT（μm）	SPT（μm）	PPT/SPT
幼苗	194.8225 ± 15.7119a	14.8011 ± 2.3009a	11.3225 ± 2.7474a	27.2250 ± 3.2929a	142.6325 ± 19.8007a	0.1948 ± 0.0424a
成年植株	165.6625 ± 15.1536b	12.7425 ± 1.2143a	9.4975 ± 1.1959a	18.2875 ± 1.6652b	120.6050 ± 13.2902a	0.1521 ± 0.0095a

（六）单性木兰幼苗与成年植株叶片光合色素含量比较

将单性木兰幼苗与成年植株光合色素含量的测定结果统计于表 32-3。结果表明，成年植株的 Chl a、Chl b 和 Car 含量都高于幼年植株。通过单因素方差分析，单性木兰幼苗与成年植株的 Chl a、Chl b、Car、Chl（a+b）含量及 Chl a/Chl b、Car/Chl（a+b）均存在显著差异。

表32-3　单性木兰幼苗与成年植株叶片的光合色素含量

种类	Chl a（mg/g）	Chl b（mg/g）	Car（mg/g）	Chl（a+b）（mg/g）	Chl a/Chl b	Car/Chl（a+b）
幼苗	0.4320±0.0108a	0.1879±0.0126a	0.0725±0.0048a	0.6198±0.0089a	2.3076±0.1923a	8.5792±0.6094a
成年植株	1.0227±0.0215b	0.5824±0.0259b	0.1372±0.0113b	1.6052±0.0146b	1.7593±0.1134b	11.7493±0.9817b

（七）单性木兰幼苗与成年植株叶片气孔参数比较

将通过 Axio Vision SE64Rel.4.9.1 软件对单性木兰幼苗与成年植株测得的气孔各项参数统计于表 32-4。结果表明，幼苗的各项气孔参数都要低于成年植株的。通过单因素方差分析发现，单性木兰幼苗和成年植株的 SA、横轴长度和 SD 存在显著性差异，而纵轴长度不存在显著性差异。

表32-4　单性木兰幼苗与成年植株气孔参数比较

种类	SA（μm^2）	纵轴长度（μm）	横轴长度（μm）	SD（个/mm^2）
幼苗	27.5100±2.0033b	7.5467±0.4521a	4.8167±0.4077b	0.0074±0.0016b
成年植株	20.1833±0.3602a	7.3167±0.8784a	3.0333±0.4302a	0.0033±0.0007a

（八）单性木兰幼苗与成年植株叶片结构和光合生理生态参数的相关性分析

图 32-4 为单性木兰幼苗与成年植株叶片结构和光合生理生态参数的相关性分析热图。由图 32-4 可知，幼苗与成年植株叶片结构参数和光合生理生态参数之间存在较强的相关性，其中叶片色素含量参数 Chl a、Chl b、Car、Car/Chl（a+b）、Chl a/Chl b、Chl（a+b）和光合参数 P_{max}、LSP 均存在显著相关性，叶片结构参数 PPT、SA 与叶片色素含量参数 Chl a、Chl b、Car、Car/Chl（a+b）、Chl a/Chl b、Chl（a+b）均存在显著相关性，光合参数 AQY、P_{max}、LSP、LCP 和叶片结构参数 PPT、PPT/SPT 均存在显著相关性。

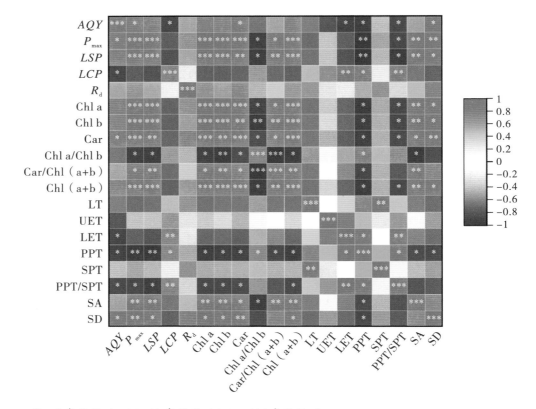

注：* 表示 P ＜ 0.05；** 表示 P ＜ 0.01；*** 表示 P ＜ 0.001。

图 32-4　单性木兰幼苗与成年植株叶片结构参数和光合生理生态参数的相关性分析热图

为进一步从单性木兰多个叶片结构变量中优选出对光合生理生态变化影响最为重要的指标，利用冗余分析（RDA）以 14 个叶片结构指标作为解释变量，5 个光合生理生态指标作为响应变量，对两个变量组进行排序分析。下降趋势对应分析得到的梯度长度小于 3，因此选择 RDA 模型。通过 Canoco 5 软件对这些变量进行分析，分析结果显示，第 1 轴和第 2 轴的解释变量分别为 77.28% 和 17.31%，前两轴共解释了单性木兰幼苗与成年植株光合生理生态指标 94.59% 的变异。由图 32-5 可知，PPT、PPT/SPT、LET、SD 和 Car 等 5 个叶片结构参数的箭头较长，表明它们能较好地解释单性木兰幼苗与成年植株光合生理生态指标的变异。其中，P_{max} 与 SD、Car 的箭头夹角较小（锐角），而与 PPT、PPT/SPT、LET 的夹角较大（钝角），表明 P_{max} 与 SD、Car 正相关性较强，与 PPT、PPT/SPT、LET 负相关性较强。LCP 与 SPT、LT、Chl a/Chl（a+b）、PPT、PPT/SPT、UET 和 LET 均呈正相关，与 Car/Chl（a+b）、SA、Chl b、Chl a、Chl（a+b）、SD 和 Car 均呈负相关；AQY、LSP、P_{max}、R_d 与 Car/Chl（a+b）、SA、Chl b、

Chl a、Chl（a+b）、SD 和 Car 呈正相关，与 SPT、LT、Cha/Chl、PPT、PPT/SPT、UET 和 LET 呈负相关。由此可见，RDA 和热图分析具有一致性。

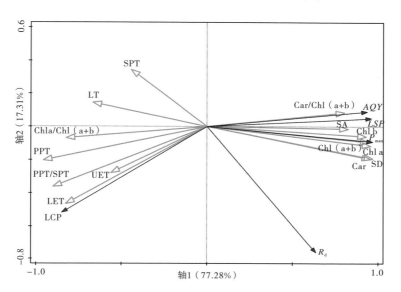

图 32-5　单性木兰幼苗与成年植株叶片结构参数和光合生理生态参数的 RDA 图

三、讨论

叶片是植物进行光合作用的主要器官，也是对环境变化较为敏感且反应较大的器官。同时，叶片还是植物生理和外界环境联系的桥梁，植物可以通过调整叶片性状以应对不同的生境，这是植物为了适应外界环境变化的一种生存策略（García-Cervigón et al.，2021）。本研究以单性木兰幼苗与成年植株中部的功能叶片为研究对象，在野外完成光响应曲线测定后，将叶片带回实验室进行叶片结构分析。叶绿素是存在于高等植物体内的能进行光合作用的一类绿色色素，其含量的高低能反映出植物光合作用的潜力（石凯等，2018）。研究结果显示，成年植株叶片中的叶绿素含量显著高于幼苗的，且在各 PFD 下 P_n 也高于幼苗的，说明叶绿素含量可以有效地反映出植物的光合能力，这与尚三娟（2020）的研究结果一致。

AQY 是反映植物光能利用效率的指标。本研究中单性木兰幼苗与成年植株的 AQY 分别为 0.0876 mol·mol^{-1} 和 0.1026 mol·mol^{-1}，高于大部分植物的 AQY（滕文军等，2019），表明其对弱光的利用能力较强。王冉（2010）在 12 种珍稀树种光合生理生态特性研究中指出，单性木兰对强光和弱光都有较强的利用能力。单性木兰幼苗与成年植株光合速率上的差异，可能与成年植株更薄的上表皮有一定的关系，上表皮薄有利于光辐射透过叶表皮达到叶肉组织，从而提高光合能力。植物叶片结构与光合作用紧密相关，本研究发现叶片 SA、SD 与 AQY、LSP 存在显著正相关性，SD 还与 P_{max} 存在显著正相关性。这说明，SD 和植物叶片的光合速率密切相关，SA 和 SD 的增大能提高植物叶片的 P_{max} 和对强光的利用能力，SD 的增大还会提高叶片对光能的利用效率。PPT/SPT 是反映植物叶片栅栏组织发达程度的一个指标，从比值的大小可以看出栅栏组织的发达程度（梁文斌等，2014）。董梦宇等（2022）的研究结果显示，PPT/SPT 对光合生理生态特性的影响最为显著，与本研究的研究结果存在相似之处。

单性木兰成年植株的 LSP 与 P_{max} 显著高于幼苗的，而更大的光合速率有利于植物干物质的积累，成年植株叶片中更高的光合色素含量和较薄的上表皮是造成光合速率差异的主要原因。程晶（2021）也曾在研究中指出适度遮阳有利于单性木兰生物量的积累，低光照具有较高的表型可塑性，因此在单性木兰的引种栽培中，建议对其进行一定的遮阳处理，随着植株的生长逐渐降低郁闭度。

四、结论

通过分析单性木兰幼苗与成年植株叶片结构和光合特性方面的差异情况以及内在联系，希望能揭示单性木兰叶片结构对光合速率的影响规律，了解其幼苗与成年植株对光照的反应机制。采用 Li−6400 便携式光合仪分析单性木兰幼苗与成年植株叶片的光响应曲线，并通过电镜扫描比较幼苗与成年植株叶面解剖特征的差异性。研究结果表明，在各 PFD 下单性木兰成年植株的 P_n 显著高于幼苗的；幼苗与成年植株的 P_{max} 和 LSP 存在显著性差异；成年植株对强光的利用能力高于幼苗的，而幼苗较成年植株有更好的弱光利用能力；幼苗与成年植株的 Chl（a+b）、Car、LT、SA 和 SD 均存在显著差异；叶片色素中 Car 和叶绿素对光合生理生态特性的影响最为显著，而叶片结构中 SA 和 SD 对光合生理生态特性的影响最为显著。因此，建议在对单性木兰的引种栽培中，幼苗需进行一定的遮阳处理，随着植株生长可适当降低郁闭度，待植株成年后可不做遮阳处理。

第三十三章 观光木幼苗与成年植株叶片光合功能及结构比较研究

一、材料与方法

（一）试验地概况

试验地位于广西植物研究所中，地处 110° 17′ E、25° 01′ N，海拔 180 ~ 300 m，属中亚热带季风气候区，年均温 19.2℃，极端最低温 −4.2℃，一般年份年最低温均在 0℃以上，年均降水量约 1800 mm，年均 RH 为 78%。整个研究所为起伏较大的低丘土岭，形成许多小气候环境，生态环境良好，对收集、保存广西及亚热带植物资源有独特的优势。

（二）材料

选择植株生长正常的观光木幼苗和 10 年生以上的成年植株（已开花结果）各 3 株开展实验。在幼苗和多年生的成年植株中选取生长健康的叶片进行光合参数测定。

（三）方法

1. 光响应曲线的测定

采用 Li–6400 便携式光合仪 LED 红蓝光源叶室测量叶片的 P_n，具体时间为 9 月下旬的上午，即 9：00 ~ 11：00。测定时选择生长健康且完整的叶片。测量前将待测叶片在 1000 μmol·m^{-2}·s^{-1} 的 PAR 下诱导 15 min。在开放气路中，将空气流速设定为 500 mL·min^{-1}，LT_{air} 则保持在 28 ℃。PAR 梯度设定为 2000 μmol·m^{-2}·s^{-1}、1800 μmol·m^{-2}·s^{-1}、1500 μmol·m^{-2}·s^{-1}、1200 μmol·m^{-2}·s^{-1}、1000 μmol·m^{-2}·s^{-1}、800 μmol·m^{-2}·s^{-1}、600 μmol·m^{-2}·s^{-1}、400 μmol·m^{-2}·s^{-1}、200 μmol·m^{-2}·s^{-1}、150 μmol·m^{-2}·s^{-1}、100 μmol·m^{-2}·s^{-1}、50 μmol·m^{-2}·s^{-1}、20 μmol·m^{-2}·s^{-1}、0，测定时每一梯度下停留 160 ~ 200 s。最后，以 PAR 作为横轴、P_n 为纵轴绘制光响应

曲线。

利用直角双曲线修正模型进行光响应曲线拟合，进而计算出 P_{max}、LCP、LSP、R_d 等反映植物光合特性的参数。

2. 光合色素含量的测定

分别选定 3 株幼苗与 3 株成年植株，每株各选取 3 片生长良好的叶片。清理干净叶片后准确称量 0.2 g，黑暗条件下用 95% 的乙醇浸泡 24 h。用紫外可见分光光度计 Alpha 1502（上海谱元仪器有限公司）在 470 nm、646 nm 和 663 nm 的波长下测定吸光值，参考 Lichtenthaler 的方法计算出 Chl a、Chl b、Car 的含量及 Chl a/Chl b、Car/Chl（a+b）。

3. 叶片参数测定

分别从幼苗与成年植株中各选取 50 片叶片，先用 Li–3000 叶面积仪测定其叶面积（LA），再在 110℃下处理 30 min，80℃烘干 24 h 后，用电子天平称其干重，计算比叶重（SLW）和比叶面积（SLA）。

4. 叶片解剖结构

参照李正理（1987）的方法制作石蜡切片，并适当进行优化。摘取观光木幼苗与成年植株叶片，沿中脉横切，切块大小为 25 mm × 25 mm，用 FAA 固定液（体积比为 70% 乙醇：福尔马林：冰醋酸=90：5：5）固定，乙醇和二甲苯系列脱水，石蜡包埋，甲苯胺蓝染色，中性树胶封片。切片在光学显微镜下观测并拍照，借助图形分析软件 CaseViewer 测量各微观参数。测定指标有 UET、LET、LT、PPT、SPT、PPT/SPT、中脉导管直径（VD）、木质部厚度（XY）、韧皮部厚度（PT）和维管形成层厚度（VC）。取 30 个视野测定统计各指标参数。

（四）数据处理与分析

用 Excel 对光响应曲线、光合色素含量、叶片结构等参数进行初步分析。采用双曲线修正模型对光响应曲线进行拟合，并计算出 AQY、P_{max}、LSP、LCP 和 R_d 等参数。使用 Origin 2021 软件制作相关图表，利用 SPSS Statistics 26 进行单因素方差分析，采用 Canoco 5.0 进行冗余分析。

二、结果与分析

（一）观光木幼苗与成年植株的光响应曲线比较

由图 33-1 可知，观光木幼苗与成年植株 P_n 存在明显差异。在各 PAR 下观光木成年植株的 P_n 均高于幼苗的。观光木幼苗与成年植株光响应曲线随 PAR 的变化趋势存在较大差异，成年植株的 P_n 在 PAR 为 $0 \sim 400\ \mu mol \cdot m^{-2} \cdot s^{-1}$ 的范围内随 PAR 增强而快速上升，而幼苗的 P_n 在 PAR 为 $200\ \mu mol \cdot m^{-2} \cdot s^{-1}$ 时停止了快速上升的趋势。成年植株在 PAR 为 $1200\ \mu mol \cdot m^{-2} \cdot s^{-1}$ 左右达到 P_{max} 后，随着 PAR 的增强，P_n 保持稳定。而幼苗在 PAR 为 $1000\ \mu mol \cdot m^{-2} \cdot s^{-1}$ 左右达到 LSP 后，P_n 随着 PAR 的增强缓慢下降。

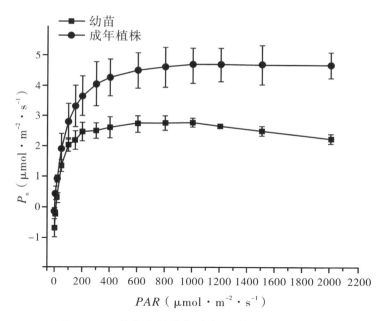

图 33-1 观光木幼苗与成年植株的光响应曲线

（二）观光木幼苗与成年植株的光响应参数的比较

根据直角双曲线修正模型计算出观光木幼苗与成年植株的 AQY、P_{max}、LSP、LCP 和 R_d 等光响应参数（表 33-1），由表 33-1 可知成年植株的 P_{max} 和 LSP 显著高于幼苗的，而 LCP 和 R_d 显著低于幼苗的。成年植株与幼苗的 AQY 无显著性差异。

表 33-1　观光木幼苗与成年植株的光响应参数比较

类型	AQY （mol·mol^{-1}）	P_{max} （μmol·m^{-2}·s^{-1}）	LSP （μmol·m^{-2}·s^{-1}）	LCP （μmol·m^{-2}·s^{-1}）	R_d （μmol·m^{-2}·s^{-1}）
幼苗	0.0153 ± 0.0005a	2.8507 ± 0.1901a	564.9098 ± 44.7357a	10.3517 ± 1.9928a	0.6521 ± 0.1272a
成年 植株	0.0178 ± 0.0044a	4.7331 ± 0.5698b	1374.9095 ± 314.0331b	3.6320 ± 1.8174b	0.1233 ± 0.1707b

注：同列不同小写字母表示差异显著，$P < 0.05$，下同。

（三）观光木幼苗与成年植株的 G_s、T_r、C_i 和 WUE 光响应曲线分析

由图 33-2A 可知观光木幼苗与成年植株的 G_s 均随 PAR 的增强呈现上升趋势，不同的是幼苗 G_s 的上升趋势相较于成年植株更为缓慢，且幼苗 G_s 在 PAR 较弱的阶段高于成年植株的，而在 PAR 大于 1200 μmol·m^{-2}·s^{-1} 后，成年植株 G_s 高于幼苗的。由图 33-2B 可知观光木幼苗与成年植株的 WUE 在弱光的环境下均呈现快速上升的趋势，而随着 PAR 的增强，成年植株在 PAR 为 50 μmol·m^{-2}·s^{-1} 后 WUE 呈现较为快速的下降趋势，幼苗则在 PAR 为 400 μmol·m^{-2}·s^{-1} 后 WUE 才呈现出较为平缓的下降趋势。由图 33-2C 可知观光木幼苗与成年植株 T_r 随 PAR 变化趋势与 G_s 随 PAR 变化趋势相似，PAR 为 300 μmol·m^{-2}·s^{-1} 后成年植株的 G_s 高于幼苗的。由图 33-2D 可知，在 10 ~ 2000 μmol·m^{-2}·s^{-1} 的 PAR 下观光木幼苗的 C_i 均高于成年植株的，在 0 μmol·m^{-2}·s^{-1} 下幼苗与成年植株的 C_i 最大，在 0 ~ 50 μmol·m^{-2}·s^{-1} 的 PAR 下，响应曲线的斜率最大，C_i 急剧下降；幼苗在 100 ~ 1800 μmol·m^{-2}·s^{-1} 的 PAR 下，C_i 变化趋于平缓。而成年植株在 50 ~ 2000 μmol·m^{-2}·s^{-1} 的 PAR 下，C_i 缓慢升高。

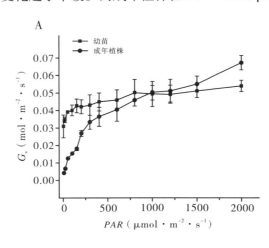
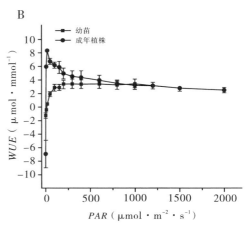

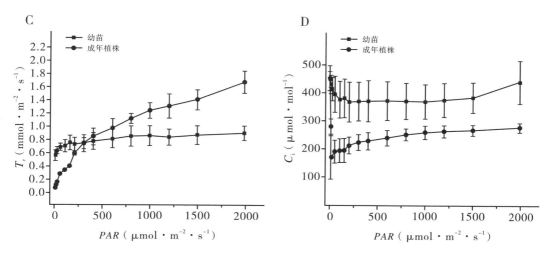

图 33-2　观光木幼苗与成年植株 G_s、WUE、T_r 和 C_i 的光响应曲线

（四）观光木幼苗与成年植株光合色素含量

根据表 33-2 可知，观光木幼苗与成年植株中不同光合色素的含量有所差异，成年植株的 Chl b 和 Chl（a+b）显著（$P < 0.05$）高于幼苗的，Chl a/Chl b 则显著（$P < 0.05$）低于幼苗的。

表 33-2　观光木幼苗与成年植株的光合色素含量

类型	Chl a（mg/g）	Chl b（mg/g）	Car（mg/g）	Chl（a+b）（mg/g）	Chl a/Chl b	Car/Chl（a+b）
幼苗	2.3508 ± 0.1969a	1.1409 ± 0.07804a	1.0518 ± 0.0524a	3.4918 ± 0.1680a	2.0765 ± 0.2704a	0.2312 ± 0.0055a
成年植株	2.3974 ± 0.1201a	1.5408 ± 0.16080b	0.8454 ± 0.0552b	3.9382 ± 0.2806b	1.5644 ± 0.0822b	0.2146 ± 0.0039b

（五）观光木幼苗与成年植株的叶面积、比叶重和比叶面积比较

如表 33-3 所示，观光木幼苗的 LA 为 73.5466 ± 3.9261 cm²，显著低于成年植株的 149.3733 ± 4.8730 cm²（$P < 0.05$）；幼苗的 SLW 为 71.2576 ± 1.4132 g·m⁻²，显著高于成年植株的 60.6123 ± 3.6608 g·m⁻²（$P < 0.05$）；幼苗的 SLA 为 0.0142 ± 0.000 m²·g⁻¹，显著低于成年植株的 0.0164 ± 0.000 m²·g⁻¹（$P < 0.05$）。

表 33-3　观光木幼苗与成年植株的 LA、SLW 和 SLA

类型	LA（cm²）	SLW（g·m⁻²）	SLA（m²·g⁻¹）
幼苗	73.5466±3.9261a	71.2576±1.4132a	0.0142±0.000a
成年植株	149.3733±4.8730b	60.6123±3.6608b	0.0164±0.000b

（六）观光木幼苗与成年植株叶片解剖结构特征

根据图 33-3A、图 33-3C 可知观光木幼苗叶片中的细胞含量较少，排列较为松散，栅栏组织尚未发育成型，栅栏组织和海绵组织分化不明显，维管束较小。在成年植株叶片中细胞含量增多，细胞排列紧密，栅栏组织发育完全并形成规则的束状排列，栅栏组织和海绵组织形成明显分化，形成不规则的通气系统，维管束发育成型，直径增大，并形成多圈层薄壁细胞。根据图 33-3B、图 33-3D 可知，观光木幼苗主脉的维管束木质部和韧皮部的细胞较少，且并未出现向外衍生的现象。而成年植株的维管束木质部、韧皮部和维管束形成层分化明显，且细胞数量增多，木质部和韧皮部向四周进行延伸。

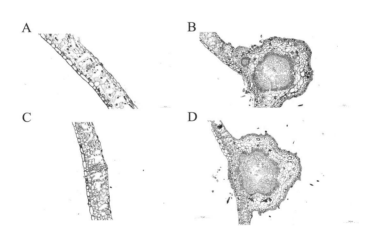

A. 幼苗叶片横截面石蜡切片；B. 幼苗主脉横截面石蜡切片；
C. 成年植株叶片横截面石蜡切片；D. 成年植株叶片主脉横截面石蜡切片

图 33-3　观光木幼苗与成年植株叶片石蜡切片图

根据表 33-4 可知，观光木成年植株叶片的 PPT、PPT/SPT、VD、XY、PT 和 VC 均显著高于幼苗的，成年植株和幼苗的 LT、UET、LET 无显著性差异。

表33-4　观光木幼苗与成年植株叶片解剖结构特征参数

苗木类型	LT（μm）	UET（μm）	LET（μm）	PPT（μm）	SPT（μm）	PPT/SPT	VD（μm）	XY（μm）	PT（μm）	VC（μm）
幼苗	120.01±5.24a	20.83±0.86a	13.54±1.03a	23.20±2.92a	46.04±2.46a	0.50±0.09a	34.54±3.34a	332.04±6.18a	18.43±2.01a	35.62±3.30a
成年植株	121.50±5.99a	20.45±0.71a	13.55±1.27a	46.67±1.53b	46.90±1.53a	0.99±0.04b	59.74±5.62b	460.53±28.70b	33.79±1.00b	50.74±2.35b

（七）观光木幼苗与成年植株叶片相关指标相关性分析

图33-4为观光木幼苗与成年植株叶片和光合生理生态指标的相关性分析热图。其中，光合参数 P_{max}、LSP 与叶片参数 LA、SLA，色素含量 Chl（a+b），叶片结构参数 PPT、PPT/SPT、VD、XY、VC 存在显著正相关性。P_{max} 和 LSP 之间也存在显著的正相关性。P_{max} 与 LCP、SLW 存在显著的负相关性，LSP 与 SLW 也存在负相关性。

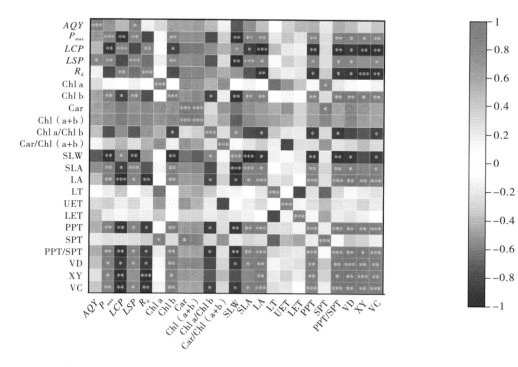

注：* 表示 $P < 0.05$；** 表示 $P < 0.01$；*** 表示 $P < 0.001$。

图33-4　观光木幼苗与成年植株叶片结构和光合生理生态指标的相关性分析热图

为进一步从观光木中评估出对光合生理生态变化影响最为重要的指标，利用 PCA 将 19 个色素含量和叶片结构指标作为解释变量，5 个光合生理生态指标作为响应变量。利用 Canoco 5 软件冗余分析（RDA）可视化，结果显示轴 1 和轴 2 的解释变量分别为 78.36% 和 20.92%，前两轴共解释了观光木幼苗与成年植株光合生理生态指标 99.18% 的变异。由图 33–5 可知，SLW、PT、VC、Chl b、XY 等 5 个性状的箭头较长，表明它们能较好地解释观光木幼苗与成年植株光合生理生态指标的变异。P_{max} 与 SLA、Chl b 和 PPT/SPT 的箭头夹角较小（锐角），而与 Chl a/Chl b 和 SLW 的夹角较大（钝角），表明 P_{max} 与 SLA、Chl b 和 LA 正相关性较强，与 Chl a/Chl b 和 SLW 负相关性较强。LCP 与 Chl a/Chl b 和 SLW 呈正相关，与 SLA、Chl b 和 LA 均呈负相关；LSP 与 LA、Chl b 和 SLA 存在正相关性，与 Chl a/Chl b 和 SLW 存在负相关性。由此可见，RDA 和热图分析具有一致性。

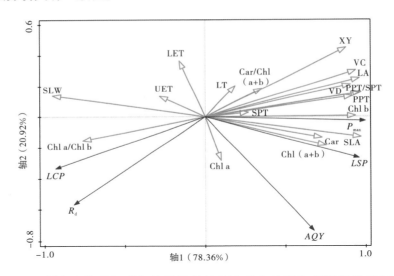

图 33–5　观光木幼苗与成年植株叶片结构和光合生理生态指标的 RDA 图

三、讨论

光合作用对植物的生长和发育具有重要的影响，利用光响应曲线对幼苗与成年植株的 P_{max}、LSP、LCP 和 R_d 等参数进行分析和比较，可以了解观光木成年植株与幼苗的光合特性差异。在相同的 PAR 内观光木成年植株的 P_n 始终高于幼苗的，说明成年植株相较于幼苗在弱光和强光的环境下均具备更高的光合能力。本研究发现成年植株在 PAR 为 1200 $\mu mol \cdot m^{-2} \cdot s^{-1}$ 达到 LSP 后，P_n 随着 PAR 的增强并未出现明显的下降趋势，表明成年植株并未发生光抑制现象，这与郭昉晨等（2015）对观光木成年植株的光合研究结果相同。而幼苗在达到 LSP 后，随着 PAR 的增强而 P_n 下降，出现了光抑制现象，在乐昌含笑（*Michelia chapensis*）（周欢等，2023）和长白落叶松（*Larix olgensis*）（刘强等，2016）的研究中存在相似的结果。推测幼苗为避免光合器官受损和减少水分的丧失，会暂时关闭气孔导致 P_n 降低。本研究中幼苗的 G_s 及 T_r 在强 PAR 下并没有出现显著性增长的结果支撑了此观点。因此在培育和移栽观光木幼苗时，应注意栽培地区的光照环境。植物的 LSP 和 LCP 是评估植物光照强度适应性的重要指标。成年植株的 LSP 显著高于幼苗的，说明成年植株的强光适应性强于幼苗的，而成年植株的 LCP 低于幼苗的，因此幼苗对于弱光的适应性也弱于成年植株的，这可能是观光木成为濒危物种的原因之一。

G_s、T_r、C_i 和 WUE 是影响光合能力的重要参数。C_i 变化方向是判断 P_n 变动的主要原因以及确定气孔因素是否与光合相关所必需的依据（Farquhar et al.，1982；陈根云等，2012）。观光木成年植株的 C_i 随 PAR 的升高而升高，幼苗却没有明显变化，此现象表明成年植株的 T_r 上升速率高于幼苗是成年植株叶片 P_n 较高的原因之一。T_r 的变化趋势与 G_s 的相似，在高 PAR 下，观光木的成年植株能够开启气孔吸收足够的 CO_2 进行光合作用，从而提高 P_n。而幼苗无法利用较多的光照，因此在高 PAR 时，幼苗为防止水分的流失，G_s 上升缓慢，T_r 的增长速率也相较于成年植株较为缓慢，这可能是幼苗叶片 P_n 较低的原因之一。成年植株在弱光的环境下 WUE 高于幼苗的，说明成年植株的弱光适应性强于幼苗的，在强光环境中，两者的 WUE 趋近相同，说明观光木可能趋向于调节气孔开放程度维持较高的 P_n，这与赵平（2000）在海南红豆（*Ormosia pinnata*）的研究结果相似。

光合色素是植物中进行光合作用的重要物质，光合色素含量的高低可以作为植物光合能力和生态环境变化的重要指标之一。研究结果显示，成年植株叶绿素总量显著高于幼苗的，而且在各 PAR 下 P_n 也要高于幼苗的，说明叶绿素含量可以有效地反映出植物的光合能力。而本研究中成年观光木在各 PAR 下的 P_n 略低于前人的研究结果（刘晓涛等，2017；郭昉晨等，2015；钟圣等，2010），并且在同一生境中，成年植株叶片中的 Chl b 较高。研究表明 Chl b 是叶片捕光天线的关键物质，弱光下 Chl b 可以增大叶片捕光天线的比例，以捕获更多的光能来满足植物生长所需（Murchie et al.，1997）。因此推测成年观光木可能受到一定程度的遮光影响。弱光环境和较低的 G_s 与 T_r 会严重影响成年观光木的 P_n 和光合产物的生成，说明了光照不足的环境不利于成年观光木的生存。成年植株 Chl b 高于幼苗的结果说明了成年植株弱光适应性强于幼苗的，两者 *LCP* 的结果也为此进行了强有力的证明，这与短梗大参（*Macropanax rosthornii*）（梁文斌等，2015）和紫斑牡丹（*Paeonia rockii*）（尚三娟等，2020）中的叶绿素研究结果相似。幼苗的 Car 含量较高且强光下的 P_n 较低，说明幼苗无法吸收较多的光能，因此需要 Car 接收多余的激发态叶绿素分子，从而避免了活性氧的产生，起到了光保护的作用。

叶片是植物吸收光能的主要部位，叶片参数对光合作用有潜在的影响。成年植株的 LA 显著大于幼苗的，说明成年植株需要更大的 LA 以获得更强的光合能力来维持植物的生长。幼苗的 SLW 显著大于成年植株的，说明幼苗单位 LA 投入成本高，生长速度慢，光合效率较低。Fajardo 等（2016）的研究表明，在相同环境下 SLW 与 LA 成反比，说明植物能够调控自身叶片结构特征，以适应较差的生长环境。本研究中成年植株较小的 SLW 和较大的 LA 表明其拥有较强的环境适应性。本试验中成年植株为 10 年生以上观光木。相关研究认为常绿木本植物会随着叶龄的增长而逐渐减小，而 SLW 的减小与叶肉细胞的细胞壁变厚、木质素含量增加、叶片变厚以及叶片的机械组织含量增加有关（刘明秀等，2016）。为了满足不同发育阶段的光合生理生态需求，不同时期的叶片的结构也有着巨大的差异。叶肉组织不同组织厚度、细胞数量、叶绿体分布会随外界光环境的变化进行调节，在红果榆（*Ulmus szechuanica*）（金雅琴等，2023）和臭椿（赵芸玉等，2016）中得到证实。本研究发现幼叶中的细胞数量、PPT、PPT/SPT 显著小于成年植株的，说明栅栏组织的厚度与所占比例对光合作用产生重要影响。栅栏组织是叶绿体存在的主要场所，PPT/SPT 高说明相同 LA 中可容纳更多叶绿体，叶绿素的含量也相应升高，本研究中成年植株叶片中叶绿体含量印证了此观点。这与对千年桐（*Vernicia montana*）（曹林青等，2022）和油橄榄（*Canarium oleosum*）（刘露，2016）中叶片组织结构及光合相关性的研究结果一致。高等植物的叶片中，维管束组织通过叶脉与茎中的维管束进行连接，进而进行光合产物的运输，因此，维管束鞘细胞组织的发达程度及维管束细胞富集区的密度大小会直接影响到植物的光合作用强度。本研究中成年植株的 XY、PT 及 VC 均显著高于幼苗的，成年植株可以更高效率地进行光合产物运输，同时降低了光合产物累积导致的光抑制作用。这与安飞飞（2018）对木薯叶片显微结构的研究结果相似。根据 PCC 和 RDA 分析发现 P_n 与 LA、PPT、PPT/SPT、XY、PT、VC 均有着较强的相关性，说明这 6 种叶片结构参数可作为观光木的光合生理生态变异的可靠指标，也可成为观光木依靠光合作用进行生理生长的主要驱动因素，未来可作为筛选观光木光合能力的重要参考指标。此结果与董梦宇（2022）对香花芥属（*Hesperis*）植物的叶片结构及光合特性的研究结果相似。

　　成年观光木的 *LSP* 与 *P*~max~ 显著高于幼苗的，叶片中叶绿素含量和叶片结构组织差异是造成 *P*~n~ 差异的主要原因。因此在观光木的引种栽培中，建议在培育苗木时，应该采取一定的遮阳措施，随着植株的生长逐渐降低郁闭度，以防止过强或过弱的光照环境限制了观光木的生长。

四、结论

　　通过分析极小种群野生植物观光木幼苗与成年植株叶片光合功能及结构，以期揭示观光木叶片结构对 P_n 的影响规律及其对光照的反应机制。采用 Li–6400 便携式光合仪分析观光木幼苗与成年植株叶片的光响应参数，并对其幼苗与成年植株的叶面解剖特征、叶绿素含量与叶片相关参数进行分析，进而比较其幼苗与成年植株的差异性。研究结果表明：（1）在强 *PAR* 下观光木成年植株的 P_n 显著高于幼苗的，幼苗存在光抑制现象。观光木成年植株的 P_{max} 和 *LSP* 显著高于幼苗的，而幼苗的 R_d 和 *LCP* 显著高于成年植株的。成年植株在强 *PAR* 下 G_s 和 T_r 高于幼苗的。（2）观光木成年植株的 Chl b 和 Chl（a+b）显著高于幼苗的。（3）观光木成年植株的叶片各组织发育较为成熟且与幼苗有显著性差异。（4）相关性分析和冗余分析表明观光木的 P_n 与 LA、PPT、PPT/SPT、XY、PT 及 VC 是反映观光木光合特征的重要正相关性指标。综上，建议对观光木幼苗进行一定的遮阳处理，随着植株的生长逐渐降低郁闭度，以防止过强或过弱的光照环境限制观光木的生长。

第三十四章　海南风吹楠不同生长阶段
叶片解剖结构及光合特性研究

一、材料与方法

（一）试验地概况

试验地位于广西桂林市广西植物研究所内，地处 110° 17′ E、25° 01′ N，海拔180 m，属中亚热带季风气候区。该区域具有较好的气候条件，阳光充足，雨量丰沛，年均温为 19.4℃，最热月均温为 28.5℃左右，最低月均温仅为 8.3℃左右，年均降水量约为 1974 mm，年均 RH 为 73% ～ 79%，年均日照时数为 1670 h 左右。

（二）材料与方法

1. 材料

供试材料为引种栽培的海南风吹楠 12 年生成年植株和 1 年生幼苗。成年植株种植于广西植物研究所濒危植物种质资源圃。试验幼苗栽植于内径 21 cm、深 18 cm 的塑料花盆中，每盆栽植 1 株。分别选取 3 株生长健壮、长势较好和无病虫害的成年植株和幼苗进行光合参数和叶片结构测定。

2. 光响应曲线的测定

选择天气晴朗的白天 8: 00 ～ 13: 00，采用 Li-6400 便携式光合作用系统（Li-Cor，Lincoln，Nebraska，USA）进行海南风吹楠光合参数测定。测定前叶片先在 600 μmol · m^{-2} · s^{-1} 的 PFD 下诱导 30 min（仪器自带的红蓝光源）以充分活化光合系统。使用开放气路，设空气流速为 0.5 L · min^{-1}，LT_{air} 设为 28℃，C_a 设为 400 μmol · mol^{-1}。设定 PFD 梯度为 1500 μmol · m^{-2} · s^{-1}、1200 μmol · m^{-2} · s^{-1}、1000 μmol · m^{-2} · s^{-1}、800 μmol · m^{-2} · s^{-1}、600 μmol · m^{-2} · s^{-1}、400 μmol · m^{-2} · s^{-1}、200 μmol · m^{-2} · s^{-1}、150 μmol · m^{-2} · s^{-1}、100 μmol · m^{-2} · s^{-1}、50 μmol · m^{-2} · s^{-1}、20 μmol · m^{-2} · s^{-1}、0 μmol · m^{-2} · s^{-1}。每个物种测定 3 株。以 PFD 为横轴、P_n 为纵轴绘制光合作用光响应曲线，光合参数依据以下方程拟合 P_n–PFD 曲线（温达志，2007；叶子飘等，2008）：

$$P_n = AQY \frac{1 - \beta PFD}{1 + \gamma PFD} PFD - R_d$$

式中，P_n 为净光合速率，AQY 为表观量子效率，β 和 γ 为系数，PFD 为光量子通量密度，R_d 为暗呼吸速率。通过适合性检验，拟合效果良好，然后用下列公式计算 LSP、P_{max} 和 LCP：

$$LSP = \frac{\sqrt{(\beta + \gamma)/\beta} - 1}{\gamma}$$

$$P_{max} = AQY \left(\frac{\sqrt{\beta + \gamma} - \sqrt{\beta}}{\gamma} \right)^2 - R_d$$

$$LCP = \frac{AQY - \gamma R_d - \sqrt{(\gamma R_d - AQY)^2 4\beta \times AQY \times R_d}}{2\alpha\beta}$$

提取光响应曲线测定过程中不同 PFD 下的 G_s 和 T_r 进行分析，并计算 WUE，$WUE = P_n / T_r$（温达志，1997）。

3. 叶片解剖结构参数的测定

分别摘取成年植株和幼苗顶部往下第二至第三对健康无病虫害叶片，每个处理取 3 片。切取 1 cm × 1 cm 的小块，用 70% FAA 固定液固定 24 h 后，采用常规石蜡切片法（李亚男等，1919）制片，用 Nikon Eclipse E100 光学显微镜观察和拍照，每个处理取 6 片切片，每片切片取 3 个视野；同时，采用图形分析软件 CaseViewer 软件测定叶片解剖结构指标 LT、UET、LET、PPT、SPT，并计算 PPT/SPT 和组织密实度（PPT/LT）、组织疏松度（SPT/LT）。

（三）数据分析

利用 Excel 2016 对上述试验结果进行处理，采用 SPSS 26.0 进行单因素方差分析，用 Duncan 法进行多重比较，用 Origin 9.2 软件绘图，利用光合计算 4.1.1 软件的直角双曲线修正模型（叶子飘，2010）拟合并计算光响应曲线的光合参数。

二、结果与分析

（一）光合生理生态指标对 *PFD* 的响应

海南风吹楠成年植株和幼苗光响应曲线拟合的决定系数（R_2）均在 0.95 以上，曲线的拟合效果良好（图 34-1）。随着 *PFD* 的增大，成年植株 P_n 逐渐升高后趋于稳定，幼苗 P_n 则呈现先升高后下降趋势，两者的 P_n 在 *PFD* 达到 200 $\mu mol \cdot m^{-2} \cdot s^{-1}$ 后逐渐形成差异。成年植株的 G_s 随着 *PFD* 的增大而升高，幼苗的 G_s 则随着 *PFD* 的增大呈现先升高后平缓的趋势，在 *PFD* 大于 400 $\mu mol \cdot m^{-2} \cdot s^{-1}$ 后逐渐形成差异。T_r 的变化趋势与 G_s 基本一致。成年植株和幼苗的 *WUE* 均随 *PFD* 的增大先升高后下降，成年植株的 *WUE* 在 *PFD* 为 150 $\mu mol \cdot m^{-2} \cdot s^{-1}$ 时达到峰值，之后呈迅速降低趋势；幼苗的 *WUE* 在 *PFD* 为 200 $\mu mol \cdot m^{-2} \cdot s^{-1}$ 时达到峰值，之后呈缓慢下降趋势；当 *PFD* 在 50 ～ 800 $\mu mol \cdot m^{-2} \cdot s^{-1}$ 范围内时，成年植株的 *WUE* 高于幼苗的；当 *PFD* 超过 800 $\mu mol \cdot m^{-2} \cdot s^{-1}$ 时，成年植株的 *WUE* 则低于幼苗的。

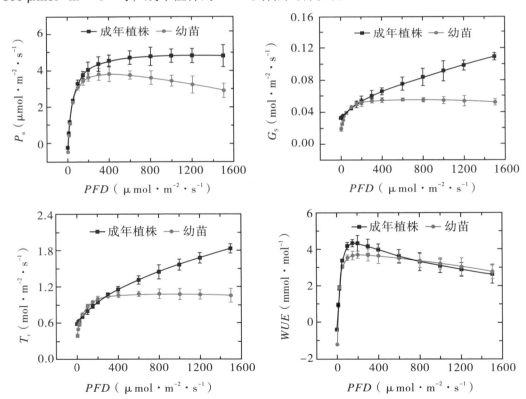

图 34-1　海南风吹楠成年植株和幼苗叶片 P_n、G_s、T_r 和 *WUE* 对 *PFD* 的响应

（二）光响应参数

海南风吹楠成年植株的 P_n 整体较幼苗的高，成年植株和幼苗的 P_{max} 分别为 $4.83\ \mu mol \cdot m^{-2} \cdot s^{-1}$、$3.85\ \mu mol \cdot m^{-2} \cdot s^{-1}$，存在显著差异（$P < 0.05$）；幼苗的 LCP 和 R_d 均显著高于成年植株的（$P < 0.05$），分别为 $4.70\ \mu mol \cdot m^{-2} \cdot s^{-1}$、$0.50\ \mu mol \cdot m^{-2} \cdot s^{-1}$；成年植株的 LSP 显著高于幼苗的（$P < 0.05$），为 $1185.31\ \mu mol \cdot m^{-2} \cdot s^{-1}$；而成年植株和幼苗的 AQY 则无显著差异（$P > 0.05$）（表 34–1）。

表 34–1　海南风吹楠成年植株和幼苗叶片的光响应参数

种类	P_{max} （$\mu mol \cdot m^{-2} \cdot s^{-1}$）	LCP （$\mu mol \cdot m^{-2} \cdot s^{-1}$）	LSP （$\mu mol \cdot m^{-2} \cdot s^{-1}$）	AQY （$\mu mol \cdot \mu mol^{-1}$）	R_d （$\mu mol \cdot m^{-2} \cdot s^{-1}$）
成年植株	4.83 ± 0.16	2.69 ± 0.28	1185.31 ± 23.65	0.0245 ± 0.002	0.25 ± 0.07
幼苗	3.85 ± 0.29	4.70 ± 0.44	403.45 ± 34.47	0.0249 ± 0.007	0.50 ± 0.09
P 值	0.015	0.005	< 0.001	0.448	0.038

（三）叶片结构形态特征

海南风吹楠成年植株和幼苗的叶片横切面结构形态特征如图 34–2 所示。其叶片均由上表皮、下表皮、栅栏组织、海绵组织及其分化的其他细胞组成，可以明显看出成年植株细胞排列程度较幼苗密集。上下表皮均由一层细胞构成，成年植株上下表皮细胞大部分呈近长方形，而幼苗则几乎呈不规则的椭圆形；成年植株栅栏组织由 5～7 层细胞组成，多为近长方形，排列整齐紧密；幼苗栅栏组织由 4～5 层细胞组成，细胞呈不规则椭圆形，排列疏松，有一定细胞间隙，细胞较短；成年植株海绵组织相比于幼苗，其排列更加紧密，层数更多，细胞间隙较小；成年植株维管束发达，木质部有 5～7 列导管，较多异细胞主要分布于维管束和木质部附近，贮水组织细胞较小，数量多，排列紧密；幼苗维管束不发达，木质部有 4～6 列导管，异细胞较成年植株少，主要分布于维管束和木质部附近，贮水组织细胞较大，数量较少，薄壁组织细胞较大、饱满，部分细胞分化成贮水组织，为幼苗进行正常生理活动提供水分。

由表 34–2 可知，海南风吹楠成年植株的 LT、PPT、SPT、PPT/SPT、PPT/LT 均显著高于幼苗的（$P < 0.05$），其中 LT、PPT、SPT、PPT/LT 呈极显著差异（$P < 0.01$）；幼苗的 UET、LET、SPT/LT 均高于成年植株的，其中 UET 呈显著差异（$P < 0.05$），LET 呈极显著差异（$P < 0.01$），SPT/LT 则不存在显著差异（$P > 0.05$）。

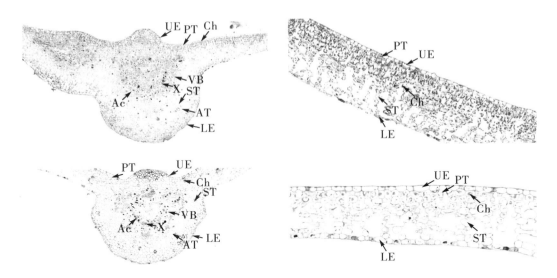

UE. 上表皮；LE. 下表皮；PT. 栅栏组织；ST. 海绵组织；Ch. 叶绿体；VB. 维管束；X. 木质部；AT. 贮水组织；Ac. 异细胞

图 34-2　海南风吹楠成年植株和幼苗的叶片结构
（第一行为成年植株叶片；第二行为幼苗叶片）

表 34-2　海南风吹楠成年植株和幼苗的叶片解剖结构参数

指标	成年植株	幼苗	P 值
LT（μm）	319.567 ± 0.939	253.300 ± 2.642	< 0.001
UET（μm）	21.633 ± 0.946	24.533 ± 0.736	0.027
LET（μm）	14.700 ± 0.245	24.367 ± 0.822	< 0.001
PPT（μm）	139.300 ± 0.909	100.767 ± 1.852	< 0.001
SPT（μm）	138.567 ± 1.731	110.567 ± 1.725	< 0.001
PPT/SPT	1.005 ± 0.009	0.911 ± 0.031	0.014
PPT/LT	0.436 ± 0.002	0.398 ± 0.003	< 0.001
SPT/LT	0.434 ± 0.004	0.437 ± 0.011	0.741

（四）叶片结构和光合生理生态参数的相关性分析

由图 34-3 可知，海南风吹楠成年植株和幼苗的叶片结构参数和光合生理生态参数之间存在较强的相关性。其中，光合生理生态参数 LCP、LSP 和叶片结构参数 LT、

UET、LET、PPT、SPT、PPT/SPT、PPT/LT 均存在显著相关，光合生理生态参数 P_{max} 则和叶片结构参数 LT、LET、PPT、SPT、PPT/SPT、PPT/LT 之间存在显著相关，光合生理生态参数 R_d 仅与叶片结构参数 LT、LET、PPT、SPT 存在显著相关。

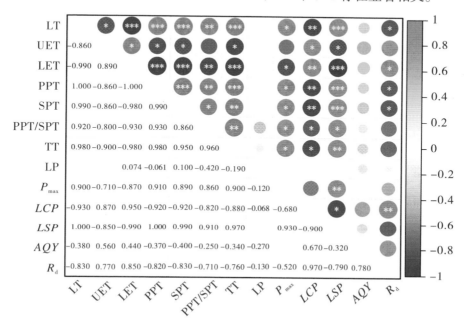

注：* 表示 $P<0.05$；** 表示 $P<0.01$；*** 表示 $P<0.001$。

图 34-3　海南风吹楠成年植株和幼苗叶片结构和光合生理生态参数的相关性分析热图

三、讨论

（一）光合特性

植物的 P_n、G_s、T_r、WUE 在不同 PFD 下的响应是其在生存环境下自身适应能力的重要光合生理生态指标。在不同 PFD 下，海南风吹楠成年植株的 P_n 高于幼苗的，表明成年植株的光合能力较幼苗的强，积累能量能力较强。总体上成年植株的 G_s 较幼苗的高，说明成年植株有更强的潜在气体交换能力，从而使其具有较高的 P_n；PFD 为 $100 \sim 200\,\mu mol \cdot m^{-2} \cdot s^{-1}$ 时，幼苗的 G_s 高于成年植株的，幼苗在这段光照下，叶片的气体交换能力较成年植株的强。T_r 整体上的趋势与 G_s 类似，在强光照下，成年植株的 T_r 更高，说明其蒸腾作用更强，从而促进内部水和无机盐的运输；PFD 为 $50 \sim 300\,\mu mol \cdot m^{-2} \cdot s^{-1}$ 时，幼苗蒸腾作用较强。WUE 能反映叶片水分消耗与物质积累的关系，其值越大，说明叶片在消耗同等水分的条件下对物质的积累越多；成年植株在低 PFD 下 WUE 较高，可能与其适应恶劣岩溶生境有关，而在高 PFD 下 WUE 呈现下降趋势，表明对高光照强度环境的适应能力较弱。

不同植物在不同光照强度环境下的光合参数可反映出自身的生理状态，通过测算植物的光合参数进一步探究其适宜的生长环境及对环境的适应能力（Yokoya et al.，2007）。P_{max} 越高，表明植物固碳能力越强，有机物的积累越丰富，更易满足植物本身生长所需的有机物含量（Mahmud et al.，2018）。海南风吹楠成年植株的 P_{max}（4.83 $\mu mol \cdot m^{-2} \cdot s^{-1}$）显著高于幼苗的（3.85 $\mu mol \cdot m^{-2} \cdot s^{-1}$），表明成年植株的光合能力显著强于幼苗的，成年植株积累有机物的能力强于幼苗的。可能原因之一为维持成年植株的正常生长所需的有机物多于幼苗的，故成年植株需要使用更强的光合能力维持正常生理活动；同时也可能与叶片中的叶绿素含量相关。

LCP 和 LSP 反映了植物对光的适应和利用能力，是评价植物生长特性的重要指标，LCP 与 LSP 相差越大，表示植物对光的适应范围也越大（张旺锋等，2005）。本研究结果表明海南风吹楠成年植株的 LCP 为 2.69 $\mu mol \cdot m^{-2} \cdot s^{-1}$，$LSP$ 为 1185.31 $\mu mol \cdot m^{-2} \cdot s^{-1}$，$LSP$ 较高而 LCP 较低，说明海南风吹楠成年植株有喜阳耐阴的特性。海南风吹楠幼苗的 LCP 为 4.70 $\mu mol \cdot m^{-2} \cdot s^{-1}$，$LSP$ 为 403.45 $\mu mol \cdot m^{-2} \cdot s^{-1}$，表明海南风吹楠幼苗具有耐阴的特性，需要一定郁闭度才能生长。海南风吹楠成年植株的 LCP 与 LSP 相差较幼苗的大，成年植株的 LCP 高于幼苗的，而 LSP 低于幼苗的，说明成年植株的光环境适应性强于幼苗的。在杨树中观察到同样的现象（陈兴浩等，2022）。因此，在海南风吹楠的引种栽培中，建议在海南风吹楠育苗过程中，对其进行一定的遮阳处理，随着植株的生长逐渐降低郁闭度。

（二）叶片解剖结构和光合特性关系

叶片作为植物进行光合作用的重要器官之一，叶片中的 UET、LET、PPT、SPT 等结构参数均会受到外界环境因素影响，进而改变植物光合特性。叶片适应弱光的细胞结构特征为 UET、LET 较小，LT 较大，栅栏组织和海绵组织发达（李冬林等，2020）。本研究中海南风吹楠成年植株的 LT 显著大于幼苗的，UET、LET 均显著低于幼苗的，PPT 和 SPT 均极显著高于幼苗的，说明成年植株则更适应在弱光环境下生长。PPT/SPT 是反映植物叶片栅栏组织发育程度的一个指标，其值越大，表明栅栏组织越发达（梁文斌等，2014），同时植物光合作用受 PPT/SPT 影响较为显著；栅栏组织排列紧密且细胞越接近长方形，越可有效提高叶绿体在栅栏组织细胞中的分布密度，SPT 越大，排列越疏松，越有利于叶片进行气体交换和光合作用（薛黎，2020）。海南风吹楠成年植株的栅栏组织细胞较幼苗来说，细胞形状多为近长方形，PPT/SPT 显著大于幼苗的，表明成年植株的栅栏组织更加发达，PPT/LT 也显著高于幼苗的，细胞排列更加紧密，栅栏组织细胞中叶绿体分布更密集，说明海南风吹楠成年植株的光合作用强于幼苗的。

研究表明，植物光合作用对干旱环境极为敏感，其主要通过抑制光合系统和减少光合作用酶含量等影响植物光合作用（刘长乐等，2023）。本研究发现，海南风吹楠幼苗与成年植株的叶片叶脉周围均存在较多异细胞，上下表皮也有较少分布。异细胞具有较高的渗透势，吸水能力较强，可储存水分，在面临干旱环境时，为其他细胞暂时提供水分（杨开军等，2007）；维管束是植物水分传输效率的重要影响因素之一，其越发达，水分的传输效率越强，可通过观察维管束发达程度来反映植物抗旱性能（马红英等，2020）；木质部主要负责输送水分和无机盐，木质部越发达，越有利于植物的水分和无机盐运输（李雪等，2023）。海南风吹楠成年植株的异细胞含量多于幼苗的，维管束和木质部较发达，贮水细胞较丰富，因此推断成年植株的抗旱性强于幼苗的，在干旱环境下，成年植株叶片仍能够暂时提供水分，进行正常的光合作用，为自身提供能量。在胡杨（*Populus euphratica*）、灰胡杨（*Populus pruinosa*）等植物中观察到同样的现象（赵鹏宇，2016）。

四、结论

海南风吹楠已被列入《广西极小种群野生植物名录》和《国家重点保护野生植物名录》。采用 Li–6400 便携式光合仪分析海南风吹楠成年植株和幼苗叶片的光响应，并通过光学显微镜观测成年植株和幼苗叶面解剖特征，探究海南风吹楠成年植株和幼苗的光合特性和叶片结构差异，以期为海南风吹楠的引种栽培提供理论依据。结果表明：（1）海南风吹楠成年植株在 P_n、T_r、G_s、P_{max} 等光合生理生态指标及 LT、PPT、SPT、PPT/SPT 等各项叶片结构参数上的表现均要优于幼苗。说明成年植株的光合作用强于幼苗的。（2）海南风吹楠成年植株的 LCP 与 LSP 分别为 2.69 $\mu mol \cdot m^{-2} \cdot s^{-1}$、1185.31 $\mu mol \cdot m^{-2} \cdot s^{-1}$，LCP 与 LSP 相差较幼苗的大，表明成年植株具有喜阳耐阴的特性，对光的适应范围较广；幼苗的 LCP 为 4.70 $\mu mol \cdot m^{-2} \cdot s^{-1}$，

LSP 为 403.45 μmol·m^{-2}·s^{-1}，具有耐阴的特性，对光的适应范围较小。综上表明海南风吹楠幼苗需要一定郁闭度才能生长。（3）成年植株和幼苗的 *WUE* 在低 *PFD* 的条件下均出现峰值，且成年植株 UET、LET 较小，LT 较大，栅栏组织和海绵组织发达的叶片结构符合叶片适应弱光的细胞结构特征，因此两者均较适应弱光。（4）海南风吹楠成年植株的异细胞含量多于幼苗的，维管束和木质部较发达，贮水细胞较丰富。说明海南风吹楠成年植株的抗旱性强于幼苗的。因此，建议在对海南风吹楠的引种栽培中，幼苗需进行一定的遮阳处理，且保持充足的水分，随着植株生长可适当降低郁闭度，待植株成年后避免栽种于强光照的生长环境中。研究结果为海南风吹楠的引种栽培和回归引种种植提供理论依据和科学指导。

第三十五章　凹脉金花茶、毛瓣金花茶和顶生金花茶光合特性及叶片结构比较研究

一、材料与方法

（一）试验地概况

试验地位于广西桂林市广西植物研究所内，地处 110° 17′ E、25° 01′ N，海拔 178 m，属中亚热带季风气候区。该区域年均温为 19.12℃，年均降水量为 1890 mm，年均日照时数为 1487 h，上层乔木树种主要有马尾松、三角槭（*Acer buergerianum*）和中华杜英等。

（二）研究方法

于 2023 年 4 月下旬，以凹脉金花茶、毛瓣金花茶和顶生金花茶成年植株为试验对象，每个物种选取生长状况良好且无病虫害的植株 4 株，选择位置朝向相同、大小基本一致且长势旺盛的叶片进行测定。植物嫩叶选择当年生叶片，而老叶则选取 1 年生叶片进行测定。

1.叶片解剖结构参数的测定

参照李正理（1987）的方法制作石蜡切片。每株植株选取同一方位生长良好的嫩叶和老叶各 3 片，沿中脉横切，切块为 5 mm × 5 mm，用 FAA 固定液固定，乙醇和二甲苯系列脱水，石蜡包埋，甲苯胺蓝染色，中性树胶封片。切片在光学显微镜下观测并拍照，借助图形分析软件 CaseViewer 测量各微观参数。测定指标有 UET、LET、LT、PPT、SPT、PPT/SPT、SA 和 SD 等。取 30 个视野测定统计各指标参数并计算。每片叶片重复试验 3 次。

2.叶片表皮特征的测定

每株植株选取同一方位生长良好的嫩叶和老叶各 3 片，沿着横截面把叶片分成 4 小块，立即投入 2.5% 的戊二醛固定液中固定，带回实验室进行乙醇逐级脱水（乙醇比例分别为 60%、70%、80%、90%、100%），临界点干燥并镀金，真空电子扫描电镜

（ZEISS EVO18）下观察叶片上表皮、下表皮并拍照记录，每片叶片重复试验 3 次。计算公式：SD（个/mm）= 视野气孔个数/视野面积，视野面积 =600 μm × 450 μm。

3. 光响应曲线的测定

采用 Li-6400XT 便携式光合仪进行光响应曲线的测定，在天气晴朗的上午 9：00 ～ 11：00 进行，测定时选取健康、无病虫害的完整叶片，通过预实验了解其大致饱和光照强度，在饱和光照强度下诱导 30 min 以激活光合系统。使用开放气路，空气流速设为 500 mL · min^{-1}，LT_{air} 为 28 ℃。设定的 PFD 梯度为 1500 μmol · m^{-2} · s^{-1}、1200 μmol · m^{-2} · s^{-1}、1000 μmol · m^{-2} · s^{-1}、800 μmol · m^{-2} · s^{-1}、600 μmol · m^{-2} · s^{-1}、400 μmol · m^{-2} · s^{-1}、300 μmol · m^{-2} · s^{-1}、200 μmol · m^{-2} · s^{-1}、150 μmol · m^{-2} · s^{-1}、100 μmol · m^{-2} · s^{-1}、50 μmol · m^{-2} · s^{-1}、20 μmol · m^{-2} · s^{-1}、10 μmol · m^{-2} · s^{-1}、0，测定时每一梯度下停留 120 ～ 150 s。每个物种测定 4 株，每株嫩叶和老叶各 1 片。以 PFD 为横轴、P_n 为纵轴绘制光响应曲线。光合参数依据以下方程拟合 P_n–PFD 曲线（叶子飘等，2008）：

$$P_n = AQY \frac{1-\beta PFD}{1+\gamma PFD} PFD - R_d$$

式中，P_n 为净光合速率，AQY 为表观量子效率，α、β 和 γ 为系数，PFD 为光量子通量密度，R_d 为暗呼吸速率。通过适合性检验，拟合效果良好，然后用下列公式计算 LSP、P_{max} 和 LCP：

$$LSP = \frac{\sqrt{(\beta+\gamma)/\beta}-1}{\gamma}$$

$$P_{max} = AQY \left(\frac{\sqrt{\beta+\gamma}-\sqrt{\beta}}{\gamma} \right)^2 - R_d$$

$$LCP = \frac{AQY-\gamma R_d-\sqrt{(\gamma R_d-AQY)^2-4\beta \times AQY \times R_d}}{2\alpha\beta}$$

4. 叶绿素含量的测定

从进行光合测定的植株上分别采集 3 ～ 5 片方位与光合指标测定时一致的嫩叶和老叶进行叶绿素含量的测定。用打孔器取 20 片 1 cm^2 的小叶片，95% 乙醇提取叶片叶绿素，测定提取液在波长 665 nm 和 649 nm 下的吸光值，计算出 Chl a、Chl b、Chl（a+b）

的含量及 Chl a/Chl b。Chl a、Chl b 浓度及 Chl（a+b）含量计算公式如下：

$$\text{Chl a 浓度}（C_a，\text{mg} \cdot \text{L}^{-1}）：C_a=13.95D_{665}-6.88D_{649}$$

$$\text{Chl b 浓度}（C_b，\text{mg} \cdot \text{L}^{-1}）：C_b=24.96D_{649}-7.32D_{655}$$

$$\text{Chl}（a+b）=\frac{C \times V \times N}{\text{LA}}\quad（\text{mg/dm}^2）$$

式中，C 为色素浓度，V 为提取液体积，N 为稀释倍数，LA 为叶面积。

（三）数据处理

利用 Excel 2016 对试验结果进行处理，采用 SPSS Statistics 26.0 进行单因素 ANOVA 检验，用 Duncan 法进行多重比较，并对光合特征参数、叶绿素含量和叶片解剖结构进行相关性分析，使用 Origin 2022 软件绘图。

二、结果与分析

（一）叶片解剖结构比较

1. 叶片解剖结构特征

3 种金花茶组植物均为典型异面叶植物，叶片有明显上下表皮之分，上表皮和下表皮均由单层细胞构成（图 35-1）。凹脉金花茶和顶生金花茶嫩叶的 LT 小于老叶的，毛瓣金花茶则反之。毛瓣金花茶和顶生金花茶嫩叶的 PPT 显著（$P < 0.05$）高于老叶的，凹脉金花茶嫩叶和老叶的 PPT 无显著差异（$P > 0.05$）。3 种金花茶组植物嫩叶的 PPT/PST 均显著（$P < 0.05$）大于老叶的，其中凹脉金花茶的 PPT/PST 最大，其次是毛瓣金花茶的，顶生金花茶的最小（表 35-1）。

表 35-1　3 种金花茶组植物叶片横切面解剖结构参数

物种	处理	LT（μm）	UET（μm）	LET（μm）	PPT（μm）	SPT（μm）	PPT/SPT
凹脉 金花茶	嫩叶	152.17± 8.46e	8.65± 0.37d	6.06± 0.31d	43.48± 1.90b	92.25± 6.36e	0.473± 0.044a
	老叶	192.59± 18.52c	10.82± 0.83b	8.94± 1.13c	49.16± 5.48b	128.01± 10.59c	0.364± 0.029c
毛瓣 金花茶	嫩叶	257.33± 16.30a	19.73± 1.71a	12.66± 0.65a	70.14± 5.26a	160.7± 11.27a	0.438± 0.042ab
	老叶	220.1± 12.23b	18.04± 1.16a	11.17± 0.98b	43.60± 7.86b	150.36± 9.94ab	0.299± 0.038d

续表

物种	处理	LT（μm）	UET（μm）	LET（μm）	PPT（μm）	SPT（μm）	PPT/SPT
顶生金花茶	嫩叶	169.47± 8.04de	10.41± 0.66bc	8.15± 0.30c	42.47± 2.37b	109.43± 5.43d	0.389± 0.025bc
	老叶	188.90± 8.81cd	10.79± 0.64b	8.57± 0.39c	28.83± 2.55c	142.13± 11.39bc	0.203± 0.021e

注：同列不同小写字母表示差异显著，$P < 0.05$，下同。

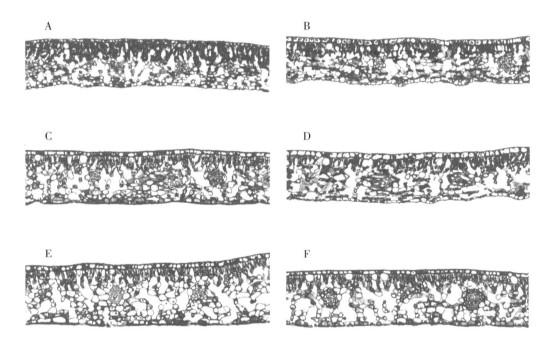

A. 凹脉金花茶嫩叶横切面；B. 凹脉金花茶老叶横切面；C. 毛瓣金花茶嫩叶横切面；D. 毛瓣金花茶老叶横切面；E. 顶生金花茶嫩叶横切面；F. 顶生金花茶老叶横切面

图 35-1　3 种金花茶组植物嫩叶和老叶的叶解剖结构

2. 气孔特征参数

通过观察叶表皮切片发现，3 种金花茶组植物上表皮均无气孔分布，而下表皮气孔分布明显（图 35-2），统计其微观参数见表 35-2。结果显示，3 种金花茶组植物的嫩叶和老叶的 SD 均无显著差异（$P > 0.05$）。凹脉金花茶嫩叶的 SA 显著（$P < 0.05$）大于老叶的，其余二者无显著差异（$P > 0.05$）。3 种金花茶组植物的 SD 大小依次表现为凹脉金花茶＞顶生金花茶＞毛瓣金花茶。

表35-2　3种金花茶组植物嫩叶和老叶的气孔指标

物种	处理	纵轴长度（μm）	横轴长度（μm）	SA（μm²）	SD（个·mm⁻²）
凹脉金花茶	嫩叶	$11.76 \pm 1.01ab$	$3.73 \pm 0.31a$	$30.13 \pm 5.74a$	$227.78 \pm 7.86a$
	老叶	$12.77 \pm 1.31a$	$3.08 \pm 0.32abc$	$20.57 \pm 5.43b$	$237.04 \pm 5.24a$
毛瓣金花茶	嫩叶	$10.26 \pm 0.99bc$	$2.42 \pm 0.37c$	$18.20 \pm 5.84b$	$150.00 \pm 2.62c$
	老叶	$9.91 \pm 1.2c$	$3.06 \pm 0.30abc$	$18.37 \pm 3.25b$	$151.85 \pm 5.24c$
顶生金花茶	嫩叶	$9.34 \pm 0.97c$	$2.84 \pm 0.21bc$	$19.12 \pm 4.12b$	$174.07 \pm 2.62b$
	老叶	$9.09 \pm 0.57c$	$3.31 \pm 0.23ab$	$21.27 \pm 2.56b$	$174.07 \pm 5.24b$

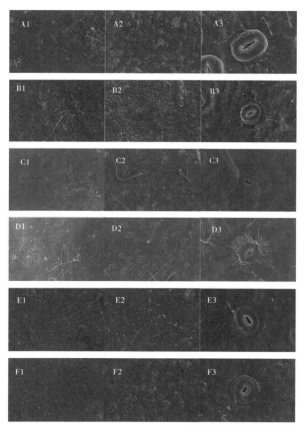

注：A1、A2、A3分别为凹脉金花茶嫩叶上表皮、下表皮和气孔；B1、B2、B3分别为凹脉金花茶老叶上表皮、下表皮和气孔；C1、C2、C3分别为毛瓣金花茶嫩叶上表皮、下表皮和气孔；D1、D2、D3分别为毛瓣金花茶老叶上表皮、下表皮和气孔；E1、E2、E3分别为顶生金花茶嫩叶上表皮、下表皮和气孔；F1、F2、F3分别为顶生金花茶老叶上表皮、下表皮和气孔。

图35-2　3种金花茶组植物嫩叶和老叶叶片的气孔特征

（二）光响应曲线及参数比较

3 种金花茶组植物的嫩叶和老叶的 P_n 随 PFD 的增大而升高（图 35-3），嫩叶 PFD 为 0 ～ 200 $\mu mol \cdot m^{-2} \cdot s^{-1}$ 和老叶 PFD 为 0 ～ 100 $\mu mol \cdot m^{-2} \cdot s^{-1}$ 时，P_n 呈直线上升，此后缓慢上升，直至达到 LSP。当 PFD 大于 600 $\mu mol \cdot m^{-2} \cdot s^{-1}$ 时，凹脉金花茶和顶生金花茶的 P_n 呈下降趋势，发生光抑制，而毛瓣金花茶则无明显光抑制现象。

3 种金花茶组植物嫩叶的 P_{max}、AQY 和 R_d 均分别显著（$P < 0.05$）高于老叶的（表 35-3）。凹脉金花茶和毛瓣金花茶嫩叶的 LSP 和 LCP 均显著（$P < 0.05$）高于老叶的，而顶生金花茶嫩叶和老叶的 LSP 和 LCP 无显著差异（$P > 0.05$）。3 种金花茶组植物中，毛瓣金花茶的 LSP 显著（$P < 0.05$）高于凹脉金花茶的和顶生金花茶的。

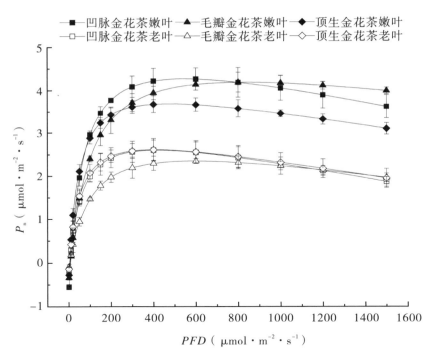

图 35-3　3 种金花茶组植物嫩叶和老叶的光响应曲线

表35-3　3种金花茶组植物嫩叶与老叶光合参数的比较

物种	处理	P_{max}（μmol·m^{-2}·s^{-1}）	LSP（μmol·m^{-2}·s^{-1}）	LCP（μmol·m^{-2}·s^{-1}）	AQY（mol·mol^{-1}）	R_d（μmol·m^{-2}·s^{-1}）
凹脉金花茶	嫩叶	4.064±0.317a	543.752±62.685bc	6.772±0.282a	0.089±0.009a	0.544±0.030a
	老叶	2.599±0.280c	414.031±18.716d	3.723±0.330b	0.063±0.006b	0.218±0.013c
毛瓣金花茶	嫩叶	4.188±0.179a	830.565±70.565a	6.600±0.342a	0.055±0.003b	0.339±0.030b
	老叶	2.355±0.125c	594.253±45.207b	2.997±0.318bc	0.030±0.002c	0.089±0.004d
顶生金花茶	嫩叶	3.691±0.258b	477.61±42.292cd	3.024±0.269bc	0.097±0.01a	0.275±0.017bc
	老叶	2.609±0.202c	407.379±32.931d	2.248±1.433c	0.067±0.006b	0.138±0.076d

（三）叶绿素含量比较

3 种金花茶组植物嫩叶的 Chl a 和 Chl（a+b）含量均显著（$P < 0.05$）高于老叶的；凹脉金花茶嫩叶的 Chl b 含量显著（$P < 0.05$）高于老叶的，而另外 2 种金花茶组植物嫩叶和老叶的 Chl b 含量无显著差异（$P > 0.05$）。凹脉金花茶和顶生金花茶嫩叶的 Chl a/Chl b 显著（$P < 0.05$）大于老叶的，毛瓣金花茶嫩叶和老叶的 Chl a/Chl b 无显著差异（$P > 0.05$）(图 35-4)。整体来看，3 种金花茶组植物中毛瓣金花茶的 Chl（a+b）含量最高，凹脉金花茶的次之，顶生金花茶的最低。

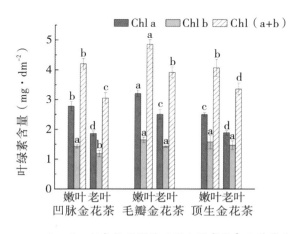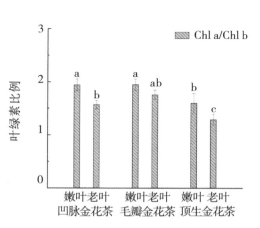

注：同一颜色柱形图的不同小写字母表示差异显著，$P < 0.05$。

图 35-4　3 种金花茶组植物嫩叶和老叶的叶绿素含量及比例

（四）叶片解剖结构特征、叶绿素含量与光合参数的相关性分析

PPT/PST 与 P_{max}，LT、PPT 与 LSP 呈极显著（$P < 0.01$）正相关；Chl（a+b）、Chl a/Chl b 与 P_{max}、AQY 呈极显著（$P < 0.01$）正相关；SD、SA 与光合参数间无显著相关（$P > 0.05$）（表 35-4）。

表 35-4　3 种金花茶组植物叶片解剖结构特征、叶绿素含量与光合参数的相关性分析

参数	P_{max}	AQY	LSP	LT	PPT	PPT/PST	SD	SA	Chl（a+b）	Chl a/Chl b
P_{max}	1.000									
AQY	0.534[*]	1.000								
LSP	0.507[*]	−0.372	1.000							
LT	−0.106	−0.700[**]	0.720[**]	1.000						
PPT	0.445	−0.243	0.837[**]	0.714[**]	1.000					
PPT/PST	0.768[**]	0.366	0.463	−0.048	0.654[**]	1.000				
SD	0.035	0.359	−0.377	−0.587[*]	−0.250	0.260	1.000			
SA	0.311	0.352	−0.194	−0.520[*]	−0.271	0.239	0.512[*]	1.000		
Chl（a+b）	0.673[**]	0.692[**]	0.083	−0.331	−0.071	0.253	−0.305	0.088	1.000	
Chl a/Chl b	0.673[**]	0.867[**]	−0.215	−0.555[*]	−0.205	0.281	0.291	0.323	0.648[**]	1.000

注：* 表示显著相关，$P < 0.05$；** 表示极显著相关，$P < 0.01$。

三、讨论

在植物生长过程中，叶片对环境的变化较为敏感，且具有一定的可塑性，叶片结构特征受自然环境影响（Aasamaa et al., 2001）。本研究中，3 种金花茶组植物的叶片解剖结构相似，气孔只在下表皮有所分布，属于典型的异面叶。叶片横切面解剖结构显示，3 种金花茶组植物均有栅栏组织和海绵组织，上下表皮均为单层细胞构成，这与王坤等（2019）对 8 种金花茶组植物叶解剖结构特征研究的结果一致。叶肉是叶片进行光合作用的主要部位，有研究表明，PPT 与 PST 的变化对植物叶片的 P_n 有影响，PPT/PST 与植物光合效率呈正相关，PPT 和 PPT/PST 越大，P_n 越高（李军等，1997；宋碧玉等，2017；李冬林等，2019）。本试验中，3 种金花茶组植物嫩叶的 PPT/PST

均显著高于老叶的，毛瓣金花茶和顶生金花茶嫩叶的 PPT 显著高于老叶的，且凹脉金花茶和毛瓣金花茶有更大的 PPT/PST，这与其 P_{max} 的大小相一致，表明 PPT 及栅栏组织相对大小是影响光合能力的重要因素。相关性分析也基本证实了这一结果，3 种金花茶组植物的 P_{max} 与其 PPT/PST 呈显著正相关，与 PPT 的相关性也达到了较高水平。

　　光合参数能够反映出不同植物对光环境的响应，可以通过其了解植物对环境的适应能力（Yokoya et al.，2007）。P_{max} 越高，植物积累有机物的能力越强（Mahmud et al.，2018；Vincenzav et al.，2018）。毛瓣金花茶和凹脉金花茶嫩叶的 P_{max} 显著大于顶生金花茶的，说明毛瓣金花茶和凹脉金花茶嫩叶积累有机物的能力高于顶生金花茶嫩叶的。植物的 LCP 与 LSP 反映了植物对光照条件的要求，二者相差越大，植物对光的适应范围越广（冷平生等，2000；张旺锋等，2005）。蒋高明（2004）认为大多数阴生植物的 LCP 小于 20 μmol·m^{-2}·s^{-1}，LSP 为 500 ～ 1000 μmol·m^{-2}·s^{-1} 或更低。本试验中，3 种金花茶组植物的 LCP 均小于 10 μmol·m^{-2}·s^{-1}，LSP 也较低，属于典型阴生植物（蒋高明等，2004）。3 种金花茶组植物中，毛瓣金花茶有更大的 LSP，说明其光照强度适应范围更广。AQY 能够反映植物对弱光的利用能力，其值越大，对弱光利用能力越强。3 种金花茶组植物嫩叶的 AQY 均显著大于老叶的，说明嫩叶对弱光的利用能力高于老叶的。凹脉金花茶和顶生金花茶嫩叶的 AQY 均显著高于毛瓣金花茶嫩叶的，说明前者对弱光的利用能力高于后者的。有研究表明，油茶（*Camellia oleifera*）叶龄为 50 ～ 60 d 的叶片的 P_n 高于 1 年生老叶的（吴泽龙等，2016）；闭鸿雁等（2019）研究表明，锥连栎（*Quercus franchetii*）当年生叶的光合能力明显强于 1 年生叶的。本试验中，3 种金花茶组植物嫩叶的 P_n 均高于老叶的，与前述研究结果相一致。

　　植物的光合能力与叶绿素含量密切相关。叶绿素是自然界中最重要和最常见的色素分子，是光合作用所必需的，在光合作用中光能的吸收、透射和转导中起着核心作用（Qiu et al.，2019）。叶绿素含量能够影响植物的 P_n，Chl a 含量高的植物对强光的适应能力更强，Chl b 含量高的植物则具有较强的耐阴性（周会萍等，2020）。本试验中，3 种金花茶组植物的 Chl（a+b）与其 P_{max} 呈极显著正相关，表明叶绿素含量是影响其 P_n 的重要因素。3 种金花茶组植物嫩叶的 Chl（a+b）、Chl a 均显著高于老叶的，表明嫩叶的光合能力及对强光的适应性比老叶的强，这与黄增冠等（2015）的研究结果一致。3 种金花茶组植物嫩叶 Chl a 含量大小依次为毛瓣金花茶＞凹脉金花茶＞顶生金花茶，Chl b 含量无显著性差异，表明 3 种金花茶组植物的耐阴性相近，但毛瓣金花茶对强光的适应能力强于凹脉金花茶的和顶生金花茶的。

四、结论

凹脉金花茶、毛瓣金花茶和顶生金花茶为国家重点保护野生植物和极小种群野生植物。本研究对 3 种金花茶组植物的嫩叶和老叶的光响应曲线、叶片解剖结构和叶绿素含量等指标进行测定，摸清其光合生理生态特性，旨在为 3 种金花茶组植物种质资源保育和引种栽培提供参考依据。研究结果表明：（1）3 种金花茶组植物嫩叶的 PPT/PST 显著（$P < 0.05$）高于老叶的。（2）3 种金花茶组植物嫩叶的 P_{max}、AQY 和 R_d 均显著（$P < 0.05$）高于老叶的。毛瓣金花茶对光照强度的适应范围更广，但对弱光的利用能力仍弱于凹脉金花茶的和顶生金花茶的。（3）3 种金花茶组植物嫩叶的 Chl a 和 Chl（a+b）含量均显著（$P < 0.05$）高于老叶的。（4）3 种金花茶组植物的 PPT/PST、Chl（a+b）与其 P_{max} 呈极显著（$P < 0.01$）正相关。3 种金花茶组植物嫩叶的光合能力均强于老叶的，PPT/SPT 和叶绿素含量是影响 3 种金花茶组植物光合能力的重要因子。

第三十六章　狭叶坡垒光合生理生态特性研究

一、材料与方法

（一）试验地概况与试验材料

试验地位于桂林市南郊桂林植物园珍稀濒危植物迁地保护园区，地处 110° 17′ E、25° 01′ N，属中亚热带季风气候区，海拔 150 ～ 250 m。年均温 19.2℃，最冷月（1月）均温 8.4℃，最热月（7月）均温 28.4℃，极端高温 40℃，极端低温 −6℃，≥ 10℃年积温 5955.3℃，通常情况下，年最低温均在 −1℃以上，偶有霜冻。年均降水量 1865.7 mm，年均蒸发量 1461 mm，降水分布不均，主要集中在 4 ～ 8 月。珍稀濒危植物园区位于桂林植物园最北端，占地 2 hm^2。该地原为苗圃，原生植被为马尾松次生林，土层厚度 40 ～ 60 cm，土壤为砂页岩及第四纪红土发育而成的酸性红壤，pH 值为 6.0，土壤肥力偏低。试验材料为 20 年生狭叶坡垒，引自广西十万大山。至 2008 年，狭叶坡垒的平均高度为 7.95 m，胸径 5.26 cm，处于第四级（小树阶段）（黄仕训等，2008）。

（二）光合作用的光响应曲线

2007 年 8 月 1 日上午 9：00 ～ 12：00，用 Li–6400 便携式光合仪测定狭叶坡垒成熟叶片光合作用的光响应曲线。叶片选择离地面 1.5 ～ 2.0 m 高度处冠层外部向阳枝条的倒数第三至第五位叶。测定前所有叶片材料均用 Li–6400 自带光源（6400–02B LED）以 1500 μmol·m^{-2}·s^{-1} 的 PAR 充分诱导，使用开放式气路，叶室温度 28℃，RH 为（74.56 ± 2.41）%。测定时由强到弱依次设定 PAR 为 2000 μmol·m^{-2}·s^{-1}、1500 μmol·m^{-2}·s^{-1}、1200 μmol·m^{-2}·s^{-1}、1000 μmol·m^{-2}·s^{-1}、800 μmol·m^{-2}·s^{-1}、600 μmol·m^{-2}·s^{-1}、400 μmol·m^{-2}·s^{-1}、200 μmol·m^{-2}·s^{-1}、150 μmol·m^{-2}·s^{-1}、100 μmol·m^{-2}·s^{-1}、50 μmol·m^{-2}·s^{-1}、20 μmol·m^{-2}·s^{-1} 和 0，待数值稳定后，记录在每个梯度下的 P_n。用二项式拟合 P_n–PAR 的曲线方程，并计算 2 个顶点值，分别为其 LSP 和 LCP，$WUE=P_n/T_r$。重复 3 ～ 5 片成熟叶。

（三）光合作用日进程

2007 年 8 月 2 日，用 Li-6400 便携式光合测定系统测定植物叶片的 P_n、T_r、G_s 及 C_i 等生理指标，同时记录相关的环境因子 PAR、RH、T_{air} 和 C_a。8：00 ～ 18：00 进行观测，每隔 1 h 测定 1 次，供试叶片选用树冠外部成熟、向阳的完整叶片，结果为 5 次测定的平均值。AQY 为 P_n 与 PAR 的比值，气孔限制值（stomata limitation，L_s）的计算式为 $L_s = (C_a - C)/(C_a - J)$，其中 J 为 CO_2 补偿点（CCP），在此忽略不计。所有数据均由仪器自动记录，应用 Excel 和 SPSS 统计软件进行计算和相关分析。

二、结果与分析

（一）狭叶坡垒的光响应特性

光是光合作用的能量来源，树种的 LCP 和 LSP 是光合特性的两个重要指标，也是衡量植物需光特性的生理指标，反映植物对光的利用能力。一般来说，LSP 高的树种喜光，利用强光的能力高，受到强光刺激时不易发生光抑制。由图 36-1 可知，狭叶坡垒的 P_n 在弱 PAR 下（0 ～ 200 $\mu mol \cdot m^{-2} \cdot s^{-1}$）随 PAR 的增强而近乎直线上升，在 PAR 大于 1200 $\mu mol \cdot m^{-2} \cdot s^{-1}$ 后开始有所下降。拟合方程为 $P_n = -3.0 \times 10^{-6} \cdot PAR^2 + 0.0082PAR + 2.1036$，$R^2 = 0.7523$，2 个顶点分别为 1366.67 $\mu mol \cdot m^{-2} \cdot s^{-1}$ 和 5.62 $\mu mol \cdot m^{-2} \cdot s^{-1}$，具有较低的 LCP，说明狭叶坡垒能在林中光照强度较低的环境下生长。其 AQY 为 0.043 $mol \cdot mol^{-1}$，与自然条件下一般植物的 AQY（0.03 ～ 0.05 $mol \cdot mol^{-1}$）相比处于中上水平，表明狭叶坡垒在小树阶段利用光能的能力并不弱。T_r 与 PAR 呈线性关系，方

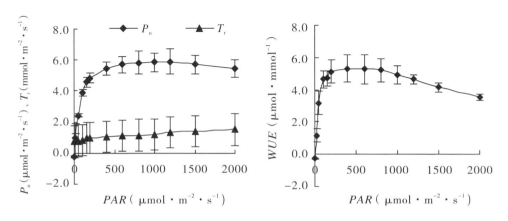

图 36-1　狭叶坡垒花期 P_n、T_r 和 WUE 的光响应曲线

程 为 $T_r=0.0003PAR+0.9631$，$R^2=0.9169$。*WUE* 在 *PAR* 小 于 400 μmol·m^{-2}·s^{-1} 时 随 着 *PAR* 的增加而直线上升，在 *PAR* 大于 400 μmol·m^{-2}·s^{-1} 时开始下降。适当遮阳有利于提高其 *WUE*。

（二）狭叶坡垒生理生态特征日变化进程

1. 叶片 P_n 与 T_r 日变化

狭叶坡垒的 P_n 日变化为双峰曲线（图 36-2），P_n 在 8：00 即达到 3.45 μmol·m^{-2}·s^{-1}，9：00 达一天中最大值（4.77 μmol·m^{-2}·s^{-1}），12：00 到达低谷，13：00 有一小峰出现，之后 P_n 一直小于 1 μmol·m^{-2}·s^{-1}，其日均 P_n 仍有 1.82 μmol·m^{-2}·s^{-1}。T_r 日变化与 P_n 日变化相似，8：00 较低，9：00 即达一天中最大值（2.91 mmol·m^{-2}·s^{-1}），12：00 出现低谷，13：00 有所上升，随后下降，日均 T_r 为 1.04 mmol·m^{-2}·s^{-1}。

2. 叶片 G_s、C_i 与 L_s 日变化

G_s 日变化与 P_n、T_r 的日变化曲线相似（图 36-2），9：00 达最高值，12：00 有一谷值，13：00 有一小峰出现，之后下降。其数值较低，最高值只有 0.096 mol·m^{-2}·s^{-1}，其平均值为 0.037 mol·m^{-2}·s^{-1}。C_i 日变化呈单谷型曲线，8：00～10：00 开始迅速下降，之后 C_i 呈逐渐上升趋势，全天 C_i 为 261～354 μmol·mol^{-1}。而 L_s 的日变化则总体呈下降趋势，10：00～12：00 有一谷值出现，然后一直下降。

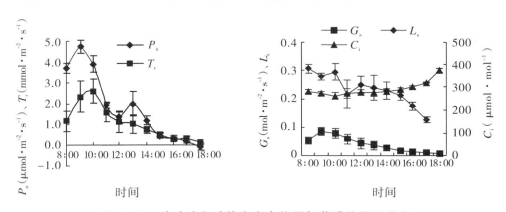

图 36-2　狭叶坡垒叶片净光合作用与蒸腾作用日进程

（三）环境因子对狭叶坡垒 P_n、T_r 的影响

1. 环境因子日变化

自然条件下环境因子日变化见图 36-3。*PAR* 从 8：00 开始迅速增大，9：00 达一天

中最大值 982.60 μmol·m⁻²·s⁻¹，之后则一直减小，12：00 只有 96.67 μmol·m⁻²·s⁻¹，13：00 由于有些光斑现象则稍有上升，随之下降，至 18：00 其值低于 70 μmol·m⁻²·s⁻¹，日平均值为 208.16 μmol·m⁻²·s⁻¹。C_a 早晨最高，12：00 后一直维持在低于一天平均值（372.24 μmol·mol⁻¹）的水平，18：00 才稍有上升，但没有恢复到早晨水平。T_{air} 早晚较低，分别为 31.46℃、34.73℃，9：00 上升到 36.31℃，之后维持在 36.35 ± 0.46℃ 左右，其时间持续 8 ～ 9 h。RH 变化与 T_{air} 相反，它随着 PAR 的增强和 T_{air} 的升高而直线下降，8：00 ～ 10：00 下降了 31.53%，12：00 有一小峰出现，15：00 降至最低，之后随着 PAR 和 T_{air} 的下降又逐渐升高，傍晚恢复到早上 8：00 的 87.58% 水平。

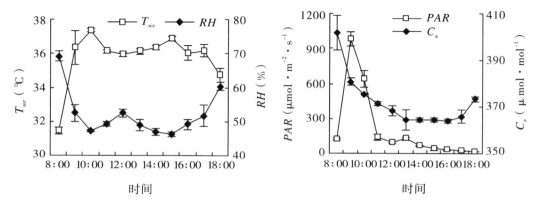

图 36-3　狭叶坡垒环境因子日变化

2. 环境因子与 P_n、T_r 的相关分析

各种环境因子对狭叶坡垒的光合作用和蒸腾作用的影响是相互的，环境因子 PAR、C_a、RH、T_{air} 与 P_n、T_r 的相关关系见表 36-1，P_n 与 PAR、RH 和 C_a 为极显著正相关（$P < 0.01$），与 T_{air} 为负相关，T_r 与 PAR、T_{air} 和 C_a 为极显著正相关（$P < 0.01$），与 RH 为负相关。光合作用是一个光生物化学反应，一定范围内 P_n 随着 PAR 的增加而升高；光照不足时，同化力短缺，光合作用的关键酶没有充分活化而使光合作用受到限制。光照强度是影响蒸腾作用的主要外界条件，在低光照的条件下蒸腾作用也一直较弱。从图 36-2、图 36-3 中可以看出 9：00 太阳光穿过林窗，正好照在狭叶坡垒叶片上，所以此时 P_n 升高较快，T_r 也随着上升，之后随着太阳的移动，太阳光一直被其他树木遮住，使得 PAR 只保持低于 200 μmol·m⁻²·s⁻¹ 的水平，而 P_n、T_r 也保持在较低水平。

表36-1 狭叶坡垒环境因子与 P_n、T_r 的相关分析

	P_n	T_r	PAR	T_{air}	RH	C_a
P_n	1.000					
T_r	0.899**	1.000				
PAR	0.852**	0.872**	1.000			
T_{air}	−0.137	0.217**	0.129	1.000		
RH	0.246**	−0.066	0.089	−0.902**	1.000	
C_a	0.613**	0.346**	0.457**	−0.688**	0.802**	1.000

注：** 表示相关达极显著水平；* 表示相关达显著水平。

在多个变量下，变量之间的相关性很复杂。因为任意两个变量之间都可能存在着相关性，计算得到的两个变量之间的简单相关系数往往不能准确地说明这两个变量之间的真正关系，生态因子不仅直接影响 P_n，而且还通过影响植物的生理因子进而影响 P_n。为了更好地了解生态因子对狭叶坡垒光合和蒸腾作用的影响，应用逐步多元回归方法建立模型。以主要环境因子 PAR、C_a、RH、T_{air} 与 P_n、T_r 进行逐步多元回归，得到下列回归方程：

$$P_n = 12.07 + 0.004PAR + 0.052C_a - 0.148RH - 0.633T_{air}; \quad R = 0.913, \quad F = 213.442, \quad P < 0.01$$

$$T_r = -5.79 + 0.002PAR - 0.053RH + 0.025C_a; \quad R = 0.893, \quad F = 225.032, \quad P < 0.01$$

模型的相关性均达到了极显著水平，表明在该地条件下，其具有较强的预测能力。P_n 模型 4 个因子全选，说明这 4 个因子对光合作用均起着重要作用。而 T_r 模型从 4 个生态因子中筛选了 PAR、C_a 和 RH 3 个因子，说明这 3 个因子对 T_r 起着重要作用。

三、讨论

光合作用是植物生长发育的基础，而光是影响光合作用的重要因子，光照强度过剩和不足都会对植物产生不利的影响。杨在娟和岳春雷等（2002）在研究短柄五加（*Eleutherococcus brachypus*）时发现林下光照强度是其正常生长和发育的限制性因子，马金娥等（2007）也认为濒危植物夏蜡梅（*Calycanthus chinensis*）在林下由于接受的光能太少，P_n 很低，光照强度是限制 P_n 的主要因子。在本研究中可以看出，狭叶坡垒在桂林植物园内正常生长，其光适应范围较宽，利用弱光的能力较强，P_n、T_r 与光照

强度、RH 和 C_a 为极显著正相关，P_n 与温度则没有很好的相关性，由于其生长于林下，林下光照强度最高值只有其 LSP 光照强度的 72%，没有满足其需要，一天中大部分时间 PAR 均低于 150 μmol·m^{-2}·s^{-1}，使 P_n 维持在较低水平。在弱光下 P_n 的降低不是由 G_s 降低引起的，其限制因子应是光能的供应（许大全，2002）。说明光照是狭叶坡垒生长和发育的限制性因子，光照不足，WUE 低下，是其生长缓慢的重要原因。这也是桂林植物园的狭叶坡垒比云南植物园的长得慢的原因之一（张玲等，2001）。孟令曾等（2005）对云南迁地保护的 4 种龙脑香科植物冠层叶 P_n 的日变化研究表明：4 种植物的 P_{max} 为 7.5 ～ 18.1 μmol·m^{-2}·s^{-1}，均比本研究中的狭叶坡垒 P_{max}（4.77 μmol·m^{-2}·s^{-1}）高。但桂林植物园内的狭叶坡垒也能正常开花结实，表明其适应了所处环境，具有较强的生理可塑性。因环境因子造成的生长缓慢，在引种栽培时可通过改善光环境来提高其生长速率。

四、结论

本研究通过对狭叶坡垒光合作用等特征的研究，分析狭叶坡垒各项光合生理生态特性及其与环境因子之间的相互作用，找出狭叶坡垒濒危原因及为进一步做好狭叶坡垒的引种、保护和科学研究提供科学依据。研究结果表明，狭叶坡垒的 LSP 约为 1366.67 μmol·m^{-2}·s^{-1}，LCP 约为 5.62 μmol·m^{-2}·s^{-1}。狭叶坡垒的 P_n 日变化曲线为双峰型，变化趋势与 T_r、G_s 等因子相同，与 C_i 相反，P_n 的午间降低主要受环境因素的影响。PAR 是狭叶坡垒光合作用和蒸腾作用的主要影响因子。光照不足及 WUE 低是其生长缓慢的重要原因。

第三十七章　广西青梅幼苗与成年植株光合生理生态特性及叶片显微结构研究

一、材料与方法

（一）试验地概况

试验地位于广西百色市那坡县百合乡平坛村的那芝山上（105° 49′ E、23° 10′ N），是目前广西唯一发现广西青梅野生种群的地区。该地区属于亚热带季风气候区，年均温 18.8℃，年均降水量 1408.3 mm。广西青梅的群落为常绿阔叶林，树木高大繁茂，郁闭度 80% 以上，土壤为砂页岩发育而成的黄红壤，土层疏松深厚，林下枯枝落叶层厚，腐殖质丰富。主要伴生树种有乌榄、苹婆、香楠、柄果木等。

（二）材料

分别选定生长健康、无病虫害的广西青梅幼苗（2 年生苗）与成年植株各 3 株，每株各选取 3 片生长良好的成熟叶片进行光合参数测定。采用新鲜叶进行光合色素含量测定和叶片解剖。

（三）方法

1. 光响应曲线的测定

利用 Li–6400 便携式光合测定系统分析仪测定叶片的光响应曲线。测量前将待测叶片放在 800 μmol·m^{-2}·s^{-1} 的 PAR 下诱导 30 min（仪器自带的红蓝光源）以充分活化光合系统。使用开放气路，空气流速为 0.5 L·min^{-1}，LT_{air} 为 28℃，C_a 为 400 μmol·mol^{-1}。设定的 PAR 梯度为 1800 μmol·m^{-2}·s^{-1}、1500 μmol·m^{-2}·s^{-1}、1200 μmol·m^{-2}·s^{-1}、1000 μmol·m^{-2}·s^{-1}、800 μmol·m^{-2}·s^{-1}、600 μmol·m^{-2}·s^{-1}、400 μmol·m^{-2}·s^{-1}、200 μmol·m^{-2}·s^{-1}、150 μmol·m^{-2}·s^{-1}、100 μmol·m^{-2}·s^{-1}、50 μmol·m^{-2}·s^{-1}、20 μmol·m^{-2}·s^{-1}、0，测定时每一梯度下停留 120 ～ 200 s。测定 3 种光合参数 P_n、T_r 和 G_s，利用公式 $WUE=P_n/T_r$ 计算 WUE。

2. 光响应曲线模型

直角双曲线模型（rectangular hyperbola model，RHM）、非直角双曲线模型（non-rectangular hyperbola model，NRHM）、直角双曲线修正模型（modified rectangular hyperbola model，MRHM）和指数方程模型（exponential function model，EFM）为常见的光响应曲线拟合模型。利用这4种模型对叶片实测值进行拟合。模型表达式见表37-1。根据相关文献分别计算4种模型拟合参数 LSP、LCP、AQY 和 R_d。

表37-1　光响应曲线拟合模型

模型	表达式
直角双曲线模型 RHM	$$P_n(I) = \frac{\alpha I P_{max}}{\alpha I + P_{max}} - R_d$$
非直角双曲线模型 NRHM	$$P_n = \frac{\varphi I + P_{max} \sqrt{\left(\varphi I + P_{max}\right)^2 - 4\varphi I k P_{max}}}{2k} - R_d$$
直角双曲线修正模型 MRHM	$$P_n = (I - I_C)\alpha \frac{1 - \beta I}{1 + \gamma I}$$
指数方程模型 EFM	$$P_n = \left(1 - e^{\varphi(I_C)}\right) P_{max}$$

3. 叶绿素含量的测定

分别选定幼苗与成年植株各3株，每株各选取3片生长良好的叶片。清理干净叶片后准确称量0.2 g，黑暗条件下用95%的乙醇浸泡24 h。用紫外可见分光光度计Alpha 1502（上海谱元仪器有限公司）在470 nm、649 nm和665 nm的波长下测定吸光值，参考 Lichtenthaler 的方法计算出 Chl a、Chl b、Car 的含量，以及 Chl a/Chl b、Car/Chl（a+b）。

4. 叶片解剖结构

将新鲜叶片沿着横截面均匀地切成4小块，随后即刻放入2.5%的戊二醛固定液中稳固固定，以利于后续操作。固定后的叶片采用乙醇梯度脱水，分别经过30%、50%、70%、85%和90%的乙醇处理各一次，以及100%乙醇处理两次，每次处理时长15 min。脱水完成后，进行临界点干燥和镀金处理，以便在真空电子扫描镜（ZEISS EVO18）下观察和拍摄。使用 Axio Vision SE64 Rel.4.9.1 扫描电镜软件，对叶片结构的各项指标进行精确测定，包括 LT、UET、LET、PPT、SPT 及 SA。在计算 SD 时，采用 SD=视野气孔个数/视野面积的公式进行计算，以确保结果的精确性。

5. 叶片参数测定

从幼苗与成年植株中各选取 50 片叶片，先用 Li–3000 叶面积仪测定其叶面积，再在 110℃下处理 30 min，80℃烘干 24 h 后，用电子天平称其干重，计算 SLW 和 SLA。

（四）数据处理与分析

利用叶子飘软件中的 RHM、NRHM、MRHM 和 EFM 进行光合参数的计算。其中 MRHM 通过软件直接计算出 LSP，而 RHM 和 NRHM 需用方程 $P_{max} = AQY \times LSP - R_d$ 计算出 LSP，AQY 为 PAR 小于 200 $\mu mol \cdot m^{-2} \cdot s^{-1}$ 时拟合直线方程的斜率。运用 Excel 软件、SPSS 23.0 软件进行数据处理和分析，并运用单因素方差分析进行组间差异性分析，随后使用 Origin2023b 软件作图。

二、结果与分析

（一）4 种光响应模型对光响应曲线的拟合效果

将广西青梅成年植株和幼苗的 P_n 实测值与 4 种模型的拟合值作图。由图 37-1A 可见 MRHM 的拟合值与幼苗的实测值最为接近。当 PAR 为 0 ～ 200 $\mu mol \cdot m^{-2} \cdot s^{-1}$ 时，幼苗的 P_n 呈现线性的增长趋势；当 PAR 为 200 ～ 800 $\mu mol \cdot m^{-2} \cdot s^{-1}$ 时，P_n 的增长速率放缓；当 PAR 大于 800 $\mu mol \cdot m^{-2} \cdot s^{-1}$ 时，P_n 停止增长，并有缓慢下降的趋势。由图 37-1B 可知成年植株与 NRHM、MRHM 和 EFM 的拟合值都较为接近。当 PAR 为 0 ～ 200 $\mu mol \cdot m^{-2} \cdot s^{-1}$ 时，成年植株的 P_n 呈现线性的增长趋势；当 PAR 为 400 ～ 600 $\mu mol \cdot m^{-2} \cdot s^{-1}$ 时，P_n 的增长速率放缓；当 PAR 大于 600 $\mu mol \cdot m^{-2} \cdot s^{-1}$ 时，P_n 停止增长，并有缓慢下降的趋势。根据表 37-2 所示，在幼苗的模型拟合中除 RHM 的决定系数（R^2）较低（0.5463）外，其余 3 种模型均有较高的 R^2，其中 MRHM 的 R^2 最高（0.9854），NRHM 次之（0.97844），EFM 排在第三（0.9736）。根据表 37-3 所示，成年植株的拟合结果与幼苗相似，RHM 的 R^2 最低（0.6741），其余 3 种模型的 R^2 均高于 0.99，与幼苗拟合不同的是 EFM 的 R^2 最高（0.9966），MRHM 次之（0.9954），NRHM 排在第三（0.9936）。但幼苗的 NRHM 与 EFM 在 PAR 范围内无法拟合出 P_n 的极值，MRHM 能够在 600 $\mu mol \cdot m^{-2} \cdot s^{-1}$ 的 PAR 下拟合出 P_n 的极值。

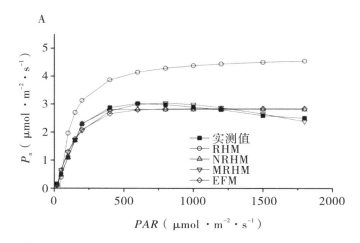

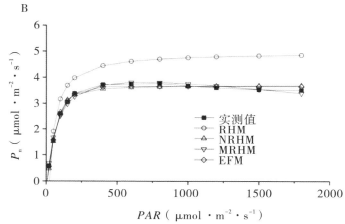

A. 幼苗的光响应拟合曲线；B. 成年植株的光响应拟合曲线

图 37-1　广西青梅幼苗与成年植株的光响应曲线拟合效果

表 37-2　广西青梅幼苗 P_n 实测值及其各模型拟合值

PAR(μmol · m^{-2} · s^{-1})	P_n (μmol · m^{-2} · s^{-1})				
	实测值	RHM	NRHM	MRHM	EFM
1800	2.50231	4.5351	2.8071	2.3771	2.8353
1500	2.58856	4.4942	2.8071	2.6480	2.8352
1200	2.80105	4.4335	2.8071	2.8730	2.8347
1000	2.89167	4.3735	2.8071	2.9810	2.8329
800	2.97691	4.2849	2.8071	3.0326	2.8250
600	3.01648	4.1408	2.8071	2.9867	2.7923

续表

PAR（$\mu mol \cdot m^{-2} \cdot s^{-1}$）	P_n（$\mu mol \cdot m^{-2} \cdot s^{-1}$）				
	实测值	RHM	NRHM	MRHM	EFM
400	2.87313	3.8653	2.8071	2.7504	2.6555
200	2.28617	3.1279	2.3062	2.0571	2.0835
150	1.70540	2.6992	1.6959	1.7274	1.7602
100	1.08871	1.9610	1.0856	1.2780	1.2979
50	0.50076	0.3896	0.4753	0.6445	0.6368
20	0.16051	−1.8409	0.1091	0.1297	0.1105
0	−0.20034	−5.2550	−0.1350	−0.2941	−0.3087
R^2		0.5463	0.97844	0.9854	0.9736

表 37-3　广西青梅成年植株 P_n 实测值及其各模型拟合值

PAR（$\mu mol \cdot m^{-2} \cdot s^{-1}$）	P_n（$\mu mol \cdot m^{-2} \cdot s^{-1}$）				
	实测值	RHM	NRHM	MRHM	EFM
1800	3.50250	4.8467	3.6770	3.3817	3.6471
1500	3.52104	4.8228	3.6708	3.5368	3.6471
1200	3.59795	4.7873	3.6612	3.6742	3.6471
1000	3.66838	4.7520	3.6515	3.7486	3.6471
800	3.76011	4.6995	3.6363	3.7982	3.6470
600	3.74011	4.6132	3.6098	3.8008	3.6456
400	3.71581	4.4452	3.5514	3.6965	3.6261
200	3.37830	3.9746	3.3261	3.2489	3.3567
150	3.05048	3.6860	3.1298	2.9742	3.0873
100	2.60809	3.1609	2.6597	2.5201	2.5680
50	1.52873	1.9070	1.5236	1.6644	1.5670
20	0.57348	−0.2764	0.4855	0.6830	0.5632
0	−0.35823	−5.0323	−0.2960	−0.4406	−0.3625
R^2		0.6741	0.9936	0.9954	0.9966

（二）广西青梅幼苗与成年植株拟合模型参数比较

对 4 种模型计算出的广西青梅幼苗与成年植株的光合参数和实测值进行比较。根据表 37-4 结果可知，广西青梅幼苗与成年植株的实测值的 AQY 均为 0.01 mol·mol^{-1}，P_{max} 分别为 3.01 μmol·m^{-2}·s^{-1} 和 3.76 μmol·m^{-2}·s^{-1}，LCP 分别为 12.39 μmol·m^{-2}·s^{-1} 和 7.69 μmol·m^{-2}·s^{-1}，LSP 分别为 600 μmol·m^{-2}·s^{-1} 和 800 μmol·m^{-2}·s^{-1}。从 P_{max}、AQY、LCP、LSP 这 4 个参数看，幼苗与成年植株的光响应曲线拟合效果最差的是 RHM，拟合效果较好的是 MRHM 和 NRHM，其次为 EFM；根据 LCP 和 LSP 所示，幼苗光照度适应范围（12.39 ～ 600 μmol·m^{-2}·s^{-1}）小于成年植株的（7.69 ～ 800 μmol·m^{-2}·s^{-1}）。

表 37-4 广西青梅幼苗与成年植株拟合模型参数比较

参数	测量值		RHM		NRHM		MRHM		EFM	
	幼苗	成年植株	幼苗	成年植株	幼苗	成年植株	幼苗	成年植株	幼苗	成年植株
AQY（mol·mol^{-1}）	0.01	0.01	0.03	0.03	0.01	0.01	0.01	0.01	0.01	0.02
P_{max}（μmol·m^{-2}·s^{-1}）	3.01	3.76	10.00	10.00	2.94	4.00	3.03	3.80	2.83	3.64
LSP（μmol·m^{-2}·s^{-1}）	600.00	800.00	507.00	500.00	301.00	429.86	685.73	774.70	1853.21	862.55
LCP（μmol·m^{-2}·s^{-1}）	12.39	7.69	42.72	5.99	11.14	7.42	13.49	6.68	69.62	27.33
R_d（μmol·m^{-2}·s^{-1}）	0.20	0.35	5.21	5.02	0.13	0.29	0.29	0.44	1.10	1.09

（三）广西青梅幼苗与成年植株光响应曲线

根据图 37-2 可知，在 PAR 为 0 ～ 1800 μmol·m^{-2}·s^{-1} 范围内广西青梅成年植株的 P_n、T_r、G_s 和 WUE 均高于幼苗的。幼苗与成年植株的 P_n 均随 PAR 的增强而先升高后下降，当 PAR 为 0 ～ 200 μmol·m^{-2}·s^{-1} 时，幼苗与成年植株的 P_n 均快速上升。幼苗与成年植株的 P_n 在 PAR 为 400 ～ 800 μmol·m^{-2}·s^{-1} 的范围内逐渐稳定，而当 PAR 大于 800 μmol·m^{-2}·s^{-1} 以后，幼苗与成年植株的 P_n 呈下降趋势。幼苗与成年植株的 T_r 均随 PAR 的增强呈先升高后下降的趋势，当 PAR 为 0 ～ 400 μmol·m^{-2}·s^{-1} 时，幼苗与成年植株的 T_r 均呈上升趋势；当 PAR 超过 400 μmol·m^{-2}·s^{-1} 时，幼苗的 T_r 呈下降趋势，而成年植株的 T_r 持续上升到 PAR 超过 800 μmol·m^{-2}·s^{-1} 后才出现下降的趋势。幼苗与成年植株的 G_s 随 PAR 的增强呈持续上升趋势。幼苗与成年植株的 WUE 先随

PAR 的增强而上升，两者均在 *PAR* 为 250 μmol·m⁻²·s⁻¹ 时达到极值，随后随 *PAR* 的增强而下降。

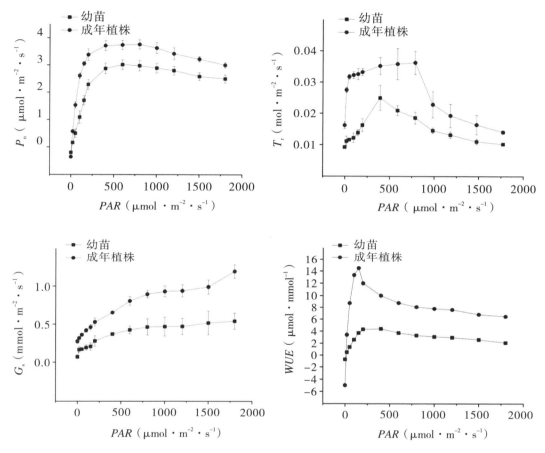

图 37-2　广西青梅幼苗与成年植株的 P_n、T_r、G_s 和 *WUE* 对光照的响应

（四）广西青梅幼苗与成年植株的光合色素比较

广西青梅幼苗与成年植株的光合色素含量如表 37-5 所示，幼苗中 Chl a 含量为 0.044 mg/g，显著低于成年植株的 0.113 mg/g（$P < 0.05$）；幼苗中 Chl b 的含量同样显著低于成年植株的（$P < 0.05$）；幼苗中 Car 含量显著低于成年植株的（$P < 0.05$）；而幼苗中 Chl a/Chl b 显著高于成年植株的（$P < 0.05$）。

表 37-5　广西青梅幼苗与成年植株的光合色素比较

类型	Chl a （mg/g）	Chl b （mg/g）	Chl （a+b） （mg/g）	Chl a/Chl b	Car （mg/g）	Chl （a+b） /Car
幼苗	0.044 ± 0.000a	0.017 ± 0.000a	0.061 ± 0.000a	2.565 ± 0.069a	0.017 ± 0.000a	3.477 ± 0.013a
成年 植株	0.113 ± 0.001b	0.062 ± 0.001b	0.177 ± 0.002b	1.779 ± 0.027b	0.035 ± 0.000b	4.965 ± 0.062b

注：同列不同小写字母表示差异显著，$P < 0.05$，下同。

（五）广西青梅幼苗与成年植株的叶片气孔发育比较

广西青梅幼苗与成年植株的叶片电镜结构见图 37-3。根据图 37-3A、图 37-3B 所示，广西青梅成年植株叶片的上表皮褶皱明显多于幼苗叶片的，并且在成年植株与幼苗

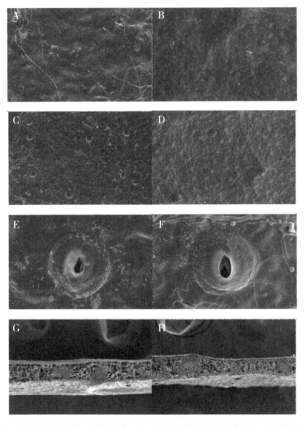

A. 幼苗叶片上表皮；B. 成年植株叶片上表皮；C. 幼苗叶片下表皮；D. 成年植株叶片下表皮；
E. 幼苗叶片气孔；F. 成年植株叶片气孔；G. 幼苗叶片横切面；H. 成年植株叶片横切面

图 37-3　广西青梅幼苗与成年植株的叶片电镜结构图

叶片的上表皮均未发现气孔的分布。根据图37-3A至图37-3D所示，成年植株与幼苗的叶片下表皮存在大量的气孔组织，进一步对SD进行统计，发现成年植株叶片的SD显著性高于幼苗叶片的（392.48个·mm^{-2}＞177.49个·mm^{-2}，$P＜0.05$）。通过图37-3C至图37-3F和表37-6的结合分析可见，幼苗叶片与成年植株叶片除了气孔器短轴无显著性差别，成年植株叶片的气孔器长轴、单个气孔器面积、SD等指标均显著性高于幼苗叶片的（$P＜0.05$）。根据图37-3G至图37-3H所示，无论是幼苗或成年植株的叶片都有明显结构分层，其结构由上至下为上表皮、栅栏组织、海绵组织和下表皮。根据表37-7所示，成年植株叶片的LT、UET、PPT、SPT及PPT/SPT均显著高于幼苗叶片的（$P＜0.05$）。

表37-6　广西青梅幼苗与成年植株叶片表皮气孔发育特征

类型	气孔器长轴（μm）	气孔器短轴（μm）	单个气孔面积（μm^2）	SD(个·mm^{-2})
幼苗	13.58±2.28a	12.44±1.48b	134.08+34.85a	177.49±25.93a
成年植株	17.46±0.65b	15.07±0.12b	206.61+8.55b	392.48±28.37b

表37-7　广西青梅幼苗与成年植株叶片横切面结构特征

类型	LT（μm）	UET（μm）	LET（μm）	PPT（μm）	SPT（μm）	PPT/SPT
成年植株	76.77±6.20a	13.21±0.85a	6.82±0.97a	26.42±3.06a	41.68±4.10a	0.63±0.02a
幼苗	65.15±0.38b	8.08±0.83b	5.12±0.09b	15.93±0.62b	36.25±6.44b	0.43±0.09b

（六）广西青梅幼苗与成年植株的叶面积、比叶重和比叶面积比较

如表37-8所示，广西青梅幼苗的LA为66.432 cm^2，显著低于成年植株的136.493 cm^2（$P＜0.05$）；幼苗的SLW为57.210 g·m^{-2}，同样显著低于成年植株的70.991 g·m^{-2}（$P＜0.05$）；幼苗的SLA为0.171 m^2·g^{-1}，显著高于成年植株的0.144 m^2·g^{-1}（$P＜0.05$）。

表37-8　广西青梅幼苗与成年植株的LA、SLW和SLA

类型	LA（cm^2）	SLW（g·m^{-2}）	SLA（m^2·g^{-1}）
幼苗	66.432±0.094a	57.210±0.078a	0.171±0.000a
成年植株	136.493±0.264b	70.991±0.131b	0.144±0.000b

三、讨论

（一）4 种模型光响应曲线拟合

RHM、NRHM、MRHM 和 EFM 作为 4 种在植物中常用的光响应曲线拟合的模型适用于不同的植物中。其中 MRHM 和 EFM 为大多数植物的最适模型。夏黑葡萄（韩晓等，2017）、枸杞（*Lycium chinense*）、稻（*Oryza sativa*）等植物最适的光响应模型是 MRHM（闫小红等，2013），EFM 常用于花生、藻类（*Algae*）和光合能力较弱的水生植物中（刘瑞显等，2018）。在 4 种模型中仅有 MRHM 能较好地拟合出光抑制后的曲线部分，并且能够准确地计算出 *LCP*。虽然 EFM 在幼苗的拟合中决定系数 R^2 高于 MRHM，但计算 *LSP* 时需要将 P_{max} 假定为 0.9 或 0.99，结果的可信度较差，并且在幼苗的拟合中 EFM 模拟出较异常的 *LSP*，在黄枝油杉（*Keteleeria davidiana* var. *calcarea*）（柴胜丰等，2015）的拟合中 EFM 也计算出异常的 *LSP*。综上所述，MRHM 是广西青梅叶片光响应拟合的最佳模型。

（二）光合特性

叶片是植物主要的光合作用部位，光合作用对植物的生长和发育具有重要的影响。在叶片发育过程中，研究发现光合能力的提高主要取决于细胞结构、叶绿体完整性、色素的含量以及组成成分。在广西青梅的成年植株和幼苗对比中成年植株的 P_n、T_r、G_s 和 *WUE* 均高于幼苗的，在荔枝（*Litchi chinensis*）（张红娜等，2016）和辣木（*Moringa oleifera*）（王瑞苓等，2022）中同样观察到了此现象，可能是由于幼苗中的细胞结构未发育完全和叶绿体含量较少导致光合能力较弱。

植物的 *LSP* 和 *LCP* 是评估植物光照强度适应性的重要指标。本研究发现广西青梅成年植株和幼苗分别在 *PAR* 为 600 $\mu mol \cdot m^{-2} \cdot s^{-1}$ 和 800 $\mu mol \cdot m^{-2} \cdot s^{-1}$ 左右时到达 *LCP*，随后 P_n 随 *PAR* 的增强而下降，推测叶片在过强的 *PAR* 下出现光抑制效应。在杨树中（陈兴浩等，2022）观察到同样的现象。成年植株的 *LCP* 高于幼苗的，而 *LSP* 低于幼苗的，说明成年植株的光环境适应性强于幼苗的。幼苗较低的 *LCP* 和较高的 *LSP* 则说明幼苗的光适应范围较窄。这与濒危植物银缕梅（*Shaniodendron subaequale*）研究结果相似（朱汤军等，2008）。蒋迎红（2016）和我们均在野外调查中发现，广西青梅种群中大量的幼龄个体能够存活在群落中其他优势乔木占据的主林层下，说明广西青梅的种子发芽及幼苗生长需要在荫蔽环境下完成，但这些幼苗要长成小树、中树较为困难。我们的研究结果证明广西青梅具有幼苗喜阴而成年植株喜阳的光合特性。广西青梅幼苗与成年植株对光的需求特性不同，其幼苗难以长成中树或大树，可能由于其他乔木树种长期占据了上层，而广西青梅植株随年龄的增加对光的需求变化快，使得个体较难通过强烈的环境筛选进入种群的更替层。光适应的生态幅度较窄是广西青梅种群扩大困难、成为濒危植物的重要原因之一。因此，在广西就地保护时，可通过人为干预的方式，对乔木层林木进行人工"开窗"，提供相对充足的光源，以利于广西青梅大苗的生长发育和种群的更新；而在引种栽培中，广西青梅幼苗时期需要适当的遮阳处理，并移栽至有一定郁闭度的环境中。当其进入成年期，光适应范围区间变大，光合能力增强，可移植至郁闭度较低的环境中，以利于其生长发育。

（三）叶绿素、气孔发育和叶面积

叶绿素作为光合作用的关键基础，其在植物细胞中的含量和比例是植物应对和利用环境的关键性指标。广西青梅幼苗中的所有叶绿素含量均低于成年植株的，说明成年植株相较于幼苗对光能有较强的吸收能力，且在强光下有较强的适应性，此结果与广西青梅的光响应参数的结果相对应。叶片在从幼苗成长为成年植株的发育过程中，叶片逐步塑造出与生态环境相匹配的形态、结构和生理特性。叶片作为光合作用的核心器官，直接与外界环境接触，其对环境因子的敏感性极高（Meziane et al.，1999）。其中叶片的 SD 与叶片发育阶段有着密切关系，气孔主要分布于下表皮。广西青梅在幼苗阶段，SD 为 177 个/mm^2，随着叶片发育，为了更高效地进行水分和 CO_2 的吸收和交换，气孔快速地形成和发育，到成年植株阶段，SD 可达 392 个/mm^2。大量研究发现，气孔特性对植物的蒸腾作用和 P_n 存在直接的影响（Salvucci，2004；Xu et al.，2008）。在本研究中广西青梅成年植株的 SD 以及单个气孔器面积显著高于幼苗的，且 P_n 与 T_r 同样高于幼苗的。说明在广西青梅中 P_n 与气孔特性存在一定相关性。在臭椿（赵芸玉等，2016）的研究中存在相似的结果。本研究中广西青梅成年植株的 LT 明显高于幼苗的，相关研究表明 LT 增加能增强叶片的储水能力，有利于减小叶片的光能损失（陈健辉等，2015）。本研究中 WUE 和 P_n 的结果也支持此论点。栅栏组织和海绵组织是叶绿体合成的关键区域，在这两类组织的厚度上升后，叶绿体的数量和叶绿素的含量均可能受到影响，进而影响叶片的光合作用能力。本研究结果表明随着叶片的成熟，海绵组织和栅栏组织逐渐增大，细胞排列变得紧密，不同的叶绿素含量都显著增加，P_n 随之上升。

LA 的大小对植物的光合作用有着重要的影响。较大的 LA 能够增加植物对光能的吸收量，从而提高光合效率。相反，较小的 LA 则会限制植物的光合作用能力。本研究发现广西青梅成年植株的 LA 显著（$P < 0.05$）高于幼苗的，可能与树木在发育过程中需要更多的光能进行光合作用有关，因此需要更大的 LA 以吸收更多光能达到树木生长所需要的光合速率。在胡杨（单凌飞等，2019）的相关研究中有相似的结果。SLW 的大小则反映了叶片干物质的累积。广西青梅成年植株的 SLW 显著大于幼苗的（$P < 0.05$）。这可能与成年植株相对较强的光合作用以及广西青梅作为地区中的顶层优势植物从而能获得较多的光照辐射有关。广西青梅的群落结构的相关研究结果侧面印证了此观点（蒋迎红等，2016）。在弱光环境下植物会增大 SLA 从而增强补光能力。本研究发现广西青梅幼苗的 SLA 大于成年植株的，推测幼苗可能受到了顶层大树遮光影响，林内的 PAR 大幅下降，为弥补 PAR 的减少，幼苗进行适应性反应，这也从侧面说明了广西青梅幼苗的耐阴性。

四、结论

广西青梅为国家一级保护野生植物和极小种群野生植物。以广西青梅为研究对象，对其幼苗与成年植株光合生理生态特性与结构特征进行比较分析，探究广西青梅不同生长发育阶段叶片的光合能力和叶片结构之间的差异。为广西青梅引种栽培提供参考。研究结果表明：（1）MRHM 是广西青梅幼苗与成年植株的光响应拟合的最佳模型。（2）成年植株叶片的 P_{max}、LSP 和 R_d 均显著高于幼苗的（$P < 0.05$），而 LCP 低于幼苗的，成年植株叶片的光能利用区间大于幼苗的。（3）幼苗叶片的 Chl a、Chl b、Chl（a+b）和 Car 均显著（$P < 0.05$）低于成年植株的。（4）成年植株叶片的气孔器长轴、气孔器面积和 SD 显著高于幼苗的；成年植株叶片的 LA 和 SLW 显著（$P < 0.05$）大于幼苗的，而 SLA 小于幼苗的。综上所述，广西青梅具有幼苗喜阴而成年植株喜阳的光合特性。幼苗光适应能力较弱、光能利用率较低是广西青梅种群不能扩大的内在因素之一；而成年植株光适应能力较强、光能利用率较高是目前广西青梅群落中幼苗很难长成大树的原因之一。因此，在广西就地保护时，可通过人为干预的方式，对乔木层林木进行人工"开窗"，提供相对充足的光源，以利于广西青梅大苗的生长发育和种群的更新；在引种栽培中，广西青梅幼苗时期需要适当的遮阳处理，并移栽至有一定郁闭度的环境中。

第三十八章　广西火桐净光合速率及其影响因子研究

一、材料与方法

（一）试验地概况

试验地设在广西桂林市广西植物研究所实验苗圃内，位于 110° 17′ E、25° 00′ N，海拔 160 m，属中亚热带季风气候区。年均温 19.2℃，7 月均温 28.4℃，1 月均温 7.7℃，绝对高温 38℃，绝对低温 −5.5℃，冬季有霜冻，年均有霜期 9 ～ 24 d，年均降水量 1800 mm，年均 RH 为 78.0%，土壤为酸性红壤，pH 值为 6.0。

（二）材料

试验材料为 2 年生广西火桐播种实生苗，种源来自广西来宾市。植株生长于全光照条件下，长势旺盛，平均株高 177.15 cm，平均地茎 5.14 cm，平均冠幅（东西 × 南北）144 cm × 136 cm。

（三）方法

选择 2009 年 10 月的某个晴天用 Li–6400 便携式光合仪测定植物叶片的 P_n、T_r、G_s、C_i 等生理指标，同时记录相关的环境因子 PAR、RH、T_{air}、C_a。于 8：00 ～ 18：00 进行观测，每隔 2 h 测定 1 次；其中，11：00 ～ 14：00 每隔 2 h 测定 1 次。供试叶片选用树冠外部成熟、向阳完整的第四位叶，结果为 7 次测定的平均值。L_s 的计算式为 $L_s = 1 - C_i / C_a$。所有数据均由仪器自动记录，用 Excel 进行数据处理和图表绘制，应用 SPSS13.0 统计软件进行简单相关分析和 DPS 数据处理软件进行逐步回归、偏相关和通径分析。

二、结果与分析

（一）广西火桐生理生态特征与环境因子日变化

1. P_n 和 T_r 日变化

广西火桐 P_n 日变化为双峰曲线（图38-1），10：00达一天最大值（15.30 $\mu mol \cdot m^{-2} \cdot s^{-1}$），13：00到达低谷，14：00有一个小峰出现（8.54 $\mu mol \cdot m^{-2} \cdot s^{-1}$），之后 P_n 一直呈下降趋势，其日均值为7.55 $\mu mol \cdot m^{-2} \cdot s^{-1}$。$T_r$ 日变化与 P_n 变化相似，也为双峰曲线（图38-1），8：00较低，10：00达一天最大值（4.31 $mmol \cdot m^{-2} \cdot s^{-1}$），13：00出现低谷，14：00有个小峰（3.35 $mmol \cdot m^{-2} \cdot s^{-1}$），日均值为2.85 $mmol \cdot m^{-2} \cdot s^{-1}$。

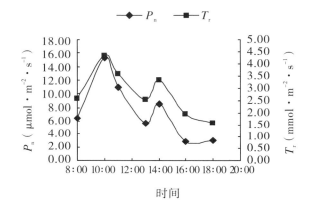

图38-1 广西火桐 P_n 和 T_r 日变化

2. G_s、C_i 和 L_s 日变化

广西火桐 G_s 的变化趋势与 P_n、T_r 的变化趋势略有不同（图38-2），G_s 在8：00时为一天最大值（0.426 $mmol \cdot m^{-2} \cdot s^{-1}$），8：00 ～ 10：00下降速度较快，$G_s$ 在该时段的变化与 P_n、T_r 在该时段的变化刚好相反；10：00以后 G_s 的变化与 P_n、T_r 的变化基本一致，表现为13：00有一谷值，14：00有一小峰出现，之后下降，日均值为0.154 $mmol \cdot m^{-2} \cdot s^{-1}$。$C_i$ 日变化呈单谷型曲线（图38-2），8：00 ～ 11：00下降速度较快，11：00 ～ 13：00维持在200 $\mu mol \cdot mol^{-1}$ 左右的谷值，13：00后逐渐上升，但上升的幅度小于8：00 ～ 11：00下降的幅度。L_s 日变化为单峰曲线（图38-2），8：00最低，为0.104；8：00 ～ 11：00一直上升，峰值出现在11：00 ～ 13：00，最大值为0.481，13：00之后开始下降。

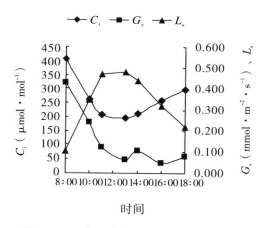

图 38-2　广西火桐 C_i、G_s、L_s 日变化

3. 环境因子日变化

如图 38-3、图 38-4 所示，PAR 于 8：00 最低（200 $\mu mol \cdot m^{-2} \cdot s^{-1}$），而后急剧上升，13：00 达一天中的最大值（1300 $\mu mol \cdot m^{-2} \cdot s^{-1}$），14：00 ～ 16：00 维持在 694 ～ 700 $\mu mol \cdot m^{-2} \cdot s^{-1}$，之后迅速下降，日均值为 757 $\mu mol \cdot m^{-2} \cdot s^{-1}$。$C_a$ 一天中总体呈下降趋势，但变化幅度不大，8：00 最高，为 453.34 $\mu mol \cdot mol^{-1}$。T_{air} 的日变化表现为早晚低中午高，日均温为 31.6℃。RH 的日变化与 G_s 的日变化相似，8：00 最高，为 60%，13：00 ～ 16：00 最低，分别为 30.04% 和 31.76%，14：00 RH 稍微上升，但升幅不大，16：00 后 RH 开始上升，日均值为 40.58%。

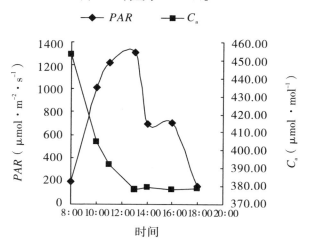

图 38-3　广西火桐 PAR、C_a 日变化

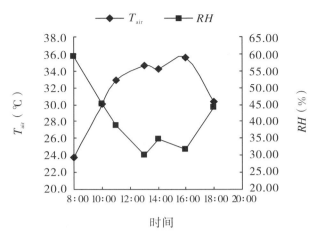

图 38-4　广西火桐 T_{air}、RH 日变化

（二）广西火桐 P_n 与影响因子相关分析

1. 相关性分析

对影响广西火桐 P_n 的主要生理生态因子进行简单相关分析，结果（表 38-1）表明，P_n 与 T_r、C_a、PAR、G_s 呈极显著正相关，与 RH 呈显著正相关，与 C_i 显著负相关，而与 T_{air} 为不显著的负相关，其大小顺序（绝对值）为 $T_r > PAR > G_s > C_a > C_i > RH > T_{air}$。其中，影响 P_n 的主要生理因子大小顺序为 $T_r > G_s > C_i$，影响 P_n 的主要环境因子大小顺序为 $PAR > C_a > RH > T_{air}$。然而，由于影响 P_n 的因子较多，在有多个影响因子的情况下，两个变量因子间的简单相关系数往往不能正确说明两者间的真正关系，偏相关系数则是在扣除或固定某两个变量以外的其他变量的影响，计算这两个变量之间的相关关系，能够反映事物间的本质联系（王海燕等，2006）。以 G_s（X1）、C_i（X2）、T_r（X3）、T_{air}（X4）、C_a（X5）、RH（X6）、PAR（X7）与 P_n（Y）进行偏相关分析，结果（表 38-2）表明，广西火桐 P_n 与 T_r、C_a、RH 呈极显著正相关，与 PAR 呈显著正相关，与 G_s、C_i 有显著负相关，与 T_{air} 没有显著相关，其大小（绝对值）顺序为 $T_r > C_i > RH > G_s > C_a > PAR > T_{air}$。其中，影响广西火桐 P_n 的主要生理因子大小顺序为 $T_r > C_i > G_s$，主要环境因子大小顺序为 $RH > C_a > PAR > T_{air}$。其结果与简单相关分析结果略有不同，在影响广西火桐 P_n 的生理因子中，C_i 对 P_n 的影响要大于 G_s；而在环境因子中，RH 对 P_n 的影响大于 PAR。但上述两种分析结果中，T_r 对 P_n 的影响均占主导地位，而 T_{air} 对 P_n 的影响最小。

表 38-1　广西火桐 P_n 及影响因子的简单相关系数

因子	P_n	G_s	C_i	T_r	T_{air}	C_a	RH	PAR
P_n	1.000							
G_s	0.380**	1.000						
C_i	−0.200*	0.678**	1.000					
T_r	0.913**	0.439**	−0.178	1.000				
T_{air}	−0.149	−0.786**	−0.851**	−0.045	1.000			
C_a	0.327**	0.879**	0.719**	0.272**	−0.853**	1.000		
RH	0.197*	0.771**	0.847**	0.086	−0.984**	0.835**	1.000	
PAR	0.532**	−0.204*	−0.720**	0.553**	0.534**	−0.219*	−0.560**	1.000

注：** 和 * 分别表示在 0.01 和 0.05 水平上存在显著差异。

表 38-2　广西火桐 P_n 与影响因子的偏相关系数

因子	G_s（Y, X1）	C_i（Y, X2）	T_r（Y, X3）	T_{air}（Y, X4）	C_a（Y, X5）	RH（Y, X6）	PAR（Y, X7）
偏相关	−0.382	−0.641	0.844	0.145	0.260	0.486	0.239
t 检验值	4.097	8.266	15.564	1.451	2.669	5.503	2.434
显著水平 P	0.000	0.000	0.000	0.150	0.009	0.000	0.017

2. 回归分析

影响植物叶片 P_n 的因素很多，P_n 与相关生理生态因子简单相关分析在某些情况下无法真实准确地反映变量之间的关系，而逐步多元回归分析能有效地从众多影响因素中挑选出对 P_n（Y）贡献大的因子，并建立 P_n 与这些因子的最优回归方程。以 G_s（X1）、C_i（X2）、T_r（X3）、T_{air}（X4）、C_a（X5）、RH（X6）、PAR（X7）与 P_n（Y）进行多元逐步回归，得出回归方程：Y=−20.100−10.503 X1−0.033 X2+3.362 X3+0.034 X5+0.347 X6+0.001 X7；R=0.976，F=353.643，P < 0.01。因变量与自变量之间有极显著相关，对引入回归方程的因子进行偏相关分析，结果见表 38-3。

表 38-3　广西火桐 P_n 与主要影响因子的偏相关系数

因子	G_s（Y, X1）	C_i（Y, X2）	T_r（Y, X3）	C_a（Y, X5）	RH（Y, X6）	PAR（Y, X7）
偏相关	−0.458	−0.639	0.896	0.266	0.754	0.198
t 检验值	5.124	8.267	20.104	2.749	11.426	2.008
显著水平 P	0.000	0.000	0.000	0.007	0.000	0.047

从表38-3中可知，方程中引入的变量（影响因子）对因变量 P_n 均有显著或极显著影响，说明回归方程可信，表明其具有较强的预测能力。由回归方程可见，影响广西火桐 P_n 的7个主要生理生态因子中有6个被选，说明这6个因子对光合作用起着重要作用，而 T_{air} 未被引入方程，说明 T_{air} 对广西火桐 P_n 没有显著影响，所以在建立回归方程时被剔除。上述 P_n 与主要因子所建立的逐步回归方程，只能找出对 P_n 影响较大的因子及 P_n 与主要因子间的定量关系，但无法回答这些因子通过何种途径来影响 P_n，因此进行 P_n 关于影响因子的通径分析是很有必要的。

3. 通径分析

通径分析是研究多个相关变量之间的关系，是在多元回归的基础上将简单相关系数分解为直接影响和间接影响两个部分（即直接通径系数和间接通径系数）（王勇等，2007）。通径分析结果（表38-4）表明，影响广西火桐 P_n 的几个主要因子的直接通径系数大小（绝对值）顺序为 $T_r > RH > C_i > G_s > C_a > PAR$；总通径系数大小（绝对值）顺序为 $T_r > PAR > G_s > C_a > C_i > RH$。其中，$T_r$ 的直接通径系数和总通径系数均最大，表明 T_r 对广西火桐 P_n 的日变化起主导作用，T_r 不仅对 P_n 有直接影响，而且影响其他因子的能力也很强，这与相关分析的结果一致；RH 与 C_i 的直接通径系数远大于各自的总通径系数，说明这两个因子对广西火桐 P_n 的直接影响较大；PAR 总的通径系数仅次于 T_r，但直接通径系数却很小，其在主要影响因子大小排序中排在最后，说明 PAR 对广西火桐的 P_n 有重要影响，但这种影响不是直接的，而是通过对 T_r、RH 和 C_i 的作用间接地影响广西火桐的 P_n。

表38-4 影响因子对广西火桐 P_n 的通径系数分析

因子	间接通径系数						直接通径系数	总通径系数
	$\to X1$	$\to X2$	$\to X3$	$\to X5$	$\to X6$	$\to X7$		
$G_s(X1)$		−0.328	0.349	0.154	0.524	−0.021	−0.299	0.380
$C_i(X2)$	−0.203		−0.142	0.126	0.575	−0.073	−0.484	−0.200
$T_r(X3)$	−0.131	0.086		0.048	0.058	0.056	0.797	0.913
$C_a(X5)$	−0.263	−0.348	0.217		0.567	−0.022	0.176	0.327
$RH(X6)$	−0.231	−0.409	0.068	0.147		−0.056	0.679	0.197
$PAR(X7)$	0.061	0.348	0.440	−0.038	−0.380		0.101	0.532

三、讨论

广西火桐幼树的光合日变化为双峰曲线，具有"光合午休"现象。这一特点是亚热带地区森林植物在高温强光条件下出现的普遍现象（全妙华等，2010）。对于不同的植物来说，引起"光合午休"的原因有可能不同。Farquhar 和 Sharkey（1982）认为，若 P_n 降低的同时，G_s、C_i 降低，L_s 提高，则以气孔限制因素为主；若 G_s 降低，C_i 升高，L_s 降低，则以非气孔限制因素为主。本研究中广西火桐午间 P_n 下降时，G_s 和 C_i 下降，L_s 上升，说明其"午休"的形成主要是由于气孔限制因素引起。有学者认为，这一现象是遗传特性，是植物长期适应自然变化而形成的内生节律起作用，其依据是，在天气条件适宜时，植物也会出现中午的低潮。广西火桐为石灰岩植物，纸质叶、叶大而薄。野外调查发现，为适应岩溶区的夏季高温干旱气候，广西火桐多分布于石灰岩山地的山沟、山谷、山坡下部及农耕地旁等水湿条件相对较好之处。因而，广西火桐的"光合午休"现象应与其叶质及结构有关。

分析结果表明，影响广西火桐 P_n 的主要生理因子为 T_r，其次为 C_i 和 G_s；主要环境因子为 PAR 和 RH。T_r 在广西火桐的整个光合作用过程中始终占主导地位，对 P_n 影响最大。T_r 与 P_n 密切相关，主要是因为 T_r 在植物的生命活动中担负着水分的吸收和运输、帮助植物对矿物质和有机物质的吸收及这两类物质在植物体内的转运、降低 LT_{air} 等作用。PAR 是植物光合作用能量的最终来源，也是影响其他环境因子的最根本因素。本研究中，PAR 对广西火桐 P_n 影响的直接效应小，但其间接效应大，其主要是通过影响 T_r、RH 和 C_i 从而对 P_n 产生间接影响。其综合效应仅次于 T_r，说明在环境限制因子中 PAR 仍是广西火桐 P_n 的主要限制因子，这与张中峰等（2008）的研究结果一致。

影响广西火桐幼树 P_n 日变化的主导因子是 T_r，由于 T_r 在自然的条件下受光照强度、温度和 RH 等因素的影响，因此，在栽培管理中可通过增加透光度、适当浇水等措施来调节 T_r，从而提高广西火桐幼树的 P_n，促进苗木的快速生长。

四、结论

本研究主要针对广西火桐 P_n 与生理生态因子的关系，旨在揭示广西火桐光合作用的日变化规律，进一步了解植物光合作用与影响因子的关系，为开展广西火桐种质资源保护和人工栽培利用提供理论依据。广西火桐 P_n 日变化曲线为双峰型，变化趋势与 T_r 相同；具有明显的"光合午休"现象，午间 P_n 降低主要由 G_s 降低引起；影响广西火桐 P_n 的主要生理因子是 T_r，主要生态因子是 PAR 和 RH。在栽培管理中可通过增加透光度、适当浇水等措施来调节 T_r，提高 P_n，促进苗木的快速生长。

第三十九章　不同遮光条件对广西火桐幼树光合特性及生长量的影响

一、材料与方法

（一）试验地概况

试验地位于广西桂林市广西植物研究所试验地苗圃内。试验地地处中亚热带季风气候区，年均气温为19℃，7月均温28.4℃，1月均温7.7℃，绝对高温38℃，绝对低温 –5.5℃，冬季有霜冻，年均有霜期9 ～ 24 d，年均降水量1800 mm，年均RH为78.0%，具有明显的干湿两季。土壤为酸性红壤，pH值为6.0。

（二）试验材料

选用无病虫害生长健壮、苗高及地径基本一致的2年生广西火桐幼苗。

（三）试验方法

1. 不同遮光处理

将选取出的广西火桐幼苗，移栽到4个相同自然环境下的试验区，定植生长2个月。定植期间，保持每一块试验区的水肥管理一致。于2021年4月进行遮光处理，在处理前移除长势较差的植株，每块试验区保留6株健康且长势相近的广西火桐幼树。以全光照、无遮光处理为对照组（CK），设置L1（遮光率75%）、L2（遮光率50%）、L3（遮光率25%）3种遮光处理，用市售遮阳网将每种处理的幼树上部和四周进行遮光处理。

2. 叶绿素含量的测定

每种遮光处理下，选取5片健康无病虫害的叶片。避开主叶脉，每片叶片分别剪取1 cm × 1 cm的单位面积叶片组织，然后将其剪成长约5 mm、宽约2 mm的0.2 g细丝，备用。将叶片组织置于20 mL的离心管中，加入叶绿素提取液（95%乙醇：80%丙酮 =1：1），用锡纸包裹完全，避光保存约24 h。待叶片组织完全变白后，取出叶片组织并将浸提液转移至容量瓶中并定容至 25 mL，混匀后，制成叶绿素待测液。以叶绿素提取液溶液为参比溶液，用 TU–1901 型紫外分光光度计分别于 645 nm、663 nm 处，测定 Chl a 和 Chl b 的含量，计算公式如下：

$$Chl\ a = (12.7D_{663} - 2.69D_{645}) \times V/(1000 \times W)$$

$$Chl\ b = (22.9D_{645} - 4.68D_{663}) \times V/(1000 \times W)$$

式中，Chl a 为叶绿素 a 含量（mg/g），Chl b 为叶绿素 b 含量（mg/g）；D_{645} 为在 645 nm 处的吸光值；D_{663} 为在 663 nm 处的吸光值；V 为提取液体积（mL）；W 为叶片鲜重（g）。

3. 光响应曲线的测定

遮光处理 4 个月后，于 2021 年 8 月某个晴天的上午 10：00 ～ 12：00，使用 Li–6400 便携式光合仪 LED 红蓝光源叶室测定光响应曲线，随机选取 3 片位于中段、无病虫害、无缺损的健康叶片。PAR 依次设置为 0、20 $\mu mol \cdot m^{-2} \cdot s^{-1}$、50 $\mu mol \cdot m^{-2} \cdot s^{-1}$、100 $\mu mol \cdot m^{-2} \cdot s^{-1}$、200 $\mu mol \cdot m^{-2} \cdot s^{-1}$、400 $\mu mol \cdot m^{-2} \cdot s^{-1}$、800 $\mu mol \cdot m^{-2} \cdot s^{-1}$、1000 $\mu mol \cdot m^{-2} \cdot s^{-1}$、1200 $\mu mol \cdot m^{-2} \cdot s^{-1}$、1400 $\mu mol \cdot m^{-2} \cdot s^{-1}$、1500 $\mu mol \cdot m^{-2} \cdot s^{-1}$，每个梯度下取 3 个平行结果。设置 C_a 为 400 $\mu mol \cdot m^{-2} \cdot s^{-1}$。在测量前将叶片置于 1500 $\mu mol \cdot m^{-2} \cdot s^{-1}$ 的 PAR 下诱导 20 min。

4. 光合日变化的测定

遮光处理 4 个月后，于 2021 年 8 月的某个晴天，使用 Li–6400 便携式光合仪透明叶室，测定广西火桐幼树的 P_n、T_r、G_s、C_i 4 个光合特性指标。测定时间为 8：30 ～ 18：30，每 1.5 h 测量 1 次光合日变化。每株植物测定同一位置的 3 片叶片。光合日变化的测量，完全在自然光的条件下完成。测量当日 PAR 可达 2000 $\mu mol \cdot m^{-2} \cdot s^{-1}$，$C_a$ 约 400 $\mu mol \cdot m^{-2} \cdot s^{-1}$，最高温度约 36℃，最大湿度为 87%。

5. 株高、冠幅、地径及生物量的测量

不同遮光条件下固定培养 2 年后，每种处理随机选取 3 株，用带有刻度的卷尺测量株高和冠幅。使用游标卡尺测量距苗木土痕处 20 cm 的地径大小。待测量结束后，在不损伤根系的前提下整株刨出，洗净泥土晾干后，按地上部分和地下部分分离，随后分别称取其鲜重。在培养期间，保持水肥管理等其他因素一致，使不同处理下的广西火桐幼树的生长量仅受光照强度这一因素的影响。

（四）数据处理

采用 Excel 2019 软件对数据进行初步的统计与处理，采用 SPSS 23.0 软件分析不同遮光处理下的广西火桐幼树的光合特性、生长量的差异性。采用光合计算软件中的非直角双曲线修正模型对光响应曲线进行拟合，采用 Origin 8.5 软件进行相关图表制作。

二、结果

（一）不同遮光条件下广西火桐幼树叶片中叶绿素含量

由表 39-1 可知，随着遮光强度的降低，Chl a、Chl b 及 Chl（a+b）含量均呈现出降低的趋势，但 Chl a 含量的降低速度较快。各处理之间相互比较发现，L1 处理的叶片中 Chl a、Chl b 及 Chl（a+b）含量均显著高于其他处理的（$P < 0.05$），分别为 4.380 mg/g、1.604 mg/g、5.985 mg/g，CK 处理的 3 种指标均最低。L1 处理的 Chl（a+b）含量较其他 3 种处理的分别高出 36.43%、41.26%、128.70%；L2 处理和 L3 处理叶片中 2 种叶绿素的含量和总量无显著差异（$P > 0.05$），但与其他处理相比，存在显著差异（$P < 0.05$）。此外，由表 39-1 还可知，随着遮光强度的降低，广西火桐幼树叶片中的 Chl a/Chl b 呈现出持续降低的趋势，L1 处理的该比值最大且显著高于其他处理的（$P < 0.05$）。

表 39-1　不同遮光条件下广西火桐幼树叶片中叶绿素含量

处理	Chl a（mg/g）	Chl b（mg/g）	Chl（a+b）（mg/g）	Chl a/Chl b
L1	4.380 ± 0.299a	1.604 ± 0.048a	5.985 ± 0.346a	2.730 ± 0.028a
L2	3.184 ± 0.794b	1.203 ± 0.289b	4.387 ± 0.981b	2.647 ± 0.024b
L3	3.056 ± 0.302b	1.181 ± 0.134b	4.237 ± 0.436b	2.588 ± 0.011c
CK	1.792 ± 0.118c	0.825 ± 0.037c	2.617 ± 0.155c	2.172 ± 0.029d

注：同列不同小写字母代表差异显著，$P < 0.05$，下同。

（二）不同遮光条件下广西火桐幼树 P_n 对 PAR 的响应

不同遮光条件下广西火桐幼树 P_n 对 PAR 的响应如图 39-1 所示。在不同条件下，P_n 随 PAR 的变化趋势有所差异。在全光照处理下，当 PAR 在 0 ～ 200 $\mu mol \cdot m^{-2} \cdot s^{-1}$ 范围内，P_n 基本呈线性上升，在此之后，上升趋势逐渐变缓，并在 PAR 为

$600\,\mu mol\cdot m^{-2}\cdot s^{-1}$ 时，P_n 达到最大值，为 $3.361\,\mu mol\cdot m^{-2}\cdot s^{-1}$。达到最大值后，$P_n$ 反而随 PAR 的增强逐渐下降。相比于其他 3 种处理方式，L1 处理的广西火桐幼树的 P_n 随 PAR 的变化趋势最小，当 PAR 在 $0\sim150\,\mu mol\cdot m^{-2}\cdot s^{-1}$ 范围内时，P_n 基本呈线性上升，在此之后其增加趋势变缓且一直处于上升趋势。L2 处理、L3 处理中的广西火桐幼树的 P_n 整体的变化趋势高于其他两种处理的，其中 L2 处理的 P_n 变化趋势整体上低于 L3 处理的且两者变化趋势存在异同。当 PAR 在 $0\sim200\,\mu mol\cdot m^{-2}\cdot s^{-1}$ 范围内时，两种处理下的 P_n 基本呈线性上升，在超过 $200\,\mu mol\cdot m^{-2}\cdot s^{-1}$ 后，两者的变化趋势均变缓，但 L3 处理的 P_n 随 PAR 的增强一直处于上升趋势，L2 处理的 P_n 则在 PAR 增强至 $1000\,\mu mol\cdot m^{-2}\cdot s^{-1}$ 时呈现下降趋势，其 P_n 最大值为 $9.390\,\mu mol\cdot m^{-2}\cdot s^{-1}$。整体上来看，不同遮光处理下 P_n 大小具体表现为 L3 ＞ L2 ＞ CK ＞ L1。

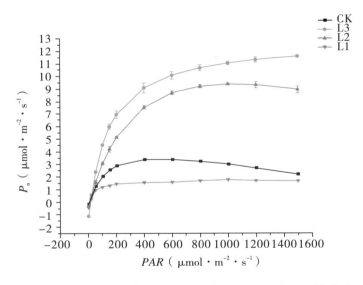

图 39-1　不同遮光条件下广西火桐幼树 P_n 对 PAR 的响应

不同遮光条件下广西火桐幼树的光合参数如表 39-2 所示。相比之下，L3 处理下的广西火桐幼树 P_{max}、LSP、LCP 均显著高于其他 3 种处理的，L2 处理下的 AQY 则显著高于其他 3 种处理的。随着遮光率的降低，P_{max} 呈现出先升高后降低的趋势，在遮光率为 L3 时，P_{max} 最大为 $12.644\,\mu mol\cdot m^{-2}\cdot s^{-1}$，L1 处理下的 P_{max} 最小。AQY、LSP、LCP 与 P_{max} 相同，均随着遮光率的降低，呈现出先升高后降低的趋势。具体表现为，在遮光率为 L2 时，AQY 最大，为 $0.046\,mol\cdot mol^{-1}$，L1 处理和 CK 处理下的 AQY 不存在显著差异（$P ＞ 0.05$）；L3 处理的 LSP 最大，为 $346.755\,\mu mol\cdot m^{-2}\cdot s^{-1}$，CK 处理

的 LSP 最小；L3 处理的 LCP 最大，为 13.235 $\mu mol \cdot m^{-2} \cdot s^{-1}$。

表 39-2　不同遮光处理下广西火桐幼树叶片的光合参数

处理	P_{max} （$\mu mol \cdot m^{-2} \cdot s^{-1}$）	AQY （$mol \cdot mol^{-1}$）	LSP （$\mu mol \cdot m^{-2} \cdot s^{-1}$）	LCP （$\mu mol \cdot m^{-2} \cdot s^{-1}$）
L1	$1.677 \pm 0.039d$	$0.011 \pm 0.003c$	$216.266 \pm 2.532c$	$6.661 \pm 0.535c$
L2	$9.392 \pm 0.482b$	$0.046 \pm 0.004a$	$327.512 \pm 2.076b$	$7.260 \pm 0.108b$
L3	$12.644 \pm 0.193a$	$0.032 \pm 0.004b$	$346.755 \pm 5.761a$	$13.235 \pm 0.748a$
CK	$3.387 \pm 0.279c$	$0.015 \pm 0.001c$	$199.079 \pm 5.189d$	$5.047 \pm 0.182d$

（三）不同遮光条件下广西火桐主要光合参数的日变化

不同遮光条件下，广西火桐幼树的气体交换参数日变化如图 39-2A 所示。由该图可知，各处理中广西火桐幼树的 P_n 变化基本一致，均先上升达到峰值后再降低，之后再升高，达到第二个峰值，最后再降低，均呈双峰型曲线，但出现峰值的时间存在差异。在 4 种处理中 P_n 最强峰（第一个峰）均出现在上午 10：00；除 L1 处理第二个峰值出现在 13：00 外，其他 3 个处理的 P_n 第二个峰值均出现在 14：30。4 种处理下，广西火桐幼树均出现了"光合午休"的现象，日均 P_n 大小具体表现为 L3＞L2＞CK＞L1，相比之下，在遮光率为 25% 时，最有利于光合产物的积累（表 39-3）。不同遮光环境下，广西火桐幼树的 T_r 如图 39-2B 所示。在 4 种遮光环境下，广西火桐幼树 T_r 均呈双峰型曲线，呈现出"增加—降低—增加—降低"的趋势，且最强峰（第一个峰）均出现在上午 10：00。除 L1 处理的第二个峰出现在 13：00 外，其他 3 个处理的第二个峰均出现在 14：30。T_r 的变化趋势与 P_n 基本一致。相比其他 2 种处理，CK 处理和 L1 处理的 T_r 较小且变化趋势不明显。日均 T_r 大小具体表现为 L3＞L2＞CK＞L1（表 39-3）。

不同遮光条件下，广西火桐幼树叶片的 G_s 和 C_i 的日变化如图 39-2C 和图 39-2D 所示。由图 39-2C 可知，4 种处理下的植株的 G_s 均呈先增加后降低的单峰型曲线，且 4 种处理下的峰值均出现在 10：00，说明此时的 G_s 最大，气孔的开放程度最高。4 种处理相比较发现，L2 处理和 L3 处理的植株 G_s 日变化较为相近且显著高于 L1 处理和 CK 处理的。日均 G_s 大小具体表现为 L3＞L2＞CK＞L1（表 39-3）。图 39-2D 为 4 种处理下叶片中 C_i 的日变化，由该图可知 L1 处理、L2 处理的 C_i 均呈 W 形，先下降后升高，再下降，最后再升高。L3 处理与 CK 处理的呈 V 形。日均 C_i 大小具体表现为 L1＞L3＞L2＞CK（表 39-3）。

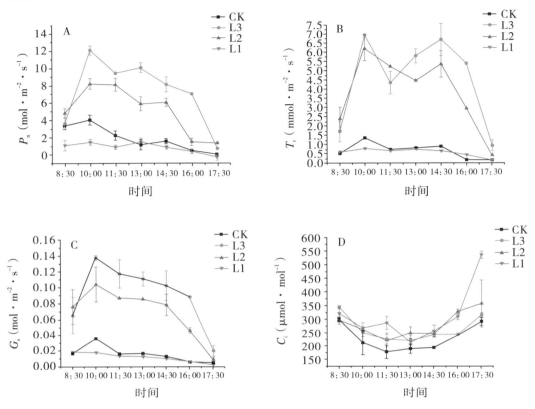

图 39-2　不同遮光条件下广西火桐幼树的气体交换参数的日变化

表 39-3　不同遮光条件下广西火桐幼树的日均气体交换参数

处理	日均 P_n （$\mu mol \cdot m^{-2} \cdot s^{-1}$）	日均 T_r （$mmol \cdot m^{-2} \cdot s^{-1}$）	日均 G_s （$mol \cdot m^{-2} \cdot s^{-1}$）	日均 C_i （$\mu mol \cdot mol^{-1}$）
L1	0.823±0.818b	0.587±0.227b	0.012±0.006b	313.112±53.027a
L2	5.108±2.817a	3.866±2.027a	0.070±0.032a	252.089±46.133a
L3	7.334±3.895a	4.555±2.362a	0.092±0.039a	264.848±47.257a
CK	1.181±1.367b	0.684±0.428b	0.016±0.010b	229.266±74.937a

（四）不同遮光条件对广西火桐幼树生长量的影响

在不同遮光条件下广西火桐幼树生长量情况如表 39-4 所示。随着透光率的增加，除根冠比之外，株高、冠幅、地径等 6 项指标均呈现出先增加后降低的趋势。L2 处理的植株株高、冠幅均显著高于其他 3 种处理的。L3 处理的植株地径、根冠面积和地上部分鲜重则显著高于其他 3 种处理的。其中，在地上部分鲜重方面，L3 处理分别为 L1 处理、L2 处理、CK 处理的 11.34 倍、1.36 倍、11.34 倍。相比于地上部分鲜重，L3 处理的地下部分鲜重与 L2 处理的并无显著差异，但这 2 个处理的均显著高于 L1 处理的和 CK 处理的。与其他指标不同，根冠比随着遮光率的降低，呈现出先增加后降低再增加的趋势，在 CK 处理下，广西火桐幼树的根冠比最大，L3 处理的根冠比最小。综合以上生长量数据可知，L3 处理（25% 遮光率）最有利于广西火桐幼树的生长。

表 39-4　不同遮光处理下的广西火桐幼树生长量

处理	株高（m）	地径（m）	冠幅（m²）	根冠面积（m²）	地上部分鲜重（kg）	地下部分鲜重（kg）	根冠比
L1	1.340 ± 0.410c	0.016 ± 0.006b	0.565 ± 0.181c	0.067 ± 0.013c	0.205 ± 0.017c	0.200 ± 0.127b	0.976 ± 0.586b
L2	3.124 ± 0.309a	0.055 ± 0.007b	2.268 ± 0.672a	0.958 ± 0.093b	1.708 ± 0.576b	1.688 ± 0.488a	0.988 ± 0.087b
L3	2.895 ± 0.144b	0.065 ± 0.014a	1.370 ± 0.192b	2.057 ± 0.381a	2.325 ± 0.286a	1.583 ± 0.173a	0.681 ± 0.034c
CK	1.280 ± 0.108c	0.020 ± 0.003b	0.062 ± 0.023c	0.115 ± 0.046c	0.205 ± 0.021c	0.253 ± 0.039b	1.223 ± 0.116a

三、讨论

植物对光环境的适应能力很大程度上决定着物种的分布和丰富度，植物光合作用主要依靠叶片中的叶绿素和光合酶来利用和捕获光能以合成光合产物，叶绿素作为植物进行光合作用的主要色素，为适应不同的光环境，植物叶片中的叶绿素含量及比例会随着光环境的变化发生相应改变（刘柿良等，2012）。有研究发现，Chl a 主要吸收红光的长光波部分，其含量可以反映叶片对光能的利用能力，而 Chl b 主要吸收蓝紫光，其含量与叶绿素总量反映的则是叶片对光能的捕获能力。因此，当植物从强光环境下转移至弱光环境下时，由于所获光能减少，植物会增加叶绿素的总量尤其是 Chl b 的含量，来捕获更多的光能，所以整体呈现出随光照减弱，Chl a、Chl b 及 Chl（a+b）均增加，Chl a/Chl b 也同时增加。对梅叶冬青（*Ilex asprella*）、杉木、四季桂（*Osmanthus fragrans*）的遮光研究也发现了该现象。本研究也得出同样的结论。由此说明，广西火桐叶片中的叶绿素含量及比例会发生相应改变来适应不同的光照环境，这是其生存策略之一。但在 L2 处理与 L3 处理下的叶绿素含量无显著差异，说明在外界光环境发生小幅度变化时，广西火桐幼树仍可通过自身调节，保持较高的 P_n，但其调节能力有限。通常可根据 Chl a/Chl b 大小来判断植物的耐阴程度，有研究认为若该比值大于 3 则为阳生植物，若小于 3 则为耐阴性较强的阴生植物（蔡锡安等，2020；唐银等，2023）。本研究试验结果表明，广西火桐幼树叶片中的 Chl a/Chl b 随着透光率的增高而降低，但该比值均小于 3。另外，在野外调查时还发现，广西火桐多分布于山谷的灌木丛中或山坡下部，在该自然环境的生态群落下部，植被较为浓密，光照强度适中，植物往往具有较强的耐阴特性。因此，本研究认为广西火桐在幼树阶段具有一定的耐阴特性，适度遮光有利于其生长，但可适应的光照强度范围较小。

为进一步探究广西火桐幼树适宜的光环境，对 4 种遮光处理下的广西火桐幼树光合特性进行了比较研究。光响应曲线对了解植物光合过程中的光化学效率具有重要意义。与 CK 处理相比，2 种中等强度遮光处理（L2、L3）下的 P_{max} 明显升高，但高强度的遮光处理（L1）的反而显著降低，这可能因为在弱光环境下植物为捕获更多的光能，从而将更多的资源利用于捕获蛋白上，导致其光合能力下降。LSP、LCP 的大小可直接反映出植物需光特性和需光量（宋洋等，2016）。本研究结果发现，在进行遮光处理后，广西火桐幼树 LSP 和 LCP 均发生了不同程度的变化。遮光处理下广西火桐幼树的 LSP、LCP 均显著高于未遮光处理下的，说明广西火桐幼树受遮光环境的影响较大。各处理间相比较发现，随着光环境变弱，广西火桐幼树可通过降低 LCP 与 LSP，增加对弱光的利用率，最大限度地为自身的生长发育积累有机物。这与白宇清等（2017）对毛棉杜鹃（*Rhododendron moulmainense*）幼苗的研究结果一致。同时本研究还发现，CK 处理下的 LSP、LCP 显著低于遮光处理下的，因此本研究认为在全光照环境下，由于光照过强广西火桐幼树的光合结构受到损伤，阻碍植物对光能的转换，使光合作用受到抑制。植物对光能转化能力常常用 AQY 来衡量，该指标越大说明该植物对弱光的利用率越高，当遮光率为 L2 时，AQY 最大，为 0.046 mol · mol^{-1}，说明在该环境下，广西火桐幼树对光的转化利用效率最高。由此看来，在遮光率为 50% 的光环境下，广西火桐幼树对光能的利用率最强。

在自然环境中，植物的 P_n 除受 PAR 影响外，还受温度、湿度等外界因素和 G_s 等内在因素的影响。因此，植物 P_n 日变化曲线并非单一的。本研究发现，在不同遮光环境下广西火桐幼树的光合日变化曲线均呈双峰型，具有"光合午休"现象，其中全光照处理下的这一研究结果与毛世忠等（2010）研究结果一致。但与前人研究结果不同的是，本研究发现，在全光照处理下广西火桐幼树整体的 P_n 较低。本研究测定时间为 7 月，前人测定时间为 10 月，这两个时间段光照强度、大气温度、湿度等存在较大差异，7 月正处于夏季，长时间的高温、强光胁迫导致植物的叶片被灼伤，对光合机构造成较大的损伤，从而限制了其光合能力，本研究认为这可能是光合日变化有所差异的原因之一。杨通文等（2022）对不同季节桃金娘光合特性进行比较也发现，其秋季的 P_n 高于夏季。刘旻霞等（2020）对刺槐（*Robinia pseudoacacia*）光合特性的季节变化研究也发现了该现象。"光合午休"这一现象在亚热带地区较为常见。通过比较发现，4 种遮光处理下的广西火桐幼树出现"光合午休"的时间均在上午 10：00，但日变化整体趋势变化有所差异，所以本研究认为可能是引起"光合午休"的原因不同导致了这一现象。Farquhar 和 Sharkey（1982）认为，在 P_n 降低的同时，G_s、C_i 降低，则以气孔限制为主；若 G_s 降低，C_i 升高，则以非气孔限制为主。本研究发现，在 L2 处理、L3 处理与 CK 处理中，引起广西火桐幼树"光合午休"的均为气孔限制因素，而 L1 处理为非气孔因素。有研究表明，在重度遮光环境下，植物体内某些进行光合碳同化的关键酶会发生损失和失活，例如核酮糖 –1,5– 二磷酸羧化酶 – 加氧酶（Rubisco），从而限制植物的 P_n（Kono et al.，2017；陈妍等，2023）。因此，广西火桐幼树是否因过度遮光导致某些光合酶活性较低从而影响 P_n，还需进一步研究。另外，通过比较发现，75% 遮光率下的广西火桐幼树日均 P_n 最低，25% 遮光率下的最高，说明在 25% 遮光率下广西火桐幼树的光合作用最强，积累的光合产物最多，同时重度遮光对广西火桐幼树影响较大。

当植物因遮光而使所获光辐射降低时，为加速生长以获得更多的光照，其自身可以改变形态结构和生理特性，例如减少分支，改变叶型等（Casal，2013）。本研究发现，遮光对广西火桐幼树株高、地径、冠幅等具有显著影响。在 50% 遮光率下的幼树的株高和冠幅显著高于其他处理的，而 25% 遮光率下的根冠、地径和地上部分鲜重最高，表明适度遮光有利于广西火桐幼树的生长发育。一方面，在原生群落中广西火桐幼树是在遮光环境下生存；另一方面，由于幼树对过剩光能的保护和利用机制还不够完善，过强的光照会损害叶片的组织结构，抑制植物的生长（Jiang et al.，2005）。本研究也发现，在全光照处理下，广西火桐幼树表现出植株矮细，叶片表现出卷边、萎黄等发育不良的特点。为适应不同的光环境，植物各部分生物量的积累和分配也会产生差异（孟金柳等，2004）。在弱光环境下，植物会将更多的生物量投入到地上部分，以积累更多的有机物；强光环境下，植物会增加地下部分的投入，以获得更多的水分和营养。本研究在广西火桐幼树遮光处理中，也发现了该现象，相比于 50% 遮光率处理，在 75% 遮光率环境下，广西火桐幼树将更多的有机物投入到根系中，以吸取更多的水分和营养。毛世忠等（2010）研究发现，影响广西火桐幼树 P_n 的主要因素为 T_r，所以充足的水分对保证广西火桐幼树的正常发育和生长具有重要意义。另外，本研究也发现 25% 遮光率处理的地上部分鲜重也显著高于 50% 遮光率处理的，说明在遮光率为 25% 的环境下，广西火桐幼树可以积累更多的有机物，更有利于其生长。

四、结论

为探讨广西火桐幼树对光照强度的适应性以及寻求其适宜生长的最佳光照条件，本研究以全光照处理为对照组，采用不同遮光条件（75%、50%、25% 遮光率）下的广西火桐幼树为材料，对其叶片中叶绿素含量、生长量、气体交换参数的日变化和光响应曲线进行测定。本试验研究结果表明：（1）随着遮光率的降低，Chl a、Chl b 及 Chl（a+b）和 Chl a/Chl b 均呈现出降低的趋势。75% 遮光率处理下的 Chl a/Chl b 最大且显著高于其他处理的（$P < 0.05$）。（2）不同遮光处理的广西火桐幼树叶片 P_n 对光的响应曲线变化趋势基本一致。比较发现，在 25% 遮光率环境下的广西火桐幼树 P_{max}、LSP、LCP 均显著高于其他 3 种处理，50% 遮光率环境下的 AQY 最高。整体上来看，在 25% 遮光率环境下，广西火桐幼树的光合能力最强。（3）不同遮光处理下的广西火桐幼苗的光合日变化均呈双峰型，具有明显的"光合午休"现象。（4）在遮光率为 25% 的环境下，广西火桐幼树的地径、根冠及地上部分鲜重均显著高于其他处理组。

综合上述，广西火桐幼树具有一定的耐阴特性，但可适应光照范围较小，光照不足或过剩均会影响其在该阶段的生长发育，25% 遮光率为幼树阶段最佳生长环境。当遮光率过高时，由于光照条件不足，广西火桐幼树会出现植株矮细、LA 小等发育不良的特点，并且在该环境下的植株光合参数不理想。随着遮光率的降低，广西火桐一定程度上可以通过改变自身的生理特性、形态结构等来适应环境的变化。当遮光率降低至50% 时，广西火桐的光合参数、植株形态等开始趋于正常，植株并未表现出发育不良等现象。相对于 50% 的遮光率，植株在 25% 遮光率下的 P_n 等各项光合指标均较高且植株高大，生物积累量也显著高于其他处理。然而，在全光照环境下，该植物幼树由于光照强度过大，植株叶片受到损伤，光合作用同样受到严重影响。因此，广西火桐在幼树阶段具有喜阴特性，幼树适宜生长在遮光率为 25% 的环境下。在迁地保护和引种栽培时，可根据幼树的生理特性选择合适的遮光环境，以促进广西火桐幼树的生长。

第四十章　扣树幼苗与成年植株
光合生理生态特性研究

一、材料与方法

（一）试验地概况

试验材料扣树栽培于广西植物研究所濒危植物种质资源圃。试验地属中亚热带季风气候区，年均温 19.2℃，极端高温 40℃，极端低温 –6℃。一年中，1 月为最冷月，7 月为最热月，平均气温分别为 8.4℃和 28.4℃。年均降水量 1865.7 mm，降水分布不均。

（二）材料与方法

试验材料为扣树 2 年生幼苗和 15 年生已开花结果的成年植株。选择生长良好，无病虫害的 2 年生幼苗和 15 年生扣树各 3 株进行光合参数测定。幼苗测定 1 年生叶；成年植株测定当年生叶和 1 年生叶。试验于 2023 年 8 月下旬进行，选择晴朗无云天气，采用美国生产的 Li–6400 便携式光合作用系统测定光响应参数。同时，将 PAR 分别设定为 1500 μmol·m^{-2}·s^{-1}、1200 μmol·m^{-2}·s^{-1}、1000 μmol·m^{-2}·s^{-1}、800 μmol·m^{-2}·s^{-1}、600 μmol·m^{-2}·s^{-1}、400 μmol·m^{-2}·s^{-1}、200 μmol·m^{-2}·s^{-1}、150 μmol·m^{-2}·s^{-1}、100 μmol·m^{-2}·s^{-1}、75 μmol·m^{-2}·s^{-1}、50 μmol·m^{-2}·s^{-1}、20 μmol·m^{-2}·s^{-1}、0。选择健康且完整的植株重复测试 3 次，并记录相关数据。

（三）数据处理

使用 Excel 2019 整理扣树幼苗 1 年生叶、成年植株当年生叶和 1 年生叶光响应曲线的参数。通过叶子飘的光合计算软件 4.1.1 中的双曲线修正模型对光响应曲线进行拟合。为保证数据的准确性，在用软件分析数据时确保其拟合后的决定系数达到 0.95 以上，实现较好的拟合效果。在此基础上，计算出扣树的 P_{max}、LSP、LCP、R_d、AQY 等参数。最后，使用 Origin 2021 制作相关图表。将初步分析的数据导入 IBM SPSS Statistics 25 进行进一步处理，利用单因素 ANOVA 检验扣树幼苗和成年植株的 P_{max}、

LSP、LCP、R_d、AQY 的差异性是否显著。

二、结果与分析

（一）扣树光响应曲线

扣树的幼苗 1 年生叶、成年植株当年生叶和 1 年生叶光响应曲线见图 40-1。总体而言，当 PAR 为 0 ～ 200 μmol·m^{-2}·s^{-1} 时，扣树 P_n 呈显著增长的趋势；当 PAR 为 200 ～ 600 μmol·m^{-2}·s^{-1} 时，P_n 呈逐步放缓的趋势。当 PAR 大于 600 μmol·m^{-2}·s^{-1} 时，除幼苗 1 年生叶的 P_n 逐步放缓外，成年植株的当年生叶和 1 年生叶 P_n 均有缓慢下降的趋势。PAR 过强导致扣树叶片光合作用能力降低可能是造成此类现象的主要原因。结果显示，成年植株当年生叶的 P_n 最高，成年植株 1 年生叶的次之，幼苗 1 年生叶的最低。

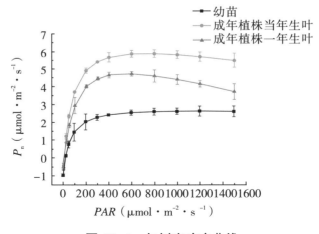

图 40-1　扣树光响应曲线

（二）扣树的光响应曲线特征参数

光响应曲线特征参数如表 40-1 所示，扣树幼苗 1 年生叶、成年植株当年生叶和 1 年生叶的 P_{max} 差异显著（$P < 0.05$）。其中，成年植株当年生叶的 P_{max}（5.908 μmol·m^{-2}·s^{-1}）高于成年植株 1 年生叶的（4.720 μmol·m^{-2}·s^{-1}）与幼苗 1 年生叶的（2.647 μmol·m^{-2}·s^{-1}）。扣树幼苗 1 年生叶、成年植株当年生叶和 1 年生叶的 LSP 与 LCP 的差异同样显著（$P < 0.05$）。扣树幼苗 1 年生叶、成年植株当年生叶和 1 年生叶的 LSP 分别为 1106.370 μmol·m^{-2}·s^{-1}、732.131 μmol·m^{-2}·s^{-1}、561.871 μmol·m^{-2}·s^{-1}， 幼苗 的 LSP

高于成年植株的。而在成年植株中，当年生叶的 LSP 高于 1 年生叶的。扣树幼苗 1 年生叶、成年植株当年生叶和 1 年生叶的 LCP 分别为 21.590 $\mu mol \cdot m^{-2} \cdot s^{-1}$、7.216 $\mu mol \cdot m^{-2} \cdot s^{-1}$、7.447 $\mu mol \cdot m^{-2} \cdot s^{-1}$。幼苗的 LCP 高于成年植株的。扣树幼苗 1 年生叶、成年植株当年生叶和 1 年生叶的 AQY 无显著性差异。其中，成年植株当年生叶 AQY 最高，为 0.097 $mol \cdot mol^{-1}$；成年植株 1 年生叶 AQY 次之，为 0.074 $mol \cdot mol^{-1}$；幼苗 1 年生叶 AQY 最低，为 0.061 $mol \cdot mol^{-1}$。扣树幼苗 1 年生叶、成年植株当年生叶和 1 年生叶的 R_d 无显著差异，其数值分别为 0.985 $\mu mol \cdot m^{-2} \cdot s^{-1}$、0.646 $\mu mol \cdot m^{-2} \cdot s^{-1}$、0.525 $\mu mol \cdot m^{-2} \cdot s^{-1}$。

表 40-1 不同树龄扣树光响应曲线特征参数

类型	P_{max}（$\mu mol \cdot m^{-2} \cdot s^{-1}$）	LSP（$\mu mol \cdot m^{-2} \cdot s^{-1}$）	LCP（$\mu mol \cdot m^{-2} \cdot s^{-1}$）	AQY（$mol \cdot mol^{-1}$）	R_d（$\mu mol \cdot m^{-2} \cdot s^{-1}$）
幼苗 1 年生叶	2.647 ± 0.234c	1106.370 ± 20.137a	21.590 ± 0.598a	0.061 ± 0.009a	0.985 ± 0.115a
成年植株当年生叶	5.908 ± 0.199a	732.131 ± 85.661b	7.216 ± 2.322b	0.097 ± 0.005a	0.646 ± 0.220a
成年植株 1 年生叶	4.720 ± 0.060b	561.871 ± 22.413b	7.447 ± 1.170b	0.074 ± 0.022a	0.525 ± 0.213a

注：不同小写字母代表差异显著，$P < 0.05$。

三、讨论

光合作用在植物生长发育过程中起着至关重要的作用。P_n 的高低反映植物同化作用的强弱及光合产物积累的多少。本研究结果表明，在夏季，扣树成年植株当年生叶的 P_{max} 最高，成年植株 1 年生叶的次之，幼苗 1 年生叶的最低。说明扣树成年植株比幼苗具有相对较强的光合能力。有研究表明，植物受过强的光照影响，可能因吸收不充分产生光抑制现象。扣树成年植株当年生叶和 1 年生叶的 PAR 大于 600 $\mu mol \cdot m^{-2} \cdot s^{-1}$ 时，P_n 均呈缓慢下降的趋势，表明若光照过强至超过扣树成年植株对光能的吸收范围，则可能影响植物的光合作用，从而产生光抑制现象。程林（2015）在对扣树同属植物枸骨（*Ilex cornuta*）的研究中也发现类似现象。当 PAR 增至 1498 $\mu mol \cdot m^{-2} \cdot s^{-1}$ 以后，枸骨 P_n 趋于平稳，继而下降，原因可能是 PAR 过强时，多余的光能造成光合效率下降甚至引起光抑制。

LSP、LCP 反映了植物对光照条件的要求，是判断植物喜光或耐阴性的一个重要指标。其中，*LSP* 反映了植物利用强光的能力，其值越高，说明植物在强光下越不易受到抑制，植物的耐阳性就越强。*LSP* 越高，表明植物对强光的利用能力越高；*LCP* 越低，表明对弱光的利用能力越高（姜霞等，2013）。本研究结果表明，扣树 *LSP* 为 561.871～1106.370 μmol·m^{-2}·s^{-1}；*LCP* 为 7.216～21.590 μmol·m^{-2}·s^{-1}。扣树的 *LSP* 与 *LCP* 均低于李燕等（2021）研究的同属植物欧洲枸骨（*Ilex aquifolium*）的 *LSP*（1791～1907 μmol·m^{-2}·s^{-1}）和 *LCP*（42.154～42.515 μmol·m^{-2}·s^{-1}）。扣树表现出 *LSP* 高和 *LCP* 低的特点。说明扣树对强光和弱光的适应能力都比较强。

AQY 是常用于衡量植物对弱光的利用能力。通常情况下，*AQY* 越高，植物对弱光的转化利用能力越高（王爱民等，2021）。本研究结果表明，扣树成年植株当年生叶 *AQY*（0.097）＞成年植株 1 年生叶 *AQY*（0.074）＞幼苗 1 年生叶 *AQY*（0.061）。姜霞（2013）研究黔中 10 个树种光合特性的差异性研究中表明，10 个树种中栾（*Koelreuteria paniculata*）的 *AQY* 最高（0.0613），油茶的最小（0.0127），其大小顺序为栾＞女贞（*Ligustrum lucidum*）＞构＞香椿＞日本珊瑚树（*Viburnum awabuki*）＞樟＞峨眉含笑（*Michelia wilsonii*）＞玉兰（*Yulania denudata*）＞茅栗（*Castanea seguinii*）＞油茶。我们测定的扣树 *AQY* 均高于或等于栾等树种。说明扣树成年植株和幼树对弱光的利用效率均较高，在弱光条件下仍能维持较高的光合能力。

四、结论

为摸清扣树不同生长阶段的光合生理生态特性，采用 Li-6400 便携式光合仪对扣树的幼苗和成年植株的光合生理生态参数进行测定，为扣树的引种栽培和迁地保护提供科学依据。结果表明：（1）扣树成年植株当年生叶的 P_{max} 最高，为 5.908 μmol·m^{-2}·s^{-1}，成年植株 1 年生叶次之（4.720 μmol·m^{-2}·s^{-1}），幼苗最低（2.647 μmol·m^{-2}·s^{-1}）。扣树幼苗 1 年生叶片和成年植株当年生及 1 年生叶的 *LSP* 分别为 1106.370 μmol·m^{-2}·s^{-1}、732.131 μmol·m^{-2}·s^{-1}、561.871 μmol·m^{-2}·s^{-1}；*LCP* 分别为 21.590 μmol·m^{-2}·s^{-1}、7.216 μmol·m^{-2}·s^{-1}、7.447 μmol·m^{-2}·s^{-1}，两者差异显著（$P < 0.01$）。（2）扣树幼苗和成年植株都表现出 *LSP* 高和 *LCP* 低的特点，说明扣树幼苗和成年植株对强光和弱光的适应能力都比较强。扣树有一定的耐阴能力，有耐阴偏阳的特性。（3）建议在引种栽培过程中，应选择适当的栽培环境栽种植物，避免过度荫蔽或过度强光，以利于扣树的生长。

第四十一章　膝柄木及其伴生树种光合生理生态特性比较研究

一、材料与方法

（一）试验地概况

试验地位于广西防城港市东兴市江平镇巫头村（108° 07′ E、21° 32′ N），是目前膝柄木在我国分布种群数量最多的地区。该区域为亚热带季风气候区，年均温在 23.2℃左右，年均降水量为 2822.7 mm。膝柄木为乔木，生长于近海岸的坡地杂木林中，主要伴生树种有鹅掌柴、珊瑚树（*Viburnum odoratissimum*）、红鳞蒲桃和桃金娘等。

（二）材料

在膝柄木群落中，分别选取生长健康且无病虫害的成年膝柄木及其伴生树种红鳞蒲桃、鹅掌柴和珊瑚树各 3 株植株，每株各取 3 片健康成熟的叶片进行光合参数测定。

（三）方法

1. 光响应曲线测定

于 2023 年 9 月某个晴天，利用 Li–6400 便携式光合测定系统分析仪测定 4 个物种叶片的光响应曲线。测量前将叶片放置于光照下 30 min 进行光诱导，以便充分激活叶片的光合系统。将 *PAR* 梯度设置为 2000 $\mu mol \cdot m^{-2} \cdot s^{-1}$、1800 $\mu mol \cdot m^{-2} \cdot s^{-1}$、1600 $\mu mol \cdot m^{-2} \cdot s^{-1}$、1400 $\mu mol \cdot m^{-2} \cdot s^{-1}$、1200 $\mu mol \cdot m^{-2} \cdot s^{-1}$、1000 $\mu mol \cdot m^{-2} \cdot s^{-1}$、800 $\mu mol \cdot m^{-2} \cdot s^{-1}$、600 $\mu mol \cdot m^{-2} \cdot s^{-1}$、400 $\mu mol \cdot m^{-2} \cdot s^{-1}$、200 $\mu mol \cdot m^{-2} \cdot s^{-1}$、150 $\mu mol \cdot m^{-2} \cdot s^{-1}$、100 $\mu mol \cdot m^{-2} \cdot s^{-1}$、50 $\mu mol \cdot m^{-2} \cdot s^{-1}$、25 $\mu mol \cdot m^{-2} \cdot s^{-1}$、0，每片叶测量时间为 120 ~ 200 s，测定其 P_n。

2. 光响应曲线模型的筛选

选用 RHM、NRHM、MRHM 和 EFM 等 4 种模型拟合不同的光照强度下膝柄木及其伴生树种叶片的实测值拟合其光响应曲线，对估算得到的光合参数进行比较。模型表达式见表41-1。

表41-1　光响应曲线拟合模型

模型	表达式
RHM	$$P_{\mathrm{n}}(I) = \frac{\alpha I P_{\max}}{\alpha I + P_{\max}} - R_{\mathrm{d}}$$
NRHM	$$P_{\mathrm{n}} = \frac{\varphi I + P_{\max} \sqrt{(\varphi I + P_{\max})^2 - 4\varphi I k P_{\max}}}{2k} - R_{\mathrm{d}}$$
MRHM	$$P_{\mathrm{n}} = (I - I_{\mathrm{C}})\alpha \frac{1 - \beta I}{1 + \gamma I}$$
EFM	$$P_{\mathrm{n}} = \left(1 - e^{\varphi(I_{\mathrm{C}})}\right) P_{\max}$$

（四）数据处理与分析

利用叶子飘（2010）光合计算模型对 RHM、NRHM、MRHM 和 EFM 进行计算，4 种模型中只有 MRHM 能通过软件直接得出 LCP，RHM、NRHM 和 EFM 则根据相关文献分别计算出其 LSP、LCP、AQY 和 R_{d}。利用 SPSS 23.0 及 Origin2018 软件进行数据处理分析及作图。

二、结果与分析

（一）光响应曲线模型的筛选

4 种植物光响应模型对光响应曲线的拟合效果见图41-1。由图41-1可知膝柄木及其伴生树种的 P_{n} 实测值与4种模型的拟合值。由图41-1A可知膝柄木的MRHM的拟合值与其实际测量值最为接近，MRHM能表现出植物在光照强度过高时受到光抑制的现象，膝柄木在 PAR 为 1200 μmol·m^{-2}·s^{-1} 时 P_{n} 达到最高，为 12.6936 μmol·m^{-2}·s^{-1}，PAR 继续增强则其 P_{n} 开始下降。由图41-1B可知鹅掌柴的实测值与 NRHM、MRHM 及 EFM 的拟合值较为接近，但 NRHM 与 EFM 未能表现出鹅掌柴在达到 $P_{\max}$ 后受到强光影响而 P_{n} 下降的趋势，只有 MRHM 能表达出植物受到强光的影响。图41-1C 中珊瑚树 RHM 拟合的 P_{n} 与实际值及 NRHM、MRHM 及 EFM 的拟合值相差甚大，呈现出无限增长趋势，NRHM、EFM 在 PAR 为 $0 \sim 200\ \mu mol \cdot m^{-2} \cdot s^{-1}$ 时，P_n 呈线性增长的趋势，当 PAR 大于 $400\ \mu mol \cdot m^{-2} \cdot s^{-1}$ 时，P_n 停止增长，表现出较为稳定的状态，只有 MRHM 与实际测量值最为接近，在 PAR 为 $400\ \mu mol \cdot m^{-2} \cdot s^{-1}$ 时达到最大值，并随着 PAR 的增强 P_n 开始缓慢下降。由图 41-1D 可知与红鳞蒲桃实际测量值最为接近的是 MRHM 的拟合值，其余 3 种拟合模型中 P_n 随着 PAR 的增强而缓慢增长，没有 P_{max} 的出现。

综合 4 幅图可发现膝柄木、鹅掌柴、珊瑚树及红鳞蒲桃 MRHM 的拟合值与实测值最为接近，并能够模拟出植物受到强光后出现光抑制的现象，其余模型并不能拟合出光抑制的现象，说明最适合这 4 种植物的拟合模型为 MRHM。

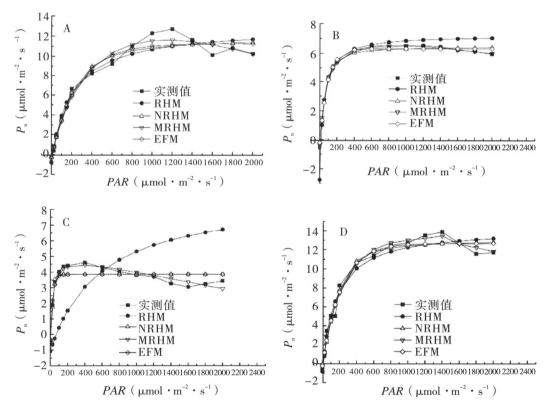

A. 膝柄木；B. 鹅掌柴；C. 珊瑚树；D. 红鳞蒲桃

图 41-1　膝柄木及其伴生树种的光响应曲线拟合效果

膝柄木及其伴生树种的光合参数见表 41-2。通过对比不同拟合模型得出与实测值最为接近的是 MRHM，其 R^2 均高于 0.962，说明 MRHM 拟合效果较好，为 4 种物种中最适用的拟合模型。因此，我们采用 MRHM 对膝柄木及其伴生树种的光合特性进行分析。

表 41-2　膝柄木及其伴生树种拟合模型比较

参数	物种	AQY （mol·mol^{-1}）	P_{max}（μmol·m^{-2}·s^{-1}）	LSP（μmol·m^{-2}·s^{-1}）	LCP（μmol·m^{-2}·s^{-1}）	R_d（μmol·m^{-2}·s^{-1}）	R^2
实测值	膝柄木	0.04	12.694	≈1200.000	4.608	0.158	1.000
	鹅掌柴	0.05	6.555	≈800.000	10.540	0.361	1.000
	珊瑚树	0.04	4.598	≈400.000	9.484	0.397	1.000
	红鳞蒲桃	0.06	13.907	≈1400.000	4.054	0.054	1.000
RHM	膝柄木	0.07	13.695	203.489	11.942	0.809	0.956
	鹅掌柴	0.24	10.000	44.954	15.596	2.747	0.915
	珊瑚树	0.02	10.000	578.114	68.100	1.067	0.912
	红鳞蒲桃	0.15	10.000	74.966	11.973	1.482	0.893
NRHM	膝柄木	0.04	12.169	314.172	7.428	0.308	0.964
	鹅掌柴	0.06	6.705	119.523	3.411	0.218	0.993
	珊瑚树	0.08	4.158	61.203	3.781	0.309	0.843
	红鳞蒲桃	0.05	8.536	178.045	13.318	0.705	0.936
MRHM	膝柄木	0.04	11.623	1145.744	4.465	0.190	0.980
	鹅掌柴	0.09	6.559	837.425	3.794	0.354	0.998
	珊瑚树	0.21	4.440	345.916	2.287	0.434	0.962
	红鳞蒲桃	0.05	13.497	1209.325	1.117	0.052	0.995
EFM	膝柄木	0.04	11.249	250.393	24.326	1.028	0.968
	鹅掌柴	0.07	6.328	97.084	16.376	1.033	0.994
	珊瑚树	0.14	3.862	30.320	9.247	1.114	0.833
	红鳞蒲桃	0.07	7.816	111.287	16.963	1.125	0.934

（二）膝柄木及其伴生树种的 P_n 对 PAR 的响应

膝柄木及其伴生树种的 P_n 对 PAR 的响应如图 41-2 所示。PAR 在 0～2000 μmol·m^{-2}·s^{-1} 的范围内时，膝柄木的 P_n 较鹅掌柴、珊瑚树的 P_n 高，4 种植物的 P_n 均呈现出先升高后下降的趋势。除珊瑚树的 P_{max} 出现在 PAR 为 400 μmol·m^{-2}·s^{-1} 处外，膝柄木、鹅掌柴及红鳞蒲桃的 P_{max} 均在 PAR 为 $800 \sim 1200\ \mu mol \cdot m^{-2} \cdot s^{-1}$ 处出现。在 $0 \sim 200\ \mu mol \cdot m^{-2} \cdot s^{-1}$ 时，4种植物的 P_n 随着 PAR 的增强呈直线式上升。当 PAR 增强到 $200\ \mu mol \cdot m^{-2} \cdot s^{-1}$ 之后，植物的 P_n 上升速度减缓，但红鳞蒲桃的增长速度仍然比其他3种植物增长速度要快。珊瑚树最先开始下降，当珊瑚树的 PAR 达到将近 $400\ \mu mol \cdot m^{-2} \cdot s^{-1}$ 时，P_n 开始下降，出现较为明显的光抑制现象。鹅掌柴在 PAR 为 $700\ \mu mol \cdot m^{-2} \cdot s^{-1}$ 时出现 P_{max}，且在 PAR 为 $700\ \mu mol \cdot m^{-2} \cdot s^{-1}$ 之后其曲线较为平缓，光抑制现象不甚明显。膝柄木与红鳞蒲桃在 PAR 为 $0 \sim 600\ \mu mol \cdot m^{-2} \cdot s^{-1}$ 时 P_n 的变化趋势相似，在 PAR 为 $600\ \mu mol \cdot m^{-2} \cdot s^{-1}$ 后两种植物的变化趋势开始发生变化，虽然都是缓慢上升趋势，但红鳞蒲桃的 P_n 增长更大。

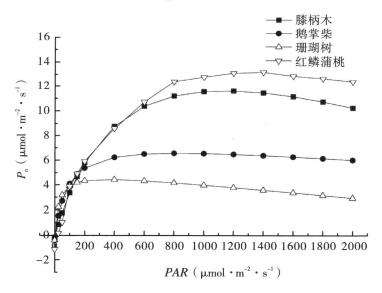

图 41-2　膝柄木及其伴生树种的 P_n

（三）膝柄木及其伴生树种的光合参数

膝柄木及其伴生树种的光合参数见表41-3。经比较分析可知，膝柄木及其伴生树种的光合生理生态参数有所差异。红鳞蒲桃的 P_{max} 最高，达 $13.497\ \mu mol \cdot m^{-2} \cdot s^{-1}$，其次为膝柄木、鹅掌柴，$P_{max}$ 最低的是珊瑚树；LSP 最高为红鳞蒲桃，其次为膝柄木、鹅掌柴，最低的是珊瑚树；LCP 从高到低依次为膝柄木＞鹅掌柴＞珊瑚树＞红鳞蒲桃；AQY 从高到低依次为珊瑚树＞鹅掌柴＞红鳞蒲桃＞膝柄木；R_d 从高到低依次为珊瑚树＞鹅掌柴＞膝柄木＞红鳞蒲桃。

表 41-3　膝柄木及其伴生树种光合生理生态参数

物种	AQY （mol·mol^{-1}）	LSP （μmol·m^{-2}·s^{-1}）	LCP （μmol·m^{-2}·s^{-1}）	P_{max} （μmol·m^{-2}·s^{-1}）	R_d （μmol·m^{-2}·s^{-1}）
膝柄木	0.0430	1145.744	4.465	11.623	0.1900
鹅掌柴	0.0975	837.425	3.794	6.559	0.3540
珊瑚树	0.2057	345.916	2.287	4.440	0.4340
红鳞蒲桃	0.0470	1209.325	1.117	13.497	0.0524

三、讨论

（一）4 种拟合模型的光响应曲线

目前，在国内外最常用的光响应曲线拟合模型有 4 种，分别是 RHM、NRHM、MRHM 和 EFM，但不同植物之间由于其生理特性或生存环境的不同其适用的光响应模型也不相同。MRHM 常用于黑葡萄（韩晓等，2017）、水稻（闫小红等，2013；方宝华等，2017）等作物的光合特性研究；研究海草、藻类或一些光合能力较弱的水生植物时 EFM 是较好的选择（王荣荣等，2013）。除了物种会影响到光响应曲线拟合模型的选择，环境也会影响到光响应曲线拟合模型的选择，在水分适宜的条件下，RHM 和 EFM 更适合用于其光合特性的研究，而在水分不足的情况下 MRHM 则是最好的选择（郎莹等，2011；王坤芳等，2016）。

本研究分析结果发现不同的拟合模型拟合结果之间的差异较大，RHM 拟合出的 P_{max} 偏大，与实际测量结果相差较大，NRHM 拟合出的 P_{max} 与实际测量结果相近，但其拟合的 LSP 与实际测量值相比偏低。EFM 拟合出的 LSP、LCP 及 R_d 与实际测量值也表现出较大的差异。MRHM 拟合的 AQY、P_{max}、LSP 及 R_d 与实际值较为接近，差距较小，且能拟合出植株在受到强光时发生光抑制的现象，整体效果上优于其他 3 种拟合模型。因此综合比较，MRHM 适用于拟合膝柄木及其伴生树种的光响应曲线。

（二）膝柄木及其伴生树种的光合特性

光作为植物生长过程中必不可缺的生态因子，植物的生长及在群落中的竞争能力很大程度上取决于对光能的吸收和利用（赵广琦等，2005）。许多外来植物就是通过对具有更强的光响应机制使其快速占领资源，完成入侵（王坤芳等，2016）。本研究结果表明，红鳞蒲桃的 P_{max} 最高，其次为膝柄木、鹅掌柴，P_{max} 最小的为珊瑚树。说明红鳞蒲桃的光合能力比膝柄木高。LSP、LCP、R_d 及 AQY 等参数是研究植物光合特性的重要参数。LSP 代表植物的耐强光能力，LSP 越大，植物对强光的适应能力越强。LCP 参数越小，说明植物越能适应弱光；R_d 越小，说明植物的耐阴性越强，在弱光环境中具有优势。而 AQY 能够表示出不同植物对弱光的利用效率，AQY 越大，植物的耐弱光能力越强。在本研究结果中发现膝柄木的 LSP 约为 $100\ \mu mol \cdot m^{-2} \cdot s^{-1}$，而红鳞蒲桃的 LSP 约为 $1400\ \mu mol \cdot m^{-2} \cdot s^{-1}$，与红鳞蒲桃相比，膝柄木对强光环境的适应性弱于红鳞蒲桃。红鳞蒲桃的 LCP、R_d 在 4 种植物中偏低，但 AQY 最高，说明红鳞蒲桃的耐弱光能力比膝柄木的要强。同时，红鳞蒲桃的 LSP 也是 4 种植物中最高的，说明红鳞蒲桃对强光的适应能力很强。而膝柄木虽然 LCP 偏低，但是 R_d 较高，AQY 是4种植物中最低的，与红鳞蒲桃相差较大。因此，膝柄木与红鳞蒲桃均处于弱光环境中时，红鳞蒲桃的 P_n 仍保持在较高的水平，生长发育速度比膝柄木更快。无论是在弱光环境中还是在强光环境中，红鳞蒲桃的光合能力均比膝柄木强，红鳞蒲桃在群落物种竞争中获得更大的资源优势，进而影响到膝柄木的生长发育。我们通过野外调查发现，在群落中，红鳞蒲桃比膝柄木生长高大，为群落的第一层优势树种，膝柄木位于群落第二层树种，生长于林下，很少能突破红鳞蒲桃的遮挡。红鳞蒲桃作为广西沿海地区的优势种和建群种，在争夺养分和光照资源上更占优势，对物质的积累能力明显高于膝柄木，生长速度较膝柄木快，当红鳞蒲桃高于膝柄木后膝柄木所获得的 PAR 将大幅减弱，生长速度减缓，不利于膝柄木种群的繁衍。

膝柄木虽然对光环境的适应能力较强，但是由于其伴生种红鳞蒲桃长得更高，且与其争夺光照使其不能得到充足的光照以维持生长繁衍，长时间位于弱光下可能会导致其死亡，这与同为濒危植物的银缕梅相似（朱汤军等，2008）。光照充足、环境开阔的生境更利于膝柄木的生长发育。膝柄木在群落中争夺养分和光照资源上处于劣势地位，这可能是膝柄木濒危的生理原因之一。为了更好地进行膝柄木就地保护，建议采用人为干预方式，对遮挡膝柄木光照的群落第一层乔木红鳞蒲桃进行适当修剪，保证膝柄木拥有足够的光照，以利于膝柄木幼苗和成年植株的生长。

四、结论

膝柄木是国家一级重点保护野生植物及极小种群野生植物。本研究对膝柄木及其伴生树种的光合特性进行比较研究，旨在了解膝柄木及其主要伴生树种的光合生理生态特性的差异，试图从光合生理生态特性方面找出膝柄木濒危的原因，为膝柄木的资源保护和引种栽培提供理论依据和参考。结果表明：（1）MRHM 是探究膝柄木及其伴生树种光响应曲线的最优模型。（2）膝柄木及其伴生树种的 *LSP* 从高到低依次为红鳞蒲桃＞膝柄木＞鹅掌柴＞珊瑚树；*LCP* 从高到低依次为膝柄木＞鹅掌柴＞珊瑚树＞红鳞蒲桃；R_d 最高为珊瑚树，最低为红鳞蒲桃；*AQY* 最高为珊瑚树，最低为膝柄木。（3）红鳞蒲桃作为膝柄木的主要伴生树种，因其 *LCP* 和 R_d 比膝柄木的低，*AQY* 比膝柄木的高，对光照具有更大的竞争优势。综上所述，红鳞蒲桃对光的竞争优势影响到了膝柄木生长。在保护膝柄木时需要采取人为干预的方式进行保护，对遮挡膝柄木光照的群落第一层乔木红鳞蒲桃进行适当修剪，增强膝柄木获得的 *PAR*，从而提高膝柄木种群的生存能力。

第四十二章　喙核桃光合生理生态特性研究

一、材料与方法

（一）试验材料

供试材料喙核桃植株（10年生）为引种自广西南丹县野生喙核桃种群的实生苗。种植于广西植物研究所濒危植物种质资源圃内。植株生长健康、无虫害。

（二）试验方法

本研究采用Li–6400便携式光合仪于2019年9月的晴朗天气中进行喙核桃叶片光响应曲线（P_n–PFD曲线）测定。测试植株为4株长势基本一致的喙核桃实生苗，每株选取1片向阳的叶片，先在1500 μmol·m^{-2}·s^{-1}的PAR下诱导30 min（LT_{air}为27℃，气流为0.5 L·min^{-1}，C_a为360 μmol·mol^{-1}）。PAR共设15个梯度：2000 μmol·m^{-2}·s^{-1}、1800 μmol·m^{-2}·s^{-1}、1500 μmol·m^{-2}·s^{-1}、1200 μmol·m^{-2}·s^{-1}、1000 μmol·m^{-2}·s^{-1}、800 μmol·m^{-2}·s^{-1}、600 μmol·m^{-2}·s^{-1}、400 μmol·m^{-2}·s^{-1}、200 μmol·m^{-2}·s^{-1}、150 μmol·m^{-2}·s^{-1}、100 μmol·m^{-2}·s^{-1}、50 μmol·m^{-2}·s^{-1}、20 μmol·m^{-2}·s^{-1}、10 μmol·m^{-2}·s^{-1}、0。P_n–PFD曲线拟合方程为$P_n=P_{max}(1-C_o e^{-\Phi PFD/P_{max}})$，其中$P_{max}$是最大净光合速率，$C_o$是度量弱光下$P_n$趋于0的指标，$\Phi$是弱光下的光化学量子效率。$LSP=P_{max}\ln(100C_o)/\Phi$，$LCP=P_{max}\ln(C_o)/\Phi$，$AQY$指的是0～200 μmol·m^{-2}·s^{-1}范围内P_n与PAR直线的斜率。

光合作用日变化测定时所选叶片与光响应曲线相同。测定时间为8∶30～18∶30，30 min测定1次，每片叶片连续测定5次，连续测定3 d，最后取平均值进行数据分析。测定的光合指标主要有P_n、G_s、C_i及T_r，环境指标主要有PAR、LT_{air}、RH、C_a、T_{air}等。WUE和羧化速率（G_x）则根据以上结果计算得出。

（三）数据处理

光响应曲线拟合和相关性分析分别采用 Sigma Plot 9.0 和 SPSS 13.0 软件进行。

二、结果与分析

（一）喙核桃 P_n 对 PAR 的响应

喙核桃 P_n 对 PAR 的响应如图 42-1 所示。在 0 ～ 1000 $\mu mol \cdot m^{-2} \cdot s^{-1}$ 范围内，其 P_n 随 PAR 增强而急剧上升，当 PAR 为 1000 $\mu mol \cdot m^{-2} \cdot s^{-1}$ 左右时，P_n 达最大值，随后再增强 PAR，P_n 基本保持不变。

基于线性方程和光合作用光响应曲线方程，喙核桃光响应曲线的 AQY 为 0.073 $\mu mol \cdot \mu mol^{-1}$，$LCP$ 为 44.14 $\mu mol \cdot m^{-2} \cdot s^{-1}$，$P_{max}$ 为 10.17 $\mu mol \cdot m^{-2} \cdot s^{-1}$，$R_d$ 为 0.85 $\mu mol \cdot m^{-2} \cdot s^{-1}$。

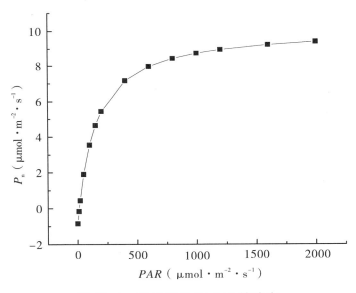

图 42-1　喙核桃 P_n 对 PAR 的响应

（二）喙核桃光合生理生态参数日变化

喙核桃光合生理生态参数日变化测定结果如图 42-2 所示。由图 42-2 可知，喙核桃 P_n 的第一个高峰出现在上午 9：00 左右，第二个高峰则出现在 13：00 左右，13：00 以后呈降低趋势（图 42-2A）；G_s 的日变化规律总体上是先升后降，最高峰出现在上午

11：00 左右（图 42-2B）；C_i 日变化大体可分为两个阶段，7：00 ～ 13：00 呈降低趋势，13：00 以后逐渐上升后趋于稳定（图 42-2C）；T_r 的日变化趋势是先升后降，最高峰出现在 13：00 左右（图 42-2D）；WUE 日变化呈现两个明显的高峰，第一个峰是在上午 9：00 左右，第二个峰则是在 13：00 左右，15：00 以后逐渐趋于稳定，变化规律与 P_n 的变化规律基本一致（图 42-2E）；G_x 的日变化呈先升后降趋势，峰值出现时间为 13：00 左右（图 42-2F）。

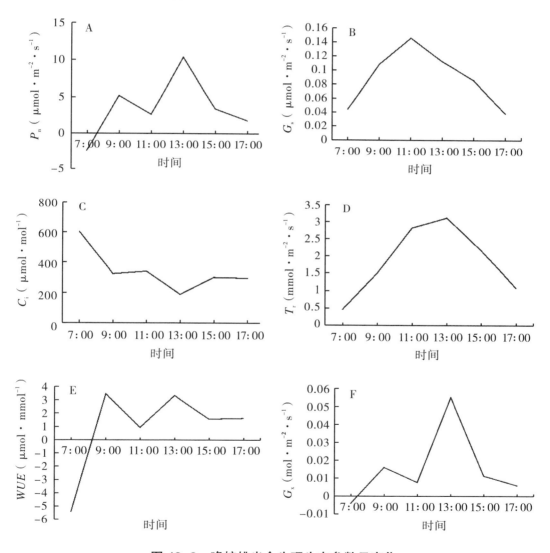

图 42-2　喙核桃光合生理生态参数日变化

（三）环境因子日变化

啄核桃光合测定时的环境因子日变化如图 42-3 所示。由该图可知，PAR 的日变化呈上升趋势，在 13：00 左右达到最大值，为 569.38 $\mu mol \cdot m^{-2} \cdot s^{-1}$（图 42-3A）；$T_{air}$ 逐渐上升并趋于稳定，13：00 后逐渐下降（图 42-3B）；RH（图 42-3C）和 C_a（图 42-3D）的变化规律均为逐渐下降；LT_{air} 的变化趋势基本与 T_{air} 的一致（图 42-3E）。

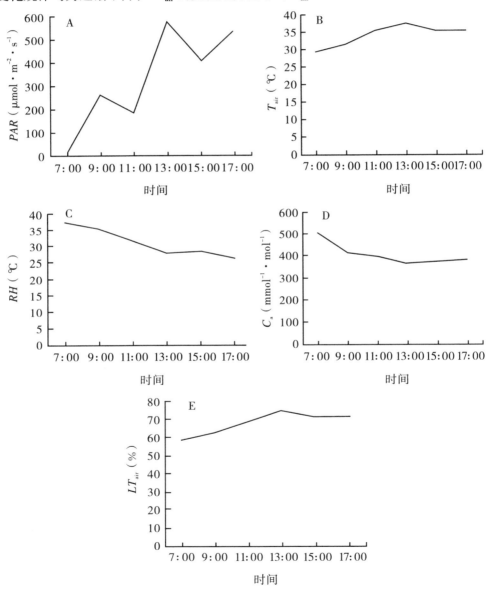

图 42-3　啄核桃环境因子日变化

（四）喙核桃 P_n 与环境因子的相关分析

喙核桃 P_n 与环境因子的相关性如表 42-1 所示。由表可知，P_n 与 PAR、T_{air}、LT_{air} 都呈正相关，与 C_a 和 RH 呈负相关。

表 42-1　喙核桃 P_n 与环境因子的相关性

因子	P_n	PAR	T_{air}	RH	C_a	LT_{air}
P_n	1.000	0.698	0.687	−0.482	−0.741	0.672
PAR		1.000	0.808	−0.905[*]	−0.846[*]	0.874[*]
T_{air}			1.000	−0.903[*]	−0.915[*]	0.990[**]
RH				1.000	0.853[*]	−0.950[**]
C_a					1.000	−0.922[**]
LT_{air}						1.000

注：* 表示在 0.05 水平上显著相关；** 表示在 0.01 水平上显著相关。

三、讨论

植物 P_{max}、LCP 等光合生理生态参数对作物的高产起着重要影响（周红英等，2008）。常见阳生植物的 P_{max}、LSP、LCP 一般为 6 ～ 20 $\mu mol \cdot m^{-2} \cdot s^{-1}$、600 ～ 1000 $\mu mol \cdot m^{-2} \cdot s^{-1}$、20 ～ 50 $\mu mol \cdot m^{-2} \cdot s^{-1}$，而阴生植物的 P_{max}、LSP、LCP 则一般为 2 ～ 4 $\mu mol \cdot m^{-2} \cdot s^{-1}$、200 ～ 500 $\mu mol \cdot m^{-2} \cdot s^{-1}$、10 ～ 15 $\mu mol \cdot m^{-2} \cdot s^{-1}$（Walter，1997），健壮植株的 AQY 多为 0.04 ～ 0.07 $\mu mol \cdot \mu mol^{-1}$（王满莲等，2012）。根据以上测定结果可判定，喙核桃的 P_{max} 和 LSP 较高，LCP 和 AQY 较低，对强光的利用能力较强，属阳生植物。

喙核桃 P_n 日变化出现双峰现象，具有明显的"光合午休"现象。进一步的相关分析结果表明，喙核桃 P_n 的变化受到多种内部因素和外界环境因素的影响，其 P_n 与 PAR、T_{air}、LT_{air} 都呈正相关，与 C_a 和 RH 呈负相关，增强 PAR 能促进喙核桃固定更多的有机物，促使苗木的不断生长，增加生物量积累。

四、结论

采用 Li-6400 便携式光合仪对喙核桃的光响应曲线和光合日变化特征进行测定，以期为喙核桃的人工种植提供科学依据。结果表明，0 ～ 1000 $\mu mol \cdot m^{-2} \cdot s^{-1}$ 范围内，P_n 随 PAR 的增强而快速上升。喙核桃的 P_{max} 为 10.17 μmol·m^{-2}·s^{-1}，R_d 为 0.85 μmol·m^{-2}·s^{-1}，AQY 为 0.073 μmol·μmol^{-1}，LCP 为 44.14 μmol·m^{-2}·s^{-1}。P_n 与 PAR、T_{air}、LT_{air} 呈正相关，与 C_a 和 RH 呈负相关，都未达显著水平（$P > 0.05$）。野生喙核桃虽都分布于阔叶林、河谷等阴生环境中，但具阳生植物的光合特性，可引种种植在阳光充足的环境中。

第四十三章　紫荆木不同生长阶段光合生理生态特性研究

一、材料与方法

（一）试验地概况

试验地位于广西壮族自治区防城港市东兴市江平镇巫头村，位于108°07′～108°13′E、21°32′～21°34′N，属亚热带季风气候区，年均温23.2℃，年均降水量2738 mm，年日照时数在1500 h以上。

（二）材料

试验于2023年9月进行，供试材料为紫荆木幼苗（2年生）、幼年植株（5年生）与成年植株（已开花结果）。选择长势较为一致的紫荆木健壮植株，每株选取健康、无病虫害的叶片3片，采用Li-6400XT便携式光合仪测定光合参数相关指标。其中采用紫荆木成年植株开展光合参数日变化测定。

（三）方法

1. 光合日变化的测定

从8:30～17:30，每隔1.5 h测定1次紫荆木成年植株的PAR、T_{air}、T_r、G_s、P_n等生理指标。

2. P_n–PAR光响应曲线的绘制

选择晴朗天气的上午10:00～12:00测定光响应曲线。测量前设置红蓝光源PAR为600 μmol·m^{-2}·s^{-1}，对叶片进行15 min的光诱导，直至叶片P_n稳定。在LT_{air}为28±1℃、C_a为400 μmol·mol^{-1}的条件下，分别设定PAR为1500 μmol·m^{-2}·s^{-1}、1200 μmol·m^{-2}·s^{-1}、1000 μmol·m^{-2}·s^{-1}、800 μmol·m^{-2}·s^{-1}、600 μmol·m^{-2}·s^{-1}、400 μmol·m^{-2}·s^{-1}、300 μmol·m^{-2}·s^{-1}、200 μmol·m^{-2}·s^{-1}、150 μmol·m^{-2}·s^{-1}、100 μmol·m^{-2}·s^{-1}、50 μmol·m^{-2}·s^{-1}、20 μmol·m^{-2}·s^{-1}、10 μmol·m^{-2}·s^{-1}、0，共14个梯度，通过人工调节PAR的变化，测定紫荆木叶片在不同PAR下的P_n。

根据 P_n–PAR 光响应曲线，在一定光照强度范围内求得一段光响应曲线的线性回归方程，以 PFD 为横轴、P_n 为纵轴绘制光响应曲线，直线与横坐标的交点为紫荆木的 LCP，本研究选用 RHM（阿地力·衣克木等，2022）、NRHM（王建波等，2022）、MRHM（叶子飘等，2010）与 EFM（李雪飞等，2022）来进行拟合，根据曲线的拟合方程求出 P_n 最高时的 LSP（表 43-1）。

表 43-1　光响应曲线拟合模型

模型	表达式
RHM	$$P_n(I) = \frac{\alpha I P_{max}}{\alpha I + P_{max}} - R_d$$
NRHM	$$P_n = \frac{\varphi I + P_{max} \sqrt{(\varphi I + P_{max})^2 - 4\varphi I k P_{max}}}{2k} - R_d$$
MRHM	$$P_n = (I - I_c)\alpha \frac{1 - \beta I}{1 + \gamma I}$$
EFM	$$P_n = \left(1 - e^{\varphi(I_c)}\right)P_{max}$$

（四）数据处理与分析

采用 Excel 2016 收集和整理日变化与光响应曲线的基础数据，采用叶子飘（叶子飘等，2016）光合计算软件 4.1.1 双曲线修正模型对光响应曲线进行拟合，并计算出 AQY、P_{max}、LSP、LCP 和 R_d 等参数。运用 SPSS 26.0 软件进行数据处理和分析，并运用单因素方差分析进行组间差异性分析。

二、结果与分析

（一）4 种光响应模型对光响应曲线的拟合效果

采用不同模型对紫荆木幼苗、幼年植株、成年植株的光响应曲线进行拟合（图 43-1）。结果表明，在不同 PAR 处理下，RHM、NRHM、MRHM 和 EFM 对不同时期紫荆木光响应曲线的拟合度均较好。由幼苗的光响应拟合曲线可以看见 MRHM 拟合值与幼苗的实测值相似度最高。当 PAR 为 0～200 μmol·m⁻²·s⁻¹ 时，P_n 快速上升；当 PAR 为 200～800 μmol·m⁻²·s⁻¹ 时，P_n 的增长速率放缓；当 PAR 大于

800 μmol·m^{-2}·s^{-1} 时，P_n 停止增长，并有缓慢下降的趋势。由幼年植株的光响应拟合曲线可以看见实测值与 RHM、NRHM、MRHM 和 EFM 的拟合值都较为接近，当 PAR 为 0～200 μmol·m^{-2}·s^{-1} 时，P_n 快速上升；当 PAR 为 200～800 μmol·m^{-2}·s^{-1} 时，P_n 的增长速率放缓；当 PAR 大于 800 μmol·m^{-2}·s^{-1} 时，P_n 停止增长，并有缓慢下降的趋势。由成年植株的光响应拟合曲线可以看出 MRH 拟合值与成年植株的实测值相似度最高。当 PAR 为 0～200 μmol·m^{-2}·s^{-1} 时，P_n 快速上升；当 PAR 为 400～600 μmol·m^{-2}·s^{-1} 时，P_n 的增长速率放缓；当 PAR 大于 600 μmol·m^{-2}·s^{-1} 时，P_n 停止增长，并有缓慢下降的趋势。

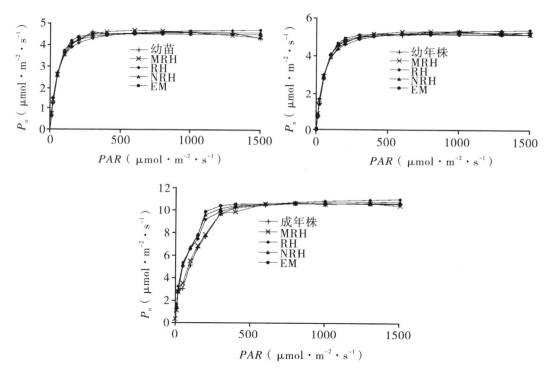

图 43-1　不同生长时期紫荆木叶片光响应曲线

根据表 43-2 所示，在幼苗的模型拟合中 4 种模型均有较高的 R^2，其中 MRHM 的 R^2 最高（0.99662），EFM 次之（0.99645），NRHM 排在第三（0.99539），RHM 最低（0.98549）。根据表 43-3 所示，在幼年植株的模型拟合中 4 种模型均有较高的 R^2，除 RHM 为 0.98868，其余 3 种模型的 R^2 均超过 0.99，其中 NRHM 的 R^2 最高（0.99920），EFM 次之（0.99774），MRHM 排在第三（0.99542）。根据表 43-4 所示，在成年植株的模型拟合中，除 RHM 的 R^2 较低（0.88632），其余 3 种模型中 R^2 均较

高，MRHM 最高（0.99271），EFM 次之（0.98686），NRHM 排在第三（0.98585）。

表 43-2　紫荆木幼苗叶片 P_n 实测值及各模型拟合值

PAR （μmol · m⁻² · s⁻¹）	P_n （μmol · m⁻² · s⁻¹）				
	实测值	MRHM	RHM	NRHM	EFM
1500	4.31602	4.35250	4.70780	4.58530	4.49860
1299	4.56976	4.45100	4.67970	4.57300	4.49860
1000	4.58623	4.57850	4.65210	4.56070	4.49860
800	4.57978	4.64080	4.61110	4.54180	4.49860
600	4.53999	4.66460	4.54410	4.50970	4.49850
400	4.49614	4.59860	4.41490	4.44280	4.49440
300	4.59791	4.48360	4.29190	4.37240	4.47420
200	4.20982	4.22600	4.06550	4.22330	4.35900
150	4.08093	3.97630	3.86810	4.06940	4.17350
100	3.59798	3.53770	3.50570	3.72210	3.70430
50	2.70374	2.62250	2.69460	2.68770	2.55130
20	1.26622	1.41110	1.53550	1.26060	1.24380
10	0.63868	0.72720	0.79770	0.60280	0.62950
0	−0.13678	−0.24070	−0.32260	−0.10570	−0.07710
R^2		0.99662	0.98549	0.99593	0.99645

表 43-3　紫荆木幼年植株叶片 P_n 实测值及各模型拟合值

PAR （μmol · m⁻² · s⁻¹）	P_n （μmol · m⁻² · s⁻¹）				
	实测值	MRHM	RHM	NRHM	EFM
1500	5.29831	5.16123	5.40280	5.27840	5.15853
1299	5.17235	5.22063	5.36721	5.26070	5.15853
1000	5.33170	5.28799	5.33184	5.24272	5.15853
800	5.18228	5.30749	5.27953	5.21540	5.15851
600	5.09839	5.28444	5.19432	5.16896	5.15807
400	5.07907	5.16207	5.03155	5.07308	5.14826
300	5.00823	5.01040	4.88039	4.97487	5.11070
200	4.84946	4.70174	4.60019	4.76672	4.93144
150	4.56391	4.41484	4.34504	4.54465	4.65877
100	4.04389	3.92146	3.91364	4.09553	4.07435
50	2.89668	2.91087	3.00036	2.93620	2.80476
20	1.44456	1.59304	1.68390	1.40401	1.38075
10	0.70808	0.85636	0.82588	0.67302	0.69655
0	−0.02310	−0.17872	−0.20283	0.01957	0.05607
R^2		0.99542	0.98868	0.99920	0.99774

表43-4　紫荆木成年植株叶片 P_n 实测值及其各模型拟合值

PAR（μmol·m⁻²·s⁻¹）	P_n（μmol·m⁻²·s⁻¹）				
	实测值	MRHM	RHM	NRHM	EFM
1500	10.81854	10.59766	11.06123	10.97878	10.62807
1299	10.64618	10.71120	10.99669	10.92576	10.62806
1000	10.64903	10.81837	10.85527	10.80834	10.62775
800	10.57067	10.81584	10.70561	10.68220	10.62553
600	10.61963	10.69217	10.46487	10.47528	10.60779
400	10.45152	10.29415	10.01350	10.07420	10.46618
300	10.18788	9.85490	9.59829	9.69053	10.17065
200	9.65403	9.02204	8.86021	8.97612	9.33569
150	7.66111	8.29362	8.22402	8.33093	8.45571
100	6.66164	7.11875	7.18316	7.23088	6.97657
50	5.11301	4.95935	5.17146	5.04501	4.49029
20	2.86951	2.54073	2.71382	2.51496	2.24631
10	1.27090	1.34791	1.40706	1.30793	1.32892
0	−0.27499	−0.16804	−0.35652	−0.14201	0.31113
R^2		0.99271	0.88632	0.98585	0.98686

（二）紫荆木幼苗、幼年植株与成年植株拟合模型参数比较

除了模拟结果的准确性，还需要通过模拟结果的对比（表43-5）来评价模拟结果。结果可知，紫荆木幼苗、幼年植株与成年植株的实测值的 AQY 均为0.02，P_{max} 分别为4.660 μmol·m⁻²·s⁻¹、5.297 μmol·m⁻²·s⁻¹ 与12.059 μmol·m⁻²·s⁻¹。LSP 分别为600 μmol·m⁻²·s⁻¹、813 μmol·m⁻²·s⁻¹ 与897 μmol·m⁻²·s⁻¹，LCP 分别为2.095 μmol·m⁻²·s⁻¹、1.301 μmol·m⁻²·s⁻¹ 与5.215 μmol·m⁻²·s⁻¹。从 P_{max}、AQY、LCP、LSP 这4个参数看，幼苗、幼年植株与成年植株的光响应曲线拟合效果最差的是 RHM，拟合效果较好的是 MRHM 和 EFM，其次是 NRHM。这4种曲线模型拟合出的 AQY 均不大于0.03。

表43-5　紫荆木不同时期光响应参数实测值与拟合值的比较

模型		AQY $(mol \cdot mol^{-1})$	LSP $(\mu mol \cdot m^{-2} \cdot s^{-1})$	LCP $(\mu mol \cdot m^{-2} \cdot s^{-1})$	P_{max} $(\mu mol \cdot m^{-2} \cdot s^{-1})$	R_d $(\mu mol \cdot m^{-2} \cdot s^{-1})$
紫荆木幼苗	实测值	0.02	600.000	2.095	4.660	0.237
	MRHM	0.02	618.585	2.152	4.664	0.241
	RHM	0.01	387.856	2.383	4.822	0.334
	NRHM	0.02	735.417	2.164	4.628	0.262
	EFM	0.02	618.071	1.974	4.652	0.224
紫荆木幼年植株	实测值	0.02	813.000	1.301	5.297	0.161
	MRHM	0.02	784.375	1.479	5.307	0.178
	RHM	0.02	468.765	1.745	5.467	0.244
	NRHM	0.02	802.391	1.363	5.302	0.166
	EFM	0.02	647.128	1.121	5.324	0.128
紫荆木成年植株	实测值	0.02	897.000	5.215	12.059	0.669
	MRHM	0.03	900.914	6.989	10.827	0.168
	RHM	0.02	386.765	6.218	12.428	0.68
	NRHM	0.02	585.475	3.891	11.378	0.259
	EFM	0.02	487.654	10.587	15.298	1.024

（三）紫荆木各参数日变化

1. 紫荆木 P_n 日变化

由图43-2可知，紫荆木的 P_n 日变化呈现不明显的双峰曲线，具有"光合午休"现象。第一个峰值的 P_n 大于第二个峰值。在10：00～11：30达到第一个峰值（最大峰值），为9.223 $\mu mol \cdot m^{-2} \cdot s^{-1}$，随后 P_n 下降。在14：30～16：00达到第二个峰值，为6.053 $\mu mol \cdot m^{-2} \cdot s^{-1}$，随后 P_n 下降。

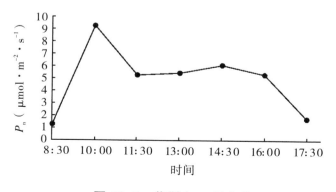

图43-2　紫荆木 P_n 日变化

2. 紫荆木 T_r 日变化

由图43-3可知，紫荆木的 T_r 日变化呈双峰型，且第一个峰值的 T_r 大于第二个峰值。在10：00～11：30达到第一个峰值（最大峰值），为1.979 mmol·m^{-2}·s^{-1}，随后 T_r 下降。在14：30～16：00达到第二个峰值，为1.811 mmol·m^{-2}·s^{-1}，随后 T_r 下降。在两峰之间的13：00～14：30达到一个谷值，为1.262 mmol·m^{-2}·s^{-1}。

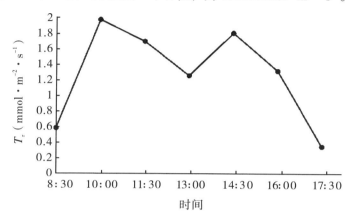

图43-3　紫荆木 T_r 日变化

3. 紫荆木 G_s 日变化

从图43-4中可以看出，G_s 于8：30～10：00呈现上升趋势，10：00～13：00一直处于下降趋势，13：00～14：30又开始上升，达到一天之内 G_s 的最大值，为0.285 mol·m^{-2}·s^{-1}，14：30～17：30逐渐下降。

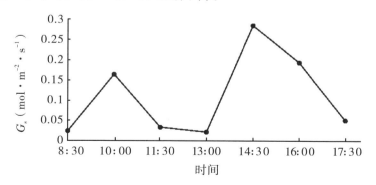

图43-4　紫荆木 G_s 日变化

4. 紫荆木 PAR 与 T_{air} 日变化

从图43-5可以看出，PAR 呈不规则的单峰曲线，从8：30开始不规则增长，直到14：30出现最大值，为1741.074 μmol·m^{-2}·s^{-1}，之后又开始不规则下降；气温的

日变化呈平缓的双峰曲线，8：30 ～ 11：30 有一个快速上升期，在 11：30 达到最高值
（ 39.7℃ ），之后开始缓慢下降，在 16：00 气温又开始缓慢上升至 36.6℃，之后又逐渐
降低。

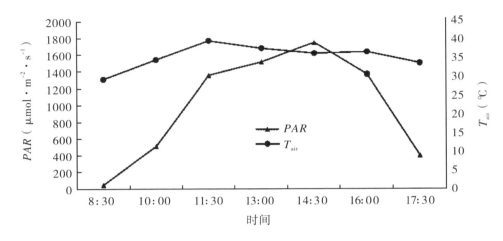

图 43-5　紫荆木 PAR 与 T_{air} 日变化

（四）紫荆木幼苗、幼年植株与成年植株的光响应曲线比较

从图 43-6 可以看出，紫荆木幼苗、幼年植株与成年植株的光响应曲线随 PFD 的
变化趋势基本一致，呈先快速上升后趋于平缓的趋势，但这 3 种类型的最大 P_n 存在明
显差异。当 PFD 为 0 ～ 200 $\mu mol \cdot m^{-2} \cdot s^{-1}$ 时，幼苗、幼年植株与成年植株的 P_n 均快
速上升。幼苗、幼年植株与成年植株的 P_n 在 PFD 为 400 ～ 1000 $\mu mol \cdot m^{-2} \cdot s^{-1}$ 范围
内时逐渐稳定。

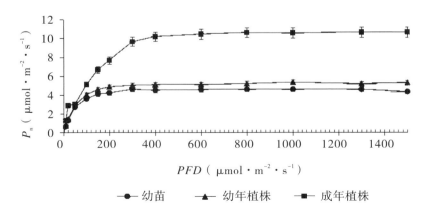

图 43-6　紫荆木幼苗、幼年植株与成年植株的光响应曲线

（五）紫荆木光响应参数的比较

将紫荆木幼苗、幼年植株与成年植株利用拟合方程计算出其 AQY、P_{max}、LSP、LCP 和 R_d。由表 43-6 可知，幼苗、幼年植株与成年植株的 LSP、LCP 与 P_{max} 均存在显著差异（$P < 0.05$），成年植株的 AQY、R_d 与幼苗、幼年植株的之间存在显著差异（$P < 0.05$），幼苗与幼年植株的 AQY、R_d 不存在显著差异（$P < 0.05$）。成年植株的 P_{max} 和 LSP 最高，其次为幼年植株的，幼苗的 P_{max} 和 LSP 最小。成年植株的 LCP 最高，其次为幼苗的，幼年植株的 LCP 最小。

表 43-6　紫荆木幼苗、幼年植株与成年植株光响应参数比较

类型	AQY （$mol \cdot mol^{-1}$）	LSP （$\mu mol \cdot m^{-2} \cdot s^{-1}$）	LCP （$\mu mol \cdot m^{-2} \cdot s^{-1}$）	P_{max} （$\mu mol \cdot m^{-2} \cdot s^{-1}$）	R_d （$\mu mol \cdot m^{-2} \cdot s^{-1}$）
幼苗	0.023b	600c	2.095b	4.660c	0.237b
幼年植株	0.026b	813b	1.301c	5.297b	0.161b
成年植株	0.042a	897a	5.215a	12.059a	0.669a

注：同列不同小写字母表示差异显著，$P < 0.05$。

三、讨论

（一）4 种模型光响应曲线拟合

本研究采用 RHM、NRHM、MRHM、EFM 对不同生长时期紫荆木的光响应曲线进行模拟，模拟的 R^2 均较高（$R^2 \geqslant 0.88$），表明 4 种光合模型具有一定的合理性，但 R^2 只体现实测值与拟合值之间的相关性程度，可能会存在拟合值与实测值有偏差的情况（丁林凯等，2019）。这 4 种模型适用于不同的植物，其中大部分植物适用于 MRHM 和 EFM（钱一凡等，2014）。吴芹等（2013）研究表明 MRHM 更适用于山杏（*Prunus sibirica*）。李红生等（2009）研究表明，NRHM 更适用于黄土丘陵沟壑区沙棘（*Hippophae rhamnoides*）。在 4 种模型中，MRHM 可以准确计算出 LCP，并且可以拟合出光抑制后的曲线。在幼年植株紫荆木中 EFM 的决定系数 R^2 高于 MRHM，但 EFM 拟合的 LSP 要远小于实测值。在金建新等（2022）的研究中也表明春小麦在充分灌溉条件下，EFM 模拟结果较实测值偏大，NRHM 较模拟值偏小。因此，MRHM 为紫荆木叶片光响应拟合的最佳模型。随着 PAR 的增强，紫荆木幼苗、幼年植株、成年植株的 P_n 均呈现先上升后平缓或下降的趋势，该变化阈值为 $600 \sim 800\ \mu mol \cdot m^{-2} \cdot s^{-1}$。

（二）紫荆木的光合日变化

光合作用是植物维持自身正常的生理代谢活动的重要生理过程。P_n 的高低在一定程度上能够反映植物对于外界环境的适应能力。紫荆木成年植株叶片 P_n 的日变化趋势呈现不明显的双峰曲线，具有"光合午休"现象。这与杨玉珍等（2016）对北美冬青（*Ilex verticillata*）的光合作用日变化特征研究结果相一致。这种情况一般是由于外部逆境的影响而造成的，也是植物自身的一种保护机制，用"午休"来调节气孔的开度，降低光合速度，这样就能避免叶片水分流失，同时也能保护叶肉细胞，缓解光损伤，从而使其在逆境中生存（何昕孺等，2022）。10：00 P_n 出现第一个高峰，为 9.223 $\mu mol \cdot m^{-2} \cdot s^{-1}$；14：30 出现第二个小高峰，为 6.053 $\mu mol \cdot m^{-2} \cdot s^{-1}$。紫荆木叶片的 T_r 与 G_s 的日变化规律与 P_n 呈现一定的相似性，且最高峰峰值出现时间相同。这一结果表明，紫荆木"光合午休"可能是非气孔因素所致，但造成这种现象的确切原因尚不清楚，有待于深入研究。

蒸腾作用是陆地植物对外界环境的一种适应性反应，它反映了植物对水分和矿物元素的吸收和转运能力（陈云等，2020）。在 10：00 T_r 达到最大值，可能是因为此时试验地 9 月初的温度、水分等环境因素使其 T_r 最大。

（三）光合特性

植物 P_{max}、LCP 等光合生理生态参数对作物的高产起着重要影响（周红英等，2008）。常见阳生植物的 P_{max}、LSP、LCP 一般为 6 ～ 20 $\mu mol \cdot m^{-2} \cdot s^{-1}$、600 ～ 1000 $\mu mol \cdot m^{-2} \cdot s^{-1}$、20 ～ 50 $\mu mol \cdot m^{-2} \cdot s^{-1}$，而阴生植物的 P_{max}、LSP、LCP 则一般为 2 ～ 4 $\mu mol \cdot m^{-2} \cdot s^{-1}$、200 ～ 500 $\mu mol \cdot m^{-2} \cdot s^{-1}$、10 ～ 15 $\mu mol \cdot m^{-2} \cdot s^{-1}$（Walter，1997），健壮植株的 AQY 多为 0.04 ～ 0.07 $\mu mol \cdot \mu mol^{-1}$（王满莲等，2012）。根据以上测定结果，紫荆木 P_{max} 和 LSP 较高（分别为 12.059 $\mu mol \cdot m^{-2} \cdot s^{-1}$ 和 897 $\mu mol \cdot m^{-2} \cdot s^{-1}$），但其 LCP 则较低（5.215 $\mu mol \cdot m^{-2} \cdot s^{-1}$），说明紫荆木有喜阳耐阴的光合生理生态特性。

P_{max} 是一种能够反映外界光照强度改变的光合性能的一个重要指标。本研究结果表明，紫荆木成年植株的 P_{max} 最高，其次为幼年植株，最低为幼苗。说明紫荆木成年植株与幼年植株和幼苗相比具有相对较强的光合能力；幼年植株比幼苗具有相对较强的光合能力。成年植株的 P_{max} 和 LSP 最高，其次为幼年植株，幼苗的 P_{max} 和 LSP 最小。这与前人对于泽泻蕨叶片在营养生长期的 LSP 和 P_{max} 小于生殖生长期（范海翔等，2015）的结论相一致。

LCP 和 LSP 体现植物对光环境的要求，是植物生长所需光的基本特征，LSP 与 LCP 之差越大，其对光环境的适应性也就越强，表现出更高的光合效率（黎明等，2004）。当植物的 LCP 较低时，其正常生长需要的光照强度较低，且其耐阴能力较强，能较好地适应荫蔽条件。幼苗、幼年植株与成年植株紫荆叶片的 LCP 为 $2.095 \sim 5.215 \ \mu mol \cdot m^{-2} \cdot s^{-1}$，$LSP$ 为 $600.00 \sim 897.00 \ \mu mol \cdot m^{-2} \cdot s^{-1}$。两者之差均较大，表明紫荆木幼苗、幼年植株与成年植株对光环境的适应性都较强。据野生调查可知，紫荆木分布区域较广。在广西梧州市、钦州市、防城港市、南宁市、玉林市和崇左市等都有分布，这样的分布范围在极小种群野生植物种类中比较少见。紫荆木既能生长在干旱瘠薄、光照充足的山坡上，也能生长在较为荫凉的河谷沟中。其对光环境的适应性较强是其分布范围较广的原因之一。

四、结论

紫荆木为国家二级重点保护野生植物和极小种群野生植物。通过研究紫荆木成年植株叶片 P_n 的日变化规律及分析紫荆木幼苗、幼年植株与成年植株光响应特征，探究不同生长发育时期紫荆木差异性。结果表明：（1）紫荆木成年植株叶片 P_n 日变化有明显的"光合午休"现象，叶片 T_r、G_s 和 T_{air} 的日变化曲线规律相似，均呈双峰曲线。其中 P_n、T_r 的峰值出现在 10：00 $\sim$ 11：30，分别为 $9.223 \ \mu mol \cdot m^{-2} \cdot s^{-1}$ 和 $1.979 \ mmol \cdot m^{-2} \cdot s^{-1}$；$G_s$ 的最大峰值出现在 14：30 $\sim$ 16：00（$0.285 \ mol \cdot m^{-2} \cdot s^{-1}$）。（2）MRHM 是紫荆木幼苗、幼年植株与成年植株的光响应拟合的最佳模型。（3）幼苗、幼年植株与成年植株叶片的 P_{max}、LSP 和 LCP 均有显著差异（$P < 0.05$）。在一定范围内，紫荆木的 P_n、G_s、T_r 随着 PFD 的增大而升高，但在强光照下又表现出光抑制现象。研究结果为进一步开展紫荆木引种栽培和迁地保护提供一定的科学理论依据。

第四十四章　瑶山苣苔、弥勒苣苔和牛耳朵光合生理生态特性及叶片显微结构比较研究

一、材料与方法

（一）试验地概况及材料

试验地点位于广西桂林市广西植物研究所内（110°17′E、25°01′N），海拔约180 m，地势平坦。该区域属于中亚热带季风气候区，年均温为19.12℃，最冷月（1月）均温为8.1℃，最热月（7月）均温为28.2℃，年均降水量为1890 mm，年均日照时数为1487 h。弥勒苣苔、瑶山苣苔和牛耳朵的试验苗于2022年8月引种到广西植物研究所濒危植物种质资源圃栽培。选取长势良好的植株栽植于内径21 cm、深18 cm的塑料花盆中，每盆栽植1株，栽培基质为泥炭土、腐殖土和细沙的混合物（体积比为1∶1∶1）。

（二）研究方法

2023年8月，从试验苗中每个物种选取3～5株大小相似、长势良好的植株，选取健康成熟且生长一致的外围叶片用于叶片表皮结构、叶片解剖结构、光合参数和光合色素含量的测定。

1. 叶片表皮特征

选取光合测定试验苗同一方位生长良好的成熟叶片，剪取叶片叶缘至主脉的中央部分，面积约为10 mm×10 mm，每个物种3个生物学重复实验。取样后立即投入2.5%的戊二醛固定液中固定，带回实验室进行乙醇逐级脱水（脱水梯度为30%、50%、70%、90%、100%），每级脱水20 min，临界点干燥以及镀金。于真空电子扫描电镜（ZEISS EVO18）下观察叶片上表皮、下表皮及气孔器并拍照记录，每份样本随机观察10个视野。使用Axio Vision SE64Rel.4.9.1扫描电镜配套软件观测，观测指标为气孔器纵轴和横轴、气孔器面积和气孔器密度等。气孔器密度（个/mm²）=视野气孔器个数/视野面积。气孔器面积（μm²）：$S=a×b×π×1/4$（a为气孔器纵轴，b为气孔器横轴）。

2. 叶片解剖结构

叶片解剖实验参照李正理（1987）的方法制作石蜡切片，并适当进行优化。摘取3 种苦苣苔科植物的叶片后沿中脉横切，切块为 10 mm × 10 mm，用 FAA 固定液（体积比为 70% 乙醇：福尔马林：冰醋酸 =90 ： 5 ： 5）固定，乙醇和二甲苯系列脱水，石蜡包埋，切片用甲苯胺蓝染色，中性树胶封片。采用数字切片扫描仪全景扫描，借助图形分析软件 CaseViewer 测量各微观参数。测定指标有 LT、UET、LET、PPT、SPT、VD，并计算 PPT/SPT。每份样本随机观察 10 个视野，测定统计各指标参数。

3. 光响应曲线的测定

选择天气晴朗的上午 8：00 ～ 12：00，采用 Li–6400XT 测定叶片光响应曲线，测定时选取预先标记的叶片，先在 400 $\mu mol \cdot m^{-2} \cdot s^{-1}$ 的 PFD 下诱导 30 min（仪器自带的红蓝光源）以充分活化光合系统。使用开放气路，设空气流速为 0.5 $L \cdot min^{-1}$，叶室温度设为 28 ℃，CO_2 浓度设为 400 $\mu mol \cdot mol^{-1}$。通过 LED 红蓝光源设置 12 个 PFD 梯度，分别为 1500 $\mu mol \cdot m^{-2} \cdot s^{-1}$、1200 $\mu mol \cdot m^{-2} \cdot s^{-1}$、1000 $\mu mol \cdot m^{-2} \cdot s^{-1}$、800 $\mu mol \cdot m^{-2} \cdot s^{-1}$、600 $\mu mol \cdot m^{-2} \cdot s^{-1}$、400 $\mu mol \cdot m^{-2} \cdot s^{-1}$、200 $\mu mol \cdot m^{-2} \cdot s^{-1}$、150 $\mu mol \cdot m^{-2} \cdot s^{-1}$、100 $\mu mol \cdot m^{-2} \cdot s^{-1}$、50 $\mu mol \cdot m^{-2} \cdot s^{-1}$、20 $\mu mol \cdot m^{-2} \cdot s^{-1}$、0。每个物种测 3 株。以 PFD 为横轴、$P_n$ 为纵轴绘制光响应曲线，光合参数依据以下方程拟合 P_n–PFD 曲线（Ye，2007）得到。

$$P_n = AQY \frac{1 - \beta PFD}{1 + \gamma PFD} PFD - R_d \tag{1}$$

式中，P_n 为净光合速率，AQY 为表观量子效率，β 和 γ 为系数，PFD 为光量子通量密度，R_d 为暗呼吸速率。通过适合性检验，拟合效果良好，然后用下列公式计算 LSP、P_{max} 和 LCP：

$$LSP = \frac{\sqrt{(\beta + \gamma)/\beta} - 1}{\gamma} \tag{2}$$

$$P_{max} = AQY \left(\frac{\sqrt{\beta + \gamma} - \sqrt{\beta}}{\gamma} \right)^2 - R_d \tag{3}$$

$$LCP = \frac{AQY - \gamma R_d - \sqrt{(\gamma R_d - AQY)^2 - 4\beta \times AQY \times R_d}}{2\alpha\beta} \tag{4}$$

4. CO₂ 响应曲线的测定

于上午 8：00 ～ 12：00 采用 Li-6400XT 测定叶片 CO₂ 响应曲线，测量前对待测叶片进行诱导。设空气流速为 0.5 L·min⁻¹，叶室温度设为 28℃。根据光响应曲线测定的 *LSP* 附近光照强度，弥勒苣苔和瑶山苣苔固定 *PFD* 设为 400 μmol·m⁻²·s⁻¹，牛耳朵固定 *PFD* 设为 600 μmol·m⁻²·s⁻¹，CO₂ 浓度梯度设为 400 μmol·mol⁻¹、300 μmol·mol⁻¹、200 μmol·mol⁻¹、150 μmol·mol⁻¹、100 μmol·mol⁻¹、50 μmol·mol⁻¹、400 μmol·mol⁻¹、400 μmol·mol⁻¹、600 μmol·mol⁻¹、800 μmol·mol⁻¹、1000 μmol·mol⁻¹、1200 μmol·mol⁻¹、1500 μmol·mol⁻¹、2000 μmol·mol⁻¹（用 CO₂ 钢瓶控制浓度）。测定时在每个 CO₂ 浓度下平衡 150 ～ 180 s，系统自动记录不同 CO₂ 浓度下的 P_n。每个物种 3 个生物学重复。参考叶子飘和于强（2009）的计算方法，采用直角双曲线修正模型拟合并做出 P_n–C_i 曲线图，并按式（5）进行计算：

$$P_n = \alpha \frac{1 - \beta C_i}{1 + \gamma C_i} C_i - R_p \tag{5}$$

式中，P_n 为净光合速率，C_i 为胞间 CO₂ 浓度，α 为 CO₂ 响应曲线的初始羧化效率，β 和 γ 为系数，R_p 为光呼吸速率。当 P_n 为 0 时，可以得到 CCP：

$$CCP = \frac{\alpha - \gamma R_p - \sqrt{\left(\alpha - \gamma R_p\right)^2 - 4\alpha\beta R_p}}{2\alpha\beta} C_i - R_p \tag{6}$$

植物的 CO₂ 饱和点（CSP）可由下式得出：

$$CSP = \frac{\sqrt{(\beta + \gamma)/\beta} - 1}{\gamma} \tag{7}$$

植物的潜在最大净光合速率（A_{max}）为：

$$A_{max} = \alpha \left(\frac{\sqrt{\beta + \gamma} - \sqrt{\beta}}{\gamma} \right)^2 - R_p \tag{8}$$

5. 叶片光合色素含量测定

将以上进行光合测定的叶片用打孔器取 8 片 1 cm² 的小圆片，剪碎装入 25 mL 棕色容量瓶中，每个物种 3 个生物学重复。用 95% 乙醇定容，黑暗条件放置 24 h 直至叶片绿色褪去，分别在吸光度 665 nm、649 nm 和 470 nm 下测定提取液的吸光值，再根据公式（李合生，2000）计算出 Chl a、Chl b、Chl（a+b）和 Car 的含量及 Chl a/Chl b、Car/Chl（a+b）。

（三）数据分析

利用 Microsoft Excel 2010 对上述试验结果进行数据处理及 Origin 2015 软件绘图，采用 SPSS 25.0 进行单因素方差分析，用 Duncan 法进行多重比较，利用光合计算 4.1.1 软件的直角双曲线修正模型（叶子飘，2010）拟合并计算光响应曲线和 CO_2 响应曲线的光合参数。

二、结果与分析

（一）3 种苦苣苔科植物叶片表皮结构

在电镜观察下，发现 3 种苦苣苔科植物叶片上下表皮均有表皮毛分布，气孔器仅分布于叶片下表皮（图 44-1）。3 种苦苣苔科植物叶片气孔器纵轴、横轴、单个气孔器面积具有显著差异（$P < 0.05$），表现为弥勒苣苔＞牛耳朵＞瑶山苣苔；弥勒苣苔和瑶山苣苔气孔器密度显著（$P < 0.05$）低于牛耳朵的（表 44-1）。

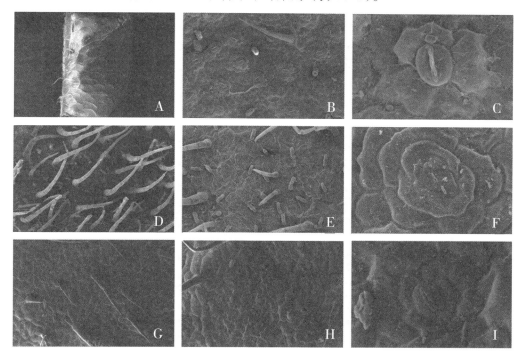

A～C. 弥勒苣苔叶片上表皮、下表皮及气孔；D～F. 瑶山苣苔叶片上表皮、下表皮及气孔；
G～I. 牛耳朵叶片上表皮、下表皮及气孔

图 44-1　3 种苦苣苔科植物叶片的表皮结构特征

表44-1　3种苦苣苔科植物的叶片气孔器指标

物种	气孔器纵轴（μm）	气孔器横轴（μm）	单个气孔器面积（μm²）	气孔器密度（个/mm²）
弥勒苣苔	26.45±0.46a	30.97±0.49a	643.06±17.83a	41.72±3.35b
瑶山苣苔	15.43±0.27c	21.25±0.71c	257.61±12.76c	48.79±1.83b
牛耳朵	20.85±0.25b	27.32±0.39b	477.30±11.76b	85.33±4.99a

注：同列不同小写字母表示各参数间差异显著，$P < 0.05$，下同。

（二）3种苦苣苔科植物叶片解剖结构

经光学显微镜观察（图44-2），3种苦苣苔科植物叶片解剖结构由表皮、叶肉细胞和叶脉三部分组成，叶肉组织发达，由栅栏组织和海绵组织构成。弥勒苣苔、瑶山苣苔与牛耳朵的叶片上表皮存在较大差异，牛耳朵叶片上表皮具有较厚的角质层、组织结构紧密，而弥勒苣苔叶片和瑶山苣苔叶片没有观察到角质层，组织结构较疏松。弥勒苣苔叶片和瑶山苣苔叶片的LT、UET、PPT、SPT、VD显著（$P < 0.05$）低于牛耳朵叶片的；瑶山苣苔叶片的PPT/SPT、LET显著（$P < 0.05$）低于弥勒苣苔叶片的和牛耳朵叶片的（表44-2）。

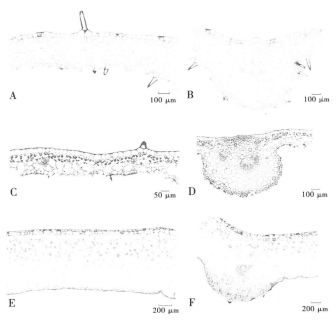

A～B.弥勒苣苔叶片横切面和主脉横切面；C～D.瑶山苣苔叶片横切面和主脉横切面；
E～F.牛耳朵叶片横切面和主脉横切面

图44-2　3种苦苣苔科植物叶片解剖结构图

表 44-2　3 种苦苣苔科植物叶片解剖结构参数

物种	LT（μm）	UET（μm）	PPT(μm）	SPT(μm）	PPT/SPT	LET（μm）	VD（μm）
弥勒苣苔	339.91± 18.97b	41.38± 5.13b	108.06± 15.52b	162.31± 18.78b	0.678± 0.141a	33.86± 7.94a	10.46± 2.00b
瑶山苣苔	210.83± 27.05c	36.07± 4.67b	46.31± 6.12c	100.24± 13.27c	0.484± 0.113b	23.16± 4.89b	10.78± 1.88b
牛耳朵	914.01± 63.89a	50.91± 7.46a	305.21± 40.66a	505.39± 41.65a	0.606± 0.079a	28.24± 3.11ab	14.99± 2.32a

（三）3 种苦苣苔科植物光响应参数

3 种苦苣苔科植物光响应曲线的变化趋势基本一致。随着 PFD 的增大，P_n 先迅速升高，达到最大值后稍有下降并基本保持稳定。弥勒苣苔和瑶山苣苔 P_n 均低于牛耳朵的（图 44-3）。3 种苦苣苔科植物叶片的光响应参数见表 44-3。由表 44-3 可知，弥勒苣苔和瑶山苣苔的 P_{max} 分别为 1.59 μmol·m^{-2}·s^{-1}、1.73 μmol·m^{-2}·s^{-1}，均显著（$P < 0.05$）低于牛耳朵的（4.69 μmol·m^{-2}·s^{-1}）；LSP、LCP、AQY 和 R_d 也均显著（$P < 0.05$）低于牛耳朵的。弥勒苣苔和瑶山苣苔的 P_{max} 没有显著差异，LSP、LCP 和 AQY 有显著差异（$P < 0.05$）。

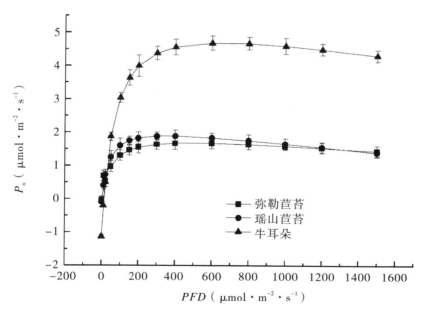

图 44-3　3 种苦苣苔科植物的光响应曲线

表 44-3　3 种苦苣苔科植物叶片的光响应参数

物种	P_{max} ($\mu mol \cdot m^{-2} \cdot s^{-1}$)	LSP ($\mu mol \cdot m^{-2} \cdot s^{-1}$)	LCP ($\mu mol \cdot m^{-2} \cdot s^{-1}$)	AQY ($\mu mol \cdot \mu mol^{-1}$)	R_d ($\mu mol \cdot m^{-2} \cdot s^{-1}$)
弥勒苣苔	$1.59 \pm 0.21b$	$411.05 \pm 60.21b$	$2.41 \pm 0.12b$	$0.039 \pm 0.01c$	$0.097 \pm 0.02b$
瑶山苣苔	$1.73 \pm 0.19b$	$361.67 \pm 30.25c$	$1.55 \pm 0.10c$	$0.062 \pm 0.02b$	$0.093 \pm 0.02b$
牛耳朵	$4.69 \pm 0.51a$	$666.87 \pm 50.26a$	$12.67 \pm 1.52a$	$0.107 \pm 0.05a$	$1.135 \pm 0.08a$

（四）3 种苦苣苔科植物 CO_2 响应参数

3 种苦苣苔科植物 CO_2 响应曲线的变化趋势基本一致。随着 CO_2 浓度的增加，叶片 P_n 不断升高，随后增长缓慢，弥勒苣苔和瑶山苣苔的 P_n 低于牛耳朵的（图 44-4）。弥勒苣苔和瑶山苣苔的 A_{max} 分别为 3.896 $\mu mol \cdot m^{-2} \cdot s^{-1}$ 和 5.158 $\mu mol \cdot m^{-2} \cdot s^{-1}$，显著（$P < 0.05$）低于牛耳朵的（10.724 $\mu mol \cdot m^{-2} \cdot s^{-1}$），而 CSP 则呈相反趋势，显著（$P < 0.05$）高于牛耳朵的。弥勒苣苔和瑶山苣苔的 CCP 显著（$P < 0.05$）高于牛耳朵的，而 α、R_p 显著（$P < 0.05$）低于牛耳朵的。弥勒苣苔和瑶山苣苔的 A_{max} 和 CSP 有显著差异（$P < 0.05$），CCP、α、R_p 没有显著差异（$P > 0.05$）（表 44-4）。

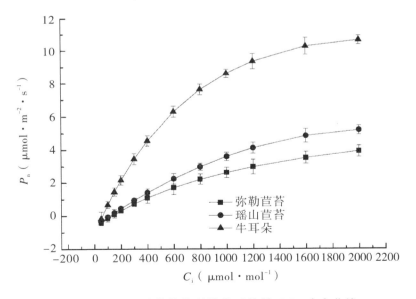

图 44-4　3 种苦苣苔科植物叶片的 CO_2 响应曲线

表44-4 3种苦苣苔科植物叶片的CO$_2$响应参数

物种	A_{max} （μmol·m^{-2}·s^{-1}）	CSP （μmol·mol^{-1}）	CCP （μmol·mol^{-1}）	α （μmol·m^{-2}·s^{-1}）	R_p （μmol·m^{-2}·s^{-1}）
弥勒苣苔	3.896±0.337c	2684.510±107.683a	136.076±24.481a	0.0065±0.0012b	0.743±0.130b
瑶山苣苔	5.158±0.412b	2154.690±148.763b	112.542±30.375a	0.0058±0.0023b	0.597±0.117b
牛耳朵	10.724±0.463a	1905.520±60.825c	60.936±5.570b	0.0196±0.0026a	1.121±0.071a

（五）3种苦苣苔科植物光合色素含量

3种苦苣苔科植物叶片光合色素含量如表44-5所示，弥勒苣苔、瑶山苣苔的Chl a、Chl b和Chl（a+b）含量显著（$P<0.05$）低于牛耳朵的；瑶山苣苔的Chl a/Chl b、Car显著（$P<0.05$）高于弥勒苣苔的和牛耳朵的。

表44-5 3种苦苣苔植物叶片的光合色素含量

物种	Chl a（mg/dm^2）	Chl b（mg/dm^2）	Chl（a+b）（mg/dm^2）	Chl a/Chl b	Car（mg/dm^2）
弥勒苣苔	0.755±0.011b	0.648±0.015b	1.322±0.139b	1.412±0.362ab	0.121±0.019b
瑶山苣苔	0.725±0.089b	0.369±0.031c	1.094±0.119b	1.958±0.103a	0.214±0.011a
牛耳朵	0.910±0.064a	0.875±0.071a	1.785±0.074a	1.050±0.138b	0.107±0.011b

三、讨论

（一）叶片表皮特征和叶片解剖结构

植物叶片的结构一方面是受制于其自身遗传因素，另一方面也会因其生长环境的改变而做出适应性的变化（赵重阳等，2020）。研究表明，植物的气孔多分布于叶片的下表面，这样既能保证植物与外界环境进行气体交换，又能适当抑制蒸腾作用，从而提高 WUE（Sam，2002）。本研究中，3种苦苣苔科植物上下表皮细胞均有表皮毛，气孔器仅分布于叶下表皮，这有利于提高 WUE；叶片解剖结构均由表皮、叶肉细胞和叶脉三部分组成，叶肉组织由栅栏组织和海绵组织组成，这一研究结果与王玉兵等

（2014）对瑶山苣苔、叶晓霞等（2015）对牛耳朵、药用报春苣苔（*Primulina medica*）的研究结果一致。相关研究表明植物的 SD 越大，LT、PPT 较厚，其植物的抗旱能力越强（陆嘉惠等，2005），亦能够适应较强的光照环境（孙胜国等，2015）。本研究中，弥勒苣苔和瑶山苣苔气孔器密度、LT、PPT 均小于牛耳朵的，说明其抗旱能力和光照适应能力均较弱。角质层是植物抵御外界胁迫的第一道防线，具有抗旱保水、抗紫外线辐射和抗病虫害功能（刘亚欣等，2023）。牛耳朵上表皮具有较厚的角质层，而弥勒苣苔和瑶山苣苔上表皮没有观察到角质层，说明弥勒苣苔和瑶山苣苔抗逆性较弱。PPT/SPT 是植物栅栏组织薄壁组织发育程度的衡量参数，能够反映植物适应干旱环境的能力，若比值较大，则说明植物抗寒、抗旱能力较强（赵重阳等，2020）。该研究中，瑶山苣苔 PPT/SPT 最小，说明瑶山苣苔抗寒和抗旱能力较弱。

（二）光合特性

开展狭域分布濒危种与广布种的光合生理生态特性差异的研究，有助于阐明其狭域濒危种濒危的内在机制及其原因。在植物光响应曲线中 P_{max} 是衡量叶片光合能力的重要指标（欧明烛等，2023），可以反映植物 P_n 随外部光照强度变化而变化的规律。AQY 是光合作用中光能转化指标之一，其值越高，则植物在弱光下转换利用光能的效率也越高（许大全，2002；李芸瑛等，2008）。LCP 和 LSP 反映了植物叶片对光照条件的需求，代表了植物的需光特性和需光量（张旺锋等，2005），LCP 和 LSP 的差值越大，其适应光照幅度就越大，光合能力也就越强（高建国等，2011）。研究表明，3 种苦苣苔科植物均具有较低的 LCP（$1.55 \sim 12.67\ \mu mol \cdot m^{-2} \cdot s^{-1}$）和 LSP（$361.67 \sim 666.87\ \mu mol \cdot m^{-2} \cdot s^{-1}$），说明它们是耐阴植物，其生境需要较低的光照强度。弥勒苣苔和瑶山苣苔的 P_{max} 和 AQY 均显著（$P < 0.05$）低于牛耳朵的，说明其光合能力和利用弱光的能力均弱于牛耳朵；2 种濒危苦苣苔科植物的 LCP 和 LSP 均显著（$P < 0.05$）低于牛耳朵的，说明其光照强度适应范围更狭窄，这可能与这 2 个物种的濒危有关。弥勒苣苔的 LCP 和 LSP 高于瑶山苣苔的，表明弥勒苣苔对光照强度适应范围更大。R_d 是植物的暗呼吸速率，反映植物消耗有机物能力的大小，牛耳朵进行暗呼吸作用消耗有机物的能力强于弥勒苣苔、瑶山苣苔，说明牛耳朵消耗有机物能力较强。

光和 CO_2 是植物光合作用必不可少的原料，决定着植物的生长发育，是极其重要的生态因子。植物 CO_2 响应曲线显示了在环境光照强度恒定的情况下，P_n 随 CO_2 浓度的变化而改变的特性（陈珠庆等，2019）。P_n-C_i 响应曲线拟合结果显示，3 种

苦苣苔科植物在 C_i 超过 $800\ \mu mol \cdot mol^{-1}$ 之后增加缓慢，这可能是由于 CO_2 浓度过高引起细胞中 pH 值的改变，导致叶片保卫细胞膨压下降，气孔开度受到影响，进而抑制叶片 P_n 的增长（赵勋，2011），这一研究结果与李莹等（2015）对 5 种半蒴苣苔的研究结果一致。弥勒苣苔和瑶山苣苔的 A_{max} 显著（$P < 0.05$）低于牛耳朵的，说明这 2 种苦苣苔科植物对 CO_2 的利用能力较弱。通常认为 CO_2 响应曲线中的 α 与核酮糖 $-1,5-$ 二磷酸羧化酶（RuBPCase）的活性呈正相关（付瑞锋等，2014），牛耳朵的 α 显著（$P < 0.05$）高于弥勒苣苔的和瑶山苣苔的，这可能是牛耳朵 RuBPCase 的酶活性较高，对 P_n 具有一定的促进作用。3 种苦苣苔科植物的 P_{max} 均明显低于其 A_{max}，表明光饱和条件下的 P_n 受到限制的主要原因是由于 CO_2 供应不足。CSP 是植物利用高 CO_2 浓度的能力；CCP 是植物光合同化作用与呼吸消耗相当时的 CO_2 浓度，通常 CCP 较低的植物，其 P_n 较高，对外界环境中低 CO_2 浓度有较高的利用能力（董志新等，2007；陈旅等，2016）。本研究中，3 种苦苣苔科植物的 CSP 均较高，为 $1905.520 \sim 2684.510\ \mu mol \cdot mol^{-1}$，可见 3 种苦苣苔科植物对 CO_2 的利用范围较宽，弥勒苣苔和瑶山苣苔的 CSP 明显高于牛耳朵的，说明弥勒苣苔和瑶山苣苔对高 CO_2 浓度的利用能力较强；3 种苦苣苔科植物中牛耳朵的 CCP 最低，表明牛耳朵较容易适应低 CO_2 浓度的外界环境。

（三）光合色素含量

光合色素主要包括叶绿素（Chl a、Chl b）和 Car（贾倩等，2016）。叶绿素是植物叶片进行光合作用的基础，光合作用中光能的吸收、传递和转化一般都是在叶绿体类囊膜上进行的，直接影响植物光合作用的光能利用，其含量和比例也是反映植物生长状况和光合能力的重要因素（Wittmann，2001；招礼军等，2022）。Car 是光合作用的辅助色素，在光合作用中发挥着重要的作用（周莉等，2011）。研究表明，濒危植物辐花苣苔（*Oreocharis esquirolii*）的 Chl a 和 Chl（a+b）含量显著低于同属非濒危植物紫花粗筒苣苔（*Briggsia elegantissima*），表明辐花苣苔对光能的吸收能力和强光下的光保护能力较弱，而紫花粗筒苣苔对环境下的强光具有更强的适应能力。本研究中，广布种牛耳朵的 Chl a、Chl b 和 Chl（a+b）含量均显著（$P < 0.05$）大于濒危植物弥勒苣苔的和瑶山苣苔的，表明牛耳朵对环境下的强光具有更强的适应能力，而 2 种濒危苦苣苔科植物对光能的吸收能力及强光下的光保护能力较弱。

四、结论

以苦苣苔科狭域分布濒危种弥勒苣苔和瑶山苣苔及广布种牛耳朵为研究对象，对其叶片表皮特征、叶片解剖结构、光合特性和光合色素含量等指标进行测定，探讨3个物种之间的差异，拟为2种濒危植物濒危原因的阐明及保护提供参考依据。结果表明：（1）3种苦苣苔科植物上下表皮均有表皮毛分布，气孔器仅分布于叶下表皮，叶片横切结构由表皮、叶肉细胞和叶脉三部分组成。弥勒苣苔和瑶山苣苔气孔器密度、LT、PPT 均显著（$P < 0.05$）小于牛耳朵，牛耳朵上表皮具有较厚的角质层，而弥勒苣苔和瑶山苣苔上表皮没有角质层。表明弥勒苣苔和瑶山苣苔的抗逆性及强光适应能力均较弱。（2）弥勒苣苔和瑶山苣苔的 P_{max}、LSP、LCP、AQY、R_d、A_{max}、α 及 R_p 均显著（$P < 0.05$）低于牛耳朵的，而 CSP 和 CCP 则呈相反趋势。说明弥勒苣苔和瑶山苣苔的光合能力及对 CO_2 和弱光的利用能力较弱，对光照强度适应范围更狭窄。（3）弥勒苣苔和瑶山苣苔的 Chl a、Chl b 及 Chl（a+b）含量显著（$P < 0.05$）低于牛耳朵的。说明牛耳朵对环境下的强光具有更强的适应能力。

综上所述，濒危植物弥勒苣苔和瑶山苣苔气孔器密度、LT、PPT 均小于广布种牛耳朵的，其抗旱能力和光照适应能力均较弱。弥勒苣苔和瑶山苣苔各项光合生理生态指标整体低于同科广布种牛耳朵的。弥勒苣苔和瑶山苣苔对光照强度的适应范围狭窄，光合能力和 CO_2 利用能力低下，这可能是其分布狭窄的重要生理原因。广布种牛耳朵的 Chl a、Chl b 和 Chl（a+b）含量均显著大于濒危植物弥勒苣苔的和瑶山苣苔的，2种濒危苦苣苔科植物对光能的吸收能力及强光下的光保护能力较弱。濒危植物弥勒苣苔和瑶山苣苔迁地保护栽培中需要进行适度遮阳，同时适当增加 CO_2 浓度以增强其光合作用，从而促进其生长。

第四十五章　报春苣苔光合生理生态特性研究

一、材料与方法

（一）材料

试验地点位于广西植物研究所内。试验材料为引种到广西植物研究所苦苣苔科植物种质资源圃的已开花结果的报春苣苔。选取 4 株生长状况良好的且无病虫害、长势基本一致的报春苣苔的叶片进行测定。

（二）方法

1. 光响应曲线的测定

于 2023 年 8 月，采用 LI–6400XT 便携式光合作用测定系统进行光合指标的测定。设定温度为 27℃，RH 为 70%，CO_2 浓度固定在 400 μmol·mol^{-1}，利用 Li–6400 便携式光合仪的红蓝光光源供应不同的光照强度。PAR 分别设置为 1500 μmol·m^{-2}·s^{-1}、1200 μmol·m^{-2}·s^{-1}、1000 μmol·m^{-2}·s^{-1}、800 μmol·m^{-2}·s^{-1}、600 μmol·m^{-2}·s^{-1}、400 μmol·m^{-2}·s^{-1}、200 μmol·m^{-2}·s^{-1}、150 μmol·m^{-2}·s^{-1}、100 μmol·m^{-2}·s^{-1}、50 μmol·m^{-2}·s^{-1}、25 μmol·m^{-2}·s^{-1}、0，对测得数值进行光响应曲线拟合，得出 AQY、饱和光照强度下的 P_{max}、LSP、LCP 及 R_d。

2.CO_2 响应曲线的测定

测量前将待测叶片在 800 μmol·m^{-2}·s^{-1} 的 PFD 下诱导 15 min，空气流速设为 500 mL·min^{-1}，依据光响应曲线的测定结果，设定 PFD 为 800 μmol·m^{-2}·s^{-1}。CO_2 浓度设定为 2000 μmol·mol^{-1}、1600 μmol·mol^{-1}、1200 μmol·mol^{-1}、1000 μmol·mol^{-1}、800 μmol·mol^{-1}、600 μmol·mol^{-1}、400 μmol·mol^{-1}、300 μmol·mol^{-1}、200 μmol·mol^{-1}、150 μmol·mol^{-1}、100 μmol·mol^{-1}、50 μmol·mol^{-1}、0（用 CO_2 钢瓶控制浓度）。测定时每一梯度下停留 120 ～ 200 s，由仪器开始自动记录数据。

（三）数据处理

用 Excel 对光响应曲线、CO_2 响应曲线参数进行初步分析。采用叶子飘（2010）的光合计算软件 4.1.1 中光合作用对光响应模型的双曲线修正模型对光响应曲线进行拟合，使用光合作用对 CO_2 响应模型的双曲线修正模型对 CO_2 响应曲线进行拟合。使用 Origin 2021a 软件制作图，以 PFD 为横轴、P_n 为纵轴绘制光响应曲线；以 CO_2 浓度为横轴、P_n 为纵轴绘制 CO_2 响应曲线。

二、结果与分析

（一）光响应曲线分析

报春苣苔光响应曲线如图 45–1 所示。当 PFD 在 $0 \sim 100 \, \mu mol \cdot m^{-2} \cdot s^{-1}$ 时，P_n 迅速升高；PFD 在 $100 \sim 200 \, \mu mol \cdot m^{-2} \cdot s^{-1}$ 时，P_n 缓慢升高；PFD 在 $200 \sim 400 \, \mu mol \cdot m^{-2} \cdot s^{-1}$ 时趋于稳定；当 PFD 大于 $400 \, \mu mol \cdot m^{-2} \cdot s^{-1}$ 时，P_n 随着 PFD 的升高而逐渐下降。报春苣苔光合参数如表 45–1 所示，AQY 为 0.063，较大；LCP 和 LSP 均较低，分别为 $7.059 \, \mu mol \cdot m^{-2} \cdot s^{-1}$、$260.425 \, \mu mol \cdot m^{-2} \cdot s^{-1}$；$P_{max}$ 为 $0.865 \, \mu mol \cdot m^{-2} \cdot s^{-1}$。

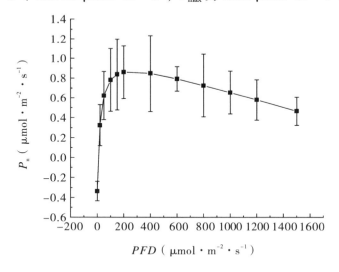

图 45–1　报春苣苔光响应曲线

表 45-1　报春苣苔光响应参数

AQY ($mol \cdot mol^{-1}$)	P_{max} ($\mu mol \cdot m^{-2} \cdot s^{-1}$)	LSP ($\mu mol \cdot m^{-2} \cdot s^{-1}$)	LCP ($\mu mol \cdot m^{-2} \cdot s^{-1}$)	R_d ($\mu mol \cdot m^{-2} \cdot s^{-1}$)
0.063 ± 0.1024	0.865 ± 0.682	260.425 ± 37.136	7.059 ± 0.102	0.336 ± 0.098

（二）CO_2 响应曲线分析

由图 45-2 可知，报春苣苔 P_n 均随 CO_2 浓度的升高而升高，当 CO_2 浓度在 $0 \sim 800\ \mu mol \cdot mol^{-1}$ 范围内，P_n 上升迅速；当 CO_2 浓度在 $800 \sim 1600\ \mu mol \cdot mol^{-1}$ 范围内，P_n 上升速度逐渐减缓；当 CO_2 浓度在 $1600 \sim 2000\ \mu mol \cdot mol^{-1}$ 范围内，P_n 少许上升。报春苣苔羧化效率（CE）极小，为 $0.009\ \mu mol \cdot m^{-2} \cdot s^{-1}$，CSP 和 CCP 较高，分别为 $2265.409\ \mu mol \cdot mol^{-1}$、$138.590\ \mu mol \cdot mol^{-1}$，$P_{max}$ 为 $4.950\ \mu mol \cdot m^{-2} \cdot s^{-1}$（表 45-2）。

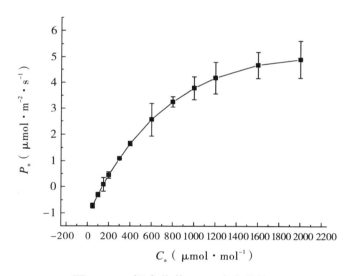

图 45-2　报春苣苔 CO_2 响应曲线

表 45-2　报春苣苔 CO_2 响应参数

CE ($\mu mol \cdot m^{-2} \cdot s^{-1}$)	P_{max} ($\mu mol \cdot m^{-2} \cdot s^{-1}$)	CSP ($\mu mol \cdot mol^{-1}$)	CCP ($\mu mol \cdot mol^{-1}$)	R_p ($\mu mol \cdot m^{-2} \cdot s^{-1}$)
0.009 ± 0.002	4.950 ± 0.771	2265.409 ± 792.577	138.590 ± 8.636	1.169 ± 0.034

三、讨论

植物通过光合作用将太阳能转化为化学能，是植物获得维持生命物质的基础，从而维持植物正常的生长发育。植物的光合作用是一个连续的过程，通过测定植物的光合参数能了解植物对光的利用情况及对环境的适应（杨海平等，2017）。本次试验结果显示，报春苣苔在 PFD 大于 400 $\mu mol \cdot m^{-2} \cdot s^{-1}$ 时，P_n 开始下降，说明其受到了强光的抑制，发生光抑制现象。P_n 低于常见的 C_3 植物（10 ～ 25 $\mu mol \cdot m^{-2} \cdot s^{-1}$），说明其为典型的阴生植物（孙菲菲等，2022）。LCP 和 LSP 是植物光合作用的两个重要指标，是反映植物对光的利用范围，一般而言，阴生植物 LSP 在 90 ～ 180 $\mu mol \cdot m^{-2} \cdot s^{-1}$，$LCP$ 在 10 $\mu mol \cdot m^{-2} \cdot s^{-1}$ 以下（林达等，2012）。在本试验中，报春苣苔的 LSP 较高，为 260.425 $\mu mol \cdot m^{-2} \cdot s^{-1}$，说明其对光的利用范围较广。$AQY$ 是光合作用中光能转化指标之一，其值通常为 0.02 ～ 0.05，其值越高，植物在弱光下转换利用光能的效率就越高（罗光宇等，2021）。本研究中，报春苣苔的 AQY 为 0.063 $mol \cdot mol^{-1}$，说明其对弱光利用能力极强。从试验结果看，报春苣苔适宜在弱光环境下生存。这与我们野外调查发现报春苣苔的野外生存条件一致。报春苣苔为洞穴植物，仅生于相对弱的光环境下，且只在散射光线能到达的地方出现，只能忍受正常光照强度的 1/4 以下的光照。因此，在引种栽培时应栽培在有遮阳条件的地方。

除光照外，CO_2 浓度对植物光合作用也极为重要，影响着植物的光合效率。CO_2 响应曲线可以反映植物 P_n 随 CO_2 浓度变化的特性，是判断植物光合能力的重要指标（刘超等，2018）。本试验中，P_n 随着 CO_2 浓度的升高而升高，当 CO_2 浓度大于 1600 $\mu mol \cdot m^{-2} \cdot s^{-1}$ 时，P_n 升高明显缓慢，这是因为叶片随着 P_n 的升高，产生的有机物增多，而植物不能及时运输有机物，产生产物抑制现象。过高的 CO_2 浓度最终将导致 P_n 下降，但适当提高 CO_2 浓度可提高 P_n。

四、结论

报春苣苔为极小种群野生植物。报春苣苔在 PFD 大于 400 $\mu mol \cdot m^{-2} \cdot s^{-1}$ 时，P_n 开始下降，说明其受到了强光的抑制，发生光抑制现象。报春苣苔为典型的阴生植物。阴生植物报春苣苔具有较高的 LSP 和 LCP，AQY 较高，其对弱光利用能力较强，适当提高 CO_2 浓度能有效提高报春苣苔的 P_n，在今后栽培或引种回归时要注意遮阳及控制 CO_2 浓度范围。

第四十六章　贵州地宝兰、地宝兰和大花地宝兰光合特性及叶片解剖结构比较研究

一、材料与方法

（一）试验地概况与材料处理

试验地位于广西桂林市广西植物研究所内，地处 110° 17′ E、25° 01′ N，海拔 180 m，属中亚热带季风气候区。该区域具有较好的气候条件，阳光充足、雨量丰沛，年均温为 19.4℃，最热月均温达 28.5℃，最低月均温仅为 8.3℃，年均降水量约 1974 mm，年均 RH 为 73% ～ 79%，年均日照时数为 1670 h 左右。试验苗选取成年植株栽植于内径 21 cm、深 18 cm 的塑料花盆中，每盆栽植 2 ～ 3 株，选取生长最佳植株做试验苗，栽培基质为林下表层土壤，pH 值为 5.34，有机质含量 1.26%，全氮 1.53 g/kg，全磷 1.09 g/kg，全钾 14.11 g/kg。野外调查发现，3 种地宝兰属植物均在 70% ～ 80% 郁闭度的林下长势良好，为此，将 3 种地宝兰属植物植株于 6 月初放入透光率为 20% 遮阳棚中，4 个月后进行各项指标的测量。

（二）研究方法

从试验苗中每种各选取至少 3 株长势一致的植株，每株含 2 ～ 3 张叶片，选取叶色浓绿、健康成熟的上部外围叶片用于测定叶片解剖结构和光合参数。

1. 叶片解剖结构参数的测定

剪取进行光合测定后的叶片中脉至叶缘 1 cm×1 cm 大小，用 2.5% 戊二醛溶液固定，磷酸缓冲液冲洗，依次进行脱水、临界点干燥及镀金，每个植株的每个观测部位（叶上表皮、叶下表皮、叶片横切）分别制备 3 份样本，利用真空电子扫描电镜 VEGA3 TESCAN 进行拍照观察，每份样本随机观察 10 个视野，测定 LT、UET、LET、叶肉组织厚度（MT）、气孔长、气孔宽、SD 及 SA，每个物种 3 个重复。

2. 光合作用日进程变化的测定

光合作用选择在天气晴朗的 2022 年 10 月 2 日进行测定，采用 Li-6400 便携式光

合仪测定 3 种地宝兰属植物叶片的气体交换参数，并利用自然光和 C_a 进行测定。选取健康成熟的叶片，9：00 ～ 18：00 每间隔 1.5 h 测定一次，每个叶片重复测定 3 次，取平均值。测定叶片 P_n（$\mu mol \cdot m^{-2} \cdot s^{-1}$）、$T_r$（$mmol \cdot m^{-2} \cdot s^{-1}$）、$G_s$（$mol \cdot m^{-2} \cdot s^{-1}$）、$C_i$（$\mu mol \cdot mol^{-1}$）、$L_s$（$L_s = 1 - C_i / C_a$）、$WUE$（$P_n / T_r$，$\mu mol \cdot mmol^{-1}$）等光合参数及 PAR（$\mu mol \cdot m^{-2} \cdot s^{-1}$）、$T_{air}$（℃）、$RH$（%）等环境因子参数。

3. 光响应曲线的测定

选择天气晴朗的上午 8：00 ～ 12：00 进行测量，测量前叶片先在 600 $\mu mol \cdot m^{-2} \cdot s^{-1}$ 的 PFD 下诱导 30 min（仪器自带的红蓝光源）以充分活化光合系统。使用开放气路，设空气流速为 0.5 $L \cdot min^{-1}$，LT_{air} 设为 28 ℃，CO_2 浓度设为 400 $\mu mol \cdot mol^{-1}$。设定 PFD 梯度为 1500 $\mu mol \cdot m^{-2} \cdot s^{-1}$、1200 $\mu mol \cdot m^{-2} \cdot s^{-1}$、1000 $\mu mol \cdot m^{-2} \cdot s^{-1}$、800 $\mu mol \cdot m^{-2} \cdot s^{-1}$、600 $\mu mol \cdot m^{-2} \cdot s^{-1}$、400 $\mu mol \cdot m^{-2} \cdot s^{-1}$、200 $\mu mol \cdot m^{-2} \cdot s^{-1}$、150 $\mu mol \cdot m^{-2} \cdot s^{-1}$、100 $\mu mol \cdot m^{-2} \cdot s^{-1}$、50 $\mu mol \cdot m^{-2} \cdot s^{-1}$、20 $\mu mol \cdot m^{-2} \cdot s^{-1}$、0。以 PFD 为横轴、P_n 为纵轴绘制光合作用光响应曲线，光合参数依据以下方程拟合 P_n–PFD 曲线（Ye et al., 2012）：

$$P_n = \alpha \times \frac{1 - \beta \times PFD}{1 + \gamma \times PFD} \times PFD - R_d \tag{1}$$

式中，P_n 为净光合速率，α 为光响应曲线的初始斜率，β 和 γ 为系数，PFD 为光量子通量密度，R_d 为暗呼吸速率。

4. CO_2 响应曲线的测定

于上午 8：00 ～ 12：00 进行测量，测量前对待测叶片进行诱导。设空气流速为 0.5 $L \cdot min^{-1}$，LT_{air} 设为 28 ℃。根据光响应曲线测定的 LSP 附近光照强度设定固定 PFD 为 800 $\mu mol \cdot m^{-2} \cdot s^{-1}$，$CO_2$ 浓 度 梯 度 设 为 400 $\mu mol \cdot mol^{-1}$、300 $\mu mol \cdot mol^{-1}$、200 $\mu mol \cdot mol^{-1}$、150 $\mu mol \cdot mol^{-1}$、100 $\mu mol \cdot mol^{-1}$、50 $\mu mol \cdot mol^{-1}$、400 $\mu mol \cdot mol^{-1}$、400 $\mu mol \cdot mol^{-1}$、600 $\mu mol \cdot mol^{-1}$、800 $\mu mol \cdot mol^{-1}$、1000 $\mu mol \cdot mol^{-1}$、1200 $\mu mol \cdot mol^{-1}$、1500 $\mu mol \cdot mol^{-1}$、2000 $\mu mol \cdot mol^{-1}$（用 CO_2 钢瓶控制浓度）。测定时在每个 CO_2 浓度下平衡 150 ～ 180 s，系统自动记录不同 CO_2 浓度下的 P_n。参考叶子飘和于强（2009）的计算方法，采用 MRHM 拟合并做出 P_n–C_i 曲线图，按式（2）进行计算：

$$P_{\mathrm{n}}(C_{\mathrm{i}}) = \alpha \frac{1 - \beta C_{\mathrm{i}}}{1 - \gamma C_{\mathrm{i}}} C_{\mathrm{i}} - R_{\mathrm{p}} \qquad (2)$$

式中，P_{n} 为净光合速率，C_{i} 为胞间 CO_2 浓度，α 为 CO_2 响应曲线的初始羧化效率，β 和 γ 为系数，R_{p} 为光呼吸速率。

5. 光合色素含量的测定

将以上进行光合测定的叶片用打孔器取 20 片 1 cm² 的小圆片，剪碎装入 25 mL 容量瓶，用 95% 乙醇定容，黑暗条件放置 24 h 后分别在吸光度 665 nm、649 nm 和 470 nm 下测定提取液的吸光值，再根据公式（李合生，2000）计算出 Chl a、Chl b、Chl（a+b）和 Car 的含量及 Chl a/Chl b、Car/Chl（a+b）。

（三）数据分析

利用 Excel 2016 对上述试验结果进行处理，采用 SPSS 26.0 进行单因素方差分析，用 Duncan 法进行多重比较，并对叶片解剖结构特征、叶绿素含量与光合特征参数进行相关性分析，用 Origin 9.2 软件绘图，利用光合计算 4.1.1 软件的 MRHM（叶子飘，2010）拟合并计算光响应曲线和 CO_2 响应曲线的光合参数。

二、结果与分析

（一）环境参数日变化

3 种地宝兰属植物环境因子的日变化如图 46-1 所示。PAR 随着时间推移先增强后减弱，最大值出现在 12：00，为 375.79 $\mu mol \cdot m^{-2} \cdot s^{-1}$；$T_{\mathrm{air}}$ 与 PAR 变化趋势相似，均为先升后降，峰值出现在 15：00，此时 T_{air} 为 42℃左右；RH 则与 T_{air} 和 PAR 的变化趋势相反，为先降后升，15：00 RH 达到最低，仅为 17% 左右。

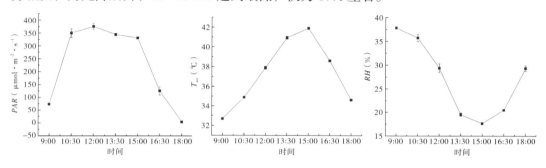

图 46-1　3 种地宝兰属植物环境因子日变化

（二）3种地宝兰属植物的叶片解剖结构

1. 叶片解剖结构特征

地宝兰、大花地宝兰和贵州地宝兰叶片横切面结构分别如图46-2所示，3种地宝兰属植物的叶片包括上表皮、下表皮、叶肉和叶脉，上下表皮均由单层细胞组成，上表皮细胞厚度比下表皮细胞大，叶肉细胞没有分化出海绵组织和栅栏组织。地宝兰和大花地宝兰的LT、UET、LET和MT均显著（$P < 0.05$）大于贵州地宝兰的（表46-1）。

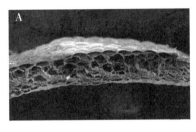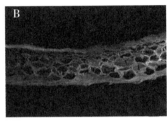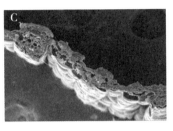

A. 地宝兰叶片横截面；B. 大花地宝兰叶片横截面；C. 贵州地宝兰叶片横截面

图46-2　3种地宝兰属植物的叶片横切面解剖结构

表46-1　3种地宝兰属植物的叶片解剖结构参数

物种	LT（μm）	UET（μm）	LET（μm）	MT（μm）
地宝兰	111.68 ± 12.06a	15.46 ± 1.26a	7.23 ± 2.40a	89.70 ± 11.09a
大花地宝兰	117.25 ± 16.43a	16.76 ± 5.02a	8.07 ± 1.41a	94.75 ± 9.22a
贵州地宝兰	75.88 ± 4.66b	11.02 ± 4.15b	4.29 ± 1.57b	60.18 ± 4.26b

注：同列不同小写字母表示各参数间的差异显著，$P < 0.05$，下同。

2. 叶片气孔特征

通过对3种地宝兰属植物叶片上下表皮进行正面观察可知（图46-3），气孔仅分布于叶片的下表皮，气孔和保卫细胞呈梭子形，表皮细胞形状呈方形或圆形。地宝兰和贵州地宝兰的SD显著（$P < 0.05$）大于大花地宝兰的；3种地宝兰属植物的气孔长、气孔宽及SA均无明显差异（表46-2）。

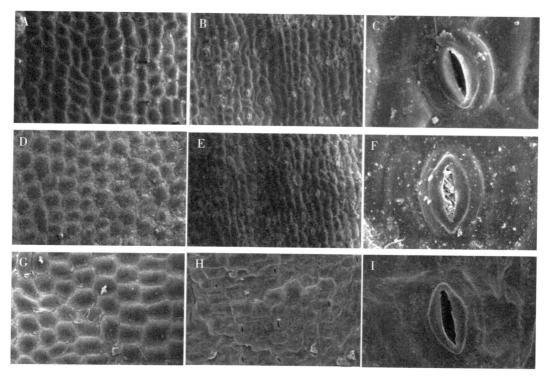

A～C.地宝兰上下表皮及气孔；D～F.大花地宝兰上下表皮及气孔；

G～I.贵州地宝兰上下表皮及气孔

图46-3　3种地宝兰属植物叶片的气孔特征

表46-2　3种地宝兰属植物的叶片气孔指标

物种	SD（个/mm²）	气孔长（μm）	气孔宽（μm）	SA（μm²）
地宝兰	102.64±8.93a	23.96±2.62a	13.30±0.85a	226.91±41.73a
大花地宝兰	72.89±2.58b	25.39±1.43a	12.73±0.83a	231.99±41.88a
贵州地宝兰	94.80±5.86a	24.05±2.14a	12.37±0.75a	214.22±33.35a

（三）3种地宝兰属植物光合特性日变化

由图46-4A可知，3种地宝兰属植物的P_n存在差异但均呈双峰型曲线。地宝兰和大花地宝兰P_n的第一个峰值出现在10:30，P_n分别为2.74 $\mu mol \cdot m^{-2} \cdot s^{-1}$和4.35 $\mu mol \cdot m^{-2} \cdot s^{-1}$；第二个峰值出现在15:00，$P_n$分别为2.95 $\mu mol \cdot m^{-2} \cdot s^{-1}$和3.86 $\mu mol \cdot m^{-2} \cdot s^{-1}$。贵州地宝兰的$P_n$峰值则出现在12:00和16:30，$P_n$分别为2.67 $\mu mol \cdot m^{-2} \cdot s^{-1}$和2.64 $\mu mol \cdot m^{-2} \cdot s^{-1}$。3种地宝兰属植物的$P_n$均在13:30出现低

值，表现出"光合午休"现象。日均 P_n 大小表现为大花地宝兰＞地宝兰＞贵州地宝兰（表46-3）。

由图46-4B、图46-4C可知，3种地宝兰属植物的 G_s 和 T_r 的日变化趋势与 P_n 基本一致，地宝兰、大花地宝兰、贵州地宝兰 G_s 的第一个峰值均出现在10：30，分别为 $0.059\ mol\cdot m^{-2}\cdot s^{-1}$、$0.090\ mol\cdot m^{-2}\cdot s^{-1}$、$0.062\ mol\cdot m^{-2}\cdot s^{-1}$，第二个峰值出现在15：00，分别为 $0.030\ mol\cdot m^{-2}\cdot s^{-1}$、$0.034\ mol\cdot m^{-2}\cdot s^{-1}$、$0.028\ mol\cdot m^{-2}\cdot s^{-1}$；3种地宝兰属植物的 G_s 在13：30时均出现低值。3种地宝兰属植物 T_r 的最大值分别出现在12：00和16：30。3种地宝兰的 C_i 均呈W形变化趋势，分别在12：00和16：30出现低值（图46-4D）。大花地宝兰的日均 G_s 和 T_r 显著（$P<0.05$）高于地宝兰和贵州地宝兰，日均 C_i 则差异不显著（$P>0.05$）（表46-3）。

3种地宝兰属植物 L_s 的日变化呈现双峰型曲线，在12：00和16：30时出现峰值，在13：30出现低谷（图46-4E）。WUE 的日变化亦呈现双峰型曲线，且均在10：30和15：00出现峰值。因正午气温升高，气孔关闭，植物的 WUE 降低，贵州地宝兰的 WUE 在12：00出现低值，为 $1.11\ \mu mol\cdot mmol^{-1}$，而地宝兰和大花地宝兰 WUE 的低值则在13：30出现，分别为 $1.08\ \mu mol\cdot mmol^{-1}$、$1.51\ \mu mol\cdot mmol^{-1}$（图46-4F）。3种地宝兰属植物的日均 L_s 差异不显著（$P>0.05$），而日均 WUE 表现为大花地宝兰的显著高于地宝兰的和贵州地宝兰的（$P<0.05$）（表46-3）。

表46-3　3种地宝兰属植物叶片的气体交换参数

物种	日均 P_n ($\mu mol\cdot m^{-2}\cdot s^{-1}$)	日均 G_s ($mol\cdot m^{-2}\cdot s^{-1}$)	日均 C_i ($\mu mol\cdot mol^{-1}$)	日均 T_r ($mmol\cdot m^{-2}\cdot s^{-1}$)	L_s	日均 WUE ($\mu mol\cdot mmol^{-1}$)
地宝兰	1.912± 0.291b	0.027± 0.010b	323.00± 27.29a	1.052± 0.231b	0.164± 0.026a	1.340± 0.146ab
大花 地宝兰	2.796± 0.369a	0.037± 0.014a	318.00± 26.79a	1.513± 0.340a	0.174± 0.025a	1.419± 0.186a
贵州 地宝兰	1.901± 0.254b	0.026± 0.011b	325.00± 24.53a	1.218± 0.330b	0.165± 0.029a	1.206± 0.161b

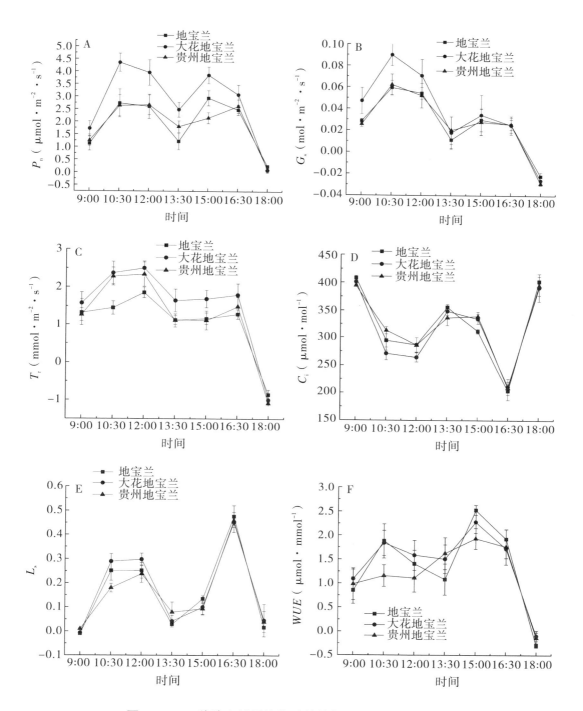

图 46-4　3 种地宝兰属植物叶片的气体交换参数日变化

（四）3种地宝兰属植物光响应参数的变化

1. P_n 对 PFD 的响应特征

地宝兰、大花地宝兰和贵州地宝兰光响应曲线拟合的决定系数（R^2）均在 0.95 以上，曲线的拟合效果良好，随着 PFD 的增大，P_n 存在差异（图 46-5）。当 PFD 在 $0 \sim 200 \ \mu mol \cdot m^{-2} \cdot s^{-1}$ 时，P_n 随着 PFD 的增大直线上升，随后 P_n 的上升速度变缓，当 PFD 增大至一定值时，P_n 出现小幅度下降，这可能是光照过强而发生了光抑制。

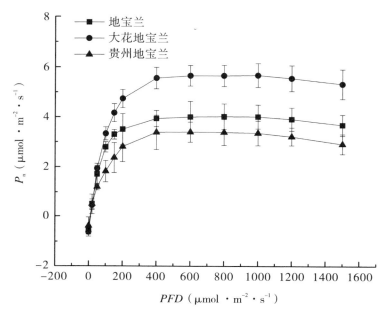

图 46-5 3种地宝兰属植物叶片的光响应曲线

2. 光响应参数

由表 46-4 可知，地宝兰、大花地宝兰、贵州地宝兰的 P_{max} 分别为 $4.09 \ \mu mol \cdot m^{-2} \cdot s^{-1}$、$5.75 \ \mu mol \cdot m^{-2} \cdot s^{-1}$、$3.89 \ \mu mol \cdot m^{-2} \cdot s^{-1}$，大花地宝兰的 P_{max} 显著（$P < 0.05$）高于地宝兰的和贵州地宝兰的，与大花地宝兰相比，地宝兰和贵州地宝兰的 P_{max} 分别低了 28.87% 和 32.35%。LCP 与 LSP 相差越大，那么植物对光的适应范围就越大。地宝兰的 LCP 最低，为 $6.63 \ \mu mol \cdot m^{-2} \cdot s^{-1}$；$LSP$ 最高，为 $877 \ \mu mol \cdot m^{-2} \cdot s^{-1}$，可见其利用光能范围最大。贵州地宝兰和大花地宝兰的 R_d 显著（$P < 0.05$）高于地宝兰的，而不同物种间 AQY 则无显著差异（$P > 0.05$）。

表46-4　3种地宝兰属植物叶片的光响应参数

物种	P_{max} ($\mu mol \cdot m^{-2} \cdot s^{-1}$)	LCP ($\mu mol \cdot m^{-2} \cdot s^{-1}$)	LSP ($\mu mol \cdot m^{-2} \cdot s^{-1}$)	AQY ($\mu mol \cdot \mu mol^{-1}$)	R_d ($\mu mol \cdot m^{-2} \cdot s^{-1}$)
地宝兰	4.090 ± 0.675b	6.630 ± 0.708b	877.00 ± 109.01a	0.077 ± 0.014a	0.473 ± 0.155b
大花地宝兰	5.750 ± 0.819a	8.740 ± 1.024b	700.00 ± 15.20b	0.089 ± 0.002a	0.709 ± 0.226a
贵州地宝兰	3.890 ± 0.204b	11.830 ± 2.595a	760.00 ± 86.75b	0.084 ± 0.028a	0.846 ± 0.427a

（五）3种地宝兰属植物 CO_2 响应参数的变化

1. P_n 对 CO_2 浓度的响应特征

地宝兰、大花地宝兰和贵州地宝兰 CO_2 响应曲线拟合的决定系数（R^2）均在 0.95 以上，曲线的拟合效果较好。如图46-6所示，3种地宝兰属植物的 P_n 随着 C_i（50～600 $\mu mol \cdot mol^{-1}$）的增加而直线上升，最后趋于稳定，且 P_n 存在明显差异。当 C_i 小于 600 $\mu mol \cdot mol^{-1}$ 时，3种地宝兰属植物的 P_n 差异较小，此时大花地宝兰的 P_n 高于地宝兰的和贵州地宝兰的；当 C_i 大于 600 $\mu mol \cdot mol^{-1}$ 时，地宝兰的 P_n 高于大花地宝兰的和贵州地宝兰的。由此可见，地宝兰 P_n 的上升速度最快，受 C_i 影响最大，但低浓度下大花地宝兰利用 CO_2 的能力更强。

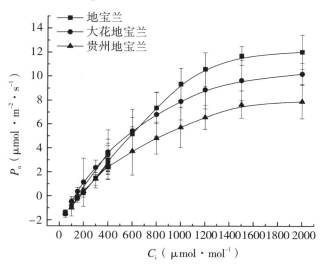

图46-6　3种地宝兰属植物叶片的 CO_2 响应曲线

2. CO_2 浓度响应特征参数

由表46-5可知，3种地宝兰属植物的 α 大小依次为大花地宝兰＞地宝兰＞贵州地宝兰，大花地宝兰的 α 显著（$P < 0.05$）大于地宝兰的和贵州地宝兰的，地宝兰和贵州地宝兰间差异不显著（$P < 0.05$）。3 种地宝兰属植物的 A_{max} 和 R_p 之间均存在显著差异（$P < 0.05$），且 A_{max} 和 R_p 大小均为地宝兰＞大花地宝兰＞贵州地宝兰。3 种地宝兰属植物的 CCP 和 CSP 均存在明显差异，CCP 的大小依次为地宝兰＞贵州地宝兰＞大花地宝兰，CSP 的大小依次为贵州地宝兰＞大花地宝兰＞地宝兰，因此相比其他 2 个物种，地宝兰对 CO_2 的利用范围更小。

表 46-5　3 种地宝兰属植物叶片的 CO_2 响应参数

物种	α（$\mu mol \cdot m^{-2} \cdot s^{-1}$）	A_{max}（$\mu mol \cdot m^{-2} \cdot s^{-1}$）	CCP（$\mu mol \cdot mol^{-1}$）	CSP（$\mu mol \cdot mol^{-1}$）	R_p（$\mu mol \cdot m^{-2} \cdot s^{-1}$）
地宝兰	$0.016 \pm 0.001b$	$12.260 \pm 1.328a$	$172.02 \pm 14.29a$	$1876.00 \pm 87.57c$	$2.600 \pm 0.058a$
大花地宝兰	$0.019 \pm 0.001a$	$10.270 \pm 1.059b$	$128.67 \pm 9.87b$	$2176.00 \pm 104.05b$	$2.210 \pm 0.016b$
贵州地宝兰	$0.014 \pm 0.001b$	$8.180 \pm 0.709c$	$166.51 \pm 11.08a$	$2437.00 \pm 134.74a$	$2.150 \pm 0.031b$

（六）3 种地宝兰属植物的叶片叶绿素含量

3 种地宝兰属植物的叶片叶绿素含量及比例如图 46-7 所示。Chl a、Chl b、Car 和 Chl（a+b）含量的大小依次均表现为大花地宝兰＞地宝兰＞贵州地宝兰，且地宝兰和大花地宝兰的叶绿素含量均显著（$P < 0.05$）大于贵州地宝兰的。此外，地宝兰和贵州地宝兰的 Chl a/Chl b 之间均无显著差异（$P > 0.05$）。

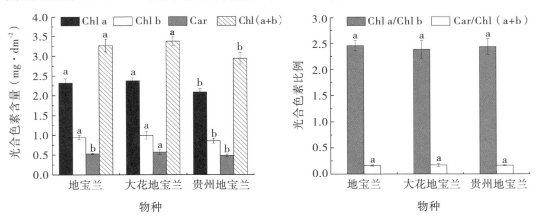

注：不同小写字母表示同一指标差异显著，$P < 0.05$。

图 46-7　3 种地宝兰属植物叶片的叶绿素含量及比例

（七）3 种地宝兰属植物叶片解剖结构特征、叶绿素含量与光合特征参数的相关性分析

如表 46-6 所示，LT 和 MT 与 G_s、P_{max}、Chl（a+b）呈显著（$P < 0.05$）或极显著（$P < 0.01$）正相关，而 SD 和 SA 与光合特征参数之间均不存在显著相关性（$P > 0.05$）；Chl（a+b）与 P_n、G_s、T_r、P_{max} 呈显著（$P < 0.05$）正相关。

表 46-6　3 种地宝兰属植物叶片解剖结构特征、叶绿素含量与光合生理生态指标的相关性

指标	LT	MT	SD	SA	P_n	G_s	T_r	WUE	P_{max}	LCP	LSP	AQY	Chl（a+b）
LT	1.000												
MT	0.988**	1.000											
SD	0.559	0.571	1.000										
SA	0.610	0.565	0.094	1.000									
P_n	0.610	0.565	0.094	0.627	1.000								
G_s	0.711*	0.696*	0.347	0.641	0.802**	1.000							
T_r	0.533	0.516	−0.169	0.238	0.893**	0.613	1.000						
WUE	0.296	0.318	0.490	0.641	0.635	0.666	0.391	1.000					
P_{max}	0.790*	0.747*	0.281	0.630	0.876**	0.707*	0.794*	0.514	1.000				
LCP	−0.406	−0.508	−0.249	0.568	0.161	−0.026	−0.055	0.180	0.057	1.000			
LSP	0.101	0.119	0.171	0.070	−0.359	−0.111	−0.367	−0.181	0.022	0.056	1.000		
AQY	0.088	0.051	−0.309	0.281	0.269	0.098	0.234	−0.069	0.217	0.369	0.211	1.000	
Chl（a+b）	0.862**	0.863**	0.103	0.214	0.706*	0.712*	0.791*	0.193	0.793*	−0.382	0.034	0.242	1.000

注：* 表示显著相关性，$P < 0.05$；** 表示极显著相关性，$P < 0.01$。

三、讨论

植物的光合作用和蒸腾作用是在叶片进行的，而叶片结构特征受长期适应自然环境影响，主要受光照、水分和温度等环境因子的影响，因此，叶片的结构特征与光合能力的强弱有着密切联系。本研究主要发现：贵州地宝兰等 3 种地宝兰属植物的叶片解剖结构有相似之处，气孔均只在下表皮有分布，也没有海绵组织和栅栏组织分化，这与叶庆生等（1992）和李凤（2010）对兰科植物中墨兰（*Cymbidium sinense*）和五唇兰的叶片结构研究结果一致。3 种地宝兰属植物的 LT、MT 与其 P_{max} 呈显著（$P < 0.05$）

正相关，表明 LT 可能是影响其光合能力的重要因子。LT 增大，叶绿素含量增加，能够促进叶片吸收更多的光能，提高光能利用率。SD 和 SA 与其光合特征参数之间均不存在显著相关性（ $P > 0.05$ ），表明气孔特征不是影响 3 种地宝兰属植物光合能力主要因子。SD 与 G_s 呈正相关，SD 较低及气孔较大是植物在弱光环境下生长的特性（盛洁悦等，2020）。本研究中，3 种地宝兰属植物的 SD 与 G_s 呈正相关关系，其中大花地宝兰具有较低的 SD 和较大的 SA，说明其更能适应弱光环境。

光合作用日变化中的 P_n、G_s、C_i、T_r 等是反应植物对环境适应能力的重要指标。光合作用减弱受气孔或非气孔因子限制，可以通过 C_i 的变化判断（Sharma et al.，1995）。本研究结果表明，3 种地宝兰属植物的日均 P_n 具有相同的变化趋势，均为双峰型曲线，13∶30 P_n 出现低谷，植物叶片出现"光合午休"现象。与此同时 G_s、T_r 和 L_s 与 P_n 变化趋势一致，均呈现出下降趋势，而 C_i 增加，说明这种现象是非气孔限制因素引起的（Farquhar et al.，1982；Larcher，1995）。3 种地宝兰属植物对午间水分条件下降时的气孔调节相似，在中午高温强光环境下通过调整 G_s 去最大限度固定大气中的 CO_2，并尽可能减少水分流失和减弱强辐射高温环境对植株的影响。P_n 的高低体现了植物物质积累的能力，也对植物的生长速度及在群落中的优劣势地位有影响（丁圣彦等，1999）。3 种地宝兰属植物的日均 P_n 大小依次为大花地宝兰＞地宝兰＞贵州地宝兰，表明大花地宝兰积累光合产物的能力较强，其次是地宝兰，贵州地宝兰积累光合产物的能力较弱，将不利于其生长，使其在群落竞争中处于劣势。WUE 能反映叶片水分消耗与物质积累的关系，体现植物的气体交换特性与抗旱性机理，可以筛选出低耗水、生产效率高和抗性强的植物（吴廷娟，2020）。本试验中，3 种地宝兰属植物的日均 WUE 大小表现为大花地宝兰＞地宝兰＞贵州地宝兰，表明消耗等质量的水时大花地宝兰积累的干物质较地宝兰和贵州地宝兰多，其抗旱能力也较强，而贵州地宝兰可能在缺水情况下适应环境能力相对较差。

植物的 P_{max}、LCP、LSP、AQY 和 R_d 等光合参数反映了不同植物光环境的响应对策，可探讨植物对环境的适应能力（Yokoya et al.，2007）。本试验中，当 PFD 达到一定程度后，3 种地宝兰属植物均出现 P_n 下降的情况，说明植物因光照过强而出现了光抑制现象。P_{max} 越高，固碳能力越强，也有利于有机物的积累。大花地宝兰的 P_{max}（ 5.75 $\mu mol \cdot m^{-2} \cdot s^{-1}$ ）显著高于地宝兰的和贵州地宝兰的（分别为 4.09 $\mu mol \cdot m^{-2} \cdot s^{-1}$ 和 3.89 $\mu mol \cdot m^{-2} \cdot s^{-1}$ ），说明大花地宝兰积累有机物的能力高于地宝兰和贵州地宝兰。LCP 和 LSP 反映了植物光适应的生态幅度范围，LCP 与 LSP 相差越大，植物对光的适应范围也越大。3 种地宝兰属植物的 LCP 和 LSP 均较低，且 LCP 均小于 20 $\mu mol \cdot m^{-2} \cdot s^{-1}$，$LSP$ 均小于 1000 $\mu mol \cdot m^{-2} \cdot s^{-1}$，这是典型的阴生植物特征，说明它们具有较强的耐阴性（蒋高明，2004），对光照强度适应范围大小表现为地宝兰＞贵州地宝兰＞大花地宝兰，可见地宝兰对光照强度的适应范围更宽，这可能是其作为广布种的原因之一。AQY 可以判断植物对弱光利用能力的大小，其值越大，对弱光利用能力越强（Richardson et al.，2002）。大花地宝兰的 AQY 大于地宝兰的和贵州地宝兰的，表明大花地宝兰对弱光的利用能力高于其他 2 种地宝兰的，也证实了叶片解剖结构表现出大花地宝兰更能适应弱光环境的结论。R_d 反映了植物在黑暗条件下消耗有机物的能力（Gyimah et al.，2007），3 种地宝兰属植物的 R_d 均较低，其中贵州地宝兰的 R_d 最大，因此贵州地宝兰进行暗呼吸作用消耗有机物的能力高于地宝兰和大花地宝兰。

植物光合主要由光反应和碳反应组成，碳反应主要原料为 CO_2，由于空气中的 CO_2 浓度很低，往往供应不足，因此 CO_2 是植物光合作用的重要限制因素。提高 CO_2 浓度能够增加 CO_2 与羧化酶活性位点的结合来提高 P_n，抑制呼吸作用（李丽霞等，2016）。P_n–C_i 响应曲线拟合结果显示，3 种地宝兰属植物的 P_n 均随着 CO_2 浓度的增加而升高，地宝兰的 A_{max} 显著高于大花地宝兰的和贵州地宝兰的，说明地宝兰对 CO_2 的利用能力较强，但是大花地宝兰的 α 显著大于地宝兰的和贵州地宝兰的，表明大花地宝兰对低 CO_2 浓度的利用能力较强。P_n–PFD 光响应下拟合的 P_n 低于 CO_2 响应，可见强光条件下的 P_n 受到限制很大程度上是因为 CO_2 供应不足。本研究中，3 种地宝兰属植物的 CSP 均较高，在 1876～2437 $\mu mol \cdot m^{-2} \cdot s^{-1}$ 范围内，可见 3 种地宝兰属植物对 CO_2 的利用范围均较宽。CCP 反映了植物利用低浓度 CO_2 的能力，其值越低，表示植物利用低 CO_2 浓度能力和干物质积累能力越强（陈旅等，2016）。3 种地宝兰属植物的 CCP 在 128.67～172.02 $\mu mol \cdot m^{-2} \cdot s^{-1}$ 范围内，其中大花地宝兰的 CCP 最低，进一步说明大花地宝兰更能适应低 CO_2 浓度的生境。以上结果表明适当提高 CO_2 浓度有利于 3 种地宝兰属植物的生长发育。

植物的光合能力与叶绿素含量密切相关，叶绿素不仅能捕捉和传递光能，也可作为光能的转换器。本试验中，3 种地宝兰属植物叶绿素含量与其 P_{max} 呈显著正相关，说明叶绿素含量是决定其光合能力的重要因子。3 种地宝兰属植物的 Chl a/Chl b 在 2.381～2.454 范围内，数值均低于 3，属于阴生植物（Lichtenthaler et al.，1981；Hoflacher et al.，1982）。叶绿素含量与 Chl a/Chl b 能够反映植物的耐阴性，叶绿素含量越高、Chl a/Chl b 越小，植物越具有较强的耐阴性，能更有效地利用光能。综合来看，大花地宝兰有较高的叶绿素含量和较低的 Chl a/Chl b，因此大花地宝兰的耐阴性和光合能力较强，其次是地宝兰，贵州地宝兰耐阴性和光合能力较弱。

四、结论

对地宝兰、大花地宝兰及贵州地宝兰等 3 种地宝兰属植物进行叶片解剖结构、光合日变化、光响应曲线、CO_2 响应曲线、叶绿素含量等指标的测定，拟为贵州地宝兰濒危原因的分析及 3 种地宝兰属植物种质资源保育提供参考依据。结果表明：（1）与地宝兰和贵州地宝兰相比，大花地宝兰具有更大的 LT 和较小的 SD。（2）3 种地宝兰属植物的 P_n 日变化均呈双峰型曲线，其"光合午休"主要由非气孔限制引起；P_n 和 WUE 日均值大小均表现为大花地宝兰＞地宝兰＞贵州地宝兰，表明贵州地宝兰积累光合产物的能力更弱，对干旱环境的适应能力可能更差。（3）3 种地宝兰属植物均属于阴生植物，地宝兰的 LCP 最小、LSP 最大，对光强适应范围较宽；大花地宝兰具有较高的 P_{max} 和 AQY，其光合能力较强；贵州地宝兰的 A_{max} 最小，其对 CO_2 的利用能力更弱。（4）地宝兰和大花地宝兰的 Chl a、Chl b 和 Chl（a+b）含量均显著（$P < 0.05$）高于贵州地宝兰。（5）3 种地宝兰属植物的 LT、叶绿素含量与其 P_{max} 间存在显著相关性（$P < 0.05$）。上述结果说明适当遮阳和增加 CO_2 浓度有利于 3 种地宝兰属植物的光合作用；与地宝兰和大花地宝兰相比，贵州地宝兰的光合能力和适应性较差，这可能与其濒危有很大关系。

第四十七章　不同光照强度对贵州地宝兰光合特性的影响

一、材料与方法

（一）材料和处理

试验于广西桂林市广西植物研究所内进行。试验材料为贵州地宝兰成年盆栽植株，栽种于内径 21 cm、深 18 cm 的塑料花盆中，每盆栽植 1～3 株，选取生长最佳植株做试验苗，栽培基质为林下表层土壤，pH 值为 5.34，有机质含量 1.26%，全氮 1.53 g/kg，全磷 1.09 g/kg，全钾 14.11 g/kg。通过黑色尼龙网遮阳，建立相对光照强度分别为 8%、20%、45%、100%（不遮阳）的遮阳棚 4 个。苗木在 8% 的遮阳棚中恢复生长 1 个月，然后随机分成 4 组，每组 6 盆，5 月中旬分别放置于 4 个遮阳棚进行处理。每天浇灌足量的水，每个月施肥 1 次，同时进行病虫害防治。

（二）方法

1. 光合作用日进程变化的测定

光合作用日进程变化于 9 月中旬进行测定。在天气晴朗的条件下，采用 Li–6400 便携式光合作用系统（Li–Cor，Lincoln，Nebraska，USA）测定贵州地宝兰叶片的气体交换参数，并利用自然光和 C_i 进行测定。从 4 个遮阳棚中选取长势较好的 3 株贵州地宝兰，于 8：00～17：00 每间隔 1.5 h 测定 1 次，每个叶片重复 3 组数据，取平均值。测定项目包括叶片的 P_n（$\mu mol \cdot m^{-2} \cdot s^{-1}$）、$T_r$（$mmol \cdot m^{-2} \cdot s^{-1}$）、$G_s$（$mol \cdot m^{-2} \cdot s^{-1}$）、$C_i$（$\mu mol \cdot mol^{-1}$）；环境因子参数包括 PAR（$\mu mol \cdot m^{-2} \cdot s^{-1}$）、$T_{air}$（℃）、$RH$（%）等微气象参数。

2. 光响应曲线的测定

在 10 月下旬选择天气晴朗的上午 9：00～12：00 进行测量，采用 Li–6400 便携式光合仪测定健康叶片的光响应曲线。测量前为了充分活化光合系统，叶片先在 600 $\mu mol \cdot m^{-2} \cdot s^{-1}$ 的 PFD 下诱导 30 min（仪器自带的红蓝光源）。使用开放气路，设空气流速为 0.5 $L \cdot min^{-1}$，LT_{air} 设为 29 ℃，CO_2 浓度为 400 $\mu mol \cdot mol^{-1}$（用 CO_2 钢瓶控制浓度）。设置 13 个不同的 PFD 梯度为 1800 $\mu\text{mol} \cdot \text{m}^{-2} \cdot \text{s}^{-1}$、1500 $\mu\text{mol} \cdot \text{m}^{-2} \cdot \text{s}^{-1}$、1200 $\mu\text{mol} \cdot \text{m}^{-2} \cdot \text{s}^{-1}$、1000 $\mu\text{mol} \cdot \text{m}^{-2} \cdot \text{s}^{-1}$、800 $\mu\text{mol} \cdot \text{m}^{-2} \cdot \text{s}^{-1}$、600 $\mu\text{mol} \cdot \text{m}^{-2} \cdot \text{s}^{-1}$、400 $\mu\text{mol} \cdot \text{m}^{-2} \cdot \text{s}^{-1}$、200 $\mu\text{mol} \cdot \text{m}^{-2} \cdot \text{s}^{-1}$、150 $\mu\text{mol} \cdot \text{m}^{-2} \cdot \text{s}^{-1}$、100 $\mu\text{mol} \cdot \text{m}^{-2} \cdot \text{s}^{-1}$、50 $\mu\text{mol} \cdot \text{m}^{-2} \cdot \text{s}^{-1}$、20 $\mu\text{mol} \cdot \text{m}^{-2} \cdot \text{s}^{-1}$、0，每测定一个梯度需要 3 min。以 PFD 为横轴、P_n 为纵轴绘制光合作用光响应曲线，光合参数依据以下方程拟合 P_n–PFD 曲线（Bassman et al.，1991）：

$$P_\text{n}=P_\text{max}\left(1-C_\text{o}\text{e}^{-\Phi PFD/P_\text{max}}\right) \tag{1}$$

式中，P_max 为最大净光合速率，Φ 为弱光下光化学量子效率，C_o 为度量弱光下 P_n 趋于 0 的指标。通过适合性检验，拟合效果良好，然后用下列公式计算 LCP：

$$LCP=P_\text{max}\ln\left(C_\text{o}\right)/\Phi \tag{2}$$

假定 P_n 达到 P_max 时的 PFD 则为 LSP，则计算公式如下：

$$LSP=P_\text{max}\ln\left(100C_\text{o}\right)/\Phi \tag{3}$$

AQY 为 P_n–PFD 曲线初始部分（0 ～ 150 $\mu\text{mol} \cdot \text{m}^{-2} \cdot \text{s}^{-1}$）的曲线斜率。

3. Chl a 荧光参数的测定

将待测的贵州地宝兰植株提前一天晚上移至室内进行暗适应，第二天黎明前用 Li–6400 荧光测定系统测定叶片的 Chl a 荧光参数，测定时尽量选择同一光照强度下成熟度、健康度和方位一致的叶片。主要测量参数包括初始荧光（F_o）、最大荧光（F_m）、可变荧光（F_v）、PSⅡ潜在光化学效率（F_v/F_o）和 PSⅡ最大光化学效率（F_v/F_m）（Souza et al.，2004）。

4. 光合色素含量的测定

从进行光合测定的植株上采集叶片剪碎，用 95% 乙醇提取叶片的光合色素，24 h 后分别在 665 nm、649 nm 和 470 nm 下测定提取液的吸光值，根据公式计算出 Chl a、Chl b 和 Car 的含量及 Chl a/Chl b、Car/Chl（a+b）。

5. 生长指标的测定

测量不同光照处理下贵州地宝兰植株的株高、基径、最大叶长、最大叶宽等生长状况参数。

（三）数据处理

对上述测定或统计的各个指标，采用 SPSS 软件进行单因素方差分析，并用 Duncan 法进行多重比较，用 Origin 9.2 软件绘图。

二、结果与分析

（一）光合作用日进程变化特征

贵州地宝兰在不同光照强度处理下光合作用日进程变化如图 47-1 所示。不同光照强度下的 PAR、T_{air} 和 RH 的日变化均呈单峰型曲线。PAR 最大值均出现在 12：30, 8%、20% 光照强度下 PAR 最大值不超过 400 μmol·m^{-2}·s^{-1}，100% 光照强度下 PAR 最大值为 1496.93 μmol·m^{-2}·s^{-1}。100% 光照强度下 T_{air} 在 14：00 最大，接近 40℃；其他处理下 T_{air} 在 15：30 最大，均为 36℃以上。RH 的变化趋势与 T_{air} 相反，在 15：30 时 RH 达到最小值。不同光照强度处理下的 PAR 和 T_{air} 表现为 8% 光照强度＜20% 光照强度＜45% 光照强度＜100% 光照强度，RH 的变化趋势则与 PAR、T_{air} 相反。

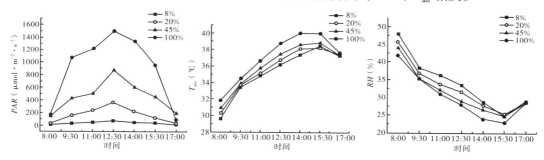

图 47-1　不同光照强度下 PAR、T_{air} 和 RH 的日变化

（二）光照强度对贵州地宝兰气体交换参数日变化的影响

不同光照强度下贵州地宝兰的 P_n 日变化趋势存在差异（图 47-2A）。在 20%、45% 和 100% 光照强度下的 P_n 呈双峰型曲线，峰值分别出现在 11：00 和 14：00；3 种光照强度下的 P_n 日变化相似，均是 8：00 后开始上升，11：00 到达峰值后开始下降，12：30 达到第一个低值，有明显的"光合午休"现象，随后上升，14：00 后又开始下降。8% 光照强度下的 P_n 日变化呈单峰型曲线，变化趋势平缓，没有出现"光合午休"现象。4 种光照强度下的日均 P_n 表现为 20% 光照强度＞45% 光照强度＞100% 光照强度＞8% 光照强度（表 47-1），表明 20% 光照强度下贵州地宝兰积累光合产物的能力更强。

由图 47-2B 可知，20% 光照强度和 8% 光照强度处理下 G_s 呈先升高后降低的趋势，9：30 达到最大值；45% 光照强度和 100% 光照强度处理的 G_s 呈降低趋势。20% 光照强度处理下日均 G_s 显著高于其他 3 个处理（表 47-1），说明 20% 光照强度处理有利于贵州地宝兰叶片气孔调节，提高其光合作用效率。T_r 的日变化均呈单峰型变化曲线，各个光照强度处理下 T_r 的最高峰出现时间不尽相同，但总体上 12：30 前的 T_r 高于 12：30 之后的（图 47-2C）；4 种光照强度处理下的日均 T_r 大小为 20% 光照强度＞100% 光照强度＞8% 光照强度＞45% 光照强度（表 47-1）。20% 光照强度、45% 光照强度和 100% 光照强度下叶片的 C_i 变化趋势呈 W 形，从 8：00 开始迅速下降，到 11：00 达到第一个低值，随后又上升和下降，到 14：00 达到第二个低值（图 47-2D）；而 8% 光照强度下 C_i 的变化趋势呈 V 形，与 P_n 的变化规律相反。

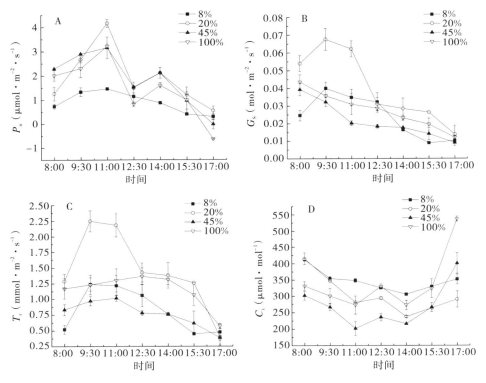

图 47-2　不同光照强度下贵州地宝兰气体交换参数日变化

表 47-1　不同光照强度下贵州地宝兰的气体交换参数

光照强度处理	日均 P_n（μmol·m^{-2}·s^{-1}）	日均 G_s（mol·m^{-2}·s^{-1}）	日均 C_i（μmol·mol^{-1}）	日均 T_r（mmol·m^{-2}·s^{-1}）
8%	0.905±0.163b	0.024±0.005b	341.00±13.57a	0.844±0.143b
20%	1.922±0.453a	0.040±0.009a	301.00±24.73b	1.454±0.234a
45%	1.760±0.393a	0.021±0.004b	270.00±25.27c	0.765±0.081b
100%	1.483±0.553a	0.028±0.004b	335.00±36.12a	1.145±0.103a

注：同列不同小写字母表示差异显著，$P < 0.05$，下同。

（三）光照强度对贵州地宝兰光响应曲线的影响

不同光照强度下贵州地宝兰的光响应曲线随 PFD 的变化趋势总体上一致，但 P_n 的高低明显存在差异（图 47-3）。在 PFD 小于 400 $\mu mol \cdot m^{-2} \cdot s^{-1}$ 时，P_n 随着 PFD 的增大而升高；而 PFD 大于 400 $\mu mol \cdot m^{-2} \cdot s^{-1}$ 时，P_n 稍有下降。不同光照强度处理下 P_n 的高低表现为 20% 光照强度 ＞ 8% 光照强度 ＞ 45% 光照强度 ＞ 100% 光照强度。

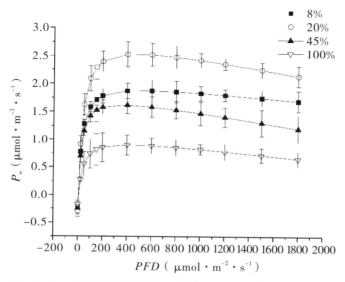

图 47-3　不同光照强度下贵州地宝兰叶片的光响应曲线

不同光照强度下，贵州地宝兰的 P_{max} 以 20% 光照强度为最高，其值为 2.529 ± 0.252 $\mu mol \cdot m^{-2} \cdot s^{-1}$，且显著高于其他 3 个处理（$P < 0.05$）；与 20% 光照强度下的 P_{max} 相比，8% 光照强度、45% 光照强度、100% 光照强度下的 P_{max} 分别下降 25.74%、36.34% 和 64.53%。随着光照强度的增加，贵州地宝兰的 LSP 表现为先升高后降低的趋势，且在 20% 光照强度下值最大；而 LCP 则是随着光照强度的升高而上升；AQY 与 LSP 变化趋势一致，以 20% 光照强度下最高，100% 光照强度下最低，且 100% 光照强度下的 AQY 显著低于其他处理（表 47-2）。

表47-2　不同光照强度下贵州地宝兰的光合参数

光照强度处理	P_{max} （$\mu mol \cdot m^{-2} \cdot s^{-1}$）	AQY （$mol \cdot mol^{-1}$）	LSP （$\mu mol \cdot m^{-2} \cdot s^{-1}$）	LCP （$\mu mol \cdot m^{-2} \cdot s^{-1}$）
8%	$1.878 \pm 0.160b$	$0.085 \pm 0.004b$	$527.00 \pm 11.72a$	$2.580 \pm 0.410c$
20%	$2.529 \pm 0.252a$	$0.101 \pm 0.006a$	$542.00 \pm 34.00a$	$3.306 \pm 1.505b$
45%	$1.610 \pm 0.341b$	$0.068 \pm 0.068b$	$447.00 \pm 52.03b$	$3.868 \pm 1.128b$
100%	$0.897 \pm 0.150c$	$0.035 \pm 0.007c$	$407.00 \pm 77.48c$	$5.773 \pm 1.423a$

（四）光照强度对贵州地宝兰荧光参数的影响

由表47-3可知，贵州地宝兰叶片PSⅡ的F_o随着光照强度的升高呈逐渐降低的趋势；而F_m和F_v呈先升高后降低的趋势，且均在20%光照强度下最高。PSⅡF_v/F_m反映了植物的反应中心内原初光能转化效率，F_v/F_o则反映了PSⅡ的潜在活性，当受到光照胁迫时，F_v/F_m显著下降，光合电子传递受到影响。100%光照强度下F_v/F_m和F_v/F_o显著低于8%光照强度、20%光照强度、45%光照强度处理（$P < 0.05$），表明100%光照强度下贵州地宝兰PSⅡ潜在活性中心受损，光合作用反应过程受到抑制。

表47-3　不同光照强度下贵州地宝兰荧光参数

光照强度处理	F_o	F_m	F_v	F_v/F_m	F_v/F_o
8%	$315.60 \pm 14.53a$	$1530.70 \pm 35.83a$	$1215.00 \pm 21.66a$	$0.794 \pm 0.005a$	$3.760 \pm 0.206a$
20%	$304.70 \pm 9.39a$	$1600.70 \pm 80.40a$	$1296.00 \pm 112.10a$	$0.809 \pm 0.005a$	$4.250 \pm 0.131a$
45%	$284.00 \pm 21.73a$	$1365.00 \pm 29.72b$	$1081.00 \pm 72.02a$	$0.793 \pm 0.012a$	$3.840 \pm 0.273a$
100%	$282.00 \pm 15.00a$	$1040.70 \pm 99.72c$	$758.70 \pm 15.63b$	$0.722 \pm 0.040b$	$2.730 \pm 0.509b$

（五）光照强度对贵州地宝兰叶绿素含量的影响

由图47-4可知，随着光照强度的增大，贵州地宝兰叶片Chl a、Chl b、Car和Chl（a+b）含量均逐渐降低，其中20%光照强度、45%光照强度、100%光照强度相比于8%光照强度Chl a含量降低11.71%、43.75%、72.59%，Chl b含量降低14.07%、43.07%、72.73%，Car含量降低6.32%、30.48%、56.88%。Car/Chl（a+b）随着光照强度的增大而逐渐升高，而不同光照强度处理下Chl a/Chl b无显著差异。

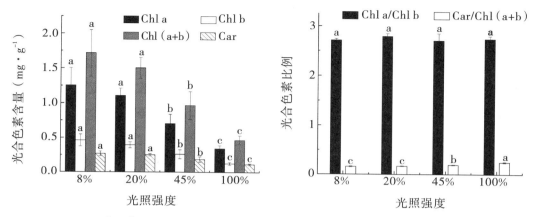

注：不同小写字母表示不同光照强度下同一指标差异显著，$P < 0.05$。

图 47-4　不同光照强度下贵州地宝兰叶片的光合色素含量及比例

（六）光照强度对贵州地宝兰生长状况的影响

不同光环境对贵州地宝兰生长状况的影响如表 47-4 所示。植株的株高、基径、最大叶长和最大叶宽均在 20% 光照强度下最大，8% 光照强度下次之，100% 光照强度下各项指标相比其他光照强度较低。通过观察发现全光照下植株出现纤细、矮小、灼伤、长斑等发育不良现象，表明强光对贵州地宝兰的生长有明显的抑制作用，适度遮阳有利于贵州地宝兰的生长。

表 47-4　不同光环境下贵州地宝兰的生长状况

不同光照强度处理	株高（cm）	基径（mm）	最大叶长（cm）	最大叶宽（cm）
8%	15.00 ± 2.16a	2.25 ± 0.56a	18.33 ± 3.68a	2.67 ± 0.56b
20%	15.25 ± 2.16a	2.73 ± 0.24a	18.88 ± 1.02a	3.30 ± 0.31a
45%	13.67 ± 0.47b	2.20 ± 0.31a	15.17 ± 1.65b	2.37 ± 0.53b
100%	12.00 ± 0.00b	1.77 ± 0.15b	15.50 ± 2.50b	2.35 ± 0.15b

三、讨论

光对于植物的光合作用主要有以下 3 点作用：第一，提供同化力形成所需要的能量；第二，活化光合作用的关键酶和促使气孔开放；第三，调节植物自身光合机构的发育（许大全，1997）。本试验中，贵州地宝兰 P_n 日进程主要呈双峰型曲线，8% 光照强度下的 P_n 日均值最低，其他 3 个处理均随着光照强度的增大而逐渐下降，说明光照不足或者过剩都会对贵州地宝兰植株的光合作用产生不利的影响。针对贵州地宝兰自身具有的"光合午休"现象，使 P_n 和 PAR 呈现非完全正比的表现，且午间 C_i 上升，表明此时 P_n 下降主要受非气孔限制因素的影响。P_n 可以显示植物的光合能力，也就是在同等的条件下，具有较高 P_n 的植物具备更强的光合能力和对周围环境的适应能力。本试验中，贵州地宝兰的日均 P_n 表现为 20% 光照强度 > 45% 光照强度 > 100% 光照强度 > 8% 光照强度，表明 20% 光照强度下贵州地宝兰积累光合产物的能力更强。不同光照强度处理下的日均 P_n 均小于 2 $\mu mol \cdot m^{-2} \cdot s^{-1}$，表明贵州地宝兰的光合能力较弱，不利于光合作用产物积累，同时对环境的适应能力较差，使得其在群落竞争中处于劣势。

本研究中，贵州地宝兰在 20% 光照强度下叶片的 P_{max} 最高，45% 光照强度和 100% 光照强度处理下 P_{max} 显著降低，说明其在光照强度过高的情况下光合能力下降。一般阴生植物的 LSP 在 500 ～ 1000 $\mu mol \cdot m^{-2} \cdot s^{-1}$ 或更低，LCP 小于 20 $\mu mol \cdot m^{-2} \cdot s^{-1}$（蒋高明，2004）。本试验中，贵州地宝兰植株在不同光照强度条件下的 LSP 和 LCP 都比较低，属于阴生植物，与其生长于荫蔽环境的现象相吻合，说明适度遮阳是栽培贵州地宝兰的必要条件之一。AQY 是光合作用中光能转化指标之一，其值越高，则表明植物在弱光下转换利用光能的效率越高。贵州地宝兰在 8% 光照强度、20% 光照强度、45% 光照强度下的 AQY 显著高于 100% 光照强度下的，说明贵州地宝兰在弱光下具有较强的适应性。

经过暗适应处理后，叶片的 F_v/F_m 是判断植物是否发生光抑制的重要指标。在没有环境胁迫的前提下，植物经过暗适应处理后的 F_v/F_m 通常数值在 0.8 以上（Maxwell et al.，2000），凌晨测定的 F_v/F_m 可以作为是否发生长期光抑制的指标。8% 光照强度、20% 光照强度和 45% 光照强度下贵州地宝兰的 F_v/F_m 在 0.8 左右，表明在此光照强度下其未发生明显光抑制现象，而全光照下 F_v/F_m 显著降低，出现了长期光抑制现象，表明其生长受到了强光胁迫。

叶绿素是植物光合作用中最重要的色素成分，强光胁迫会影响叶绿素的合成，促使已经合成的叶绿素分解，导致其含量下降。Chl a/Chl b 的数值是衡量植物耐阴性的重要指标之一，Chl a/Chl b 均小于 3，是典型的阴生植物特征。有研究人员认为阴生叶的 Chl a/Chl b 在 3 以下，阳生叶的 Chl a/Chl b 在 3 以上（Lichtenthaler et al.，1981）。本研究中，随着光照强度的增加，贵州地宝兰植株的 Chl（a+b）、Chl a 和 Chl b 含量不断下降，表明强光下叶片叶绿素合成受到影响，高光照强度也会促进叶绿素的分解。强光下叶片叶绿素含量降低以及Car/Chl（a+b）升高都会减少叶片自身对光能的捕捉，从而降低光合机构遭受光氧化破坏的风险，同时也是植物对环境强光胁迫的一种光保护调节机制。

植物的生长发育与光环境有密切的关系，不同的光照强度对植物生长的影响不同，一定的遮阳条件往往能使阴生植物的生长状态达到最佳（迟伟等，2001）。本研究表明，株高、基径、最大叶长和最大叶宽均在20%光照强度下最大；8%光照强度下各生长指标较低，可能与光照不足有关；45%光照强度下其生长受到轻微光抑制；100%光照强度下受到严重光抑制，叶片出现灼伤现象。因此，贵州地宝兰适合在适度遮阳的环境下生长。

四、结论

贵州地宝兰属兰科地宝兰属多年生草本植物，具有观赏和药用等开发价值。其同时也是中国特有的珍稀极危植物，被世界自然保护联盟（IUCN）列为极度濒危物种。为探讨极危植物贵州地宝兰对光照强度的适应性，以贵州地宝兰成年盆栽植株为材料，通过人工遮阳的方法设置不同光照强度处理（8%、20%、45%、100%），测定了不同光照强度下贵州地宝兰的气体交换参数日变化、光响应曲线、叶绿素荧光参数，并对其叶片叶绿素含量及生长指标进行了测定。结果表明：（1）20%光照强度、45%光照强度和100%光照强度下贵州地宝兰的日均P_n呈双峰型曲线，有明显的"光合午休"现象，而8%光照强度下的P_n呈单峰型曲线，20%光照强度下的日均P_n最高，为$1.922 \pm 0.453\ \mu mol \cdot m^{-2} \cdot s^{-1}$；（2）贵州地宝兰叶片的$P_{max}$、$LSP$、$AQY$在20%光照强度下最高，在此光照强度下的光合能力最强；（3）叶绿素荧光参数F_m、F_v、F_v/F_m和F_v/F_o在100%光照强度处理下显著低于其他3个处理，100%光照强度下贵州地宝兰遭受了严重的光抑制；（4）叶片Chl a、Chl b、Car和Chl（a+b）含量均随着光照强度的增大而逐渐降低，而Car/Chl（a+b）呈相反趋势；（5）20%光照强度下贵州地宝兰的株高、基径、最大叶长和最大叶宽均最大，8%光照强度次之，100%光照强度下最低。

贵州地宝兰对不同光环境有一定程度的适应性，20%光照强度最适宜其生长。在迁地保护中，可选择具有一定遮阳效果的环境进行苗木种植；在种群恢复过程中，可适当间伐上层乔灌木，增加林下透光率，提高贵州地宝兰的生长速度，促进其自然更新。

第四十八章　不同光照强度对白花兜兰光合特性及干物质积累的影响

一、材料与方法

（一）试验材料和处理

白花兜兰野生群落多分布于光照较弱的林下。本试验通过不同光照强度的遮阳棚来模拟不同光照强度（10%、30%、50%）对白花兜兰光合生理生态特性和生物量积累的影响，3个不同光照处理分别标记为 RI 10、RI 30 和 RI 50。试验地点位于广西桂林市广西植物研究所，地理坐标为 110° 17′ E、25° 01′ N，海拔 160 m。试验材料为 3 年生白花兜兰栽培植株，将白花兜兰长势良好的植株移栽于内径 30 cm、深 25 cm 的塑料花盆中，栽培基质为腐殖土与木屑质量比为 3 ∶ 1 的混合土壤。进行光照处理前将所有试验材料放置于 10% 光照强度的遮阳棚中缓苗，60 d 后将植株随机分成 4 组，每组 10 盆，移栽至各光照强度的遮阳棚中。试验期间进行常规的浇水和病虫害防治，2 个月后进行试验指标测定。

（二）测定指标与方法

1. 光合日变化测定方法

2022 年 8 月，选取晴天测定白花兜兰光合日变化。采用 Li–6400XT 便携式光合仪的透明叶室测量白花兜兰光合日变化，每个光照强度处理选择 3 株生长良好的植株进行测定，每株植株测定同一部位的 3 片叶片，测定时间为 9：00 ～ 11：00，每 1 h 测量 1 次，测量指标包括 P_n、C_i、G_s、T_r，测量指标均可从光合仪中导出，根据这些指标计算 WUE 和 L_s 等。WUE、L_s 计算公式如下：

$$WUE=P_n/T_r \tag{1}$$

$$L_s=1-C_i/C_a \tag{2}$$

公式（2）中，C_i 表示胞间 CO_2 浓度，C_a 表示空气中 CO_2 浓度。

2. 光响应曲线测定方法

光响应曲线采用 Li–6400XT 便携式光合仪 LED 红蓝光源叶室测定，测定时间为 9：00 ～ 12：00，每个光照强度处理测定 3 株，每株选择 3 片长势基本一致的健康成熟叶片。PAR 依次设置为 0、20 μmol·m^{-2}·s^{-1}、30 μmol·m^{-2}·s^{-1}、50 μmol·m^{-2}·s^{-1}、100 μmol·m^{-2}·s^{-1}、150 μmol·m^{-2}·s^{-1}、200 μmol·m^{-2}·s^{-1}、400 μmol·m^{-2}·s^{-1}、500 μmol·m^{-2}·s^{-1}、800 μmol·m^{-2}·s^{-1}、1000 μmol·m^{-2}·s^{-1}、1200 μmol·m^{-2}·s^{-1}。使用 CO_2 钢瓶控制 CO_2 浓度为 400 μmol·m^{-2}·s^{-1}，测量前将叶片置于 800 μmol·m^{-2}·s^{-1} 的 PAR 下进行诱导。

$$P_n = \frac{\alpha I + P_{max} - \sqrt{(\alpha I + P_{max})^2 - 4\theta\alpha I P_{max}}}{2\theta} - R_d \qquad （3）$$

公式（3）中，P_n 为净光合速率，α 为表观量子效率，P_{max} 为最大净光合速率或光饱和光合速率，R_d 为暗呼吸速率，I 为光合有效辐射，θ 为非直角双角线的曲角。表观量子效率用 0 ～ 100 μmol·m^{-2}·s^{-1} PAR 下直线的斜率表示，LCP 表示 P_n 为 0 时的光照强度，即与 X 轴交点，LSP 为 P_{max} 对应的光照强度，由直线方程（4）计算（叶子飘，2010）。

$$P_{max} = \alpha \times LSP - R_d \qquad （4）$$

3. 叶绿素测定方法

光合作用测定结束后，将叶片取下，迅速放入装有冰块的保温箱中，带回实验室进行研磨，用 80% 丙酮提取，在分光光度计 663 nm 和 645 nm 处测定吸光值，并按以下公式计算 Chl a、Chl b 和 Chl（a+b）。

$$Chl\ a = 12.72A_{663} \sim 2.59A_{645} \qquad （5）$$

$$Chl\ b = 22.88A_{645} \sim 4.673A_{663} \qquad （6）$$

$$Chl\ a + Chl\ b = 120.29A_{645} + 8.05A_{663} \qquad （7）$$

4. 生物量测定

叶绿素测定完成后，选取每个光照强度处理下叶片完整的植株进行地上部分和地下部分生物量测定，在 70℃烘箱烘干至恒重后，测定其干重。

（三）数据处理与分析

采用 Microsoft Excel 2021 进行数据筛选与整理，采用 SPSS22.0 软件进行方差分析与 Duncan 多重比较，采用 SPSS22.0 软件对 P_n 和其他光合指标进行相关性分析，通过叶子飘光合计算软件 4.1.1 进行光响应曲线拟合，采用 origin2023b 进行绘图。

二、结果与分析

（一）光照强度对白花兜兰光合日变化的影响

1. 白花兜兰叶片 P_n 日变化特征

不同光照强度处理下白花兜兰叶片 P_n 变化趋势基本相似，随着时间推进 P_n 均呈现下降趋势。上午白花兜兰光合作用能力较强时间，表现在 3 个光照强度处理下白花兜兰叶片 P_n 在上午 12∶00 前较大，12∶00 之后 P_n 均小于 1.00 $\mu mol \cdot m^{-2} \cdot s^{-1}$（图 48-1），$P_n$ 迅速降低可能与白花兜兰气孔关闭或 CO_2 浓度有关。测定时间范围内 3 个光照强度处理下白花兜兰 P_n 日变化并没有呈现单峰或双峰曲线，原因可能是日变化开始测定时间较晚，其峰值可能在 9∶00 以前。RI 30 处理下白花兜兰叶片日均 P_n 最高，其值为 1.06 $\mu mol \cdot m^{-2} \cdot s^{-1}$，显著高于 RI 10 处理和 RI 50 处理（$P < 0.05$）（表 48-1）。由此可见，在一定光照强度范围内增加光照强度可以促进白花兜兰光合作用。

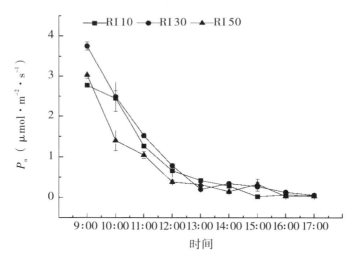

图 48-1　不同光照强度下白花兜兰叶片 P_n 日变化

2. 白花兜兰叶片 G_s 日变化特征

不同光照强度处理下白花兜兰 G_s 日变化同 P_n 日变化相似，基本上随时间递进呈现下降趋势（图 48-2）。P_n 和 G_s 的变化具有一致性，说明 G_s 是影响白花兜兰 P_n 的主要因素之一。不同光照强度处理对白花兜兰叶片 G_s 日均值影响与 P_n 日均值不同，

RI 30 处理下白花兜兰日均 G_s 大于其他处理，但不同光照强度处理对白花兜兰叶片 G_s 无显著影响（表 48-1）（$P > 0.05$）。

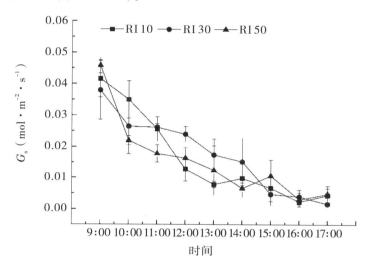

图 48-2　不同光照强度下白花兜兰叶片 G_s 日变化

表 48-1　不同光照强度下白花兜兰叶片光合参数日均值

参数	RI 10	RI 30	RI 50
P_n（$\mu mol \cdot m^{-2} \cdot s^{-1}$）	0.89 ± 0.02b	1.06 ± 0.06a	0.75 ± 0.03c
G_s（$mol \cdot m^{-2} \cdot s^{-1}$）	0.0162 ± 0.0030a	0.0175 ± 0.0040a	0.0155 ± 0.0015a
C_i（$\mu mol \cdot mol^{-1}$）	259.51 ± 6.34a	232.15 ± 17.50b	274.66 ± 6.46a
T_r（$mmol \cdot m^{-2} \cdot s^{-1}$）	0.81 ± 0.18a	0.57 ± 0.06ab	0.46 ± 1.10b
WUE（$\mu mol \cdot mmol^{-1}$）	1.42 ± 0.18b	2.04 ± 0.14a	1.24 ± 0.39b
L_s	0.26 ± 0.03b	0.34 ± 0.05a	0.28 ± 0.06b

注：同行不同字母表示差异显著，$P < 0.05$。

3. 白花兜兰叶片 C_i 日变化特征

不同光照强度处理下白花兜兰叶片 C_i 日变化相似，在 9：00 ～ 16：00 范围内均随时间递进呈现"下降—上升—下降—上升—下降—上升"趋势，3 个光照强度处理均在 12：00 达到最大值（图 48-3），此时白花兜兰叶片气孔关闭，进入叶片细胞用于光合作用的 CO_2 浓度较低，导致 C_i 较高。各光照强度处理下白花兜兰叶片日均 C_i 与日均 P_n 相反，RI 30 处理日均 C_i 显著低于 RI 10 处理和 RI 50 处理（表 48-1）。

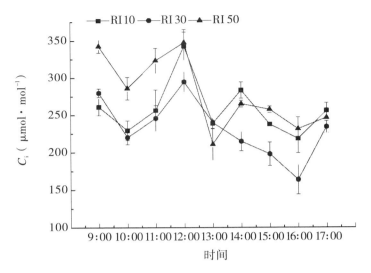

图 48-3　不同光照强度下白花兜兰叶片 C_i 日变化

4. 白花兜兰叶片胞间 T_r 日变化特征

不同光照强度处理下白花兜兰 T_r 日变化趋势不同但基本上随时间递进呈现先增后减趋势（图 48-4），RI 10 处理整体上具有较大的 T_r，表现在 12：00 ～ 14：00 T_r 明显高于其他光照强度处理。随着光照强度的增加，白花兜兰叶片日均 T_r 降低，RI 30 处理下白花兜兰日均 T_r 仅为 RI 10 处理的 70.37%，而 RI 10 处理显著（$P < 0.05$）高于 RI 50 处理（表 48-1）。

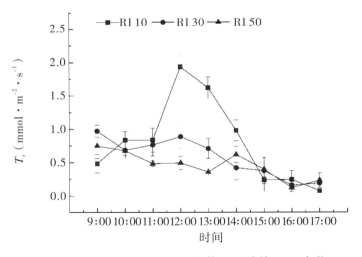

图 48-4　不同光照强度下白花兜兰叶片 T_r 日变化

5. 白花兜兰叶片 *WUE* 日变化特征

不同光照强度处理对白花兜兰 *WUE* 的影响相似，同 P_n 日变化大致相似，基本上随时间递进呈现下降趋势，*WUE* 均于 9：00 左右达到最大值，12：00 以后 *WUE* 均小于 1 μmol · mmol^{-1}（图 48-5）。各光照强度处理下白花兜兰的日均 *WUE* 大小依次为 RI 30＞RI 10＞RI 50，RI 30 处理下的 *WUE* 显著（$P < 0.05$）高于其他处理（表 48-1）。

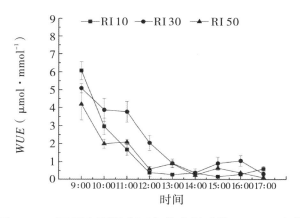

图 48-5　不同光照强度下白花兜兰叶片 *WUE* 日变化

6. 白花兜兰 L_s 日变化特征

不同光照强度处理下，白花兜兰 L_s 日变化基本上与 G_s 日变化呈现相反的趋势（图 48-6）。中午 12：00 左右 3 个光照强度处理下白花兜兰叶片 L_s 均达到一个较低值，13：00 之后不同光照强度处理下 L_s 虽有增加，但低于上午 L_s。各处理白花兜兰的日均 L_s 的大小依次为 RI 30＞RI 50＞RI 10，且 RI 30 处理日均 L_s 显著大于其他 2 个处理（$P < 0.05$）（表 48-1）。

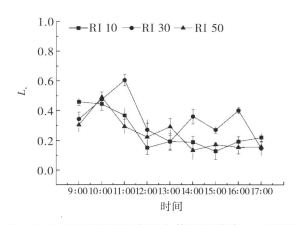

图 48-6　不同光照强度下白花兜兰叶片 L_s 日变化

7. 白花兜兰 P_n 和其他光合指标相关性分析

不同光照强度处理下 P_n 与其他光合指标相关性不尽相同。由表 48-2 可知，RI 10 处理下白花兜兰叶片 P_n 与 G_s、WUE 和 L_s 极显著正相关；RI 30 处理下白花兜兰叶片 P_n 与 G_s 极显著正相关，与 T_r、WUE 显著相关；RI 50 处理下白花兜兰叶片 P_n 与 G_s、WUE 极显著正相关，与 T_r 显著相关。

表 48-2　不同光照强度下白花兜兰叶片 P_n 与其他光合指标相关性分析

光照处理	G_s	C_i	T_r	WUE	L_s
RI 10	0.877**	−0.040	0.052	0.924**	0.934**
RI 30	0.947**	0.473	0.702*	0.796*	0.440
RI 50	0.935**	0.630	0.735*	0.986**	0.594

注：* 表示具有显著相关性，** 表示具有极显著相关性。

（二）光照强度对白花兜兰光响应曲线的影响

不同光照强度处理下白花兜兰叶片 P_n 对 PFD 的响应相似（图 48-7），PFD 为 0 ～ 800 $\mu mol \cdot m^{-2} \cdot s^{-1}$ 时，P_n 随着 PFD 的增大而增长，在 PFD 为 0 ～ 200 $\mu mol \cdot m^{-2} \cdot s^{-1}$ 时增长速度最快，而后期缓慢增长，当 PFD 达到 800 $\mu mol \cdot m^{-2} \cdot s^{-1}$ 时，白花兜兰不同光照处理下叶片 P_n 趋于平衡，但 RI 50 处理出现 P_n 随着 PFD 的增大而下降的趋势，说明强光下白花兜兰光合作用出现了光抑制。

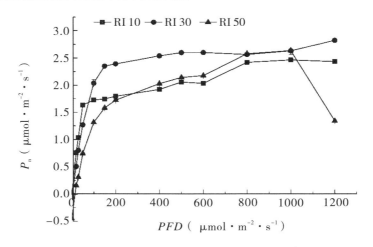

图 48-7　不同光照强度下白花兜兰叶片光响应曲线

由表 48-3 可知，3 种光照强度处理下白花兜兰叶片的光响应曲线拟合较好，均达到显著水平，其 R^2 均在 0.95 以上。根据表 48-3 中光合计算软件模拟出的 P_{max} 可看出，RI 30 处理的 P_{max} 最大，其值为 2.68 $\mu mol \cdot m^{-2} \cdot s^{-1}$，显著高于 RI 50 处理和 RI 10 处理。不同光照强度处理下模拟的 LSP 具有显著性差异，RI 30 处理下 LSP 最大，为 839.29 $\mu mol \cdot m^{-2} \cdot s^{-1}$，其次分别为 RI 50 处理和 RI 10 处理，其 LSP 值分别为 RI 30 处理的 87.64% 和 65.65%。不同光照强度处理下模拟的 LCP 差异显著，RI 10 处理下 LCP 最大，为 14.55 $\mu mol \cdot m^{-2} \cdot s^{-1}$，其次分别为 RI 30 处理和 RI 50 处理，其 LCP 分别为 RI 10 处理的 23.09% 和 5.63%。R_d 在 RI 10 处理下最高，其值为 0.36 $\mu mol \cdot m^{-2} \cdot s^{-1}$。$AQY$ 由大到小依次为 RI 30 > RI 10 > RI 50。

表 48-3　不同光照强度对白花兜兰叶片光响应曲线模拟参数

处理	P_{max} ($\mu mol \cdot m^{-2} \cdot s^{-1}$)	LSP ($\mu mol \cdot m^{-2} \cdot s^{-1}$)	LCP ($\mu mol \cdot m^{-2} \cdot s^{-1}$)	R_d ($\mu mol \cdot m^{-2} \cdot s^{-1}$)	AQY (mol $\cdot$ mol^{-1})	R^2
RI 10	2.28 ± 0.01b	551.00 ± 1.71c	14.55 ± 0.19a	0.36 ± 0.01a	0.0111 ± 0.002b	0.9525
RI 30	2.68 ± 0.03a	839.29 ± 172.58a	3.36 ± 0.26b	0.18 ± 0.04b	0.0140 ± 0.0005a	0.9662
RI 50	2.08 ± 0.01c	735.53 ± 7.10b	0.82 ± 0.25c	0.06 ± 0.02c	0.0081 ± 0.0001c	0.9509

注：同列不同字母表示具有显著差异，$P < 0.05$，下同。

（三）光照强度对白花兜兰叶绿素含量的影响

两个月试验结束时观察到 RI 10 处理下白花兜兰植株生长较好，叶片浓绿而有光泽，RI 30 处理的叶色浅绿，而 RI 50 处理的叶片开始发黄，且少量叶片有日灼现象。由表 48-4 可知，RI 10 处理和 RI 30 处理的叶片光合色素含量显著高于 RI 50 处理的，但 RI 10 处理和 RI 30 处理之间无显著性差异，这说明当光照强度达到自然光强度的 50% 时，白花兜兰叶片叶绿素易遭到破坏，不利于叶绿素形成；在光照强度较弱条件下白花兜兰会调整其叶片叶绿素含量以便于充分吸收和利用散射光。

表 48-4　不同光照强度下白花兜兰叶片光合色素含量及比例

光照强度	Chl a (mg $\cdot$ g^{-1} $\cdot$ FW)	Chl b (mg $\cdot$ g^{-1} $\cdot$ FW)	Chl (a+b) (mg $\cdot$ g^{-1} $\cdot$ FW)	Car (mg $\cdot$ g^{-1} $\cdot$ FW)	Chl a/ Chl b	Car/Chl (a+b)
RI 10	6.63 ± 0.87a	2.58 ± 0.35a	9.20 ± 1.22a	1.92 ± 0.18a	2.67 ± 0.07a	0.21 ± 0.01b
RI 30	6.41 ± 0.41a	2.41 ± 0.21a	8.82 ± 0.61a	1.84 ± 0.80a	2.57 ± 0.44a	0.21 ± 0.01b
RI 50	5.28 ± 0.81b	2.05 ± 0.31b	7.33 ± 1.11b	1.66 ± 0.16b	2.58 ± 0.07a	0.23 ± 0.01a

（四）光照强度对白花兜兰生物量的影响

光照强度对白花兜兰地上部分和地下部分生物量积累的影响相似，大小依次为 RI 30、RI 10、RI 50。RI 30 处理白花兜兰生物量积累达到最大值，其地上部分、地下部分生物量分别为 5.75 g 和 6.90 g（图 48-8）。地上部分生物量在不同光照强度处理间具有显著性差异（$P < 0.05$），地下部分干重则无显著差异（$P > 0.05$），原因可能是光照强度处理时间仅为 2 个月，时间过短无法准确反映光照强度处理对植株地下部分的影响。

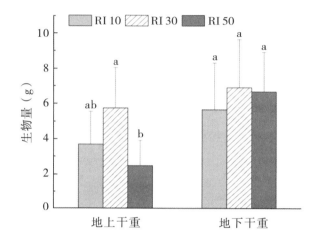

图 48-8　不同光照强度下白花兜兰叶片和根干重变化

三、讨论

光是影响植物最重要的环境因素之一，不同光照条件对植物生长发育与生物量积累有重要的影响。本试验研究结果表明，P_n、G_s、P_{max} 都以 RI 30 处理条件下为最高，同时 RI 30 处理具有最高的 LSP 和 AQY，该处理条件下的 WUE 也显著高于其他处理。说明 30% 光照强度条件下白花兜兰可利用光照强度范围相对较广，能保持较高的生产力水平。该研究结果与香荚兰（*Vanilla planifolia*）在 75% 遮光条件达到较高光合生产力结果相一致（王辉等，2017）。

P_n 是衡量植物光合作用能力强弱的重要指标，而 P_n 受到 G_s、C_i 等影响。本试验中，3 个光照强度下 G_s 日变化趋势均与 P_n 日变化趋势基本一致，说明 G_s 是影响白花兜兰 P_n 的重要因素之一，P_n 与 G_s 相关性分析结果再次论证了该结果。通常植物进行光合作用时进入叶肉细胞的 CO_2 浓度增加导致 C_i 增大。本试验中，C_i 和 P_n 并无直接相关性，说

明 C_i 不是影响白花兜兰 P_n 的关键因素。结合光合指标日变化及其与 P_n 日变化相关性结果分析可知，G_s 和 WUE 是制约不同光照强度处理白花兜兰光合作用的重要因素，特别是在 RI 10 和 RI 50 处理下，对中等强度光照处理 RI 30 的影响较其他处理弱。

光照强度的增大在一定程度上促进了白花兜兰的光合作用，随着光照强度增加，白花兜兰 P_{max} 显著升高。白花兜兰叶片对不同光照强度的响应不同，10% ～ 30% 光照强度范围内增加光照强度能促进其光合作用能力，但光照强度达到 50% 后，白花兰 P_{max} 显著降低，原因可能是强光引起 PS Ⅱ 结构破坏，降低 Rubiso 酶活性，增加 R_d，诱导活性氧和光抑制的产生，从而导致叶片 P_n 下降。AQY 是衡量植物对弱光利用能力的指标，在适宜的生长条件下，植物的 AQY 为 0.03 ～ 0.05。在本试验中，白花兜兰 3 个光照强度处理下的 AQY 均低于 0.03，原因可能有二，一是白花兜兰自身生长特性决定其光合作用能力和对弱光的利用能力较低，这一点可以从白花兜兰的日均 P_n 和 P_{max} 可以看出，3 个光照强度处理下白花兜兰的日均 P_n 和 P_{max} 均小于 3 $\mu mol \cdot m^{-2} \cdot s^{-1}$；二是白花兜兰均受到一定程度的光抑制，这从光响应曲线可以看出，当 PFD 达到 800 $\mu mol \cdot m^{-2} \cdot s^{-1}$ 时白花兜兰的 P_n 出现下降趋势。此外，LSP 和 LCP 反映了植物对强光和弱光的适应范围，两者的差值越大，反映其对光照强度的适应能力越强。本试验中，RI 30 处理下白花兜兰 LSP 和 LCP 差值为 835.39 $\mu mol \cdot m^{-2} \cdot s^{-1}$，明显高于 RI 10 处理（536.45 $\mu mol \cdot m^{-2} \cdot s^{-1}$）和 RI 50 处理（734.71 $\mu mol \cdot m^{-2} \cdot s^{-1}$），表明在 30% 光照强度是白花兜兰最佳的生长光照强度，在此光照强度处理下白花兜兰可利用光照强度范围最广，光合作用能力较强。

叶绿素作为光合作用的光敏催化剂，其含量及比例是植物适应并利用光能的关键指标之一。在植物光合作用过程中，光照强度会影响叶绿素的形成与分解。弱光条件下，植物为了弥补光照强度不足，通过增加单位面积色素含量以增加其对光能的利用（孟衡玲等，2017）；反之，强光条件下，色素含量会降低（卢晓等，2013）。本研究中白花兜兰叶片光合色素含量随着光照强度减小而显著增加，这与大多数植物叶绿素对光照强度的响应相似（赵鸿杰等，2014；王艳林等，2019）。阴生植物通过提高 Chl b 的比率以适应弱光环境中的散射光，捕获更多的光能。白花兜兰在提高 Chl b 含量的同时也提高了 Chl a 的含量，使各光照强度下 Chl a/Chl b 无显著差异，与桤木（*Alnus cremastogyne*）（刘柿良等，2013）和山茶（*Camellia japonica*）幼苗（翟玫瑰等，2009）的研究结果类似，但与许多植物在遮光环境下 Chl a/Chl b 降低的研究结果不同（张云等，2014；Dai et al.，2009）。此外，植物还可以根据环境因子的变化来调节 Car 和

2 种叶绿素的比例，Car/Chl（a+b）的增加有利于增强光破坏防御能力，可减轻对光合机构的损害。白花兜兰叶片的 Car/Chl（a+b）在 3 种光照强度处理中具有差异，10%光照强度和 30% 光照强度处理无显著性差异，但 50% 光照强度处理下 Car/Chl（a+b）显著升高，说明其应对强光环境启动了光破坏保护机制。

植物生物量在一定程度上表现了植物光合能力和其对生长发育的贡献，适当光照强度有利于植物充分利用光能制造有机物，促进植物生物量积累。本试验中 RI 30 处理下白花兜兰具有较高的地上部分和地下部分生物量，表明 30% 光照强度促进了白花兜兰生物量的积累，该研究结果与李浩铭对伯乐树幼苗的研究结果相似（李浩铭等，2021）。此外，在本试验中，白花兜兰 P_n 在 30% 光照强度达到最大值，且显著高于其他处理，但在此光照强度下叶绿素含量并非最大值，可见叶片数增多，植株生长健壮可能是白花兜兰 P_n 提高的原因。

四、结论

白花兜兰是我国特有的兰科兜兰属植物，具有极高的观赏价值。白花兜兰作为栽培种中的优良种质资源，市场需求量高。目前，白花兜兰已被列为国家一级重点保护植物和极小种群野生植物。本试验通过盆栽方法模拟不同光照强度对白花兜兰植株光合特性和生物量积累的影响，为白花兜兰繁育与栽培奠定一定的生态学基础。白花兜兰在光合参数，叶绿素含量和生物量积累等的变化规律揭示了其对不同光照环境的适应和调节能力。不同光照强度对白花兜兰 P_n 日变化影响基本一致，P_n 均随着时间递进而降低，白花兜兰叶片进行光合作用主要集中在上午 12：00 之前，12：00 之后光合作用能力急速下降。30% 光照强度处理下白花兜兰叶片日均 P_n 最高且 P_{max}、LSP 和 AQY 显著高于其他光照强度处理，是白花兜兰生长的最适光照强度。白花兜兰为阴生植物，在 50% 自然光照强度下白花兜兰的生长受到抑制，生长缓慢，地上部分生物量积累缓慢；而在 30% 光照强度环境下，其叶片可以通过提高 G_s，提高 PSⅡ 反应中心的开放程度与活性、减少热耗散等途径来增加 PSⅡ 的光化学效率，作用于光合特征参数和生长发育上，表现为 P_n 较高，WUE 最高、地上部分生物量最大，生长最快。整体上白花兜兰对光照强度的要求较为严格，30% 自然光照强度是白花兜兰生长的最适光照强度，光照强度达到自然光照强度的 50% 会使白花兜兰的光合作用和生物量积累受到影响。因此在林下栽种白花兜兰时应进行遮阳处理，以免叶片被强光灼伤，在温室栽培时应注意提供一定的光照强度，以提高其产量和品质。

第四十九章　海伦兜兰光合生理生态特性研究

一、材料与方法

（一）试验材料

选取生长状况良好的海伦兜兰为试验材料，在广西植物研究所开展试验。引种栽培的海伦兜兰引种来自广西龙州县。将海伦兜兰种植于内径 30 cm、深 25 cm 的塑料花盆中，栽培基质为林下表层土壤，每盆一株，共 3 盆，于黑色尼龙搭建遮阳棚下定期浇水施肥，统一管理模式，恢复生长后开始测定其光合参数。

（二）试验方法

1. 光合日变化的测定

选择晴天天气，于 8：00 ～ 17：30，利用 Li-6400 便携式光合仪的自然光叶室测不同光照强度下的海伦兜兰的光合指标日变化，测定参数包括 P_n，G_s，T_r 和 C_i。每个参数选取同一叶位的无病虫害且健康完整的叶片进行测量。

2. 光响应曲线的测定

光响应曲线采用 Li-6400 便携式光合仪 LED 红蓝光源叶室测定，测定时间为 9：00 ～ 11：30，选择每株叶片中段成熟、无病虫害的叶片进行测量。PAR 从大到小依次设置为 $1500\,\mu mol \cdot m^{-2} \cdot s^{-1}$、$1200\,\mu mol \cdot m^{-2} \cdot s^{-1}$、$1000\,\mu mol \cdot m^{-2} \cdot s^{-1}$、$800\,\mu mol \cdot m^{-2} \cdot s^{-1}$、$600\,\mu mol \cdot m^{-2} \cdot s^{-1}$、$400\,\mu mol \cdot m^{-2} \cdot s^{-1}$、$300\,\mu mol \cdot m^{-2} \cdot s^{-1}$、$200\,\mu mol \cdot m^{-2} \cdot s^{-1}$、$150\,\mu mol \cdot m^{-2} \cdot s^{-1}$、$100\,\mu mol \cdot m^{-2} \cdot s^{-1}$、$50\,\mu mol \cdot m^{-2} \cdot s^{-1}$、$25\,\mu mol \cdot m^{-2} \cdot s^{-1}$、0 ；使用 CO_2 钢瓶控制 CO_2 浓度为 $400\,\mu mol \cdot m^{-2} \cdot s^{-1}$，测量前将叶片置于 $600\,\mu mol \cdot m^{-2} \cdot s^{-1}$ 的 PAR 下进行诱导，设置最大和最小等待时间分别为 120 s 和 200 s，然后开始测定。

（三）数据处理

采用 Excel 2016 对生长指标、光合色素含量、P_n 日变化和光响应曲线参数等进行初步分析，采用 SPSS 进行显著性和相关性分析。采用叶子飘（2010）的光合计算软件 4.1.1 双曲线修正模型对光响应曲线进行拟合，Origin 进行作图。

二、结果与分析

（一）海伦兜兰光合日变化

海伦兜兰光合日变化趋势如图 49–1 所示。其中，P_n 日变化趋势如图 49–1A 所示，随着自然光照强度的增加，P_n 变化趋势表现为单峰型曲线，峰值出现在上午 11：30，大小为 1.345 μmol·m^{-2}·s^{-1}，随后 P_n 呈下降趋势。G_s 和 T_r 日变化曲线变化趋势与 P_n 变化趋势基本一致，如图 49–1B、图 49–1C 所示，均呈单峰型曲线，峰值出现在 11：30，大小分别为 0.011 μmol·m^{-2}·s^{-1}、0.227 μmol·m^{-2}·s^{-1}，随后逐渐呈下降趋势。但 C_i 日变化趋势与 P_n 相反（图 49–1D），早晚的 C_i 相对较高，曲线变化表现为先下降后上升，呈 V 形曲线，在 11：30 时出现谷值。P_n、G_s、T_r、C_i 平均值分别为 0.561 μmol·m^{-2}·s^{-1}、0.005 mol·m^{-2}·s^{-1}、267.178 mol·m^{-2}·s^{-1}、0.123 μmol·mol^{-1}。

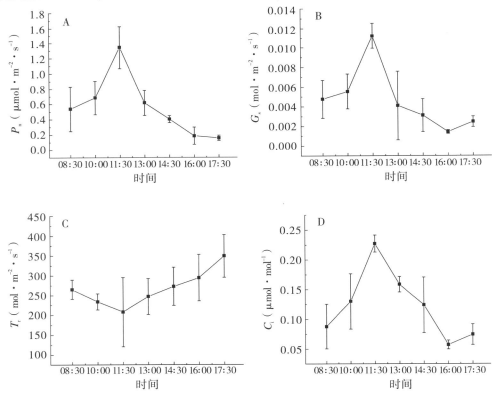

图 49–1　海伦兜兰光合日变化趋势

（二）海伦兜兰光响应曲线

海伦兜兰光响应曲线变化趋势如图 49-2 所示。当 PFD 等于 0 时，P_{max} 小于 0，表现为其正在进行暗呼吸，PFD 在 0 ～ 100 μmol·m^{-2}·s^{-1} 时，P_{max} 呈指数上升趋势。当 PFD 在 100 ～ 400 μmol·m^{-2}·s^{-1} 时，曲线呈缓慢上升趋势，PFD 在 400 ～ 1500 μmol·m^{-2}·s^{-1} 时，曲线趋于平衡。海伦兜兰光响应参数如表 49-1 所示，其存在较低的 LSP 和 LCP，AQY 极高，为 0.080 mol·mol^{-1}，P_{max} 为 1.989 μmol·m^{-2}·s^{-1}。

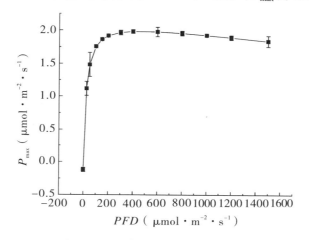

图 49-2　海伦兜兰光响应曲线

表 49-1　海伦兜兰光响应参数

参数	AQY （mol·mol^{-1}）	P_{max} （μmol·m^{-2}·s^{-1}）	LSP （μmol·m^{-2}·s^{-1}）	LCP （μmol·m^{-2}·s^{-1}）	R_d （μmol·m^{-2}·s^{-1}）
数值	0.080±0.030	1.989±0.020	471.250±85.975	1.132±0.047	0.119±0.026

三、讨论

光合作用是植物在生长发育过程中复杂且关键的一个过程，光合作用过程除了受到环境因素作用，还受到自身内部因素如 G_s、T_r、C_i 等的影响。本试验中，P_n 随着自然光照的增强，呈单峰型曲线，在 11：30 出现峰值，此时伴随着 G_s、T_r 的升高和 C_i 的降低。这是由于温度升高使得 G_s 升高，从而加大空气中的 CO_2 进入细胞内，同时蒸腾作用调节植物体内的水分和温度。

通常情况下，阴生植物的 LSP 为 500 ～ 1000 μmol·m^{-2}·s^{-1} 或更低，LCP 小于 20 μmol·m^{-2}·s^{-1}。LCP 和 LSP 是判断植物对光的利用范围，LSP 越高，代表

植物对强光利用能力越强；LCP 越低，表示植物在弱光环境下对光的利用能力越强（Yao et al.，2014）。本研究中，海伦兜兰的 LSP 为 471.250 $\mu mol \cdot m^{-2} \cdot s^{-1}$，$LCP$ 为 1.132 $\mu mol \cdot m^{-2} \cdot s^{-1}$，表明海伦兜兰为阴生植物，其 LSP 不高，说明其强光的利用范围不大，且 LCP 极低，说明海伦兜兰对弱光的利用能力更强，适宜在弱光环境中生存。AQY 是光合作用中光能转化指标之一，其值通常为 0.02 ～ 0.05，数值越高，植物在弱光下转换利用光能的效率就越高（罗光宇等，2021），本实验中 AQY 为 0.08 $mol \cdot mol^{-1}$，表明海伦兜兰对弱光的利用效率极高。

四、结论

海伦兜兰叶色深绿，花瓣金黄，其观赏价值非常高，是杂交育种不可多得的种质资源材料，其经济价值和科研价值极高。通过研究海伦兜兰光合生理生态特性，为海伦兜兰的有效保护与引种栽培提供科学参考。采用 Li–6400 便携式光合仪，测定海伦兜兰叶片光响应曲线及光合日变化，结果表明：P_n、G_s 及 C_i 均呈单峰型曲线，峰值出现在 11 : 30，大小分别为 1.345 $\mu mol \cdot m^{-2} \cdot s^{-1}$、0.011 $mol \cdot m^{-2} \cdot s^{-1}$、0.227 $mol \cdot m^{-2} \cdot s^{-1}$，$C_i$ 呈 V 形曲线，谷值出现在 11 : 30，大小为 207.991 $\mu mol \cdot mol^{-1}$；海伦兜兰 P_{max} 为 1.989 $\mu mol \cdot m^{-2} \cdot s^{-1}$，$LSP$ 与 LCP 均较低，分别为 471.250 $\mu mol \cdot m^{-2} \cdot s^{-1}$、1.132 $\mu mol \cdot m^{-2} \cdot s^{-1}$。$AQY$ 的大小为 0.080 $mol \cdot mol^{-1}$。通过试验表明海伦兜兰是典型的阴生植物。海伦兜兰具有对光的利用范围较窄，而对弱光利用能力极强的特点，适宜在弱光环境下生存。这一光合特性的特点是海伦兜兰种群难以扩大的原因之一。因此，在引种栽培时应注意遮阳。本研究通过探究其光合生理生态特性，为海伦兜兰的大规模培育种植及引种栽培提供科学的参考，从而实现对海伦兜兰的有效保护。

第五十章　罗氏蝴蝶兰、版纳蝴蝶兰和华西蝴蝶兰光合特性及叶绿素荧光比较研究

一、材料与方法

(一)材料

供试材料为组培后移栽于广西亚热带作物研究所兰科植物种质资源圃内的罗氏蝴蝶兰、版纳蝴蝶兰(*Phalaenopsis mannii*)和华西蝴蝶兰(*Phalaenopsis wilsonii*)开花的成年植株。栽培介质为水苔,选取生长健壮,长势良好,叶片完全成熟,已开花,无病虫害的成年植株进行试验。春秋季温度适宜,蝴蝶兰在此期间生长较快。本试验选在秋季10~11月进行。*RH*控制在65%以上,资源圃内顶棚覆盖遮阳网。

试验地位于广西南宁市,属湿润的亚热带季风气候区,阳光充足,雨量充沛,年均温为21.6℃左右,夏季最热的7~8月月均温28.2℃,年均降水量达1304.2 mm,年均*RH*为79%,气候特点是炎热潮湿。干湿季节分明,夏季一般潮湿,冬季稍显干燥。

(二)方法

1. 快速光曲线测量

使用Li-6800便携式光合仪(OPTI-sciences,USA),光源为LED红蓝光,采用全自动测量系统Auto Prog测量,选取植株的叶片,对不同*PAR*下植物叶片的电子传递速率(rETR)进行活体测定。经过前期的预实验,选择16:00~18:30进行快速光曲线的测量。设置CO_2浓度为400 $\mu mol \cdot mol^{-1}$,*PAR*梯度分别为600 $\mu mol \cdot m^{-2} \cdot s^{-1}$、550 $\mu mol \cdot m^{-2} \cdot s^{-1}$、500 $\mu mol \cdot m^{-2} \cdot s^{-1}$、450 $\mu mol \cdot m^{-2} \cdot s^{-1}$、400 $\mu mol \cdot m^{-2} \cdot s^{-1}$、350 $\mu mol \cdot m^{-2} \cdot s^{-1}$、300 $\mu mol \cdot m^{-2} \cdot s^{-1}$、250 $\mu mol \cdot m^{-2} \cdot s^{-1}$、200 $\mu mol \cdot m^{-2} \cdot s^{-1}$、150 $\mu mol \cdot m^{-2} \cdot s^{-1}$、100 $\mu mol \cdot m^{-2} \cdot s^{-1}$、75 $\mu mol \cdot m^{-2} \cdot s^{-1}$、50 $\mu mol \cdot m^{-2} \cdot s^{-1}$、25 $\mu mol \cdot m^{-2} \cdot s^{-1}$、0,对3种蝴蝶兰属植物的快速光曲线进行测量,每个梯度持续120~300 s,记录对应的rETR值,rETR值随*PAR*的变化趋势图即为快速光曲线。每种类测3株,重复测量3次。

2.叶绿素相对含量测定

采用 SPAD-502 PLUS 叶绿素计（MINOLTA，Japan）对 3 种蝴蝶兰属植物叶片的 SPAD 值进行测定，通过 SPAD 值的测定，作为间接指标反映叶绿素含量（李辉等，2012）。每个种测量 2 片叶，每片叶测定上中下 3 个位置，每个种测定 5 株植株。

3.叶绿素荧光参数测定

采用 Li-6800 便携式光合仪对 3 种蝴蝶兰属植物叶片叶绿素荧光参数进行活体测定。先将植株叶片暗适应 3 h，预处理饱和脉冲光照强度（5000 $\mu mol \cdot m^{-2} \cdot s^{-1}$）测定指标为 F_o、F_m、F_v；后设置光照强度 300 $\mu mol \cdot m^{-2} \cdot s^{-1}$，$CO_2$ 浓度为 400 $\mu mol \cdot mol^{-1}$，测定 3 种蝴蝶兰属植物的光下稳态荧光（F_s）、光下最大荧光（F_m'）、PS Ⅱ 实际的光化学量子效率（PhiPS2）、光下最小荧光（F_o'）、PS Ⅱ 反应中心激发能捕获效率（F_v'/F_m'）、光化学猝灭系数（qP）、非光化学猝灭系数（qN），每种植物设置 5 个重复。

4.数据统计

利用 Excel 2016 进行数据分析及作图，SPSS 21.0 进行方差分析，采用 LSD 多重比较，数据为均值 ± 标准差，并利用双指数方程模型（Latt et al.，1980）进行快速光曲线拟合，运用光合计算 4.1.1 软件计算光曲线的拟合值及光响应参数。半饱和光照强度（Ik）计算公式为 Ik＝P_m/α，其中 P_m 为最大相对电子传递速率（$rETR_{max}$）。

二、结果与分析

（一）快速光曲线拟合与光响应参数比较分析

罗氏蝴蝶兰、版纳蝴蝶兰和华西蝴蝶兰的快速光曲线拟合方程系数 R^2 分别为 0.9985、0.9985 和 0.9862。快速光曲线测量拟合结果如图 50-1 所示，可以分为两个阶段，即快速上升阶段和相对稳定阶段。当 PAR 为 0 $\mu mol \cdot m^{-2} \cdot s^{-1}$ 时，电子未发生传递；在 PAR 范围为 25 ～ 200 $\mu mol \cdot m^{-2} \cdot s^{-1}$ 的低光照强度阶段时，3 种蝴蝶兰属植物的 rETR 值都随着 PAR 的增强而基本呈快速上升趋势；随着 PAR 继续增强，电子传递能力达到最大，rETR 值的增长速率逐渐减慢趋于稳定，直至达到饱和状态。3 种蝴蝶兰属植物的快速光曲线变化趋势存在差异，其中罗氏蝴蝶兰和华西蝴蝶兰的快速光曲线变化趋势较为接近；达到饱和状态时，版纳蝴蝶兰的 rETR 值最高，其次为罗氏蝴蝶兰，华西蝴蝶兰的 rETR 值相对较小。

采用双指数方程模型对 3 种蝴蝶兰属植物的快速光曲线进行拟合，可得到各植物的荧光参数光初始斜率（α）、rETR$_{max}$、饱和光照强度（PAR_{sat}）和 Ik 等，结果见表 50-1。3 种蝴蝶兰属植物的 α 比较结果大小依次为罗氏蝴蝶兰＞华西蝴蝶兰＞版纳蝴蝶兰；rETR$_{max}$ 与 PAR_{sat}、Ik 的变化规律一致，3 种荧光参数数值大小排列均为版纳蝴蝶兰＞罗氏蝴蝶兰＞华西蝴蝶兰。

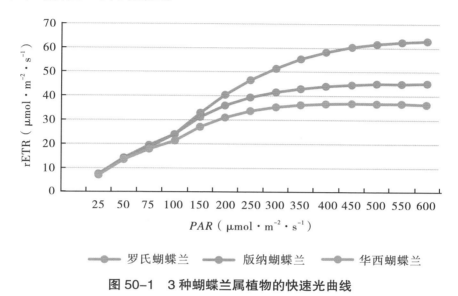

图 50-1　3 种蝴蝶兰属植物的快速光曲线

表 50-1　3 种蝴蝶兰属植物光响应参数

种名	α	rETR$_{max}$ （$\mu mol \cdot m^{-2} \cdot s^{-1}$）	PAR_{sat} （$\mu mol \cdot m^{-2} \cdot s^{-1}$）	Ik （$\mu mol \cdot m^{-2} \cdot s^{-1}$）
版纳蝴蝶兰	0.28	62.69	605.48	223.89
罗氏蝴蝶兰	0.34	44.22	579.43	130.06
华西蝴蝶兰	0.30	36.92	460.83	123.07

（二）叶绿素相对含量差异分析

SPAD 值测量结果见表 50-2，其值高低是植物光合作用能力、营养胁迫和生长发育阶段的重要指标，与叶绿素含量呈正相关（艾天成等，2000）。3 种蝴蝶兰属植物 SPAD 值差异显著，其中，SPAD 值最高的是罗氏蝴蝶兰，其次为华西蝴蝶兰，版纳蝴蝶兰最低，为罗氏蝴蝶兰的 56.64%。表明罗氏蝴蝶兰叶绿素含量最高，其次为华西蝴蝶兰，版纳蝴蝶兰叶绿素含量最低。

表 50-2　3 种蝴蝶兰属植物的 SPAD 值

种名	SPAD 值
罗氏蝴蝶兰	$60.35 \pm 7.36a$
版纳蝴蝶兰	$34.18 \pm 4.14b$
华西蝴蝶兰	$47.49 \pm 5.60c$

注：同列中不同小写字母表示差异显著，$P < 0.05$，下同。

（三）叶绿素荧光参数的差异分析

3 种蝴蝶兰属植物叶绿素荧光参数测量结果见表 50-3。叶绿素荧光过程与光合作用系统的光合作用过程偶联。3 种蝴蝶兰属植物的叶绿素荧光参数中部分参数 F_m、F_s、PhiPS2、F_v'/F_m' 和 qP 等参数无显著差异，而 F_o、F_v/F_m、F_m'、F_o' 和 qN 差异显著。差异显著的各叶绿素荧光参数中又呈现出各自不同的差异性特点。根据表 50-3，华西蝴蝶兰的 F_o 与版纳蝴蝶兰的无显著差异，版纳蝴蝶兰的与罗氏蝴蝶兰的无显著差异，而华西蝴蝶兰的与罗氏蝴蝶兰的差异显著；3 种蝴蝶兰属植物的 F_m 无显著差异；F_v/F_m 表现为罗氏蝴蝶兰与版纳蝴蝶兰无显著差异，版纳蝴蝶兰与华西蝴蝶兰无显著差异，而罗氏蝴蝶兰与华西蝴蝶兰差异显著；在相同的光照强度等环境下，3 种蝴蝶兰属植物 F_v'/F_m' 差异不显著。qP 和 qN 是叶绿素荧光相互竞争的两个过程，在光化学猝灭过程中 3 种蝴蝶兰属植物的 qP 无种间显著差异，在非光化学过程中 qN 版纳蝴蝶兰与华西蝴蝶兰存在显著差异，而版纳蝴蝶兰与罗氏蝴蝶兰、罗氏蝴蝶兰与华西蝴蝶兰之间均无显著差异。

表 50-3　3 种蝴蝶兰属植物叶绿素荧光参数

荧光参数	罗氏蝴蝶兰	版纳蝴蝶兰	华西蝴蝶兰
F_o	$992.69 \pm 129.12b$	$1007.95 \pm 46.96ab$	$1190.04 \pm 189.42a$
F_m	$5085.45 \pm 551.78a$	$4629.53 \pm 184.31a$	$4810.05 \pm 477.67a$
F_v/F_m	$0.80 \pm 0.01a$	$0.78 \pm 0.01ab$	$0.75 \pm 0.02b$
F_s	$1157.43 \pm 90.74ab$	$1077.83 \pm 58.02ac$	$1204.35 \pm 30.52a$
F_m'	$1533.18 \pm 300.64a$	$1319.75 \pm 208.66bc$	$1485.18 \pm 19.47ab$
PhiPS2	$0.23 \pm 0.10a$	$0.17 \pm 0.09a$	$0.19 \pm 0.02a$
F_o'	$841.08 \pm 43.94b$	$800.43 \pm 21.64c$	$904.57 \pm 28.05a$
F_v'/F_m'	$0.44 \pm 0.10a$	$0.38 \pm 0.08a$	$0.39 \pm 0.02a$
qP	$0.50 \pm 0.13a$	$0.42 \pm 0.15a$	$0.48 \pm 0.04a$
qN	$0.65 \pm 0.08b$	$0.77 \pm 0.07a$	$0.63 \pm 0.14bc$

三、讨论

（一）CAM 代谢途径下蝴蝶兰属植物的光合生理生态特性

大多数 C3、C4 植物的光合特性可以通过传统气体交换系统，测量并绘制光响应（P-I）曲线来反映。与 C3、C4 植物不同，CAM 植物光合呼吸模式有明显的昼夜规律（Borland et al.，2009），受环境中的水分和温度调控与影响。白天气孔关闭的同时释放 CO_2，G_s 很低，P_n 低且无法稳定；夜间气孔开放，吸收 CO_2 并进行碳固定。在本试验进行中，罗氏蝴蝶兰等 3 种蝴蝶兰属植物的 P_n 极不稳定，且都为负值，验证了其 CAM 代谢途径，其光合呼吸模式不能用传统的气体交换测量 CO_2 吸收量计算出 P_n。快速光曲线被应用于多种植物的光合作用研究，可以综合评价光合能力强弱。通过 rETR 值随光照强度的变化趋势反映了当前状态下植物光合作用的信息，测量快速、对植株光合状态影响较小。故参照此方法，采用测定快速光曲线的方法来反映 3 种蝴蝶兰属植物的光合特性。3 种蝴蝶兰属植物的快速光曲线变化趋势存在差异。低光照强度阶段，rETR 值随着光照强度的增强快速上升，随着 PAR 继续增强，逐渐趋于饱和状态，此阶段相同光照强度下，版纳蝴蝶兰的 rETR 值最高，其次为罗氏蝴蝶兰，华西蝴蝶兰的 rETR 值最低。植物叶片的 rETR 越高，碳同化过程形成的电子传递体（ATP 和 NADPH）就越高（王碧霞等，2018；南吉斌等，2019），即阶段相同光照强度下版纳蝴蝶兰的 rETR 值最高，将 CO_2 转化为碳水化合物最多，其次为罗氏蝴蝶兰，华西蝴蝶兰 CO_2 转化为碳水化合物最少。

CAM 代谢途径与蝴蝶兰属植物的遗传背景及生态型密切相关。在自然状态下，蝴蝶兰为附生型兰花，生态幅较为狭窄。附生环境条件较为恶劣，水分和养分的供应为间歇性的，这是影响该属植物生存的最大限制因子。CAM 途径与附生类的生活型相伴，是植物对地理环境和气候变化的响应和适应。蝴蝶兰属植物通过 CAM 代谢途径类型来适应环境，气孔白天关闭，减少了因蒸腾作用导致的水分丢失；夜间温度低开放气孔来吸收光合作用所需的 CO_2，使得蒸腾远低于其他类型的植物。磷酸烯醇式丙酮酸羧化酶（PEPC）是光合碳同化代谢过程中重要的酶，在夜间表现出活性，而在白天钝化，CAM 代谢途径 CO_2 的固定和同化在不同时间进行，这是适应环境的一种特殊的机制。这种代谢途径的植物光合作用的效率不高，生长缓慢，却提高了水分的利用率。CAM 代谢途径的生理生态适应特征使得附生的蝴蝶兰在水分匮乏、间歇性降雨的环境中也能生存下来，从而保持了种群的延续性。

（二）光照强度对电子传递速率、光响应参数的影响

不同种类的蝴蝶兰属植物在同一栽培环境中，表现出的光响应信息不同，具有种间差异性。拟合后 3 种蝴蝶兰属植物的参数 PAR_{sat}、$rETR_{max}$ 与 Ik 变化规律一致，各参数数值的大小排列均为版纳蝴蝶兰＞罗氏蝴蝶兰＞华西蝴蝶兰。PAR_{sat} 为潜在光合作用能力，利用光照强度的最大限度，LSP 高的植物在强光下生长发育不容易受抑制，反之植物不能高效利用强光（郑淑霞等，2006；Ritchie et al.，2010）。耐阴性强的植物 LSP 为 405 ～ 810 $\mu mol \cdot m^{-2} \cdot s^{-1}$（汪小飞等，2014）。3 种蝴蝶兰属植物在较小的光照强度下对光线的吸收已经达到饱和状态，属于耐阴性强的植物。$rETR_{max}$ 的数值越高，表示光合作用的活性和效率越高。Ik 也是植物强光耐受力的重要指标，强光耐受力越高，电子传递速率也较之越高。3 种蝴蝶兰属植物中，潜在的光合作用能力最大的为版纳蝴蝶兰，光合作用的活性和效率也较高，强光耐受力较强；罗氏蝴蝶兰处于居中水平；华西蝴蝶兰光合作用的活性和效率最低，强光耐受力弱，容易发生光抑制现象。α 大小变化规律与 $rETR_{max}$、Ik 与 PAR_{sat} 不同。α 可以度量光合作用中光能的转化效率，α 越大，在低光照强度阶段叶片利用光能的效率越高（段爱国等，2010）。3 种蝴蝶兰属植物中，罗氏蝴蝶兰的 α 最大，说明了在低光照强度的条件下罗氏蝴蝶兰叶片利用光能的效率最高，光能转化为电子流的能力最高，其次为华西蝴蝶兰，版纳蝴蝶兰的 α 最小，在低光照强度的条件下叶片利用光能的效率低。不同植物光能利用效率存在种间差异性，与王威等（2014）对不同蝴蝶兰黄花品系光响应特征的研究结果一致。

（三）叶绿素含量对光合特性的影响

叶绿素含量的高低在一定程度上可以反映光合速率的大小。3 种蝴蝶兰属植物的叶绿素含量差异显著。罗氏蝴蝶兰叶绿素含量最高，而其 α 最大，在低光照强度的条件下光能的转化效率高；版纳蝴蝶兰叶绿素含量低，α 小，低光照强度的条件下光能的转化效率低。据此推断蝴蝶兰属植物叶绿素含量越高在低光照强度的阶段叶片利用光能的效率越高，这种光合特性可能与 CAM 代谢途径密切相关。叶绿素对于光能的吸收、传递以及转化起重要作用，而光也作为信号影响叶绿素的形成，蝴蝶兰属植物的 LSP 也与叶绿素含量有一定程度的相关性。叶片中含过多的叶绿素是植物光抑制现象产生的一个原因（Ort et al.，2015）。本研究中，版纳蝴蝶兰不易出现光抑制现象，

可能与其相对较低的叶绿素含量相关。

（四）叶绿素荧光参数对光合特性的影响

光合作用敏感反映环境条件变化的生理过程，变化的生理过程可以通过叶绿素荧光参数反映。3 种蝴蝶兰属植物的荧光参数中部分参数如 F_m、PhiPS2 与 F_v'/F_m' 等参数无显著差异，可能与 3 种蝴蝶兰属植物为同属植物，遗传学上有一定的亲缘关系且处于同一生长环境有关；而 F_o、F_v/F_m 和 qN 有显著差异性，则可能与不同植物种类相关，为适应所处环境植物而不断调整资源配置及生理生化过程，并在光合特性方面作出响应（李玉凤等，2020）。qP 与 qN 是 2 个叶绿素荧光相互竞争的反应。qP 无种间显著差异，qP 是光抑制程度的重要指标，值越大发生光抑制的程度越低。3 种蝴蝶兰属植物均表现为在光照强度较低时，PSⅡ电子传递活性强，PSⅡ反应中天线色素（light-harvesting pigment）吸收的光能几乎全部用于光化学反应。而在非光化学过程中，qN 表现出种间差异性，版纳蝴蝶兰的 qN 最高，与其他 2 种蝴蝶兰属植物的差异显著。非光化学猝灭反映植物的光保护能力，是植物以热的形式耗散掉多余的光能。热耗散对植物光合机构免受破坏起到积极的作用，版纳蝴蝶兰的 qN 最高，光保护能力最强，可能与该物种的 PAR_{sat} 呈正相关。随着光照强度的增加，叶片吸收光能过剩，吸收的光能不进行光合电子传递，出现光抑制现象，通过非光化学猝灭方式启动自我保护机制。

叶绿素荧光参数是光合作用与环境关系的内在探针，可作为植物抗逆反应的指标之一，评价所处环境是否存在胁迫。胁迫导致植物 PSⅡ开放反应中心开放程度减少，引起 PSⅡ有效光量子产量的下降，从而导致光合电子传递效率的明显降低，电子传递过程明显受到抑制。F_v/F_m 会因环境因子的改变而发生不同光合生理生态变化（李晓等，2006），其值一般为 0.75～0.85，非胁迫条件下保持相对稳定，不受植物种类的影响，而当受到胁迫时，比值会下降（何炎红等，2005）；植物在水分和温度胁迫环境中 F_v/F_m 会降低；当 F_v/F_m > 0.44 且持续呈降低趋势时，PSⅡ活性随之降低，当 F_v/F_m < 0.44 时，PSⅡ反应中心则会被破坏，完全失去活性。在持续的高温胁迫下，蝴蝶兰茎段的 F_v/F_m 也呈下降趋势（朱珈叶等，2022）。3 种蝴蝶兰属植物的 F_v/F_m 在 0.75～0.80 范围内，这表明其在 RH 控制在 65% 以上、遮阳的生长环境下生长良好，没有受到胁迫。

四、结论

蝴蝶兰属植物为 CAM 植物，代谢途径为介于 C3 和 C4 途径的中间的景天酸代谢途径。为探究该代谢途径下蝴蝶兰属植物的光合生理生态特性、叶绿素荧光特征及其种间差异。测定罗氏蝴蝶兰、版纳蝴蝶兰和华西蝴蝶兰 3 种蝴蝶兰属植物叶片的快速光曲线、叶绿素含量（SPAD 值）和叶绿素荧光参数并进行差异比较。研究结果表明，罗氏蝴蝶兰、版纳蝴蝶兰和华西蝴蝶兰的光合生理生态特性表现存在种间差异。在较低的光照强度下，3 种蝴蝶兰属植物电子传递速率就已经达到饱和状态，属于耐阴性强的植物，栽培时需要遮阳处理才有利于其生长。相同光照强度下版纳蝴蝶兰转化的碳水化合物最多，华西蝴蝶兰转化的碳水化合物最少。罗氏蝴蝶兰叶绿素含量最高，低光照强度条件下利用光能的效率最高；版纳蝴蝶兰叶绿素含量最低，低光照强度条件下利用光能的效率最低，不易出现光抑制现象且光保护能力最强；华西蝴蝶兰易出现光抑制现象。叶绿素荧光参数作为植物抗逆反应的指标之一，3 种蝴蝶兰属植物在所处资源圃的栽培环境中生境条件生长良好，未受到环境胁迫的影响。CAM 代谢途径是植物为适应干旱胁迫在光合作用中采取的节水策略，探究蝴蝶兰属植物等 CAM 代谢途径植物的光合生理生态特性，对于人工栽培环境下的植物养护具有重要指导意义，也可为开发利用 CAM 植物资源提供重要线索和新的研究思路。

参考文献

[1] 阿地力·衣克木，木合塔尔·扎热，茹先古丽·买合木提，等."V"形架式下5个鲜食葡萄品种光合日变化和光响应曲线特征参数比较[J].新疆农业科学，2022，59（1）：105–112.

[2] 艾天成，李方敏，周治安，等.作物叶片叶绿素含量与SPAD值相关性研究[J].湖北农学院学报，2000，20（1）：6–8.

[3] 安飞飞，陈霆，杨龙，等.木薯叶片显微结构及叶绿素荧光参数比较[J].生物技术通报，2018，34（1）：104–109.

[4] 白宇清，谢利娟，王定跃.不同遮荫、土壤排水处理对毛棉杜鹃幼苗生长及光合特性的影响[J].林业科学，2017，53（2）：44–53.

[5] 闭鸿雁，徐清，王兵，等.锥连栎不同叶龄叶片光合特征研究[J].西部林业科学，2019，48（3）：116–121.

[6] 宾耀梅，孙熹，李璐，等.不同芽苗切根育苗处理对紫荆木苗木生长的影响[J].广西林业科学，2015，44（1）：63–66.

[7] 蔡超男，侯勤曦，慈秀芹，等.极小种群野生植物海南风吹楠的遗传多样性研究[J].热带亚热带植物学报，2021，29（5）：547–555.

[8] 蔡锡安，饶兴权，刘占锋，等.遮荫处理对梅叶冬青叶片形态、光合特性和生长的影响[J].热带亚热带植物学报，2020，28（1）：25–34.

[9] 曹基武，刘春林，张斌，等.珍稀植物银杉的种子萌发特性[J].生态学报，2010，30（15）：4027–4034.

[10] 曹林青，钟秋平，邹玉玲，等.不同千年桐种质叶片结构及光合特性[J].森林与环境学报，2022，42（6）：592–599.

[11] 柴胜丰，史艳财，陈宗游，等.珍稀濒危植物毛瓣金花茶扦插繁殖技术研究[J].种子，2012，31（6）：118–121.

[12] 柴胜丰，唐健民，杨雪，等.4种模型对黄枝油杉光合光响应曲线的拟合分析[J].广西科学院学报，2015，31（4）：286–291.

[13] 柴胜丰，庄雪影，韦霄，等.光照强度对濒危植物毛瓣金花茶光合生理特性的影

响 [J].西北植物学报，2013，33（3）：547-554.

[14] 柴胜丰，庄雪影，邹蓉，等.濒危植物毛瓣金花茶遗传多样性的 ISSR 分析 [J].西北植物学报，2014，34（1）：93-98.

[15] 陈伯望，洪菊生，施行博.杉木和秃杉群体的叶绿体微卫星分析 [J].林业科学，2000，36（3）：46-51.

[16] 陈根云，陈娟，许大全.关于净光合速率和胞间 CO_2 浓度关系的思考 [J].植物生理学通讯，2010，46（1）：64-66.

[17] 陈健辉，缪绅裕，黄丽宜，等.海桑和无瓣海桑叶片结构的比较研究 [J].植物科学学报，2015，33（1）：1-8.

[18] 陈凯，杨梅，刘世男.不同光照对观光木幼苗生长及光合生理特性的影响 [J].北华大学学报（自然科学版），2019，20（4）：536-541.

[19] 陈丽飞，杜江，董然，等.遮荫对大花萱草光合特性的影响 [J].北方园艺，2008（1）：121-123.

[20] 陈旅，杨途熙，魏安智，等.不同花椒品种光合特性比较研究 [J].华北农学报，2016，31（4）：153-161.

[21] 陈焘，李杰峰，张迟，等.基于 EST-SSR 标记的野生椴树居群遗传多样性分析 [J].安徽农业大学学报，2020，47（2）：224-231.

[22] 陈兴浩，刘晗琪，张新建，等.彩叶杨"全红"和"炫红"光合生理特性的比较分析 [J].园艺学报，2022，49（2）：437-447.

[23] 陈妍，张艳芳，赵令敏，等.光照强度对山药光合特性的影响和 Rubisco 羧化酶基因的克隆及表达分析 [J].植物生理学报，2023，59（6）：1169-1183.

[24] 陈莹，曾菁菁，吕祉龙，等.基于 *trn*L-F 与 ISSR 的凹脉金花茶与 3 种近缘种的分子鉴别及其遗传多样性 [J].福建农业学报，2022，37（10）：1298-1304.

[25] 陈云，刘伟，胡彦，等.紫背天葵光合日变化规律及影响因子分析 [J].文山学院学报，2020，33（3）：18-21，36.

[26] 陈政宏.苦丁茶全光照喷雾扦插育苗 [J].广西林业科学，1994，23（3）：152-155.

[27] 陈政宏.苦丁茶矮化密植高产栽培技术 [J].农家之友，2002（1）：16.

[28] 陈珠庆，杨杰.山莨菪属四种植物光合作用光响应及 CO_2 响应研究 [J].云南师范大学学报（自然科学版），2019，39（1）：57-61.

[29] 程晶.单性木兰响应于多种环境因子交互作用的表型可塑性 [D].贵阳：贵州大

学，2021.

［30］程林．枸骨冬青秋季光合生理特性研究［J］.江苏农业科学，2015，43（12）：221-223.

［31］池毓章．观光木播种苗生长规律及育苗技术研究［J］.福建林业科技，2007，138（1）：122-125，132.

［32］迟伟，王荣富，张成林．遮荫条件下草莓的光合特性变化［J］.应用生态学报，2001，12（4）：566-568.

［33］寸德山，尹加笔，梁晓碧，等．濒危植物滇桐种子育苗技术初报［J］.绿色科技，2018（11）：59，62.

［34］大新县志编纂委员会．大新县志［M］.上海：上海古籍出版社，1989.

［35］代文娟，唐绍清，刘燕华．叶绿体微卫星分析濒危植物资源冷杉的遗传多样性［J］.广西科学，2006，13（2）：151-155.

［36］戴月，薛跃规．濒危植物顶生金花茶的种群结构［J］.生态学杂志，2008，174（1）：1-7.

［37］戴月，薛跃规．2种不同生境中毛瓣金花茶的种群结构［J］.安徽农业科学，2011，39（25）：15603-15607.

［38］单凌飞，丁颖慧，王双蕾，等．胡杨不同发育阶段叶片光合作用及其光响应特征［J］.生态科学，2019，38（6）：22-29.

［39］邓莎，吴艳妮，吴坤林，等．14种中国典型极小种群野生植物繁育特性和人工繁殖研究进展［J］.生物多样性，2020，29（2）：385-400.

［40］翟大才，宣磊，周琦，等．黄山地区马尾松和黄山松基于SSR标记的基因渐渗研究［J］.分子植物育种，2018，16（14）：4614-4622.

［41］翟玫瑰，李纪元，徐迎春，等．遮荫对茶花幼苗生长及生理特性的影响［J］.林业科学研究，2009，22（4）：533-537.

［42］丁林凯，阚飞，李玲，等．陇中半干旱区玉米对光和CO_2浓度的响应模型［J］.江苏农业科学，2019，47（8）：86-91.

［43］丁圣彦，宋永昌．浙江天童常绿阔叶林演替系列优势种光合生理生态的比较［J］.生态学报，1999，19（3）：30-35.

［44］董丽敏，戴亮芳，白李唯丹，等．濒危羊蹄甲子代幼苗遗传多样性的SSR分析［J］.西北植物学报，2019，39（4）：613-619.

［45］董梦宇，王金鑫，吴萌，等.两种香花芥属植物叶片结构及光合特性研究［J］.草业学报，2022，31（7）：172–184.

［46］董志新，韩清芳，贾志宽，等.不同苜蓿（$Medicago\ sativa$ L.）品种光合速率对光和 CO_2 浓度的响应特征［J］.生态学报，2007，27（6）：2272–2278.

［47］段爱国，张建国，何彩云，等.干热河谷主要植被恢复树种干季光合光响应生理参数［J］.林业科学，2010，46（3）：68–73.

［48］段登文，马庚，贾德熙，等.弥勒苣苔多倍体诱导及鉴定［J/OL］.分子植物育种：1–13［2024–02–11］.

［49］段左俊，陈飞飞，梁居红，等.观光木的种子发芽试验研究［J］.热带林业，2018，46（3）：4–7.

［50］段左俊，林波，陈飞飞，等.海南紫荆木的种子发芽试验研究［J］.热带林业，2017，45（1）：12–15.

［51］樊大勇，张旺峰，陈志刚，等.沿林冠开度梯度的银杉幼树对光的适应性［J］.植物生态学报，2005，29（5）：713–723.

［52］范海翔，关旸.不同生长时期泽泻蕨叶片光响应曲线的研究［J］.哈尔滨师范大学自然科学学报，2015，31（2）：136–139.

［53］方宝华，滕振宁，刘洋，等.超高产杂交稻的光响应曲线及其模型拟合［J］.中国稻米，2017，23（4）：1–5，13.

［54］方精云，王襄平，沈泽昊，等.植物群落清查的主要内容、方法和技术规范［J］.生物多样性，2009，17（6）：533–548.

［55］付传明，黄宁珍，骆文华，等.广西火桐的组织培养和植株再生［J］.植物生理学通讯，2010，46（12）：1253–1254.

［56］付瑞锋，梁宗锁，王琬，等.大叶秦艽的光合特性研究［J］.西北农业学报，2014，23（11）：185–190.

［57］付晓凤，王莉姗，朱原，等.不同施肥处理对海南风吹楠幼苗生长及生理特性影响［J］.植物科学学报，2018，36（2）：273–281.

［58］高建国，徐根娣，李文巧，等.濒危植物长序榆（$Ulmus\ elongata$）幼苗光合特性的初步研究［J］.生态环境学报，2011，20（1）：66–71.

［59］高薇，史艳财，熊忠臣，等.基于 GBS 技术的五指毛桃种质群体遗传结构分析［J/OL］.分子植物育种：1–15［2023–06–15］.

［60］葛颂，王海群，张灿明，等.八面山银山林的遗传多样性和群体分化［J］. Acta Botanica Sinica（植物学报：英文版），1997，39（3）：266-271，300.

［61］龚奕青.叉叶类苏铁的遗传分化和谱系地理研究［D］.昆明：云南大学，2015.

［62］郭昉晨.南亚热带珍贵阔叶树种光合特性与叶片功能性状的关系［D］.南宁：广西大学，2015.

［63］韩晓，王海波，王孝娣，等.基于4种光响应模型模拟不同砧木对夏黑葡萄耐弱光能力的影响［J］.应用生态学报，2017，28（10）：3323-3330.

［64］何昕孺，王玉静，李妍颖，等.枸杞光合特性评价及高光效指标筛选［J］.西北农业学报，2022，31（7）：893-901.

［65］何炎红，郭连生，田有亮.白刺叶不同水分状况下光合速率及其叶绿素荧光特性的研究［J］.西北植物学报，2005，25（11）：2231.

［66］黄宝优，余丽莹，吕惠珍，等.单性木兰引种栽培试验初报［J］.大众科技，2008，110（10）：139-140.

［67］黄迪，任毅华，杨守志.藏东南察隅县针阔混交林乔木树种种群结构特征［J］.西北林学院学报，2023，38（5）：79-85.

［68］黄仕训，陈泓，盘波，等.广西特有濒危植物狭叶坡垒群落特征研究［J］.西北植物学报，2008，28（1）：164-170.

［69］黄仕训，陈泓，唐文秀，等.狭叶坡垒生物生态学特征及致濒原因研究［J］.生物多样性，2008，16（1）：15-23.

［70］黄仕训，王才明，王燕.濒危树种广西青梅保护初步研究［J］.植物研究，2001，21（2）：317-320.

［71］黄仕训.元宝山冷杉濒危原因初探［J］.农村生态环境，1998，14（1）：7-10.

［72］黄歆怡，陆祖正，宾振钧，等.极小种群植物洛氏蝴蝶兰所处群落结构特征［J］.热带作物学报，2020，41（7）：1469-1476.

［73］黄云峰，薛跃规.中国新分布种海伦兜兰的濒危状况［J］.植物分类学报，2007，45（3）：333-336.

［74］黄增冠，喻卫武，罗宏海，等.香榧不同叶龄叶片光合能力与氮含量及其分配关系的比较［J］.林业科学，2015，51（2）：44-51.

［75］黄展文，李春牛，黄昌艳，等.凹脉金花茶整枝扦插繁育技术研究［J］.农业科技通讯，2021，590（2）：143-146.

［76］贾倩，张颖娟，王铁娟，等.绵刺休眠期和生长期光合特性的比较研究［J］.内蒙古师范大学学报（自然科学汉文版），2016，45（5）：679-686.

［77］姜霞，张喜，丁海兵.黔中10个树种苗期水分利用效率及光合特性的差异性研究［J］.西部林业科学，2013，42（5）：75-81.

［78］蒋高明.植物生理生态学［M］.北京：高等教育出版社，2004.

［79］蒋迎红，申文辉，谭长强，等.极小种群广西青梅种群结构、动态分析及保护策略［J］.生态科学，2016，35（6）：67-72.

［80］蒋迎红，项文化，何应会，等.极小种群海南风吹楠种群的数量特征及动态［J］.中南林业科技大学学报，2017，37（8）：66-71，80.

［81］蒋迎红，项文化，蒋燚，等.广西海南风吹楠群落区系组成、结构与特征［J］.北京林业大学学报，2016，38（1）：74-82.

［82］蒋迎红.极小种群海南风吹楠生态学特性及濒危成因分析［D］.长沙：中南林业科技大学，2018.

［83］金建新，李株丹，黄建成，等.宁夏引黄灌区不同灌水处理下春小麦光响应曲线模型研究［J］.中国农机化学报，2022，43（9）：182-190.

［84］金俊彦，覃文更，谭卫宁，等.濒危植物单性木兰群落主要种群种间联结性研究［J］.西部林业科学，2013，42（3）：86-94.

［85］金雅琴，李冬林.遮光对红果榆幼苗光合作用及叶片解剖结构的影响［J］.西北植物学报，2023，43（6）：1006-1016.

［86］晋宇轩，陈之林，杜致辉，等.永福报春苣苔叶片扦插过程中内源激素含量的动态变化［J］.贵州农业科学，2023，51（1）：67-73.

［87］亢亚超，潘陆荣，王凌晖，等.磷对铝胁迫下观光木幼苗生长的缓解作用［J］.山东农业科学，2020，52（6）：71-76.

［88］寇帅，李政，李先源，等.蕙兰SSR引物开发及渝贵川地区兰属遗传多样性研究［J］.植物遗传资源学报，2021，22（2）：338-348.

［89］赖碧丹，邓征宇，孙奇.八种广西特有报春苣苔属植物开花生物学特性研究［J］.广西植物，2020，40（10）：1520-1530.

［90］赖家业，刘敬宝，潘春柳，等.不同处理对单性木兰种子萌发的影响［J］.广西科学，2008，58（2）：195-197.

［91］赖家业，潘春柳，覃文更，等.珍稀濒危植物单性木兰传粉生态学研究［J］.广西

植物，2007，119（5）：736-740.

［92］蓝玉甜，韦新莲，黄岚，等.野生贵州地宝兰无菌播种及根状茎繁育技术研究
［J］.安徽农业科学，2014，42（2）：395-397，418.

［93］郎莹，张光灿，张征坤，等.不同土壤水分下山杏光合作用光响应过程及其模拟
［J］.生态学报，2011，31（16）：4499-4508.

［94］冷平生，杨晓红，胡悦，等.5种园林树木的光合和蒸腾特性的研究［J］.北京农
学院学报，2000，15（4）：13-18.

［95］黎明，马焕成，李福秀.红花木莲苗期光合特性研究［J］.西部林业科学，2004，
33（2）：42-45.

［96］李勃生.植物生理生化实验原理和技术［M］.北京：高等教育出版社，2000：
134-263.

［97］李博，李火根，王光萍.水松的组织培养及植株再生［J］.植物生理学通讯，
2006，42（6）：1136.

［98］李博，李火根.水松扦插繁殖技术的研究［J］.桂林师范高等专科学校学报，
2008，75（3）：151-156.

［99］李春波，赵新建，缪绅裕，等.广东连州寨背磊村报春苣苔分布岩洞口植物资源
调查［J］.亚热带植物科学，2018，47（1）：28-32.

［100］李冬林，金雅琴，崔梦凡，等.夏季遮光对连香树幼苗形态、光合作用及叶肉细
胞超微结构的影响［J］.浙江农林大学学报，2020，37（3）：496-505.

［101］李冬林，王火，江浩，等.遮光对香果树幼苗光合特性及叶片解剖结构的影响
［J］.生态学报，2019，39（24）：9089-9100.

［102］李发根，夏念和.水松地理分布及其濒危原因［J］.热带亚热带植物学报，
2004，12（1）：13-20.

［103］李凤.东亚特有种五唇兰两种生态型的光合生理特性研究［D］.海口：海南大
学，2010.

［104］李歌，凌少军，陈伟芳，等.昌化江河谷隔离对海南岛特有植物盾叶苣苔遗传
多样性的影响［J］.广西植物，2020，40（10）：1505-1513.

［105］李浩铭，余著成，陈卓，等.光照强度对伯乐树幼苗生长及相关生理指标的影响
［J］.西南林业大学学报（自然科学），2021，41（3）：23-30.

［106］李合生.植物生理生化实验原理和技术［M］.北京：高等教育出版社，2000.

［107］李红生，刘广全，陈存根，等.黄土丘陵沟壑区沙棘光合特性及气孔导度的数值模拟［J］.西北农林科技大学学报（自然科学版），2009，37（4）：108-114，120.

［108］李辉，白丹，张卓，等.羊草叶片SPAD值与叶绿素含量的相关分析［J］.中国农学通报，2012，28（2）：27-30.

［109］李建凡，李日飞，严荣斌，等.NaCl胁迫对紫荆木种子萌发的影响［J］.广西农学报，2014，29（4）：27-29.

［110］李娟，林建勇，何应会，等.广西崇左叉叶苏铁种群结构与分布格局研究［J］.广东农业科学，2016，43（12）：25-29.

［111］李丽霞，刘济明，廖小锋，等.小蓬竹光合作用对 CO_2 的响应特征［J］.东北林业大学学报，2016，44（8）：18-23.

［112］李莎，莫舜华，胡兴华，等.基于MaxEnt和ArcGIS预测濒危植物资源冷杉潜在适生区分析［J/OL］.生态学杂志：1-11［2023-02-21］.

［113］李晓，冯伟，曾晓春.叶绿素荧光分析技术及应用进展［J］.西北植物学报，2006，26（10）：2186-2196.

［114］李晓东，史沉鱼，覃国乐，等.濒危植物单性木兰林区土壤动物群落结构与季节动态［J］.华中农业大学学报，2015，34（4）：20-26.

［115］李晓笑，陶翠，王清春，等.中国亚热带地区4种极危冷杉属植物的地理分布特征及其与气候的关系［J］.植物生态学报，2012，36（11）：1154-1164.

［116］李秀玲，王晓国，李春牛，等.基于灰色关联分析方法评价13种野生兜兰的迁地保护适应性［J］.植物科学学报，2015，33（3）：326-335.

［117］李雪，吴青松，许少祺，等.景天科3种植物的叶片形态结构与抗旱性评价［J］.东北师大学报（自然科学版），2023，55（3）：114-121.

［118］李雪飞，陈珑，饶惠玲，等.5种丛生竹叶片光响应曲线拟合模型比较［J］.植物资源与环境学报，2022，31（2）：88-90.

［119］李亚男，严炜，罗丽娟，等.一种低毒透明剂制作植物叶片石蜡切片的方法［J］.热带农业科学，2019，39（4）：58-61.

［120］李燕，于冰，辛建攀，等.生态因子对欧洲冬青光合特性的影响［J］.东北林业大学学报，2021，49（10）：27-33.

［121］李莹，吕惠珍，黄雪彦，等.5种半蒴苣苔属植物光合特性的比较［J］.植物资

源与环境学报，2015，24（2）：19-25.

［122］李永清，叶炜，江金兰，等.铁皮石斛种质亲缘关系的ISSR分析［J］.西南农业学报，2015，28（4）：1530-1534.

［123］李玉凤，黄婧，马姜明，等.桂林喀斯特石山50种常见植物叶片光合特性［J］.生态学报，2020，40（23）：8649-8659.

［124］李芸瑛，窦新永，彭长连.三种濒危木兰植物幼树光合特性对高温的响应［J］.生态学报，2008，28（8）：3789-3797.

［125］李振，张勇，魏永成，等.短枝木麻黄种子散布模式及子代群体的遗传多样性分析［J］.林业科学研究，2021，34（5）：24-31.

［126］李正理.植物制片技术（第二版）［M］.北京：北京科学技术出版社，1987.

［127］李正文，陈丽丽，李志刚，等.德保苏铁回归后几个生理指标的比较研究［J］.广西植物，2012，32（2）：243-247.

［128］李宗艳，李静，曾万标，等.滇东南硬叶兜兰核心种质区群体遗传结构［J］.植物遗传资源学报，2013，14（3）：407-413.

［129］励娜，姚媛媛，陈一龙，等.基于SSR标记的雷公藤属植物遗传多样性和遗传结构评价［J］.药学学报，2017，52（1）：153-161.

［130］梁开明，林植芳，刘楠，等.不同生境下报春苣苔的光合作用日变化特性［J］.生态环境学报，2010，19（9）：2097-2106.

［131］梁铭忠，蒋忠诚，沈利娜，等.广西龙虎山植物功能群物种多样性垂直格局［J］.中国岩溶，2011，30（3）：308-312.

［132］梁文斌，赵丽娟，李家湘，等.湖南安息香属植物的叶片比较解剖学研究［J］.植物研究，2014，34（2）：148-158.

［133］林达，王松杰，许霞玲，等.栾树和无患子净光合速率对光强和CO_2浓度的响应［J］.黑龙江农业科学，2012（10）：89-93.

［134］林海波，唐绍清.广西龙虎山自然保护区种子植物区系分析［J］.亚热带植物科学，2006，35（1）：57-59.

［135］刘超，胡正华，陈健，等.不同CO_2浓度升高水平对水稻光合特性的影响［J］.生态环境学报，2018，27（2）：246-254.

［136］刘方炎，李昆，廖声熙，等.濒危植物翠柏的个体生长动态及种群结构与种内竞争［J］.林业科学，2010，46（10）：23-28.

[137] 刘根林，蒋泽平，刘泽东，等.苦丁茶的组织培养研究 [J].江苏林业科技，1999，26（1）：41-43.

[138] 刘国民.苦丁茶树扦插繁殖的研究 [J].海南大学学报（自然科学版），1998（1）：69-75.

[139] 刘慧明，于胜祥，王昌佐，等.桂西黔南国家重点保护植物的地理分布、保护现状及对策 [J].广西植物，2013，33（3）：356-363，337.

[140] 刘露.凉山引进油橄榄品种的光合特性研究 [D].成都：四川农业大学，2016.

[141] 刘旻霞，夏素娟，穆若兰，等.黄土高原中部三种典型绿化植物光合特性的季节变化 [J].生态学杂志，2020，39（12）：4098-4109.

[142] 刘明秀，梁国鲁.植物比叶质量研究进展 [J].植物生态学报，2016，40（8）：847-860.

[143] 刘强，李凤日，谢龙飞.人工长白落叶松冠层光合作用－光响应曲线最优模型 [J].应用生态学报，2016，27（8）：2420-2428.

[144] 刘瑞显，王晓婧，杨长琴，等.花生不同光响应曲线拟合模型的比较 [J].花生学报，2018，47（4）：55-59.

[145] 刘上丽.柠檬金花茶的保护遗传学研究 [D].桂林：广西师范大学，2021.

[146] 刘柿良，马明东，潘远智，等.不同光强对两种桤木幼苗光合特性和抗氧化系统的影响 [J].植物生态学报，2012，36（10）：1062-1074.

[147] 刘柿良，马明东，潘远智，等.不同光环境对桤木幼苗生长和光合特性的影响 [J].应用生态学报，2013，24（2）：351-358.

[148] 刘晓涛，张泰劼，李芸瑛，等.3年生观光木夏季的光合生理特性初探 [J].华南师范大学学报（自然科学版），2017，49（6）：65-70.

[149] 刘亚欣，高小妹，黄梦月，等.植物角质层蜡质组成、生物合成及响应外界胁迫功能研究进展 [J/OL].济南大学学报（自然科学版）：1-5 [2023-10-09].

[150] 刘影.利用SSR探究苦苣苔科植物——牛耳朵遗传多样性 [D].桂林：广西师范大学，2015.

[151] 刘长乐，黄文静，唐志书，等.干旱胁迫对三种甘草种子萌发及幼苗光合生理特性影响的研究 [J].中国野生植物资源，2023，42（8）：10-17，35.

[152] 卢清彪.狭叶坡垒繁殖生物学研究 [D].桂林：广西师范大学，2020.

[153] 卢晓，李美真，徐智广，等.光照对脆江蓠生长及光合色素含量的影响 [J].渔

业科学进展，2013，34（1）：145-150.

［154］卢永彬.淡黄金花茶种群遗传结构研究［D］.桂林：广西师范大学，2016.

［155］陆嘉惠，李学，周玲玲，等.甘草属植物叶表皮特征及其系统学意义［J］.云南植物研究，2005（5）：79-87.

［156］鹿炎，潘枥特，李会丽，等.24份铁皮石斛种质资源的ISSR分析［J］.激光生物学报，2019，28（3）：252-257.

［157］罗光宇，陈超，李月灵，等.光照强度对濒危植物长序榆光合特性的影响［J］.生态学杂志，2021，40（4）：980-988.

［158］罗静.贵州野生型茶树种质资源的遗传多样性和抗旱性分析［D］.贵阳：贵州大学，2021.

［159］罗群凤，冯源恒，吴东山，等.基于SSR标记的大明松天然群体遗传多样性分析［J］.广西植物，2022，42（8）：1367-1373.

［160］罗世家，邹惠渝，梁师文.黄山松与马尾松基因渗渐的研究［J］.林业科学，2001，37（6）：118-122.

［161］罗玉婷，罗小瑜，蓝玉甜，等.贵州地宝兰组培快繁生根技术研究［J］.中国园艺文摘，2012，28（12）：40-41，72.

［162］骆文华，代文娟，刘建，等.广西火桐自然种群和迁地保护种群的遗传多样性比较［J］.中南林业科技大学学报，2015，35（2）：66-71.

［163］骆文华，邓涛，黄仕训，等.濒危植物广西火桐扦插繁殖研究［J］.江苏农业科学，2015，43（2）：184-185.

［164］骆文华，毛世忠，丁莉，等.濒危植物广西火桐群落特征研究［J］.福建林业科技，2010，37（4）：6-10.

［165］骆文华，毛世忠，丁莉，等.濒危植物广西火桐种子繁殖技术及幼苗生长节律［J］.福建林学院学报，2011，31（1）：48-51.

［166］骆文华，唐文秀，黄仕训，等.珍稀濒危植物德保苏铁迁地保护研究［J］.浙江农林大学学报，2014，31（5）：812-816.

［167］马红英，吕小旭，计雅男，等.17种锦鸡儿属植物叶片解剖结构及抗旱性分析［J］.水土保持研究，2020，27（1）：340-346，352.

［168］马金娥，金则新，张文标.濒危植物夏蜡梅及其伴生植物的光合日进程［J］.植物研究，2007，27（6）：708-714.

［169］马思妤.水松种质资源保育与植物景观应用研究［D］.杭州：浙江大学，2020.

［170］马晓燕，简曙光，吴梅，等.德保苏铁居群特征及保护措施［J］.广西植物，2003，23（2）：123-126，142.

［171］马永.广西百色地区叉孢苏铁复合体的分类学与遗传多样性研究［D］.南宁：广西大学，2005.

［172］买凯乐，朱昌叁，冯立新，等.珍稀植物银杉濒危因素及种群扩大研究进展［J］.广西林业科学，2022，51（6）：872-876.

［173］毛世忠，唐文秀，骆文华，等.濒危植物广西火桐净光合速率及其影响因子研究［J］.广西农业科学，2010，41（11）：1165-1169.

［174］毛世忠，唐文秀，骆文华，等.不同栽培基质对广西火桐幼苗生长及净光合速率的影响［J］.西北林学院学报，2011，26（5）：96-99.

［175］孟衡玲，沈云玫，陶宏征，等.不同遮阴处理对通关藤光合特性的影响［J］.江苏农业科学，2017，45（16）：129-132.

［176］孟金柳，曾波，叶小齐，等.不同光照水平下叶损失对樟（*Cinnamomum camphora*）生物量分配的影响［J］.西南师范大学学报（自然科学版），2004，29（3）：439-444.

［177］孟令曾，张教林，曹坤芳，等.迁地保护的4种龙脑香冠层叶光合速率和叶绿素荧光参数的日变化［J］.植物生态学报，2005，29（6）：976-984.

［178］莫凌，唐文秀，毛世忠，等.珍稀濒危植物狭叶坡垒的光合特性［J］.福建林学院学报，2009，29（4）：357-361.

［179］莫耐波，谢云珍，覃康平，等.珍稀濒危植物瑶山苣苔伴生群落特征［J］.广西林业科学，2012，41（3）：242-247.

［180］莫竹承，范航清，李蕾鲜，等.濒危植物膝柄木生存现状及其恢复对策［J］.广西科学院学报，2008，80（2）：134-137.

［181］莫竹承，庞万伟，刘珏，等.膝柄木叶片诱导愈伤组织研究［J］.中南林业科技大学学报，2015，35（10）：13-17，39.

［182］缪林海.观光木高龄植株扦插繁殖技术的初步研究［J］.福建林业科技，2002，29（1）：47-49.

［183］缪绅裕，唐志信，邓冬梅，等.广东连州上柏场报春苣苔种群及其生境特征［J］.生态环境学报，2013，22（4）：554-562.

［184］缪振鹏，丁莉.基于微卫星的喀斯特地区长梗吊石苣苔和吊石苣苔的遗传多样性研究［J］.广西科学，2019，26（1）：146-151.

［185］南吉斌，杨广环，赵玉文，等.5种光合模型对沙棘属3种植物叶绿素荧光光响应曲线的拟合效果比较分析［J］.西部林业科学，2019，48（2）：90-96.

［186］宁世江，唐润琴，曹基武.资源冷杉现状及保护措施研究［J］.广西植物，2005，25（3）：197-200，280.

［187］农安.广西德保苏铁就地保护与繁育研究［J］.农业与技术，2014，34（2）：97，99.

［188］欧斌，彭丽，廖彩霞，等.观光木实生苗培育技术及苗木质量分级指标研究［J］.南方林业科学，2017，45（6）：29-32.

［189］欧明灿，安明态，任启飞，等.濒危植物辐花苣苔与同属2种植物光合生理特性的比较［J］.华中农业大学学报，2023，42（1）：51-59.

［190］欧阳均浩，陈远生，梁荣华，等.水松栽培技术和防护效能的研究［J］.广东林业科技，1991（3）：1-7，27.

［191］欧祖兰，苏宗明，李先琨，等.元宝山冷杉群落学特点的研究［J］.广西植物，2002，22（5）：399-407.

［192］祁铭，周琦，倪州献，等.基于SSR技术的古银杏群体遗传结构分析［J］.生态学杂志，2019，38（9）：2902-2910.

［193］钱一凡，廖咏梅，权秋梅，等.4种光响应曲线模型对3种十大功劳属植物的实用性［J］.植物研究，2014，34（5）：716-720.

［194］乔小燕，乔婷婷，周炎花，等.基于EST-SSR的广东与广西茶树资源遗传结构和遗传分化比较分析［J］.中国农业科学，2011，44（16）：3297-3311.

［195］秦惠珍，邓丽丽，邹蓉，等.两种叶型五指毛桃的光合特性比较研究［J］.广西科学院学报，2021，37（1）：1-7.

［196］秦惠珍，盘波，赵健，等.极小种群野生植物白花兜兰ISSR遗传多样性分析［J］.广西科学，2022，29（6）：1134-1140.

［197］秦惠珍，邹蓉，邓丽丽，等.3种观赏性石斛的光合特性比较研究［J］.广西科学院学报，2022，38（2）：147-154.

［198］全国土壤普查办公室.中国土壤普查技术［M］.北京：农业出版社，1992.

［199］全妙华，陈东明，何吉.石蒜属植物忽地笑的光合特性研究［J］.西南农业学报，2010，23（3）：694-699.

［200］阙青敏，欧阳昆唏，李培，等.全基因组关联分析（GWAS）在林木育种中的应用［J］.植物生理学报，2019，55（11）：1555-1562.

［201］冉巧，卫海燕，赵泽芳，等.气候变化对孑遗植物银杉的潜在分布及生境破碎度的影响［J］.生态学报，2019，39（7）：2481-2493.

［202］任哲，谢伟东，刘易，等.濒危植物膝柄木与其伴生树种的生理适应性分析［J］.广西林业科学，2020，49（2）：245-249.

［203］尚三娟，王义婧，王楠，等.光照强度对紫斑牡丹生理及生长特性的影响［J］.生态学杂志，2020，39（9）：2963-2973.

［204］申仕康，刘丽娜，王跃华，等.濒危植物猪血木人工繁殖幼苗的遗传多样性及对种群复壮的启示［J］.广西植物，2012，32（5）：644-649.

［205］申仕康，马海英，刘湘永，等.中国特有植物猪血木的濒危原因及保护对策［J］.生态环境，2007，16（6）：1819-1823.

［206］申仕康，马海英，王跃华，等.濒危植物猪血木（*Euryodendron excelsum* H. T. Chang）自然种群结构及动态［J］.生态学报，2008，28（5）：2404-2412.

［207］申仕康，王杨，王跃华.非灭菌条件下丛枝菌根对猪血木幼苗生长的影响［J］.科技导报，2009，27（16）：19-25.

［208］盛洁悦，崔文雪，张二金，等.芋叶形态结构观察及光合特征分析［J］.生物学杂志，2020，37（2）：61-64.

［209］施慧媛，陈发菊，梁宏伟，等.濒危植物瑶山苣苔的大小孢子发生和雌雄配子体发育研究［J］.植物研究，2021，41（3）：329-335.

［210］施慧媛.瑶山苣苔对光照强度和空气湿度的适应性研究［D］.宜昌：三峡大学，2020.

［211］施金竹，陈慧，安明态，等.贵州省野生兜兰属植物资源现状及保护成效分析［J］.广西植物，2022，42（6）：1059-1066.

［212］石凯，李泽，张伟建，等.不同光照对油桐幼苗生长、光合日变化及叶绿素荧光参数的影响［J］.中南林业科技大学学报，2018，38（8）：35-42，50.

［213］石远婷.基于简化基因组测序技术的德保金花茶和富宁金花茶的保护遗传学研究［D］.桂林：广西师范大学，2023.

［214］史艳财，蒋运生，覃芳，等.珍稀濒危植物喙核桃的光合特性研究［J］.广西科学院学报，2020，36（1）：73-77.

［215］宋碧玉，周兰英，蒲光兰，等.修剪对蜡梅光合作用和叶片解剖特征的影响［J］.
湖南农业大学学报（自然科学版），2017，43：533-538.

［216］宋洋，廖亮，刘涛，等.不同遮荫水平下香榧苗期光合作用及氮分配的响应机制
［J］.林业科学，2016，52（5）：55-63.

［217］苏付保，冯立新，黎健杏，等.珍稀濒危植物膝柄木苗期施肥试验［J］.安徽农
业科学，2016，44（31）：158-159.

［218］孙菲菲，杨一山，秦惠珍，等.3种兜兰属植物光合特性的比较研究［J］.广西
科学院学报，2022，38（2）：155-162.

［219］孙淑英，吴玉仙，陈贵林，等.黄芪及其代用品 ISSR 鉴定分析［J］.分子植物
育种，2017，15（1）：223-229.

［220］孙卫邦，徐永福.极小种群野生植物中国的保护行动［J］.森林与人类，2022，
382（5）：22-45.

［221］孙卫邦，刘德团，张品.极小种群野生植物保护研究进展与未来工作的思考
［J］.广西植物，2021，41（10）：1605-1617.

［222］覃龙江，刘绍飞，莫家伟，等.茂兰保护区野生白花兜兰种群资源［J］.农技服
务，2012，29（4）：452.

［223］覃龙江，刘绍飞，欧忠喜，等.濒危野生白花兜兰植物生态适应性研究［J］.安
徽农业科学，2013，41（25）：10226-10229，10235.

［224］覃文更，覃国乐，覃文渊，等.单性木兰开花物候与气象因子的相关性分析
［J］.西部林业科学，2012，41（5）：100-103.

［225］覃文渊，覃国乐，覃文更，等.白花兜兰的群落结构特征分析［J］.北方园艺，
2012，266（11）：78-80.

［226］谭成江，刘金梁，全修建.单性木兰营养袋育苗方法研究［J］.江苏农业科学，
2012，40（10）：177-178.

［227］谭显胜，段仁燕，邹乐，等.全球气候变暖对极小种群植物扣树生境适宜性的
影响［J］.生命科学研究，2023，27（1）：56-62.

［228］唐凤鸾，盘波，赵健，等.极小种群野生植物白花兜兰的分布现状及生境研究
［J］.广西科学，2021，28（5）：491-498.

［229］唐凤鸾，盘波，赵健，等.极小种群野生植物海伦兜兰的地理分布及生境调查
［J］.广西科学院学报，2022，38（1）：40-44.

［230］唐润琴，李先琨，欧祖兰，等.濒危植物元宝山冷杉结实特性与种子繁殖力初探［J］.植物研究，2001，21（3）：403-408.

［231］唐文秀，盘波，毛世忠，等.凹脉金花茶和东兴金花茶的繁殖试验研究［J］.西北林学院学报，2009，24（2）：63-67.

［232］唐新瑶，元亚超，梁喜献，等.氮磷钾配比施肥对观光木幼苗生理与光合特性的影响［J］.西北林学院学报，2022，37（4）：37-42.

［233］唐银，杨培蓉，吕宁宁，等.遮荫对杉木幼苗生长及光合特性的影响［J/OL］.应用与环境生物学报：1-15［2023-07-04］.

［234］滕文军，姜红岩，温海峰，等.北京市28种地被植物光合特性的研究［J］.草原与草坪，2019，39（3）：35-42.

［235］田凡，姜运力，罗在柒，等.白花兜兰种子无菌萌发及试管成苗技术研究［J］.贵州林业科技，2014，42（3）：34-38.

［236］田力，安明态，施金竹.贵州北盘江流域野生兜兰属植物遗传多样性分析［J］.西部林业科学，2023，52（2）：88-97.

［237］田淑娟，喻理飞.珍稀濒危植物单性木兰（*Kmeria septentrionalis*）胁迫条件下的种子发芽特性研究［J］.种子，2010，29（3）：4-8.

［238］田星，李中霖，刘小莉，等.基于SSR分子标记的灯盏花遗传多样性分析［J］.中国实验方剂学杂志，2021，27（18）：136-143.

［239］汪国海，潘扬，覃国乐，等.喀斯特生境中濒危植物单性木兰种群结构及空间分布格局研究［J］.林业科学研究，2021，34（3）：81-87.

［240］汪小飞，靳文文.扇脉杓兰耐阴性的测定与分析［J］.南京林业大学学报（自然科学版），2014，38（S1）：57-61.

［241］王爱民，孙明学，聂绍荃，等.凉水地区白桦光-光合特性的比较研究［J］.东北林业大学学报，2001，29（2）：44-46.

［242］王碧霞，刘露，刘捷，等.旱季和雨季不同油橄榄品种光合生理特性及产量的比较［J］.生态环境学报，2018，27（10）：1861-1869.

［243］王海燕，杨方廷，刘鲁.标准化系数与偏相关系数的比较与应用［J］.数量经济技术经济研究，2006，23（9）：50-155.

［244］王辉，赵青云，朱自慧，等.不同遮阴处理对香草兰光合作用及花芽分化的影响［J］.福建农业学报，2017，32（1）：42-46.

［245］王辉丽，于树学，郭立，等.樟子松优树群体遗传多样性评价及指纹图谱构建［J］.甘肃农业大学学报，2022，57（3）：103-110.

［246］王建波，付晓玲，刘赢男，等.不同水分条件下小叶章光响应曲线变化［J］.黑龙江科学，2022，13（2）：16-18.

［247］王坤，韦晓娟，李宝财，等.金花茶组植物叶解剖结构特征与抗旱性的关系［J］.中南林业科技大学学报，2019，39（12）：34-39.

［248］王坤芳，彭爽，纪明山.入侵植物少花蒺藜草及其伴生植物的光合特性研究［J］.河北农业大学学报，2016，39（1）：43-48.

［249］王莉芳，欧蒙维，谭艳芳.濒危物种德保苏铁种子萌发特性研究［J］.种子，2014，33（2）：26-29.

［250］王满莲，唐辉，孔德鑫，等.红根草光合特性的初步研究［J］.中药材，2012，35（2）：179-182.

［251］王冉，何茜，李吉跃，等.中国12种珍稀树种光合生理特性［J］.东北林业大学学报，2010，38（11）：15-20.

［252］王荣荣，夏江宝，杨吉华，等.贝壳砂生境干旱胁迫下杠柳叶片光合光响应模型比较［J］.植物生态学报，2013，37（2）：111-121.

［253］王瑞苓，刘建祥，陈诗.辣木不同叶龄的叶片在春季的生理特性研究［J］.玉溪师范学院学报，2022，38（3）：42-46.

［254］王树芝，刘德华，刘黎，等.冬青苦丁茶树组织培养的研究［J］.湖南农业科学，2009，221（2）：131-133.

［255］王艇，苏应娟，叶华谷，等.中国特有极度濒危植物猪血木的保护遗传学研究［J］.中山大学学报（自然科学版），2005，44（1）：68-72.

［256］王威，黄丽娜，陈清西.蝴蝶兰黄花品系光合能力快速测定［J］.亚热带植物科学，2014，43（1）：4-7.

［257］王艳林，高姗姗，何兴元，等.遮荫对东北地区四种可食用蕨类植物生长和光合特征的影响［J］.生态学杂志，2019，38（8）：2397-2404.

［258］王英强.中国兜兰属植物生态地理分布［J］.广西植物，2000，20（4）：289-294.

［259］王勇，陈涛，吴晓伟，等.不同水稻品种群体质量与产量的通径分析［J］.广西农业科学，2007，38（4）：359-362.

［260］王玉兵，梁宏伟，陈发菊，等.广西特有植物瑶山苣苔的濒危原因及保护对策［J］.生态环境，2008，17（5）：1956–1960.

［261］王玉兵，梁宏伟，莫耐波，等.瑶山苣苔叶片的解剖结构及其生态适应性［J］.上海农业学报，2014，30（6）：71–73.

［262］王玉兵，梁宏伟，莫耐波，等.珍稀濒危植物瑶山苣苔开花生物学及繁育系统研究［J］.西北植物学报，2011，31（5）：958–965.

［263］王玉兵，莫耐波，汤庚国.瑶山苣苔群落优势种群生态位研究［J］.湖北农业科学，2015，54（4）：893–897.

［264］王运华，甘金佳，陈庭，等.德保苏铁回归种群繁殖特征的初步研究［J］.亚热带植物科学，2018，47（2）：134–139.

［265］韦存瑞，杨梅，李婷，等.外源 6–BA 对低温弱光下观光木幼苗抗氧化酶活性和叶绿素荧光的影响［J］.农业科技通讯，2023，613（1）：78–81.

［266］韦范，张广荣，覃永贤，等.梵净山冷杉和元宝山冷杉的叶绿体微卫星遗传多样性分析［J］.广西植物，2014，34（5）：596–600.

［267］韦霄，柴胜丰，陈宗游，等.珍稀濒危植物金花茶保育生物学研究［M］.南宁：广西科学技术出版社，2015.

［268］韦毅刚，温放，辛子兵，等.广西野生维管植物名录［J］.生物多样性，2023，31（6）：1–7.

［269］魏海燕，李晓芳，安明态，等.贵州极危植物贵州地宝兰资源现状与濒危原因分析［J］.山地农业生物学报，2018，37（3）：44–48.

［270］魏雪莹，叶育石，林喜珀，等.极小种群植物猪血木的种群现状及保护对策［J］.植物生态学报，2020，44（12）：1236–1246.

［271］温达志.大气二氧化碳浓度增高与植物水分利用效率（综述）［J］.热带亚热带植物学报，1997（3）：83–90.

［272］温放，符龙飞，韦毅刚.两种广西特有报春苣苔属（苦苣苔科）植物传粉生物学研究［J］.广西植物，2012，32（5）：571–578，668.

［273］吴芹，张光灿，裴斌，等.不同土壤水分下山杏光合作用 CO_2 响应过程及其模拟［J］.应用生态学报，2013，24（6）：1517–1524.

［274］吴廷娟，田梦平，谢小龙.不同地黄品种光合特性的比较研究［J］.世界科学技术–中医药现代化，2020，22（8）：2899–2906.

［275］吴泽龙，谭晓风，袁军，等.油茶不同叶龄叶片形态与光合参数的测定［J］.经济林研究，2016，34：24-29.

［276］吴征镒.中国种子植物属分布区类型［J］.云南植物研究，1991（增刊Ⅳ刊）：1-139.

［277］武文斌，贺快快，狄皓，等.基于SSR标记的山西省油松山脉地理种群遗传结构与地理系统［J］.北京林业大学学报，2018，40（10）：51-59.

［278］席辉辉，王祎晴，潘跃芝，等.中国苏铁属植物资源和保护［J］.生物多样性，2022，30（7）：73-85.

［279］夏江宝，张光灿，孙景宽，等.山杏叶片光合生理参数对土壤水分和光照强度的阈值效应［J］.植物生态学报，2011，35（3）：322-329.

［280］向巧萍.中国的几种珍稀濒危冷杉属植物及其地理分布成因的探讨［J］.广西植物，2001，21（2）：113-117.

［281］肖志娟，翟梅枝，王振元，等.微卫星DNA在分析核桃遗传多样性上的应用［J］.中南林业科技大学学报，2014，34（2）：55-61.

［282］谢宗强，陈伟烈.中国特有植物银杉的濒危原因及保护对策［J］.植物生态学报，1999，23（1）：2-8.

［283］谢宗强.银杉（*Cathaya argyrophylla*）林林窗更新的研究［J］.生态学报，1999，19（6）：775-779.

［284］邢有华，方永鑫，吴根荣.安徽大别山黄山松与马尾松天然杂交的初步研究［J］.安徽林业科技，1992（4）：5-9.

［285］徐刚.苦丁茶种苗繁殖技术［J］.浙江农业科学，2002（6）：45-46.

［286］徐蕾，刘莉，彭少丹，等.利用SSR标记研究铁皮石斛的遗传多样性［J］.分子植物育种，2015，13（7）：1616-1622.

［287］徐言，陈之光，徐玉凤，等.基于SSR标记的西南地区野生带叶兜兰资源遗传多样性分析［J］.热带作物学报，2023，44（11）：2208-2218.

［288］许爱祝，秦惠珍，唐健民，等.光照强度对贵州地宝兰光合特性的影响［J］.广西科学院学报，2022，38（2）：163-171.

［289］许大全.光合作用气功限制分析中的一些问题［J］.植物生理学通讯，1997，33（4）：241-244.

［290］许大全.光合作用效率［M］.上海：上海科学技术出版社，2002：86-89.

［291］许恬.德保苏铁种子繁育及苗期养护技术要点［J］.广东蚕业，2018，52（8）：15-16.

［292］许玉兰，蔡年辉，陈诗，等.云南松天然群体遗传变异与生态因子的相关性［J］.生态学杂志，2016，35（7）：1767-1775.

［293］薛黎.遮阴对5种珍贵树种幼苗光合及叶片解剖特性的影响［D］.长沙：中南林业科技大学，2020.

［294］闫海霞，关世凯，周锦业，等.不同植物生长调节剂、叶片部位及基质组分对报春苣苔叶插繁殖的影响［J］.西南农业学报，2020，33（1）：126-134.

［295］闫海霞，宋倩，关世凯，等.3种报春苣苔属植物的叶插繁殖研究［J］.江西农业学报，2020，32（4）：38-42.

［296］闫小红，尹建华，段世华，等.四种水稻品种的光合光响应曲线及其模型拟合［J］.生态学杂志，2013，32（3）：604-610.

［297］杨持.生态学［M］.北京：高等教育出版社，2009.

［298］杨海平，张锋，姚树建，等.山东枸子光合特性的研究［J］.山东林业科技，2017，47（4）：44-46，54.

［299］杨洪.苦丁茶的扦插繁殖技术［J］.林业实用技术，2008，75（3）：25.

［300］杨开军，张小平，张兴旺，等.稀有植物香果树叶解剖结构的研究［J］.植物研究，2007，27（2）：195-198.

［301］杨梅，刘畅，向梦迪，等.濒危植物单性木兰外植体启动培养［J］.现代园艺，2017，337（13）：3-4.

［302］杨明富.苦丁茶无性扦插育苗繁殖技术［J］.农村实用技术，2003（2）：26.

［303］杨舒婷，马晓娜，白晓霖，等.极小种群野生植物巴郎山杓兰的CDDP遗传多样性分析［J］.四川大学学报（自然科学版），2022，590（6）：155-163.

［304］杨通文，高秀梅，韩维栋.不同季节桃金娘光合特性与光系统PSⅡ活性研究［J］.西南农业学报，2022，35（12）：2801-2810.

［305］杨雪梅，赵杨，朱亚艳，等.贵州省马尾松主要群体的遗传多样性分析［J］.中南林业科技大学学报，2018，38（5）：86-90.

［306］杨玉珍，张云霞，张志浩，等.北美冬青光合作用日变化特征及其与生理生态因子的关系［J］.西北师范大学学报（自然科学版），2016，52（4）：88-92.

［307］杨在娟，岳春雷.濒危植物短柄五加光合特性及其与生态因子的关系［J］.浙江

林业科技，2002，22（1）：7-10.

［308］叶庆生，潘瑞炽，丘才新．墨兰叶片结构及光合作用的研究［J］．植物学报（英文版），1992，34（10）：771-776，817.

［309］叶炜，江金兰，李永清，等．金线兰及近缘种植物遗传多样性 ISSR 分子标记分析［J］．植物遗传资源学报，2015，16（5）：1045-1054.

［310］叶晓霞，黄肇宇，陈海玲，等．牛耳朵与药用唇柱苣苔叶显微结构观察［J］．玉林师范学院学报，2015，36（2）：70-74.

［311］叶子飘．光合作用对光和 CO_2 响应模型的研究进展［J］．植物生态学报，2010，34（6）：727-740.

［312］叶子飘，胡文海，闫小红，等．基于光响应机理模型的不同植物光合特性［J］．生态学杂志，2016，35（9）：2544-2552.

［313］叶子飘，李进省．光合作用对光响应的直角双曲线修正模型和非直角双曲线模型的对比研究［J］．井冈山大学学报（自然科学版），2010，31（3）：38-44.

［314］叶子飘，于强．光合作用光响应模型的比较［J］．植物生态学报，2008，32（6）：1356-1361.

［315］叶子飘，于强．光合作用对胞间和大气 CO_2 响应曲线的比较［J］．生态学杂志，2009，28（11）：2233-2238.

［316］余东阳，余永富，袁明，等．异形玉叶金花种子繁殖研究［J］．贵州林业科技，2023，51（1）：12-16.

［317］余文迪，刘娟旭，余义勋，等．桂中报春苣苔四倍体诱导及鉴定［J/OL］．分子植物育种：1-12［2023-04-17］.

［318］余永富，杨宗才，袁明，等．异形玉叶金花大田秋季扦插育苗技术研究［J］．安徽农业科学，2021，49（17）：114-116.

［319］袁明，余永富，余德会．异形玉叶金花实生苗移植栽培生长节律研究［J］．安徽农业科学，2017，45（2）：177-178.

［320］岳雪华．水杉野生种群的遗传多样性和遗传结构［D］．上海：华东师范大学，2019.

［321］臧润国，董鸣，李俊清，等．典型极小种群野生植物保护与恢复技术研究［J］．生态学报，2016，36（22）：7130-7135.

［322］曾宋君，陈之林，吴坤林，等．国产兜兰属植物的引种和栽培［J］．中国野生植

物资源, 2010, 29 (2): 53-58.

[323] 曾艳华, 何荆洲, 龙蕾宇, 等.广西乐业野生春兰 iPBS 遗传多样性分析与指纹图谱构建 [J].西南农业学报, 2023, 36 (1): 11-19.

[324] 张丽, 黄建华, 黄启岗.广西龙虎山自然保护区生物多样性现状及保护对策 [J].中南林业调查规划, 2007, 26 (4): 65-67.

[325] 张红娜, 苏钻贤, 陈厚彬.荔枝成花诱导期幼苗和成年植株光合功能的比较 [J].中国南方果树, 2016, 45 (5): 62-64.

[326] 张红瑞, 李鑫, 陈振夏, 等.基于 SSR 分子标记的裸花紫珠种质资源遗传多样性分析及 DNA 指纹图谱构建 [J].中草药, 2023, 54 (12): 3971-3982.

[327] 张君诚, 宋育红, 张钦增, 等.珍贵药材黄花倒水莲的群落结构及物种多样性研究 [J].植物遗传资源学报, 2012, 13 (5): 819-824.

[328] 张雷, 张辉.资源冷杉成功回归野外存活 [J].环境与生活, 2022, 171 (6): 60-63.

[329] 张琳娜, 何俊, 张翔, 等.弥勒苣苔组培苗生根及移栽基质的筛选 [J].西部林业科学, 2018, 47 (4): 69-73.

[330] 张玲, 肖春芬, 王坚.濒危植物狭叶坡垒的迁地保护 [J].广西植物, 2001, 21 (3): 277-280.

[331] 张梅, 胡瑾, 周艳, 等.白花兜兰的无菌播种和离体快速繁殖 [J].种子, 2019, 38 (3): 45-49.

[332] 张旺锋, 樊大勇, 谢宗强, 等.濒危植物银杉幼树对生长光强的季节性光合响应 [J].生物多样性, 2005, 13 (5): 387-397.

[333] 张文泉, 王定江.珍稀濒危植物异形玉叶金花组织培养初步研究 [J].中南林业科技大学学报, 2016, 36 (10): 12-15, 47.

[334] 张新叶, 白石进, 黄敏仁.日本落叶松群体的叶绿体 SSR 分析 [J].遗传, 2004, 26 (4): 486-490.

[335] 张央, 李志, 安明态, 等.极小种群野生植物贵州地宝兰群落生态位特征及种间关系 [J].植物资源与环境学报, 2022, 31 (3): 1-10.

[336] 张玉荣, 罗菊春, 桂小杰.濒危植物资源冷杉的种群保育研究 [J].湖南林业科技, 2004 (6): 26-29.

[337] 张云, 夏国华, 马凯, 等.遮阴对董叶紫金牛光合特性和叶绿素荧光参数的影响

［J］. 应用生态学报，2014，25（7）：1940–1948.

［338］张中峰，黄玉清，莫凌，等. 桂林岩溶区青冈栎光合速率与环境因子关系初步研究［J］. 广西植物，2008，28（4）：478–482.

［339］招礼军，权佳惠，朱栗琼，等. 不同生境下濒危植物膝柄木幼树的生态适应性［J］. 广西植物，2022，42（3）：501–509.

［340］赵广琦，张利权，梁霞. 芦苇与入侵植物互花米草的光合特性比较［J］. 生态学报，2005，25（7）：1604–1611.

［341］赵鸿杰，黄福长，胡羡聪，等. 不同遮荫对 6 种山茶科植物叶绿素和生长的影响［J］. 内蒙古农业大学学报（自然科学版），2014，35（3）：57–61.

［342］赵丽丽，辛彬，刘爱群. 不同控水控肥处理对日光温室番茄生长发育及果实品质的影响［J］. 辽宁农业科学，2019（5）：22–25.

［343］赵鹏宇. 胡杨、灰杨异形叶形态解剖特征与个体发育阶段的关系［D］. 阿拉尔：塔里木大学，2016.

［344］赵平，曾小平，彭少麟，等. 海南红豆（*Ormosia pinnata*）夏季叶片气体交换、气孔导度和水分利用效率的日变化［J］. 热带亚热带植物学报，2000（1）：35–42.

［345］赵勋，李因刚，柳新红，等. 白花树不同种源苗木光合 –CO_2 响应［J］. 江西农业大学学报，2011，33（6）：1128–1133.

［346］赵芸玉，夏晓飞，熊彪，等. 臭椿不同发育阶段叶片表面结构特征［J］. 植物科学学报，2016，34（2）：182–190.

［347］赵重阳，叶美媛，许少祺，等. 委陵菜属三种植物叶片结构的比较解剖［J］. 北方园艺，2020（23）：59–64.

［348］郑世群，刘金福，吴则焰，等. 屏南水松天然林主要种群的种间竞争［J］. 福建林学院学报，2008，28（3）：312–315.

［349］郑世群，吴则焰，刘金福，等. 我国特有孑遗植物水松濒危原因及其保护对策［J］. 亚热带农业研究，2011，7（4）：217–220.

［350］郑淑霞，上官周平. 8 种阔叶树种叶片气体交换特征和叶绿素荧光特性比较［J］. 生态学报，2006，26（4）：1080–1087.

［351］郑心桦. 水松天然林种群结构特征及其保护对策［J］. 南方农业，2021，15（36）：107–110.

［352］郑月萍，沈宗根，姜波，等.4种苦苣苔科植物光合特性的比较［J］.浙江师范
　　　　大学学报（自然科学版），2012，35（4）：446-452.

［353］钟国贵，谢绍添，苏付保，等.滕柄木容器育苗技术［J］.林业科技通讯，2016，
　　　　525（9）：37-38.

［354］钟圣，王健，郑怀舟，等.福建万木林3种常绿乔木的光合生理特征比较［J］.
　　　　福建师范大学学报（自然科学版），2010，26（4）：110-114.

［355］周红英，王建华，房信胜，等.野葛叶片光合特性及其与环境因子的相互关系
　　　　［J］.中国中药杂志，2008，33（22）：2595-2598.

［356］周欢，韦如萍，李吉跃，等.乐昌含笑幼苗在不同光照环境下的光响应模型拟合
　　　　分析［J］.热带亚热带植物学报，2023：1-9.

［357］周会萍，王晓冰，徐鑫，等，红叶石楠不同叶龄叶片的光合特性研究，西部林
　　　　业科学［J］.2020，49（1）：39-45.

［358］周莉，刘莉.类胡萝卜素生物合成的调控因素及其对光合作用的影响［J］.天津
　　　　农业科学，2011，17（5）：5-8.

［359］周艳，冯佑鸿，李依蔓，等.濒危植物白花兜兰野外回归研究［J］.贵州科学，
　　　　2018，36（5）：10-13.

［360］周志光，温馨，钟平华，等.遂川南风面资源冷杉种群年龄结构及幼苗生长研究
　　　　［J］.南方林业科学，2020，48（6）：35-39.

［361］朱珈叶，李丹丹，陈倩，等.基于叶绿素荧光参数评估蝴蝶兰的组织培养潜力
　　　　［J］.上海师范大学学报（自然科学版），2022，51（2）：251-256.

［362］朱汤军，岳春雷，金水虎.银缕梅和伴生植物光合生理生态特性比较［J］.浙江
　　　　林学院学报，2008，25（2）：176-180.

［363］朱亚艳，王港，侯娜，等.贵州南部野生兜兰SRAP遗传多样性分析［J］.西南
　　　　林业大学学报，2017，37（1）：10-14.

［364］卓先习，邱建波.观光木容器育苗技术［J］.绿色科技，2013（12）：100-102.

［365］AASAMAA K，SOBER A，RAHI M. Leaf anatomical characteristics associated
　　　　with shoot hydraulic conductance，stomatal conductance and stomatal sensitivity to
　　　　changes of leaf water status in temperate deciduous trees［J］. Australian Journal of
　　　　Plant physiology，2001，28（8）：765-774.

［366］AVERYANOV L V，CRIBB P，LOC P K，et al. Slipper orchid of Vietnam：with an introduction to the flora of Vietnam [M]. New York: Compass Press Limited, 2003: 182-191.

[367] BASSMAN J, ZWIER J C. Gas exchange characteristics of *Populus trichocarpa*, *Populus deltoides* and *Populus trichocarpa* × *P.deltoides* clones [J]. Tree Physiology, 1991, 8 (2): 145-159.

[368] BORLAND A M, GRIFFITHS H, HARTWELL J, et al. Exploiting the potential of plants with Crassulacean acid metabolism for bioenergy production on marginal lands [J]. Journal of Experimental Botany, 2009, 60 (10): 2879-2896.

[369] CASAL J J. Photoreceptor signaling networks in plant responses to shade [J]. Annual Review of Plant Biology, 2013, 64 (1): 403-427.

[370] CHAPUIS M P, ESTOUP A. Microsatellite null alleles and estimation of population differentiation [J]. Molecular Biology and Evolution, 2007, 24 (3): 621-631.

[371] CHEN Y Y, BAO Z X, QU Y, et al. Genetic diversity and population structure of the medicinal orchid Gastrodia elata revealed by microsatellite analysis [J]. Biochemical Systematics and Ecology, 2014, 54 (1): 182-189.

[372] CLARK C M, WENTWORTH T R, O'MALLEY D M. Genetic discontinuity revealed by chloroplast microsatellites in eastern North American Abies (Pinaceae) [J]. American Journal of Botany, 2000, 87 (6): 774-782.

[373] CURNOW R N, WRIGHT S. Evolution and the genetics of populations, volume 4: Variability within and among natural populations [J]. Biometrics, 1979, 35 (1): 359.

[374] DAI Y, SHEN Z, LIU Y, et al. Effects of shade treatments on the photosynthetic capacity, chlorophyll fluorescence, and chlorophyll content of Tetrastigma hemsleyanum, Diels et Gilg [J]. Environmental and Experimental Botany, 2009, 65 (3): 177-182.

[375] DAKIN E, AVISE J. Microsatellite null alleles in parentage analysis [J]. Heredity, 2004, 93 (5): 504-509.

[376] DENG X F, ZHANG D X. Three new synonyms in Mussaenda (Rubiaceae) from China [J]. Acta Phytotaxonomica Sinica, 2006, 44 (5): 608-611.

[377] DOYLE J J. A rapid DNA isolation procedure for small quantities of fresh leaf

tissue［J］. Phytochem Bulletin, 1987, 19（1）: 11–15.

［378］EL-KASSABY Y A, SZIKLAI O. Genetic variation of allozyme and quantitative traits in a selected Douglas-fir［*Pseudotsuga menziesii* var. *menziesii*（Mirb.）Franco］population［J］. Forest Ecological and Management, 1982, 4（2）: 115–126.

［379］ELLSTRAND N C, ELAM D R. Population genetic consequences of small population size: implications for plant conservation［J］. Annual Review of Ecology and Systematics, 1993, 24: 217–242.

［380］EXCOFFIER L, LAVAL G, SCHNEIDER S. Arlequin（version 3.0）: an integrated software package for population genetics data analysis［J］. Evolutionary Bioinformatics online, 2005, 1: 47.

［381］FAJARDO A, SIEFERT A. Temperate rain forest species partition fine-scale gradients in light availability based on their leaf mass per area（LMA）［J］. Annals of Botany, 2016, 118（7）: 1307–1315.

［382］FARQUHAR G D, SHARKEY T D. Stomatal conductance and photosynthesis［J］. Annual Review of Plant Biology, 1982, 33（1）: 317–345.

［383］GAGNE G, ROECKEL-DREVET P, GREZES-BESSET B. Study of the variability and evolution of Orobanche cumana populations infesting sunflower in different European countries［J］. Theoretical and Applied Genetics, 1998, 96: 1216–1222.

［384］GARCÍA-CERVIGÓN A I, GARCÍA-LÓPEZ M A, PISTÓN N, et al. Coordination between xylem anatomy, plant architecture and leaf functional traits in response to abiotic and biotic drivers in a nurse cushion plant［J］. Annals of Botany, 2021, 127（7）: 919–929.

［385］GE S, HONG D Y, WANG H Q, et al. Population genetic structure and conservation of an endangered conifer, Cathaya *argyrophylla*（Pinaceae）［J］. International Journal of Plant Science, 1998, 159（2）: 351–357.

［386］GONG Y Q, GONG X. Pollen-mediated gene flow promotes low nuclear genetic differentiation among populations of Cycas debaoensis（Cycadaceae）［J］. Tree Genetics & Genomes, 2016, 12（5）: 93.

［387］GYIMAH R, NAKAO T. Early growth and photosynthetic responses to light in seedlings of three tropical species differing in successional strategies [J]. New Forests, 2007, 33 (3): 217-236.

[388] HAMRICK J L. Genetic diversity and conservation in tropical forests [J]. ASEAN-Canada Forest Tree Seed Center Project, 1994: 1-9.

[389] HAMRICK J L, GODT M J W. Allozyme diversity in plant species. In: Plant population genetics, breeding and genetic resources (eds Brown AHD, Clegg MT, Kahler AL, Weir BS)[M]. Sunderland: Sinauer, 1989: 43-263.

[390] HANSEN O K, VENDRAMIN G G, SEBASTIANI, et al. Development of microsatellite markers in Abies nordmanniana (stev.) Spach and cross-Species amplification in the Abies genus [J]. Molecular Ecology, 2005, 5 (4): 784-787.

[391] HILDE N. Comparison of different nuclear DNA markers for estimating intraspecific genetic diversity in plants [J]. Molecular Ecology, 2004, 13 (5): 1143-1155.

[392] HOFLACHER H, BAUER H. Light acclimation in leaves of the juvenile and adult life phases of ivy (Hedera helix)[J]. Physiologia Plantarum, 1982, 56 (2): 177-182.

[393] HUA G J, HUNG C L, LIN C Y, et al. MGUPGMA: a fast UPGMA algorithm with multiple graphics processing units using NCCL [J]. Evolutionary Bioinformatics, 2017 (13): 1-7.

[394] HUANG S, WANG C, WANG Y. A preliminary study on conservation of endangered species Vatica guangxiensis [J]. Bulletin of Botanical Research, 2001, 21 (2): 317-320.

[395] JARAMILLO-CORREA J P, AGUIRRE-PLANTER E, KHASA D P, et al. Ancestry and divergence of subtropical montane forest isolates: molecular biogeography of the genus Abies (Pinaceae) in southern México and Guatemala [J]. Molecular Ecology, 2008, 17 (10): 2476-2490.

[396] JIANG C D, GAO H Y, ZOU Q, et al. The co-operation of leaf orientation, photorespiration and thermal dissipation alleviate photoinhibition in young leaves of soybean plants [J]. Acta Ecologica Sinica, 2005, 25 (2): 319-324.

[397] JIANG Y, SHEN W, TAN C, et al. The population structure and dynamics analysis and protection strategy of Vatica guangxiensis extremely small population [J]. In

Ecological Science，2016，35（6）：67–72.

［398］KONO T，MEHROTRA S，ENDO C，et al. A RuBisCO–mediated carbon metabolic pathway in Methanogenic archaea［J］. Nature Communications，2017，8（1）：1–12.

［399］LACY R C，LINDENMAYER D B. A simulation study of the impacts of population subdivision on the mountain brushtail possum Trichosurus caninus Ogilby（phalangeridae：Marsupialia），in South–Eastern Australia，II Loss of genetic variation within and between subpopulations［J］. Biological Conservation，1995，73（2）：131–142.

［400］LARCHER W. Physiological plant ecology.Ecophsiology and stresss–physiology of functional groups［M］. Berlin：Springer–Verla，1995：57–164.

［401］LATT T，GALLEGOS C L，HARRISON W G. Photoinhibition of photosynthesis in natural assemblages of marine phytoplankton［J］. Journal of Marine Research，1980，38（4）：687–701.

［402］LI Q M，XU Z F. Genetic diversity and population differentiation of Vatican guangxiensis［J］. Acta Botanica Yunnanica，2001，23（2）：201–208.

［403］LI Q M，XU Z F，HE T H. A preliminary study on conservation genetics of endangered vatica guangxiensis（dipterocarpaceae）［J］. Acta Botanica Sinica，2002，44（2）：246–249.

［404］LICHTENTHALER H K，BUSCHMANN C，DÖLL M，et al. Photosynthetic activity，chloroplast ultrastructure，and leaf characteristics of high–light and low–light plants and of sun and shade leaves［J］. Photosynthesis Research，1981，2（2）：115–141.

［405］LINHART Y B，MITTON J B，STURGEON K B，et al. Genetic variation in space and time in a population of ponderosa pine［J］. Heredity，1981，46：407–426.

［406］LIU K，MUSE S V. PowerMarker：an integrated analysis environment for genetic marker analysis［J］. Bioinformatics，2005，21（9）：2128–2129.

［407］LIU Y Q，SUN X Y，WANG Y，et al. Effects of shades on the photosynthetic characteristics and chlorophyll fluorescence parameters of Urtica dioica［J］. Acta Ecologica Sinica，2007，27（8）：3457–3464.

［408］LOVELESS M D，HAMRICK J L. Ecological determinants of genetic structure in plant populations［J］. Annual review of Ecology and Systematics，1984，15（1）：65–95.

［409］MAHMUD K，B E MEDLYN，R A DUURSMA，et al. Inferring the effects of sink strength on plant carbon balance processes from experimental measurements ［J］. Biogeosciences，2018，15（13）：4003–4018.

［410］MAKINO A. Photosynthesis，grain yield，and nitrogen utilization in rice and wheat［J］. Plant Physiology，2011，155（1）：125–129.

［411］MANNERS V，KUMARIA S，TANDON P. SPAR methods revealed high genetic diversity within populations and high gene flow of Vanda coerulea Griff ex Lindl （Blue Vanda），an endangered orchid species［J］. Gene，2013，519（1）：91–97.

［412］MAXWELL K，JOHNSON G N. Chlorophyll fluorescence——a practical guide［J］. Journal of Experimental Botany，2000，51（345）：659–668.

［413］MEZIANE D，SHIPLEY B. Interacting components of interspecific relative growth rate：constancy and change under differing conditions of light and nutrient supply： D.Meziane & B.Shipley［J］. Functional Ecology，1999，13（5）：611–622.

［414］MOUILLOT D，BELLWOOD D R，BARALOTO C，et al. Rare species support vulnerable functions in high–diversity ecosystems［J］. Plos Biology，2013，11（5）：1–11.

［415］MURCHIE E H，HORTON P. Acclimation of photosynthesis to irradiance and spectral quality in British plant species：chlorophyll content，photosynthetic capacity and habitat preference［J］. Plant，Cell & Environment，1997，20（4）：438–448.

［416］NEI M. Estimation of average heterozygosity and genetic distance from a small number of individuals［J］. Genetics，1978，89（3）：583–590.

［417］NI X，HUANG Y，WU L，et al. Genetic diversity of the endangered Chinese endemic herb Primulina tabacum（Gesneriaceae）revealed by amplified fragment length polymorphism（AFLP）［J］. Genetica，2006，127（1a3）：177–183.

［418］NYBOM H. Comparison of different nuclear DNA markers for estimating intraspecific genetic diversity in plants［J］. Molecular Ecology，2004，13（5）：1143–1155.

［419］ORT D R，MERCHANT S S，ALRIC J，et al. Redesigning photosynthesis to sustainably meet global food and bioenergy demand［J］. Proceedings of the National Academy of Sciences，2015，112（28）：8529-8536.

［420］PARDUCCI L，SZMIDT A E，MADAGHIELE A. Genetic variation at microsatellites（cpSSR）in Abies nebrodensis（Lojac.）Mattei and three neighboring Abies species［J］. Theoretical and Applied Genetics，2001，10（2）：733-740.

［421］PEAKALL R，SMOUSE P E. GenAlEx 6.5：genetic analysis in Excel. Population genetic software for teaching and research——an update［J］. Bioinformatics，2012，28（19）：2537-2539.

［422］PRITCHARD J K，STEPHENS M，DONNELLY P. Inference of population structure using multilocus genotype data［J］. Genetics，2000，155（2）：945-959.

［423］PROBER S M，BROWN A H D. Conservation of the grassy white box woodlands：Population genetics and fragmentation of Eucalyptus albens［J］. Conservation Biology，1994，8（4）：1003-1013.

［424］QIAN X，WANG C X，TIAN M. Genetic diversity and population differentiation of Calanthe tsoongiana，a rare and endemic Orchid in China［J］. International Journal of Molecular Sciences，2013，14（10）：20399-20413.

［425］QIU N W，JIANG D C，WANG X S，et al. Advances in the members and biosynthesis of chlorophyll family［J］. Photosynthetica，2019，57（4）：974-984.

［426］RAUNKIAER C. The Life Forms of Plants and Statistical Plant Geography［M］. Oxford：Clarendon Press，1934：632.

［427］RICHARDSON A D，BERLYN G P. Spectral reflectance and photosynthetic properties of Betulapapyrifera（Betulaceae）leaves along an elevational gradient on Mt.Mansfield，Vermont，USA［J］. American Journal of Botany，2002，89（1）：88-94.

［428］RITCHIE R J，BUNTHAWIN S. The use of pulse amplitude modulation（PAM）fluorometry to measure photosynthesis in a CAM orchid，Dendrobium spp.（D.cv. viravuth pink）［J］. International Journal of Plant Sciences，2010，171（6）：575-585.

［429］RU D，SUN Y，WANG D，et al. Population genomic analysis reveals that homoploid hybrid speciation can be a lengthy process [J]. Molecular Ecology, 2018, 27 (23): 4875–4887.

[430] SALVUCCI M E, CRAFTS-BRANDNER S J. Inhibition of photosynthesis by heat stress: the activation state of Rubisco as a limiting factor in photosynthesis [J]. Physiologia Plantarum, 2004, 120 (2): 179–186.

[431] SAM O, JERDZ E, DERDZ E, et al. Water stress induced change sinanatomy of tomato leaf epidermis [J]. Biologia Plantarum, 2000, 43 (2): 275–277.

[432] SHARMA P N, TRIPATHI A, BISHT S S. Zinc requirement for stomatal opening in cauliflower [J]. Plant Physiology, 1995, 107 (3): 751–756.

[433] SLATKIN M. Gene flow and the geographic structure of natural populations [J]. Science, 1987, 236 (4803): 787–792.

[434] SOUZA R P, MACHADO E C, SILVA J A B, et al. Photosynthetic gas exchange, chlorophyll fluorescence and some associated metabolic changes in cowpea (Vigna unguiculata) during water stress and recovery [J]. Environmentaland Experimental Botany, 2004, 51 (1): 45–56.

[435] SUN W, SHU J, GU Y, et al. Conservation genomics analysis revealed the endangered mechanism of Adiantum nelumboides [J]. Biodiversity Science, 2022, 30 (7): 21508.

[436] SZMIDT A E, WANG X, LU M. Empirical assessment of allozyme and RAPD variation in, Pinus sylvestris (L.) using haploid tissue analysis [J]. Heredity, 1996, 76 (4): 412–1120.

[437] TALLMON D A, GORDON L G, WAPLES R S. The alluring simplicity and complex reality of genetic rescue [J]. Trends in Ecology and Evolution, 2004, 19 (9): 489–496.

[438] TAMURA K, STECHER G, PETERSON D, et al. MEGA6: Molecular Evolutionary Genetics analysis version 6.0 [J]. Molecular Biology and Evolution, 2013, 30 (12): 2725–2729.

[439] TERRAB A, TALAVERA S, ARISTA M, et al. Genetic diversity at chloroplast microsatellites (cpSSRs) and geographic structure in endangered West Mediterranean firs (Abies spp., Pinaceae)[J]. Taxon, 2007, 56 (2): 409–416.

［440］VENDRAMIN G G, LELLI L, ROSSI P. A set of primers for the amplification of 20 chloroplast microsatellites in Pinaceae［J］. Molecular Ecology, 1996, 5（4）: 595–598.

［441］VONA V, RIGANO V D M, ANDREOLI C, et al. Comparative analysis of photosynthetic and respiratory parameters in the psychrophilic unicellular green alga Koliella antarctica, cultured in indoor and outdoor photo–bioreactors［J］. Physiology and Molecular Biology of Plants, 2018, 21（6）: 1139–1146.

［442］WALTER L. 植物生态生理学: 第五版［M］. 翟志习, 郭玉海, 马永泽, 等, 译. 北京: 中国农业大学出版社, 1997.

［443］WANG H W, ZHANG B, CHENG Y Q, et al. Genetic diversity of the endangered Chinese endemic herb Dayaoshania cotinifolia（Gesneriaceae）revealed by simple sequence repeat（SSR）markers［J］. Biochemical Systematics and Ecology, 2013, 48: 51–57.

［444］WANG H Z, FENG S G, LU J J, et al. Phylogenetic study and molecular identification of 31 Dendrobium species using inter–simple sequence repeat（ISSR）markers［J］. Scientia Horticulturae, 2009, 122（3）: 440–447.

［445］WITTMANN C, ASCHAN G, PFANZ H. Leaf and twig photosynthesis of young beech（Fagussylvatica）and aspen（Populustremula）trees grown under different light regime［J］. Basic and Applied Ecology, 2001, 2（2）: 145–154.

［446］XU Z, ZHOU G. Responses of leaf stomatal density to water status and its relationship with photosynthesis in a grass［J］. Journal of Experimental Botany, 2008, 59（12）: 3317–3325.

［447］YANG J, ZHAO L, YANG J, et al. Genetic diversity and conservation evaluation of a critically endangered endemic maple, Acer yangbiense, analyzed using microsatellite markers［J］. Biochemical Systematics and Ecology, 2015, 60: 193–198.

［448］YAO Z M, XU C Y, CHAI Y, et al. Effect of light intensities on the photosynthetic characteristics of Abies Holophylla seedlings from different provenances［J］. Annals of Forest Research, 2014, 57（2）: 181–196.

［449］YE Z. A new model for relationship between irradiance and the rate of photosynthesis in Oryza sativa [J]. Photosynthetica, 2007, 45 (4): 637–640.

[450] YE Z P, YU Q, KAMGH J. Evaluation of photosynthetic electron flow using simultaneous measurements of gas exchange and chlorophyll fluorescence under photorespiratory conditions [J]. Photosynthetica, 2012, 50 (3): 472– 476.

[451] YOKOYA N S, NECCHI O. JR., MARTINS A P, et al. Growth responses and photosynthetic characteristics of wild and phycoerythrin–deficient strains of Hypnea musciformis (Rhodophyta) [J]. Journal of Applied Phycology, 2007, 19 (3): 197–205.

[452] YOUNG A, BOYLE T, BROWN T. The population genetic consequences of habitat fragmentation for plants [J]. Theoretical and Applied Genetics, 1996, 11 (10): 413–418.

[453] ZENG S J, HUANG W C, WU K L, et al. In vitro propagation of *Paphiopedilum* orchids [J]. Critical Reviews in Biotechnology, 2016, 36 (3): 521–534.

[454] ZHANG B, WANG H W, CHENG Y Q, et al. Microsatellite markers for Dayaoshania cotinifolia (Gesneriaceae), a critically endangered perennial herb [J]. American Journal of Botany, 2011, 98 (9): 256–258.

[455] ZHANG Z J, YAN Y J, TIAN Y, et al. Distribution and conservation of orchid species richness in China [J]. Biological Conservation, 2015, 181: 64–72.

[456] ZHANG X, ZHANG L, SCHINNERL J, et al. Genetic diversity and population structure of Hibiscus aridicola, an endangered ornamental species in dry–hot valleys of Jinsha River [J]. Plant Diversity, 2019, 41 (5): 300–306.

[457] ZHU H. Families and genera of seed plants in relation to biogeographical origin on Hainan Island [J]. Biodiversity Science, 2017, 25 (8): 816–822.